Références sciences

Statistique et probabilités

Exercices d'application et problèmes corrigés avec rappels de cours

Rafik Abdesselam

ellipses

Collection Références sciences

dirigée par Paul de Laboulaye

paul.delaboulaye@editions-ellipses.fr

Retrouvez tous les livres de la collection et des extraits sur www.editions-ellipses.fr

ISBN 9782340-046238

32, rue Bargue 75740 Paris cedex 15

www.editions-ellipses.fr

Avant-propos

Cet ouvrage s'adresse à des étudiant(e)s du premier cycle universitaire, notamment à ceux de la deuxième année de licence d'Economie et de Gestion ainsi qu'à de futurs praticiens(nes) dans bien d'autres domaines d'application. Il leur permettra d'apporter des éléments pratiques de solution aux problèmes de la statistique et des probabilités auxquels ils pourront être confrontés.

Les nombreux exercices d'application et problèmes de révision proposés sont fondés sur des problématiques concrètes proches de la réalité économique et, plus généralement, de la vie quotidienne. Ces exercices correspondent à l'ensemble du programme de probabilités et statistique généralement enseigné en deuxième année de licence. Les indications de solutions des exercices d'application et les corrigés détaillés des examens de révision sont regroupés à la fin de chaque partie.

Le contenu de ce recueil est le fruit de plus de vingt-cinq ans d'enseignement et de recherche dans les Unités de Formation et de Recherche (UFR) de Sciences Economiques et de Gestion des Universités de Caen - Normandie et de Lyon - Lumière Lyon 2.

Ce livre regroupe au total deux-cent-quarante-six exercices. La moitié est composée d'exercices d'application et l'autre moitié provient de trente-trois sujets corrigés de contrôles continus et d'examens terminaux de la deuxième année de licence Economie & Gestion.

Cet ouvrage est un outil essentiel pour acquérir des connaissances et s'entraîner tout au long de l'année. Il a été conçu pour venir en aide aux étudiants et ainsi leur permettre de réussir au mieux leurs examens et concours. Ils trouveront des références théoriques sous forme de rappels de cours succincts mais complets. Quant aux enseignants, ils pourront trouver dans cet ouvrage une source d'inspiration pour leurs examens et leurs travaux dirigés.

Table des matières

Partie 1.
Exercices d'application

Chapitre 1.
Analyse combinatoire - Dénombrement

Dispositions : arrangements, permutations et Combinaisons, avec et sans répétition

Exercice 1 : Montrer les propriétés suivantes :

1) $\forall n, p \in N^*, \quad A_{n+1}^{p+1} = (n+1)A_n^p$

2) $\forall n \in N, 0 \leq p \leq n, \quad C_n^p = \frac{n}{p}C_{n-1}^{p-1}$; $C_n^p = C_n^{n-p}$ et $C_n^p = C_{n-1}^p + C_{n-1}^{p-1}$

3) $\forall a, b \in R, \quad (a+b)^n = \sum_{k=0}^{n} C_n^k\, a^k\, b^{n-k}$ ***« formule du binôme de Newton »***

4) $\forall n, k \in N, k < n \quad (1-x)^n = \sum_{k=0}^{n}(-1)^k C_n^k x^k$ et $2^n = \sum_{k=0}^{n} C_n^k$

*************** °°° ***************

Exercice 2 : Tirage au sort des groupes de la phase finale de la coupe du monde de football. Une urne contient 32 boules contenant chacune le nom d'un pays qualifié dont 8 boules sont des pays têtes de série. Calculer, dans chacun des cas suivants, le nombre de tirages possibles d'un groupe de 4 pays :

1) tirage simultané (un seul tirage : on ne tient pas compte de l'ordre et sans remise) des 4 boules.

2) tirage simultané d'une boule parmi les têtes de série et de 3 boules parmi les non têtes de série.

3) tirages successifs (on tient compte de l'ordre) sans remise des 4 boules.

4) tirages successifs avec remise des 4 boules.

*************** °°° ***************

Exercice 3 : Avec un jeu de 32 cartes, combien peut-on constituer de mains de 6 cartes différentes formées de :

1) 4 as et 2 rois ou 4 rois et 2 as ?

2) 3 cartes noires, de 3 cartes de cœur mais sans aucun as ?

*************** °°° ***************

Exercice 4 : Le responsable du personnel d'une usine doit constituer, pour assurer une permanence, une équipe composée de 3 surveillants et de 2 ouvriers d'entretien. Il dispose de 4 surveillants et de 5 ouvriers d'entretien.

1) De combien de façons différentes peut-il constituer cette équipe ?

2) Sachant qu'il doit éviter de placer dans la même équipe le surveillant S_1 et l'ouvrier O_1. Entre combien d'équipes différemment constituées peut-il choisir ?

*************** °°° ***************

Exercice 5 : Combien de signaux différents, chaque signal étant constitué de 8 pavillons alignés verticalement, peut-on former à partir d'un ensemble de 4 pavillons rouges indiscernables, 3 pavillons blancs indiscernables et un pavillon bleu ?

*************** ○○○ ***************

Exercice 6 : On considère un jeu de 52 cartes. Une main est un groupement de 13 cartes différentes choisies au hasard dans le jeu de 52 cartes.

1) Combien y-a-t-il de mains distintes ?

2) Combien peut-on constituer de mains comprenant deux As ?

*************** ○○○ ***************

Exercice 7 : Un investisseur a 20 M.€. à placer sur trois affaires potentielles. Chaque investissement doit être un nombre entier en milliers d'euros. Et il existe un engagement minimum pour chaque affaire qui sont respectivement 2, 3 et 4 M.€.

Combien y a-t-il de stratégies d'investissement :

1) si un investissement doit être fait sur chaque affaire ?

2) si deux des trois affaires doivent être couvertes ?

*************** ○○○ ***************

Exercice 8 : Un groupe de six étudiants s'apprètent à s'installer autour d'une table ronde du restaurant universitaire.

1) De combien de manières peuvent-ils s'assoir :

a) si les chaises sont numérotées ?

b) si les chaises ne sont pas numérotées ?

2) On suppose qu'il y a en fait dans ce groupe autant d'étudiants que d'étudiantes. De combien de manières ces étudiant(e)s peuvent-ils s'assoir en respectant l'alternance :

a) si les chaises sont numérotées ?

b) si les chaises ne sont pas numérotées ?

*************** ○○○ ***************

Exercice 9 : Une troupe de théâtre amateur, composée de 14 femmes et de 10 hommes, veut préparer une représentation. Dans la pièce du répertoire choisie, il y a 10 rôles féminins et 5 masculins.

1) Combien peut-on imaginer de distributions des rôles ?

2) Combien y a-t-il de distributions dans lesquelles joue Madame Dupont, qui est l'une des femmes de la troupe ?

*************** ○○○ ***************

Exercice 10 : Le championnat de France de football, appelé Ligue 1 regroupe vingt clubs. Chaque match oppose deux équipes. On procède à des matchs allers et des matchs retours.

1) De combien de matchs au total est constitué ce championnat ?

2) En combien de journées se déroule ce championnat de football ?

*************** ∘∘∘ ***************

Exercice 11 : Dans une Faculté, une association d'étudiants comprend 78 étudiantes de 1ère année, 87 étudiants de 1ère année, 41 étudiantes de 2ème année, 37 étudiants de 2ème année.

1) De combien de manières peut-on former le bureau de cette association qui doit comporter 8 étudiant(e)s de 1ère année et 6 de 2ème année.

2) De combien de manières peut-on former ce bureau si l'on désire respecter la parité des sexes pour chaque année ?

*************** ∘∘∘ ***************

Exercice 12 : Une association comprend vingt membres dont douze hommes et huit femmes. Elle veut former un comité de cinq personnes dans lequel doivent se trouver au moins deux hommes et deux femmes. Calculer le nombre de façons de former ce comité dans chacun des cas suivants :

1) Chaque membre de l'association accepte de faire partie du comité.

2) Deux des hommes refusent d'en faire partie.

3) Monsieur Dupont et Madame Dubois refusent de siéger ensemble.

*************** ∘∘∘ ***************

Exercice 13 : Pour l'arbre de Noël d'une école maternelle, chacun des vingt-cinq enfants d'une classe doit choisir un cadeau parmi trente types de cadeaux possibles.

Afin de passer la commande correspondante, la maîtresse enregistre les choix des enfants en constituant une liste où figure en face de chaque nom le type de cadeau souhaité.

1) Combien y a-t-il de listes possibles dans chacun des deux cas qui suivent :

cas a) il n'y a qu'un cadeau de chaque type qui soit disponible, aussi deux enfants ne peuvent-ils choisir le même type de cadeau ?

cas b) le nombre de cadeaux de chaque type n'est pas limité ?

2) Vu du côté du fournisseur, qui lui ne s'intéresse qu'aux quantités, combien y a-t-il de commandes possibles, dans chacun des deux cas qui précèdent ?

*************** ∘∘∘ ***************

Exercice 14 : Chacun des quatre boulangers d'un quartier doit choisir un jour hebdomadaire de fermeture qui lui conviendrait.

1) De combien de façons différentes peuvent a priori s'énoncer les choix possibles des quatre boulangers ?

Certains boulangers ayant choisi le même jour de fermeture, ce qui ne peut être accepté pour le quartier, on leur demande de modifier éventuellement leur choix afin que les quatre jours choisis soient différents.

2) Quel est alors a priori le nombre de façons différentes d'énoncer les choix possibles des quatre boulangers ?

3) On s'aperçoit qu'aucun boulanger ne veut fermer le samedi, pas plus que le dimanche. Quel est alors le nombre de façons différentes d'énoncer les choix possibles des quatre boulangers ?

*************** ∘∘∘ ***************

Exercice 15 : Une serrure électronique d'un coffre d'une chambre d'hôtel s'ouvre et se referme en saisissant un code secret sur un clavier numérique sur lequel on doit composer une combinaison alphanumérique codée. Il est composé de 9 touches : 3 lettres $\{A,B,C\}$ et 6 chiffres $\{1,2,3,4,5,6\}$. Le code secret doit comporter une lettre suivie d'un nombre de 3 chiffres.

1	2	3
4	5	6
A	B	C

1) Combien de codes d'entrée différents peut-on former ?
2) Combien y a-t-il de codes sans le chiffre 1 ?
3) Combien y a-t-il de codes comportant au moins une fois le chiffre 1 ?
4) Combien y a-t-il de codes comportant des chiffres distincts ?
5) Combien y a-t-il de codes comportant au moins deux chiffres identiques ?
6) Combien y a-t-il de codes comportant trois chiffres identiques ?

*************** ∘∘∘ ***************

Chapitre 2.
Généralités sur les probabilités

Terminologie et notations, expérience, tribu, espace probabilisé. Calcul des probabilités, Probabilités conditionnelles, théorèmes des probabilités totales et des causes (Bayes), indépendance en probabilité

Exercice 1 : Soit Ω un ensemble. A et B désignent deux sous-ensembles non vides de Ω. Donner une interprétation algébrique des événements suivants, dont on fera les diagrammes de Venn :

1) A est réalisé mais pas B.
2) A ou B se réalisent mais pas en même temps.
3) A ou non B se réalisent.
4) ni A ni B ne se réalisent.

*************** °°° ***************

Exercice 2 : Soient A, B et C trois sous-ensembles non vides de l'ensemble fondamental Ω et $\overline{A}$ le complémentaire de A dans Ω. Montrer les égalités suivantes :

1) $\overline{(A\cup B\cup C)} = \overline{A}\cap\overline{B}\cap\overline{C}$ 2) $(\overline{A\cup B})\cap C = \overline{A}\cap\overline{B}\cap C$
3) $\overline{A}\cap(A\cup B) = \overline{A}\cap B = B-A$ 4) $A\cup(\overline{A}\cap B) = A\cup B$
5) $(A-B)-C = A-(B\cup C)$ 6) $A\cup(B-[A\cap B])\cup(C-[A\cap C]) = A\cup B\cup C$

*************** °°° ***************

Exercice 3 : Soient A et B deux sous-ensembles non vides de l'ensemble fondamental Ω, tels que : $P(A)=\frac{1}{4}$, $P(B)=\frac{1}{3}$ et $P(A\cup B)=\frac{23}{60}$.

1) Calculer les probabilités suivantes :
$P(A/B)$, $P(\overline{A}/B)$, $P(A\cap B/B)$, $P(A\cap\overline{B}/B)$, $P[(A\cup B)/(A\cap\overline{B})]$
$P[(\overline{A}\cap B)/(\overline{A}\cup B)]$, $P(A\cap\overline{B}/\overline{B})$.

2) Les événements A et B sont-ils incompatibles ? Sont-ils indépendants en probabilité ?

*************** °°° ***************

Exercice 4 : Une usine comporte 3 machines M_1, M_2 et M_3. Les pannes de ces machines sont indépendantes et de probabilités respectives $5\%, 3\%$ et 1%. L'usine est stoppée dès que l'une au moins des machines tombe en panne.

1) Calculer la probabilité que l'usine soit stoppée.
2) Sachant que l'usine est stoppée, calculer la probabilité pour que la machine M_1 soit tombée en panne.

*************** °°° ***************

Exercice 5 : Les dominos sont un jeu de société d'origine chinoise. On prend au hasard 2 dominos dans un jeu complet de 28 pièces.

Calculer la probabilité pour qu'ils soient « **compatibles** ».

*************** ooo ***************

Exercice 6 : Dans un jeu de 32 cartes, on choisit au hasard 4 cartes par tirages simultanés d'une carte à chaque fois sans remise. Déterminer les probabilités des événements suivants :

1) l'une des cartes au moins est un as.
2) les 4 cartes sont de la même couleur d'atout.
3) il n'y a pas 2 cartes ayant la même valeur.
4) les 4 cartes ont des couleurs différentes et des valeurs différentes.
5) les 4 cartes ont des couleurs différentes ou des valeurs différentes.

*************** ooo ***************

Exercice 7 : A la sortie d'une chaîne de fabrication, les produits sont susceptibles de présenter deux défauts. Un très grand nombre d'observations a permis d'établir que :

- la proportion de produits fabriqués ayant le défaut A est de 5% ;
- la proportion de produits fabriqués ayant le défaut B est de 3% ;
- la proportion de produits fabriqués ayant les deux défauts est de 1%.

Déterminer la probabilité qu'un produit présente :

1) Le défaut A ou le défaut B
2) Le défaut A seulement
3) Aucun défaut.

*************** ooo ***************

Exercice 8 : Un libraire reçoit un carton de 50 exemplaires d'un livre dont 3 sont dédicacés par l'auteur. On tire au hasard 10 livres du carton.

Déterminer les probabilités des événements suivants :

1) A : on obtient les 3 livres dédicacés ;
2) B : on obtient un seul livre dédicacé ;
3) C : on obtient au moins un livre dédicacé.

*************** ooo ***************

Exercice 9 : Dans une entreprise, on compte une population de 45% d'hommes et 55% de femmes.

Un homme sur trois est syndiqué et une femme sur cinq est syndiquée. Quelle est la probabilité qu'une personne syndiquée soit une femme ?

*************** ooo ***************

Exercice 10 : On lance 2 dés honnêtes à 6 faces.

1) Calculer la probabilité pour que, en lançant une seule fois les 2 dés, vous obteniez la réalisation de l'événement « au moins un des 2 dés donne un nombre pair ».

2) Calculer la probabilité pour que, en lançant 10 fois les 2 dés, vous obteniez la réalisation de l'événement « au moins un double 5 ».

*************** ∘∘∘ ***************

Exercice 11 : La production d'un bien d'une entreprise est assurée par trois usines indépendantes U_1, U_2 et U_3 qui fabriquent respectivement 30%, 30% et 40% du total. Les proportions de biens produits défectueux sont respectivement 4%, 3% et 2%.

Quelle est la probabilité qu'un bien choisi au hasard et dont on constate qu'il est défectueux provienne de l'usine U_1 ? De l'usine U_2 ? De l'usine U_3 ?

*************** ∘∘∘ ***************

Exercice 12 : Dans un lot de pièces fabriquées, il y a environ 2% de pièces défectueuses. On contrôle les pièces mais le mécanisme est aléatoire :

- Si la pièce est bonne, elle est acceptée avec la probabilité 96%.
- Si la pièce est mauvaise, elle est refusée avec la probabilité 98%.

Déterminer les probabilités des événements suivants :

1) il y a une erreur dans le contrôle.
2) d'accepter une pièce.
3) la pièce est mauvaise sachant qu'elle est acceptée.
4) la pièce est bonne sachant qu'elle est refusée.

*************** ∘∘∘ ***************

Exercice 13 : Montrer que si deux événements A et B sont indépendants en probabilité, alors :

1) A et $\overline{B}$ sont indépendants en probabilité,
$\overline{A}$ et B sont indépendants en probabilité,
$\overline{A}$ et $\overline{B}$ sont indépendants en probabilité.

2) $P(B) = P(B/A)P(A) + P(B/\overline{A})P(\overline{A})$.

Si l'événement C est indépendant en probabilité de A et de B alors :

3) C et $A \cup B$ sont indépendants en probabilité.

Si l'événement $\overline{C}$ est indépendant en probabilité de A et de B alors :

4) $\overline{C}$ et $A \cap B$ sont indépendants en probabilité.

*************** ∘∘∘ ***************

Exercice 14 : Considérons quatre groupes A, B, C, D d'étudiants. Dans chaque groupe, les proportions d'étudiants ayant fait des études supérieures de sciences économiques sont respectivement 5%, 10%, 25% et 40%. Choisissons au hasard l'une des groupes, puis l'un des étudiants dans ce groupe.

1) Calculer la probabilité pour que l'étudiant choisi ait fait des études supérieures de sciences économiques.

2) L'étudiant ayant effectué des études supérieures de sciences économiques, calculer la probabilité pour qu'il appartienne au groupe C.

*************** ००० ***************

Exercice 15 : Cinq étudiantes sont bien embarassées. Elles n'ont eu qu'une seule place pour le concert tant convoité. Elles décident de sélectionner la chanceuse à partir d'un jeu de 32 cartes totalement classique. Chacune leur tour, elles choisiront une carte parmi les 32 du jeu jusqu'à ce que l'une d'entre elles obtienne l'as de cœur et le billet !!!

Paméla se propose de battre le jeu de cartes afin de bien les mélanger. Ses copines supposent *a priori* que Paméla a autant de chances d'être honnête que d'être une tricheuse.

De plus, une tricheuse tire à coup sûr l'as de cœur ! Paméla a le droit d'effectuer le premier tirage et elle obtient immédiatement l'as de cœur. Ses copines se demandent si Paméla est une tricheuse.

Qu'en pensez-vous ?

*************** ००० ***************

Chapitre 3.
Variable aléatoire réelle

Généralités, variable aléatoire réelle discrète et continue, valeurs caractéristiques d'une variable aléatoire réelle, propriétés de l'espérance mathématique et de la variance, coefficient de variation

Exercice 1 : Un garagiste loue des voitures à la journée. Soit X la variable aléatoire réelle associée au nombre de voitures demandées dans une journée dont la probabilité est donnée par :

x_i	0	1	2	3	4	5	6^+
$p_i = P(X = x_i)$	p_0	0.15	0.27	0.23	0.16	p_5	0.04

1) Sachant que $p_5 = 2p_0$, compléter la distribution de probabilité de X.

2) Etablir la fonction de répartition de X.

3) Déterminer la probabilité que le garage ait moins de trois demandes dans la journée.

4) Calculer l'espérance mathématique E(X) et l'écart-type $\sigma(X)$ de X.

En supposant que le garagiste dispose le matin de trois voitures, déterminer les probabilités des événements suivants :

5) toutes les voitures ont été louées dans la journée,

6) le garagiste n'a pu satisfaire toutes les demandes.

*************** °°° ***************

Exercice 2 : Soit une urne contenant 5 boules numérotées respectivement 1, 1, 3, 3, 4 mais indiscernables au toucher. On effectue un tirage simultané de 2 boules au hasard dans l'urne. Soit S la variable aléatoire réelle associée à la somme des points obtenus.

1) Déterminer puis représenter la loi de probabilité de S.

2) Calculer si possible l'espérance mathématique E(S) et la variance V(S) de S.

*************** °°° ***************

Exercice 3 : Soit f la fonction densité de probabilité définie par :

$$\text{f(x)} = \begin{cases} a + bx^2 & si\, 0 \leq x \leq 1 \\ 0 & sinon \end{cases}$$

Déterminer a et b sachant que $E(X) = \frac{3}{5}$.

*************** °°° ***************

Exercice 4 :

Soient les fonctions suivantes : $f(x) = \begin{cases} \frac{1}{4}xe^{-x/2} & si\, x > 0 \\ 0 & sinon \end{cases}$

$g(y) = \begin{cases} k(1-y^2) & si\ -1 < y < 1 \\ 0 & sinon \end{cases}$; $h(z) = \begin{cases} 0 & si\, z \leq 5 \\ \frac{5}{z^2} & si\, z > 5 \end{cases}$

1) Vérifier que ces fonctions sont bien des fonctions densités de probabilité.

2) Déterminer les espérances mathématiques E(X), E(Y) et E(Z) des trois variables aléatoires réelles X, Y et Z.

*************** ◦◦◦ ***************

Exercice 5 : Soit X une variable aléatoire réelle ayant pour fonction de densité de probabilité :

$$f(x) = \begin{cases} ke^{-(x-1)/2} & si\, x > 1 \\ 0 & ailleurs \end{cases}$$

1) Calculer l'unique valeur que l'on peut attribuer à la constante k pour que f soit la fonction densité de probabilité de la variable aléatoire réelle X dite loi de Weibull.

2) Déterminer F la fonction de répartition de X.

3) Calculer les probabilités suivantes :
$P(X > 2)$; $P(1 < X \leq 2)$; $P[(X \leq 1) \cup (X > 2)]$; $P_{(X \geq 2)}(X \leq 2)$.

4) Déterminer la valeur x_0 telle que $P(X \leq x_0) = 50\%$? Que représente x_0 ?

5) Calculer l'espérance mathématique $E(X)$ et l'écart-type $\sigma(X)$ de X.

6) En déduire l'espérance mathématique $E(Y)$ et la variance $V(Y)$ de la variable aléatoire réelle $Y = \frac{X-1}{2}$.

7) Déterminer G la fonction de répartition de Y. En déduire g sa fonction densité de probabilité.

*************** ◦◦◦ ***************

Exercice 6 : Soit la variable aléatoire réelle Y admettant la fonction densité de probabilité g définie par :

$$g(y)=\begin{cases} A(4-y) & si\, 0 < y < 4 \\ 0 & sinon \end{cases}$$

1) Déterminer la valeur réelle du coefficient A pour que g soit bien une densité de probabilité.

2) Construire la courbe représentative de g.

3) Déterminer puis représenter la fonction de répartition G de Y.

4) Calculer les probabilités suivantes : $P(Y < -1)$; $P(Y \leq 2)$
$P(2 \leq Y \leq 3)$; $P(Y \geq 2)$; $P[(Y < 2) \cup (Y > 3)]$; $P(Y \geq 4)$; $P_{Y>2}(Y > 3)$.

5) Calculer l'espérance mathématique, la variance et l'écart-type de Y.

*************** ◦◦◦ ***************

Exercice 7 : Dans un complexe cinématographique, la proportion de places occupées en soirée est considérée comme une variable aléatoire réelle continue, notée X, pour laquelle il a été établi que :

$$F(x) = P(X \leq x) = \begin{cases} 0 & si\, x \leq 0 \\ \frac{x^2}{5}(9-4x) & si\, 0 < x < 1 \\ 1 & si\, x \geq 1 \end{cases}$$

1) Déterminer la fonction densité de probabilité de X. En déduire le mode de X que l'on interprètera.

2) Tracer les diagrammes associés à la loi proposée.

3) Calculer l'espérance mathématique de cette proportion et la dispersion autour de celle-ci.

4) Ecrire l'équation que vérifie la proportion médiane.

5) Quelle est la probabilité pour qu'il y ait entre 60% et 90% de places occupées.

6) Calculer la probabilité pour que pendant deux jours de suite, moins de la moitié des places soit occupée chaque jour, en supposant l'indépendance des taux d'occupation d'un jour sur l'autre.

7) Un modèle plus souple serait :

$$F(x) = P(X \leq x) = \begin{cases} 0 & si\, x \leq 0 \\ ax^2 - bx^3 & si\, 0 < x < 1 \\ 1 & si\, x \geq 1 \end{cases}$$

A quelles conditions, sur les réels a et b, F est une fonction de répartition ?

*************** ∘∘∘ ***************

Exercice 8 : La Loi dite de **Pareto** permet notamment de modéliser des phénomènes rencontrés en démographie, les revenus d'une population, la comparaison de modes de calcul d'impôts sur des revenus, etc...

Soit X une variable aléatoire réelle suivant une loi de Paréto de paramètres réels a et α strictement positifs. La fonction de répartition associée F est définie, pour x_0 réel positif donné, par :

$$F(x) = \begin{cases} 0 & si\, x \leq x_0 \\ 1 - \frac{a}{x^\alpha} & si\, x > x_0 \end{cases}$$

1) En utilisant la continuité de F en x_0, déterminer a en fonction de x_0 et de α.

2) En déduire la fonction densité de probabilité f de X.

3) Déterminer les paramètres de la loi de X, sachant qu'une étude expérimentale a montré que : $P(X \leq 10) = 0,75$ et $P(X \leq 50) = 0,99$.

4) Calculer l'espérance mathématique E(X) de X.

*************** ∘∘∘ ***************

Exercice 9 : Dans un aérodrome, la durée du processus d'atterrissage d'un avion, mesurée en minutes, est associée à une variable aléatoire réelle notée T, dont la fonction densité de probabilité f est définie par :

$$f(t)=\begin{cases} \lambda^2 te^{-\lambda t} & si\, t>0 \ et \ \lambda>0 \\ 0 & sinon \end{cases}$$

1) Vérifier que f est bien une fonction densité de probabilité.
2) Calculer E(T), V(T) et $\sigma(T)$ si possible.
3) Par la suite, on supposera que $E(T)=2$
   a) En déduire λ. Construire la courbe de f de T.
   b) Construire la courbe de la fonction de répartition F de T.
4) Déterminer les probabilités des événements :
   $\{T>2\}$; $\{1<T<3\}$; $\{1<T<3/T<4\}$.

*************** ००० ***************

Exercice 10 : Soit f la fonction définie par :

$$f(x)=\begin{cases} 0 & si \ x<-1 \ ou \ x>1 \\ x+1 & si \ -1\leq x\leq 0 \\ -x+1 & si \ 0\leq x\leq 1 \end{cases}$$

1) Montrer que f est une fonction densité de probabilité d'une variable aléatoire réelle notée X.
2) Déterminer la fonction de répartition F de X.
3) Calculer E(X) et V(X). Pouvait-on prévoir $E(X)=0$?
4) Calculer la probabilité $P(|X|>a)$ pour $a=1$, $a=\frac{1}{2}$ et $a=0$.

*************** ००० ***************

Exercice 11 : Soit f la fonction définie par :

$$f(x)=\begin{cases} k(3-x^2) & si\, 0\leq x\leq \sqrt{3} \\ 0 & ailleurs \end{cases}$$

1) Déterminer l'unique valeur de la constante k pour que f soit la densité de probabilité d'une variable aléatoire réelle X.
2) Déterminer la fonction de répartition F.
3) Calculer les probabilités suivantes :
   $P(X\leq 1)$; $P(X>0{,}5)$; $P(0{,}5<X\leq 1)$
4) Calculer l'espérance mathématique E(X) et la variance V(X) de X.

*************** ००० ***************

Exercice 12 : Soit X une variable aléatoire réelle qui admet la fonction densité de probabilité f définie par :

$$\mathrm{f(x)} = \begin{cases} \frac{x}{6}+k & si\, 0 \leq x \leq 3 \\ 0 & ailleurs \end{cases}$$

1) Déterminer l'unique valeur de la constante k, puis représenter la fonction de densité de probabilité de X.

2) Déterminer la fonction de répartition F de X.

En déduire la probabilité : $P(1 < X \leq 2)$.

3) Représenter graphiquement les fonctions f et F de X.

4) Calculer l'espérance mathématique $E(X)$ et la variance $V(X)$ de X.

5) Déterminer la loi de probabilité de la variable aléatoire réelle $Y = \frac{X+1}{12}$.

*************** °°° ***************

Exercice 13 : La proportion X de places occupées dans un amphithéâtre lors d'un cycle de conférences est une variable aléatoire continue de fonction de répartition :

$$\mathrm{F(x)} = \mathrm{P(X} \leq x) = \begin{cases} 0 & si\, x \leq 0 \\ -x^2+bx+c & si\, 0 < x < 1 \\ 1 & si\, 1 \leq x \end{cases}$$

1) Trouver l'univers $\Omega(X)$ des valeurs de X.

2) Déterminer les valeurs de b et c à partir de l'étude de la continuité de la fonction de répartition F de X.

3) Déterminer la densité de probabilité f de X.

4) Représenter graphiquement la fonction densité de probabilité f de X.

5) Calculer l'espérance mathématique, la variance et l'écart-type de X.

*************** °°° ***************

Exercice 14 : Soit X une variable aléatoire réelle qui admet la fonction densité de probabilité f définie par :

$$\mathrm{f(x)} = \begin{cases} ke^{-\frac{x}{2}} & si\, x \geq 1 \quad k \in R \\ 0 & ailleurs \end{cases}$$

1) Etablir les conditions requises pour que f soit la fonction densité de probabilité de X. En déduire la valeur unique de la constante k.

2) Calculer l'espérance mathématique E(X) et la variance V(X) de X.

3) Déterminer F la fonction de répartition de X.

4) Calculer les probabilités suivantes :

$P(X < 3)$; $P_{(X>3)}(5 \leq X < 7) = P[(5 \leq X < 7)/(X > 3)]$

*************** °°° ***************

Exercice 15 : Soit X une variable aléatoire réelle de fonction de densité f et de fonction de répartition F strictement monotone.

1) Exprimer à l'aide de f et de F les fonctions densité de probabilité et de répartition de chacune des variables aléatoires réelles suivantes :

a) $Y = aX + b$, b) $Z = \mid X \mid$, c) $T = X^2$, d) $U = ln \mid X \mid$ et e) $V = e^X$

Application : loi uniforme sur l'intervalle [-1 , 1] de fonction densité f et de fonction de répartition F, définies par :

$$\mathrm{f(x)} = \begin{cases} \frac{1}{2} & si\, x \in [-1, 1] \\ 0 & sinon \end{cases} \quad ; \quad F(x) = \begin{cases} 0 & si\, x < -1 \\ \frac{x+1}{2} & si\, x \in [-1, 1] \\ 1 & si\, x > 1 \end{cases}$$

2) Montrer que f est une fonction densité de probabilité de X. Calculer l'espérance mathématique E(X) et la variance V(X) de X.

3) Quelle est la loi de probabilité de la variable aléatoire réelle Y définie par Y = 2X + 1. Calculer l'espérance mathématique E(Y) et la variance V(Y) de Y.

4) Quelle est la loi de probabilité de la variable aléatoire réelle $Z = \mid X \mid$. Calculer l'espérance mathématique E(Z) et la variance V(Z) de Z.

5) Quelle est la loi de probabilité de la variable aléatoire réelle $T = X^2$. Calculer l'espérance mathématique E(T) et la variance V(T) de T.

*************** °°° ***************

Exercice 16 : On suppose que la durée de vie (en années) d'un individu est une variable aléatoire réelle T dont la fonction densité de probabilité est définie par :

$$\mathrm{f(t)} = \begin{cases} kt^2(100 - t)^2 & si\, t \in [0\,,\, 100] \;;\; k \in \mathbb{R} \\ 0 & ailleurs \end{cases}$$

1) Déterminer l'unique valeur de la constante k.
2) Calculer l'espérance de vie E(T) de T.
3) Quelle est la probabilité pour qu'un individu meure entre 60 et 70 ans ?

*************** °°° ***************

Exercice 17 : Soit X une variable aléatoire réelle dont l'espérance mathématique $E(X) = 2$ et la variance $V(X) = 6$.

Calculer les moments suivants : $E[(1 + X)^2]$ et $V(3 + 2X)$.

*************** °°° ***************

Chapitre 4.
Lois de probabilité

Lois de probabilité - Distribution et fonction densité, fonction de répartition. Lois de probabilité usuelles - Lois discrètes finies (binomiale, hypergéométrique, uniforme discrète) et infinies (Poisson, géométrique - Pascal, loi binomiale négative). Lois continues (uniforme, exponentielle, normale, Log-normale)

Exercice 1 : Une pièce de monnaie équilibrée est lancée cinquante fois de suite. On décide de compter les apparitions du côté pile de la pièce.

1) Quelle est la loi de probabilité de la variable aléatoire réelle X associée au nombre d'apparitions du côté pile de la pièce au cours des cinquante lancés ?

2) Calculer la probabilité d'obtenir exactement 25 succès « côté pile ».

*************** °°° ***************

Exercice 2 : Sur une aire d'autoroute avec petit commerce et station service. Soit X la variable aléatoire réelle associée au nombre de personnes s'arrêtant à cette station service en une période de temps fixée. Après enquête, supposons que la loi de probabilité de X soit donnée par le tableau suivant :

k	0	1	2	3	4^+
P(X = k)	0.1	0.2	0.4	0.2	0.1

La probabilité pour qu'une personne s'arrêtant à la station service prenne du Super sans plomb est supposée être égale à 0,4.

1) Calculer E(X) et $\sigma(X)$.

Soit Y la variable aléatoire réelle associée au nombre de personnes prenant du Super sans plomb en cette période de temps.

2) Etablir la loi de probabilité de la variable aléatoire réelle $Z = Y/X = i$, pour tout i $\in\{0, 1, 2, 3, 4\}$.

*************** °°° ***************

Exercice 3 : Une plaque métallique comporte k défauts de fabrication. Lors d'un contrôle, un défaut a la probabilité $p = \frac{3}{4}$ d'être détecté visuellement par le contrôleur. On suppose qu'il y a indépendance entre la détection des différents défauts.

1) Calculer l'espérance mathématique du nombre de défauts non détectés.

2) Calculer ensuite cette espérance si la plaque est soumise à deux contrôles indépendants.

*************** °°° ***************

Exercice 4 : Un avion peut se maintenir en vol si au moins la moitié de ses moteurs fonctionne. On supposera que les moteurs tombent en panne indépendamment les uns des autres, et que la probabilité de panne au cours d'un vol est la même pour chaque moteur de l'avion, notée p.

1) Soient B_2 et Q_4 les variables aléatoires réelles associées au « nombre de moteurs qui tombent en panne au cours d'un vol » pour, respectivement, un bimoteur et un quadrimoteur.

a) Etablir les lois de probabilité de B_2 et de Q_4.

b) Calculer, pour le bimoteur et pour le quadrimoteur, la probabilité pour qu'aucun moteur ne tombe en panne au cours d'un vol.

2) Vaut-il mieux voyager en bimoteur ou en quadrimoteur ?

a) Dans le cas général.

b) Dans les cas où, $p = 0,001$ puis $p = 0,4$.

************** ooo **************

Exercice 5 : Le service de la compagnie de transport grandes lignes de la SNCF, dont la clientèle est composée d'usagers réguliers effectuant 400 trajets par an, étudie un projet offrant à ces usagers le choix entre :

- une carte d'abonnement de transport d'une valeur forfaitaire de 3800 € pour l'ensemble des trajets annuels,

- pour les voyageurs ne voulant pas se procurer cette carte d'abonnement, le paiement d'une amende de M € sera exigée par le contrôleur en cas de fraude.

La compagnie prévoit d'organiser les contrôles de façon que la probabilité d'un tel contrôle soit pour chaque trajet égale à $\frac{1}{12}$, avec indépendance d'un trajet par rapport à l'autre.

Soit A un voyageur choisi au hasard. On note X la variable aléatoire réelle associée au « nombre de trajets de l'usager A contrôlés par an » :

1) Donner la loi de probabilité de X.

2) Calculer le nombre moyen de trajets contrôlés.

3) Quel sera en fonction de l'amende M, le coût moyen annuel des trajets pour un usager qui ne se procurera pas l'abonnement de transport ?

4) En déduire la valeur qu'il convient de donner à l'amende M pour que, en moyenne, les deux choix proposés aux usagers soient financièrement équivalents pour la compagnie

5) La compagnie fixe l'amende M à 115 €. Si l'usager A n'a pas d'abonnement de transport, quelle est la probabilité que le coût de ses trajets annuels soit au moins égal à 3800 € ?

************** ooo **************

Exercice 6 : Cinq fusées sont lancées en même temps, sachant qu'une fusée atteint la cible avec une probabilité de l'ordre de 60%.

Quelle est la probabilité pour que :

1) la cible ne soit pas atteinte ?

2) la cible soit atteinte 2 fois ? Au moins une fois ?

3) Combien de fusées faudrait-il lancer pour avoir une probabilité d'au moins 99.99% d'atteindre la cible au moins une fois ?

4) Quelle est la probabilité pour que la cible ne soit pas atteinte 4 fois au cours des cinq lancés ?

*************** °°° ***************

Exercice 7 : Une société de production de pièces mécaniques d'assemblage de haute technologie, fabrique des pièces de haute précision pour le secteur de l'aéronautique. Ces pièces risquent de présenter deux types de défauts, notés D_1 et D_2. Les ingénieurs décident alors de recourir à des tests portant sur l'ensemble des pièces. Les résultats d'études statistiques, menées sur un effectif suffisamment grand pour être significatifs, ont montré que :

- 9% des pièces fabriquées présentent le défaut D_1.

- parmi les pièces présentant le défaut D_1, il y en a 21% qui présentent également le défaut D_2.

- parmi les pièces ne présentant pas le défaut D_1, il y en a 7% qui présentent le défaut D_2.

On choisit au hasard une pièce parmi toutes les pièces fabriquées.

1) Calculer les probabilités des événements suivants :

a) la pièce présente les deux défauts D_1 et D_2.

b) la pièce présente le défaut D_2 mais pas le défaut D_1.

c) la pièce présente le défaut D_2.

d) la pièce ne présente aucun des deux défauts.

On décide de changer de procédure. Au cours de la fabrication des pièces, on prélève successivement, et au hasard, une à une, 14 pièces pour constituer un échantillon.

2) Déterminer la probabilité de l'événement : il y a au moins 13 pièces de l'échantillon qui ne présentent aucun des deux défauts D_1 et D_2.

*************** °°° ***************

Exercice 8 : D'après une étude sur le comportement du consommateur, il semble que 3 consommateurs sur 5 soient influencés par la marque du produit lors d'un achat. Le responsable Marketing d'un grand magasin interroge 20 consommateurs choisis au hasard afin de connaître leur réaction sur ce sujet. Quelle est la probabilité que moins de 10 consommateurs soient influencés ?

*************** °°° ***************

Exercice 9 : Dans un atelier de mécanique, le nombre d'accidents du travail hebdomadaire est supposé suivre une loi de Poisson de moyenne 2.

1) Caractériser la loi de probabilité du nombre d'accidents du travail par semaine dans l'atelier.

Calculer les probabilités des événements suivants :

2) au moins un accident au cours d'une semaine.

3) exactement un accident sachant qu'il y en a eu au moins un.

4) au moins trois accidents au cours d'une semaine donnée.

5) exactement trois accidents sachant qu'il y en a eu au moins deux.

*************** ∘∘∘ ***************

Exercice 10 : Cinq étudiants décident de partir ensemble pour un séjour à la montagne. Pour assurer le ravitaillement du groupe, il leur faut choisir dans le groupe, la ou les différentes personnes qui vont assumer les 12 ravitaillements journaliers de leur séjour. Kevin fait partie du groupe mais il apprécie très modérément la marche jusqu'à la station la plus proche pour le ravitaillement.

1) Quelle est la loi de la variable aléatoire réelle X associée au nombre de ravitaillements journaliers effectués par Kevin lors du séjour ?

2) Quelle est la probabilité pour que Kevin effectue k ravitaillements ?

3) Calculer l'espérance mathématique, la variance et l'écart-type de X.

4) Quelle est la probabilité pour que Kevin n'aille pas au ravitaillement ?

5) Quelle est la probabilité pour que Kevin aille au ravitaillement une seule fois lors du séjour ? Plus de 2 fois ? Moins de 10 fois ? Plus de 2 fois mais moins de 5 ?

Kevin a longuement réfléchicogité afin de proposer une autre procédure pour les ravitaillements. Il se demande s'il ne serait pas plus avantageux de proposer d'effectuer 4 gros ravitaillements soit un tous les trois jours. Il suggère d'effectuer les quatre tirages au sort, un seul nom à la fois, sans remise.

6) Reconnaître la loi suivie par la variable aléatoire réelle Y associée au nombre de ravitaillements effectués par Kevin lors du séjour.

7) Quelle est la probabilité pour que Kevin effectue k ravitaillements ?

8) Calculer l'espérance mathématique, la variance et l'écart-type de Y.

9) Quelle est la probabilité pour que Kevin n'aille pas au ravitaillement ?

10) Quelle est la probabilité pour que Kevin aille au ravitaillement une seule fois lors du séjour ? Plus de 2 fois ? Moins de 10 fois ? Plus de 2 fois mais moins de 10 ?

*************** ∘∘∘ ***************

Exercice 11 : Une machine a fabriqué 500 articles dont 5 sont défectueux. On tire au hasard 20 articles. On supposera le tirage avec, puis sans remise.

1) Déterminer la moyenne et la variance du nombre de pièces défectueuses.

2) Quelle est la probabilité qu'aucun de ces 20 articles ne soit défectueux ? Les résultats vous surprennent-ils ?

*************** ooo ***************

Exercice 12 : Contrôle de la qualité d'adhésion des étiquettes sur des contenants métalliques. La machine effectuant le collage des étiquettes en produit environ 2000 dans la journée. Pour chaque lot de contenants étiquetés, une inspection visuelle est faite en prélevant au hasard un échantillon de 20 contenants et en notant le nombre de contenants mal étiquetés (colle insuffisante, mauvaise couleur, etc.). La fabrication d'une journée comporte habituellement 5% de défectueux.

1) Quelle est la loi de probabilité du nombre de contenants mal étiquetés dans l'échantillon ?

2) A combien de contenants mal étiquetés, cette entreprise peut-elle s'attendre en moyenne ?

3) Quelle est la variance du nombre de contenants mal étiquetés dans l'échantillon considéré ? En déduire puis interpréter son coefficient de variation.

4) Quelle est la probabilité qu'au plus le quart des contenants soit défectueux ?

5) Quelle est la probabilité qu'il y ait moins de quatre contenants mal étiquetés ?

6) Quelle est la probabilité pour que le nombre de contenants défectueux soit compris entre sa moyenne plus ou moins un écart type ?

7) Quelle quantité de contenants mal étiquetés a la plus forte probabilité d'être observée ?

8) Un lot de 20 contenants est refusé s'il contient plus de 3 contenants mal étiquetés. Quelle est la probabilité de refuser le lot avec ce plan de contrôle ?

9) Quelle est la loi de probabilité du nombre de lots acceptés dans un échantillon de 100 lots à commercialiser ?

10) Vérifiez que $P[Z = 5] = P[Y = 95]$ où, Y représente le nombre de lots acceptés et Z celui du nombre de lots refusés dans un échantillon de 100 lots à commercialiser.

11) Quelle doit être la taille minimale de l'échantillon à prélever pour que la probabilité qu'aucun contenant défectueux soit supérieure à 50% ?

*************** ooo ***************

Exercice 13 : Une entreprise fabrique des tubes de verre. D'après le responsable, la proportion de tubes défectueux est de 5%. On note X la variable aléatoire réelle associée au nombre de tubes de verre contrôlés pour observer un tube défectueux.

1) Déterminer la loi de probabilité de X, calculer E(X) et V(X).

2) Quelle est la probabilité pour que le 4ème tube contrôlé s'avère le premier défectueux ?

3) Même question, mais cette fois pour le 10ème tube contrôlé ?

*************** ∘∘∘ ***************

Exercice 14 : L'entreprise de micro-ordinateurs MBI précise que 80% de ses micro-ordinateurs ne requièrent aucun ajustement avant d'être expédiés aux diverses sucursales qu'elle dessert.

1) Quelle est la probabilité qu'il faille en examiner 6 pour en obtenir 3 qui ne requièrent aucun ajustement ?

2) En moyenne, combien de micro-ordinateurs faut-il vérifier avant d'en obtenir 10 qui ne requièrent aucun ajustement ?

*************** ∘∘∘ ***************

Exercice 15 : Soit X une la variable aléatoire réelle qui suit une loi uniforme sur l'intervalle $[-\frac{1}{4}, \frac{1}{4}]$.

1) Ecrire puis représenter la fonction densité de probabilité f de X.
En déduire puis représenter la fonction de répartition F de X.

2) Déterminer les caractéristiques : E(X), V(X) et $\sigma(X)$ de X.

3) Calculer les probabilités suivantes : $P(X \leq -2)$; $P(X = \frac{1}{4})$; $P(X \geq 0.2)$
$P(-0.2 \leq X \leq 0.2)$; $P(X \leq +1)$; $P[(X \geq 0.2) \cup (X \leq -0.2)]$

*************** ∘∘∘ ***************

Exercice 16 : Dans une entreprise, un contrôle visuel est effectué sur des plaques de laiton. La surface d'une plaque est vérifiée pour détecter des taches de cuivre, d'oxydation ou autres non-conformités apparentes. Selon les résultats du contrôle effectué par un agent technique du Département Assurance Qualité, il y a, en moyenne, 1.7 non-conformité par plaque. On suppose que le nombre de non-conformités par plaque est distribué selon une loi de Poisson.

1) Quelle est la variabilité du nombre de non-conformités ?

2) Quelle est la probabilité d'observer moins de 2 non-conformités par plaque ? Plus d'une non-conformité par plaque ? Entre 2 et 3 non-conformités par plaque ?

3) Une plaque est commercialisée si elle ne présente aucune non-conformité. Sur 150 plaques contrôlées, quel serait vraisemblablement le nombre de plaques de laiton commercialisables ?

*************** ∘∘∘ ***************

Exercice 17 : Tania et 11 autres étudiantes de l'Université Lumière Lyon 2 ont choisi d'aller au bord de la mer après les derniers examens de l'année universitaire. L'inconvénient, elles ne disposent que d'une seule planche de surf pour douze ! ! ! D'un commun accord, elles décident de tirer au sort le nom de la chanceuse du jour parmi les douze noms. L'heureuse bénéficiaire pourra alors profiter de la planche toute la journée.

1) Déterminer la loi de probabilité de la variable aléatoire réelle T associée au nombre de jours pendant lesquels Tania va se morfondre avant la première sortie en mer sur la planche de surf.

2) Calculer la probabilité pour que Tania obtienne la planche au « $k^{ème}$ jour ».

3) Calculer E(T), V(T) et $\sigma(T)$.

4) Quelle est la probabilité que Tania bénéficie d'au moins une fois de la planche dans les 5 premiers jours ?

5) Quelle est la probabilité que Tania ne bénéficie pas de la planche dans les 5 premiers jours ?

*************** ooo ***************

Exercice 18 : Soit X une la variable aléatoire réelle qui suit une loi exponentielle d'espérance mathématique E(X) = 3.

1) Déterminer la fonction densité de probabilité f de X. En déduire sa fonction de répartition F.

2) Déterminer la variance mathématique V(X) et l'écart-type $\sigma(X)$ de X.

3) Calculer les probabilités suivantes :

$P(X \leq -8)$; $P(X \leq 8)$; $P(-2 \leq X \leq 2)$

$P[(X \geq -2) \cup (X \leq -2)]$; $P(X \geq 3)$; $P[(X \geq 2) \cup (X \leq -2)]$

$P(|X+1| \geq 3)$; $P(|X-2| \leq 5)$; $P(-1 < X < 3)$

*************** ooo ***************

Exercice 19 : Lecture de la table de la loi normale $N(0\,,\,1)$. Soit X une variable aléatoire normale de paramètres $m = -1$ et $\sigma^2 = 4$.

1) Calculer les probabilités suivantes : $P(X < -1)$, $P(X < 1)$, $P(-3 < X < 1)$.

2) Déterminer le fractile x_0 tel que : $P(X \leq x_0) = 0.90$, $P(X \leq x_0) = 0.33$, $P(X > -x_0) = 0.40$, $P(|X+1| \leq x_0) = 0.70$

3) Déterminer les paramètres m et σ de la loi normale suivie par Y, sachant que : $P(Y < 2) = 0.10$ et $P(Y > 5) = 0.30$.

4) Déterminer l'espérance mathématique E(Z) = m de la loi normale suivie par Z, sachant que $V(Z) = 2^2$ et $P(Z > 3) = 93.32\%$

5) Déterminer la variance mathématique $E(T) = \sigma^2$ de la loi normale suivie par T, sachant que $E(T) = -1.5$ et $P(T < -0.8) = 75.80\%$

*************** ooo ***************

Exercice 20 : Soit $X \to N(m\,,\,\sigma^2)$ une la variable aléatoire réelle qui suit une loi normale telle que : $P(X < 3) = 0.1587$ et $P(X > 12) = 0.0228$.

Calculer la probabilité $P(1 < X < 10)$.

*************** ∘∘∘ ***************

Exercice 21 : Des relevés téléphoniques d'une cabine ont indiqué que la durée d'une communication, mesurée en minutes (mn), est distribuée selon une loi exponentielle d'espérance mathématique 0.1 communication/mn.

1) Quelle est la durée moyenne d'une conversation téléphonique ?

2) Quelle est la variance de la durée d'une conversation téléphonique ?

Une personne arrive à cette cabine et quelqu'un passe juste devant lui.

3) Quelle est la probabilité que cette personne attende plus de 10 minutes ? Entre 10 et 20 minutes ?

4) Quelle est la probabilité que la durée d'une conversation soit comprise entre sa moyenne plus ou moins un écart-type ?

5) 70% des conversations téléphoniques ont une durée inférieure à quelle valeur de temps ?

*************** ∘∘∘ ***************

Exercice 22 : Une étude statistique auprès d'un grand magasin de bricolage a permis d'établir que la demande de location de petites machines industrielles est distribuée selon une loi normale de moyenne $m = 200$ unités par mois et d'écart-type $\sigma = 30$ unités. Si l'entreprise a en stock, pour le mois qui débute, 230 unités,

1) Quelle est la probabilité qu'elle ne puisse suffire à la demande ?

L'entreprise veut s'assurer qu'elle ne sera pas en pénurie de stock à 95% et plus au cours d'un mois donné.

2) Quel doit être le nombre de machines à stocker mensuellement pour respecter cette condition ?

*************** ∘∘∘ ***************

Exercice 23 : On suppose que la variable aléatoire réelle associée à la durée de vie, en jours, d'une ampoule, suit une loi exponentielle de paramètre $\frac{1}{100}$.

1) Quelle est la durée de vie moyenne d'une ampoule ?

2) Quelle est la probabilité qu'une ampoule choisie au hasard fonctionne encore au moins 10 jours, sachant qu'à son $n^{ième}$ jour, elle fonctionnait encore ?

*************** ∘∘∘ ***************

Exercice 24 : Une entreprise veut s'assurer que 80% des composants électroniques qu'elle fabrique fonctionnent toujours après 558 heures d'opération. On supposant que la durée de vie des composants est distribuée selon une loi exponentielle de paramètre λ. Quel devrait être le temps moyen de bon fonctionnement $\beta = 1/\lambda$ pour correspondre à cette exigence ?

*************** ∘∘∘ ***************

Exercice 25 : La variable aléatoire réelle associée à la durée de vie en années des lave-vaisselles d'un fabricant est supposée suivre une loi normale, de moyenne $m = 7$ et d'écart-type $\sigma = 2$.

1) Sachant que la garantie est de 2 ans, calculer la proportion de lave-vaisselles que le fabricant doit s'attendre à remplacer. En déduire le nombre correspondant sur 100 000 ventes.

2) Le même fabricant envisage de doubler la durée de garantie, pour la porter à 4 ans. Par quel coefficient le nombre de lave-vaisselles à remplacer est-il multiplié ?

3) Construire l'intervalle symétrique en probabilité dans lequel fluctue la durée de vie dans 80% des cas, puis dans 95% des cas.

*************** ∘∘∘ ***************

Exercice 26 : Dans un magasin de pièces détachées, le temps nécessaire pour servir un client est distribué selon une loi exponentielle avec une durée moyenne de service de 5 minutes par client.

1) Quelle est alors la valeur du paramètre de cette loi ?

2) Déterminer la fonction densité de probabilité de la durée de vie de service de ce magasin.

3) Quelle est la probabilité pour que la durée de service soit inférieure ou égale à 2 minutes ? Supérieure à 6 minutes ? Comprise entre 3 et 8 minutes ?

4) Est-ce exacte de dire qu'il y a 50% de chances pour que la durée de service d'un client soit inférieure à la durée moyenne de service ?

*************** ∘∘∘ ***************

Exercice 27 : Soit T la variable aléatoire réelle associée à la durée de vie, exprimée en années, d'un composant électronique. On suppose que T suit une loi exponentielle d'espérance mathématique $E(T) = 10$ ans.

1) Déterminer les fonctions densité de probabilité et de répartition de T ainsi que son écart-type.

2) Quelle est la probabilité qu'un composant choisi au hasard ait une durée de vie supérieure à 5 ans ? Supérieure à 10 ans ? Comprise entre 5 et 10 ans ?

3) Un composant électronique de ce type fonctionne déjà depuis 8 ans. Quelle est la probabilité qu'il fonctionne encore au moins pendant 5 ans ? 10 ans ? Que remarque-t-on ?

*************** ᵒᵒᵒ ***************

Exercice 28 : Une entreprise fabrique de petites tiges métalliques dont la longueur doit se situer dans l'intervalle [8cm - 12cm]. On admet que la longueur est normalement distribuée $N(10\,;\,\sigma^2)$; le procédé de fabrication produit des tiges de longueur moyenne m = 10 cm et d'écart-type $\sigma = 1$ cm.

1) Déterminer puis interpréter le coefficient de variation de la longueur des tiges.

2) Quelle est la probabilité qu'une tige métallique ait une longueur inférieure à 8cm ? Supérieure à 12 cm ? Comprise entre 8 et 12 cm ?

3) Quelle est la probabilité qu'une tige ait une longueur qui diffère de la moyenne par $\pm$ 1 cm ?

4) Dans 90% des cas, les tiges auront une longueur inférieure à combien de centimètres ?

5) 10% des tiges ont une longueur inférieure à combien de centimètres ?

6) 15% des tiges ont une longueur supérieure à combien de centimètres ?

Si une tige est trop longue, elle peut être coupée pour correspondre aux normes mais à un coût supplémentaire de 0.25 € la tige. Si la tige est trop petite, elle doit être jetée.

7) Sur une fabrication de 10000 tiges, combien devront être jetées ?

8) S'il en coûte 500 € pour fabriquer 1000 tiges et que le prix de vente unitaire est de 0.90 €, à combien peut-on évaluer le profit de l'entreprise pour une fabrication de 10000 tiges ?

9) Considérant qu'une tige jetée occasionne une perte plus grande qu'une tige coupée, on décide d'ajuster la machine afin de centrer le procédé à 10.5 cm. Est-ce que cette opération est rentable ? Comparer le profit résultant entre l'ajustement à 10 cm et à 10.5 cm pour une fabrication de 10000 tiges.

*************** ᵒᵒᵒ ***************

Exercice 29 : Soit U une variable aléatoire réelle normale centrée-réduite $N(0,1)$.

1) Quelle est la loi de probabilité de la variable aléatoire réelle $Y = e^U$, dite loi Log-normale ?

2) Calculer l'espérance mathématique E(Y) et la variance V(Y) de Y.

3) Déterminer les probabilités suivantes : $P(Y \leq 1)$, $P(|Y-1| \leq 0.5)$.

*************** ooo ***************

Exercice 30 : Soit U une variable aléatoire réelle qui suit une normale centrée-réduite $N(0,1)$.

1) Déterminer la loi de probabilité de la variable aléatoire réelle $Y = |U|$.

2) Calculer l'espérance mathématique E(Y) et la variance V(Y) de Y.

*************** ooo ***************

Exercice 31 : Un fabricant de moniteur-vidéos veut déterminer la période de garantie qu'il devrait associer au tube-écran, le composant le plus important du moniteur. Des essais en laboratoire ont indiqué que la durée de vie utile (en années) de ce composant est distribuée selon une loi exponentielle avec un taux moyen de défaillance de 0.20 tube/an.

1) Quelle est la durée de vie moyenne des tubes ?

2) Quelle est la probabilité qu'un tube opère sans défaillance pour une période excédant sa durée de vie espérée ?

3) Sur 1000 tubes de ce genre, combien seront défaillants au cours des cinq premières années ?

4) Quelle est la probabilité que la durée de vie d'un tube soit comprise entre sa moyenne plus ou moins un écart-type ?

5) 50% des tubes fonctionnent sans défaillance pendant combien de temps ?

On veut donner une période de garantie sur le tube ; toutefois, on ne veut pas remplacer plus de 10% de tubes au cours de cette période de garantie.

6) Quelle devrait être alors la période de garantie ?

*************** ooo ***************

Exercice 32 : Le responsable du SAV Service après-vente d'un grand magasin de gros électroménager a estimé que le temps (en heures) nécessaire pour réparer une machine suit une loi exponentielle de durée de réparation moyenne de 2 heures.

1) Quelle est la probabilité que le temps de réparation d'une machine n'excède pas 2 heures ? Soit de plus de 2h ? Compris entre 2h et 4h ?

2) Quelle est la probabilité que la durée de réparation d'une machine soit d'au moins 4 heures sachant qu'elle a déjà dépassée 2 heures ?

*************** ooo ***************

Exercice 33 : Lien entre les lois de probabilité de Poisson (discrète) et exponentielle (continue). La loi exponentielle est une loi de probabilité qui modélise le temps de service ou d'attente entre deux arrivées successives dans une file d'attente. Elle est utilisée dans un processus de Poisson, loi de probabilité qui est associée au nombre d'arrivées alors que la loi exponentielle est associée à la durée d'attente entre les arrivées. Si la variable aléatoire réelle X, associée au nombre d'arrivées par période de temps, suit une loi de Poisson avec un temps moyen d'arrivée $E(X) = \lambda$ (nombre moyen d'arrivées par unité de temps), alors la variable aléatoire réelle T associée à l'intervalle de temps entre deux arrivées successives suit une loi exponentielle de moyenne $E(T) = 1/\lambda$ (temps moyen séparant deux arrivées successives). L'inverse du temps moyen séparant deux arrivées successives est le taux moyen de service.

Exercice d'application : des clients arrivent à un bureau de poste d'une façon aléatoire au taux de 15 clients par heure. Le nombre de clients qui arrivent à ce bureau de poste est supposé suivre une loi de Poisson.

1) Quelle est la loi de probabilité du temps d'attente entre deux arrivées successives à ce bureau de poste ?

2) Quel est le temps moyen de service ou d'attente entre deux clients successifs ?

3) Dans la file d'attente devant le bureau de poste, quelle est la probabilité d'attendre moins de 5 minutes entre deux clients successifs ? Entre 1 et 2 minutes ? Plus de 5 minutes ?

*************** ooo ***************

Exercice 34 : Les notes obtenues par des étudiants à un examen de statistique sont supposées normalement distribuées $N(m = 7.2\ ;\ \sigma^2 = 3^2)$.

1) Calculer le pourcentage d'étudiants ayant obtenu une note supérieure à 10 à cet examen, et déterminer la note en dessous de laquelle se trouvent 10% des étudiants.

Compte tenu de ces résultats, on décide de revaloriser l'ensemble des notes par une transformation linéaire $Y = aX + b$.

2) Quelles valeurs doit-on donner aux constantes a et b pour que les valeurs précédentes passent respectivement à 50% et à 7 ?

3) Quelle est la loi de probabilité suivie par les notes des étudiants après revalorisation ?

*************** ooo ***************

Chapitre 5.
Approximations de lois & Convergence

Approximations d'une loi discrète par une loi discrète, d'une loi discrète par une loi continue

Exercice 1 : A la sortie d'une chaîne de montage, 97% des véhicules testés ne présentent aucun défaut. Quelle est la probabilité pour que dans un lot de 50 véhicules pris au hasard, 5 exactement soient défectueux, en appliquant :

1) la distribution de probabilité exacte,

2) une distribution de probabilité approchée.

*************** ◦◦◦ ***************

Exercice 2 : Recherche d'approximations. Soit X une variable aléatoire réelle qui suit une loi Hypergéométrique $H(N = 1000; n = 50; p)$:

1) par quelle(s) loi(s) peut-on approcher la loi de X lorsque $p = 0.5$?

2) par quelle(s) loi(s) peut-on approcher la loi de X lorsque $p = 0.05$?

*************** ◦◦◦ ***************

Exercice 3 : Une société de location de voitures a calculé que la probabilité qu'une de ses voitures louées ait un accident dans une journée est de l'ordre de 0.04%. La probabilité qu'une voiture louée ait plus d'un accident par jour est supposée nulle.

Les accidents sont supposés indépendants les uns des autres. Chaque jour, 100 voitures de la société sont en circulation. Soit X la variable aléatoire réelle associée au nombre de voitures de location de la société ayant un accident dans une journée :

1) déterminer la loi de probabilité de X. Calculer E(X) et V(X).

2) montrer que la loi de X peut être approchée par une loi de probabilité discrète.

3) déterminer les valeurs approchées des probabilités des événements suivants :

- le nombre d'accidents en une journée est égal à 4,

- le nombre d'accidents en une journée est au plus égal à 5 sachant qu'il est au moins égal à 2.

4) déterminer le nombre d'accidents n tel que $P(X > n) \leq 1\%$.

*************** ◦◦◦ ***************

Exercice 4 : Soit la variable aléatoire réelle $X \to B(n=50\,;\,p=0.5)$.

1) Montrer que l'approximation normale est la seule approximation possible de la loi de X et déterminer ses paramètres.

2) Calculer à partir de cette approximation les probabilités suivantes :

$P(X=50)$, $P(X=0)$, $P(X \simeq 27)$, $P(X>33)$, $P(X<18)$,
$P(12<X<24)$, $P(15 \leq X \leq 35)$, $P(20 \leq X < 35)$, $P(X \geq 35)$.

*************** ooo ***************

Exercice 5 : Une entreprise fabrique des composants électroniques dont 5% sont défectueux. Elle les commercialise par boîtes de 300 composants et les garantit à 96%.

Quelle est la probabilité que cette garantie ne soit pas respectée ?

*************** ooo ***************

Exercice 6 : Le dîner de gala d'un congrès international d'écomomie qui a réuni 648 participants, a lieu dans un restaurant gastronomique de Lyon. Au menu, pour le plat principal, chaque participant aura à choisir parmi trois types de plats cuisinés du grand chef étoilé lyonnais : un plat à base de poisson, un plat de viande ou encore un plat végétarien.

Combien de plats de chaque type doit préparer le restaurant pour pouvoir satisfaire le choix des participants dans 99.90% des cas ?

*************** ooo ***************

Exercice 7 : Une chaîne de fabrication produit des pièces d'un même type en très grand nombre. La probabilité pour qu'une pièce fabriquée soit défectueuse est de l'ordre de 6%. On prélève 300 pièces successivement, une à une, avec remise. Soit X la variable aléatoire réelle associée au nombre de pièces défectueuses à mettre au rebut parmi cet échantillon.

1) Déterminer la loi de probabilité de X. Calculer l'espérance mathématique E(X) et la variance V(X) de X.

2) Calculer la probabilité qu'il y ait 25 pièces défectueuses dans l'échantillon.

3) Justifier une approximation de la loi de X et calculer ses paramètres.

4) Calculer la probabilité qu'il y ait au plus 20 pièces défectueuses.

5) Calculer la probabilité qu'il y ait strictement moins de 25 pièces et strictement plus de 15 pièces défectueuses.

*************** ooo ***************

Exercice 8 : Le nombre de clients par jour qui entrent dans un magasin pour audiophiles est associé à une variable aléatoire qui suit une loi de Poisson de paramètre 12. On admet que les variables correspondant à des jours différents sont indépendantes.

Quelle est la probabilité d'avoir au moins 250 clients durant un mois de 22 jours ouvrables ?

************** ∘∘∘ **************

Exercice 9 : Pour chacun des exemples suivants, on justifiera le choix de la loi de probabilité utilisée pour approximer la loi de probabilité de la variable aléatoire X.

Comparer les valeurs approchées obtenues avec les valeurs exactes des probabilités suivantes :

1) Si $X \to B(n = 75\,;\, p = 0.02)$: $P(X = 2)$, $P(X \geq 2)$ et $P(2 < X \leq 4)$.

2) Si $X \to P(\lambda = 25)$: $P(X = 15)$, $P(15 < X < 20)$ et $P(16 < X \leq 18)$.

3) Si $X \to B(n = 20\,;\, p = 0,4)$: $P(X > 5)$ et $P(2 < X \leq 6)$.

************** ∘∘∘ **************

Exercice 10 : Un restaurant peut servir 75 repas. La pratique montre que 20% des clients ayant réservé ne viennent pas. Le restaurateur accepte 90 réservations.

1) Quelle est la probabilité qu'il se présente au plus 70 clients ?

2) Quelle est la probabilité de ne pas satisfaire la clientèle ?

3) Combien le restaurateur doit-il accepter de réservations pour avoir une probabilité supérieure ou égale à 95% de pouvoir servir tous les clients qui se présenteront dans son restaurant ?

************** ∘∘∘ **************

Exercice 11 : La demande journalière pour un produit est une variable aléatoire réelle X qui suit une loi de Poisson.

1) Déterminer la valeur entière du paramètre λ de la loi de probabilité de X sachant que la probabilité de n'avoir aucune demande un jour donné est de l'ordre de 0.6738%.

2) Le magasin recomplète son stock chaque matin à raison de 6 unités. Quel est en moyenne, sur 100 jours, le nombre de jours avec rupture de stock ?

3) On désigne par Y la variable aléatoire égale au nombre de jours avec rupture de stock sur 100 jours. Reconnaître la loi de probabilité exacte de Y.

4) Peut-on approximer la loi de Y par une loi normale ? avec quels paramètres ?

************** ∘∘∘ **************

Exercice 12 : Un fabricant produit des transistors dont 1% sont défectueux. Il les commercialise par paquets de 100 et les garantit à 98%. Soit X la variable aléatoire réelle associée au nombre de transistors défectueux dans un paquet de 100.

1) Déterminer la loi de probabilité de X et la reconnaître.

2) Peut-on approximer la loi de X par une loi discrète ? pourquoi ?

3) Peut-on approximer la loi de X par une loi continue ? pourquoi ?

4) Calculer alors la probabilité que cette garantie tombe en défaut.

*************** ∘∘∘ ***************

Exercice 13 : Une compagnie de transport dont la clientèle est composée d'usagers réguliers effectuant 400 trajets par an, étudie un projet offrant à ces usagers le choix entre :

- un titre de transport noté C de 4000 € pour l'ensemble des trajets annuels

- pour les voyageurs ne voulant pas se procurer le titre de transport C, le paiement d'une taxe de M € en cas de contrôle.

La probabilité qu'un trajet soit contrôlé est de l'ordre de 10%, avec indépendance d'un trajet par rapport à l'autre. On note X la variable aléatoire associée au nombre de trajets contrôlés par an d'un voyageur choisi au hasard.

1) Donner la loi de probabilité de X.

2) Calculer le nombre moyen de trajets contrôlés.

3) Quel sera en fonction de M, le coût moyen annuel des trajets pour un usager qui ne se procurera pas le titre de transport C ?

4) En déduire la valeur qu'il convient de donner à M pour que, en moyenne, les deux choix proposés aux usagers soient financièrement équivalents pour cette compagnie de transport.

La compagnie fixe M à 105 €.

5) Par quelle loi peut-on approcher la loi de X ?

6) Si le voyageur ne s'est pas procuré le titre de transport C, quelle est la probabilité que le coût de ses trajets annuels soit au moins égal à 4000 € ?

*************** ∘∘∘ ***************

Exercice 14 : Le marchand de journaux situé place Bellecour, à l'entrée de la station des lignes A et D du métro de Lyon, a remarqué qu'en moyenne, entre 7h et 7h 15, deux personnes sur dix achète le journal régional Le Progrès.

1) Sachant qu'il passe 400 personnes entre 7h et 7h 15, indiquer la loi de probabilité de la variable aléatoire réelle X associée au nombre de journaux vendus pendant cette période de temps.

2) Donner une valeur approchée de la probabilité $P(70 \leq X < 120)$.

*************** ∘∘∘ ***************

Exercice 15 : Le service marketing d'une entreprise de taille intermédiaire (ETI) utilise deux supports publicitaires différents pour vanter les qualités de son produit auprès des consommateurs potentiels, un quotidien national et une chaîne de télévision. Les chiffres qui suivent portent sur les consommateurs potentiels du produit :

- un consommateur sur dix est touché par le journal, contre un sur cinq par la télévision ; il faut cependant noter qu'un consommateur sur vingt est touché simultanément par les deux supports.

- parmi les consommateurs touchés par la publicité, un consommateur sur dix achète le produit, contre un sur cinquante parmi ceux qui ne sont pas touchés.

1) Calculer la probabilité pour qu'un consommateur soit touché par la publicité.

2) On choisit un consommateur au hasard, et on appelle succès le fait qu'il soit acheteur du produit. Quelle est la probabilité du succès ?

On suppose qu'il y a 10 000 consommateurs parmi lesquels on choisit au hasard 100 consommateurs différents. On note X la variable aléatoire réelle associée au nombre d'acheteurs parmi les cent consommateurs choisis.

3) Déterminer la loi de probabilité exacte de X, ainsi que son espérance mathématique et sa variance.

4) Par quelle(s) loi(s) discrète(s) peut-on approximer la loi de X ?

Indiquer l'espérance et la variance correspondant à chaque approximation.

5) Evaluer alors les probabilités : $P(X = 2)$ et $P(1 < X < 5)$, en utilisant ces deux approximations tour à tour.

6) Pourquoi l'approximation normale de la loi de X n'est-elle pas entièrement justifiée ? Comparer les résultas précédents à ceux que donne l'approximation normale.

*************** °°° ***************

Exercice 16 : Le trafic routier est le premier responsable de la pollution de l'air dans les agglomérations. D'après l'Agence Sanitaire Française (ASF), 20% des véhicules en circulation ne satisfont pas aux normes de pollution. Dans un échantillon aléatoire de 150 voitures,

1) quelle est la probabilité d'observer plus de 20 voitures ne respectant pas les normes de pollution ?

2) dans 95% des cas, quel nombre maximal de voitures parmi un échantillon de 150 peut-on considérer comme ne respectant pas les normes de pollution, si on considère toujours que l'affirmation de l'ASF est vraie ?

*************** °°° ***************

Exercice 17 : Dans le processus de construction de ses avions, Aérospace utilise des assemblages qui nécessitent une grande quantité de rivets bombés conformes aux exigences aéronautiques. Le moindre défaut du rivet a un impact au niveau du rivetage. Aérospace attache donc un soin tout particulier à la procédure de contrôle de réception de ses rivets, qui arrivent par livraison de 100 000. L'entreprise qui fournit ces rivets s'est engagée par contrat à respecter un taux de défectueux égal à 1%. Une inspection de tous les rivets n'étant pas possible, la procédure utilisée pour contrôler une livraison est la suivante : on prélève 1000 rivets différents et l'on vérifie la conformité de leur diamètre.

On note X la v.a.r. associée au nombre de rivets défectueux. La règle de décision est d'accepter la livraison s'il y a au plus 15 rivets défectueux, et de la refuser sinon.

1) Etablir la loi de probabilité exacte de X, pour une livraison conforme, ainsi que son approximation discrète usuelle, dont on donnera la moyenne et la variance.

2)Donner une valeur approchée de la probabilité notée p_1, de refuser une livraison.

C'est à partir de 2% de défectueux qu'une livraison pose de sérieux problèmes à Aérospace.

3) Donner une valeur approchée de la probabilité p_2 d'accepter une livraison comportant 2% de défectueux.

*************** ∘∘∘ ***************

Exercice 18 : Durée de fonctionnement. Soient n entier naturel et α réel strictement positif. Considérons l'intégrale convergente telle que :

$$I(n,\alpha) = \int_0^{+\infty} x^n e^{-\alpha x} dx = \frac{n!}{\alpha^{n+1}}$$

Un composant électronique particulier a une durée de fonctionnement, exprimée en jours, caractérisée par une variable aléatoire réelle X.

Soit la fonction f de R dans R définie par : $f(x) = \begin{cases} \beta x^2 e^{-\alpha x} & si\ x \geq 0 \\ 0 & ailleurs \end{cases}$

1) Montrer que $\beta = \frac{\alpha^3}{2}$ pour que f soit une densité de probabilité de X.

2) Déterminer α sachant qu'un composant fonctionne en moyenne 200 jours. Calculer $\sigma(X)$.

On prélève un échantillon d'une centaine de composants similaires en sortie de la chaîne de production. Soit Y la variable aléatoire réelle associée à la moyenne des durées de fonctionnement de ces 100 composants.

3) Calculer l'espérance mathématique $E(Y)$ et la variance $V(Y)$ de Y.

4) Justifier par un théorème que Y suit approximativement une loi normale.

5) Déterminer le réel ε pour lequel on a $P(|M - 200| > \varepsilon) \leq 5\%$.

*************** ∘∘∘ ***************

Exercice 19 : Dans une municipalité de la proche banlieue lyonnaise, 45% des contribuables sont en faveur d'un projet d'implantation d'un parc éolien sur leur commune.

Quelle est la probabilité que dans un échantillon de 800 contribuables de cette municipalité, une majorité soit en faveur de ce projet de parc éolien ?

*************** °°° ***************

Exercice 20 : Une grande compagnie aérienne a annoncé en début d'année l'intention de commander 36 avions moyen-courriers chez les constructeurs aéronautiques, américain Boeing et/ou européen Airbus, afin de remplacer sa flotte vieillissante. Ces nouveaux avions doivent lui être livrés impérativement dans deux ans.

Combien d'avions de ce type doit prévoir chacun des constructeurs pour pouvoir satisfaire la commande dans au moins 99% des cas ?

*************** °°° ***************

Exercice 21 : Pour relancer l'industrie automobile mise à mal par la pandémie du Covid-19, un grand groupe automobile français à proposer de réduire le temps de travail hebdomadaire à quatre jours. L'idée est de relancer l'économie sans déclencher de seconde vague du virus.

Si 60% des salariés du groupe sont favorables à la semaine de 4 jours, donner une estimation de la probabilité qu'un échantillon prélevé au hasard de 125 salariés du groupe contienne :

1) moins de 70 salariés favorables à la semaine de 4 jours de travail,
2) entre 60 et 70 salariés (inclus) en faveur de la semaine de 4 jours,
3) au moins 80 personnes en faveur de de la semaine de 4 jours.

*************** °°° ***************

Exercice 22 : Dans l'amphithéâtre L. Aubrac réservé au cours magistral de Statistique & Probabilités de la 2ème année de licence de Sciences Economiques & Gestion de l'Université Lumière Lyon 2, le nombre maximum de places assises s'élève à 220 étudiant(e)s. La nouvelle promotion compte 360 étudiant(e)s.

On a constaté expérimentalement que seulement 60% des étudiants sont présents pour suivre le cours.

1) Quelle est la probabilité d'avoir à dédoubler le cours de Statistique & Probabilités ?

2) Quelle est la probabilité d'avoir exactement 220 étudiant(e)s dans l'amphitéâtre pour suivre le cours ?

*************** °°° ***************

Chapitre 6.
Variables aléatoires bidimensionnelles

Variables aléatoires discrètes et continues à deux dimensions, lois conjointe, marginales et conditionnelles, variables aléatoires indépendantes, covariance, coefficient de corrélation linéaire

Exercice 1 : La fonction densité de probabilité conjointe de deux variables aléatoires réelles X et Y est définie par :

$$f(x,y) = \begin{cases} \frac{xy}{96} & si\ 0 < x < 4\ \ et\ \ 1 < y < 5 \\ 0 & sinon \end{cases}$$

1) Déterminer la fonction de répartition conjointe F du couple (X , Y).

2) Calculer les quantités suivantes : E(X), E(Y), E(XY), E(2X + 3Y).

3) Les variables X et Y sont-elles indépendantes en probabilité ? Calculer le coefficient de corrélation r(X , Y).

*************** °°° ***************

Exercice 2 : Le couple (X , Y) a pour fonction densité de probabilité :

$$h(x,y) = \begin{cases} \frac{1}{y}e^{-(y+\frac{x}{y})} & si\, x > 0\ \ et\ \ y > 0 \\ sinon & \end{cases}$$

1) Quelle est la loi de probabilité de Y ? Calculer E(Y).

2) En déduire E(X) sachant que Cov(X,Y) = 1.

*************** °°° ***************

Exercice 3 : On étudie conjointement deux variables aléatoires discrètes X et Y. On obtient le tableau des effectifs conjoints suivant :

$x_i \quad y_j$	$y_1 = -1$	$y_2 = 0$	$y_3 = 1$
$x_1 = 1$	9	2	9
$x_2 = 2$	10	30	10
$x_3 = 3$	1	8	21

1) Déterminer le tableau de probabilités de la Loi conjointe Z = (X , Y) et les lois marginales de X et Y.

2) Calculer les moments : E(X), V(X), E(Y) et V(Y).

3) Déterminer la loi de probabilité de T = X + Y et calculer E(T).

4) Déterminer la loi de probabilité de W = X.Y et calculer E(W).

5) Calculer la covariance Cov(X , Y) et le coefficient de corrélation linéaire r(X , Y) de X et Y.

6) Peut-on vérifier la propriété $E(W) = E(X) \times E(Y)$? En déduire V(T).

*************** °°° ***************

Exercice 4 : Deux systèmes de contrôle opèrent indépendamment et sont sujets à un certain nombre de pannes par jour. Les lois de probabilité marginales régissant le nombre de pannes par jour pour chaque système se présentent comme suit :

x_i	Système X $P(X = x_i)$
0	0.3
1	0.5
2	0.2

y_j	Système Y $P(Y = y_j)$
0	0.4
1	0.4
2	0.2

1) Déterminer la loi conjointe de X et Y.

2) Quelle est la valeur de $P[(X = 0)\ et\ (Y = 0)]$ et la signification de cette probabilité dans ce contexte ?

3) A partir de la loi conjointe de X et Y, déterminer la loi conditionnelle du nombre de pannes par jour du système X sachant que le nombre de pannes par jour du système Y est 1.

4) Peut-on conclure que la loi conditionnelle de X, pour toute valeur de Y, est identique à la loi marginale de X ?

5) Calculer les moments suivants :

E(X), E(Y), E(X + Y), V(X), V(Y) et V(X + Y).

6) Calculer Cov(X, Y), la covariance entre X et Y ?

*************** ∘∘∘ ***************

Exercice 5 : Soit la fonction f définie par

$$f(x,y) = \begin{cases} k(x^2 + \frac{xy}{2}) & si\ 0 \leq x \leq 1\ \ et\ \ 0 \leq y \leq 2\ \ k \in R \\ 0 & sinon \end{cases}$$

1) Déterminer la constante k pour que f soit la densité de probabilité conjointe du couple de variables aléatoires réelles (X , Y).

2) Déterminer la fonction densité de X.

3) Calculer les probabilités suivantes : $P(X > Y)$ et $P(Y > 1/2/X < 1/2)$

*************** ∘∘∘ ***************

Exercice 6 : Soient X et Y deux variables aléatoires réelles à valeurs dans N, et soit $a \in R$ tel que :

$$P[(X = i) \cap (Y = j)] = \frac{a}{2^{i+1} j!}$$

1) Déterminer la valeur de la constante a.

2) X et Y sont-elles indépendantes en probabilité ?

3) Calculer les moments : E(X), E(Y), V(X) et V(Y).

*************** ∘∘∘ ***************

Exercice 7 : Soit f la fonction densité du couple (X , Y) définie par :

$$f(x,y) = \begin{cases} ke^{-2y} & si\, 0 < x \leq 2 \;\; et \;\; y > 0 \;\; avec \;\; k \in \mathbb{R} \\ 0 & ailleurs \end{cases}$$

1) Déterminer la valeur de la constante k pour que f soit la fonction densité du couple (X , Y).

2) Déterminer la fonction de répartition conjointe F du couple (X , Y).

3) Calculer les probabilités suivantes :

$P[(X \leq 2) \cap (Y \leq 1/2)]$ et $P[(Y \leq 1)/(X > 1)]$.

4) Déterminer f_x et f_y, les fonctions densités marginales du couple (X , Y).

5) Calculer E(XY), l'espérance mathématique du produit.

*************** ooo ***************

Exercice 8 : Soient X et Y deux variables aléatoires réelles indépendantes de même loi géométrique :

$$P(X = k) = P(Y = k) = q^{k-1}p \qquad k \in \mathbb{N}^*$$

Déterminer la loi de la variable aléatoire réelle S = X + Y.

*************** ooo ***************

Exercice 9 : Soient X et Y deux variables aléatoires réelles telles que $Y = X^2$ et la distribution de probabilité de X est donnée par :

x_i	-2	-1	0	1	2
$P(X = x_i)$	1/6	1/4	1/6	1/4	1/6

1) Donner la loi conjointe de X et Y.

2) Déterminer la loi de probabilité de Y.

3) X et Y sont-elles indépendantes en probabilité ?

4) Calculer la covariance Cov(X , Y). Que peut-on en conclure ?

*************** ooo ***************

Exercice 10 : Soient X et Y deux variables aléatoires réelles normales indépendantes.

Quelle est la densité de probabilité du couple (X , Y) ?

*************** ooo ***************

Exercice 11 : Soient X_1 et X_2 deux variables aléatoires réelles indépendantes. Quelle est la loi de probabilité de la somme $X_1 + X_2$ si :

1) $X_1 \to B(n_1\,,\,p)$ et $X2 \to B(n_2\,,\,p)$

2) $X_1 \to P(\lambda_1)$ et $X2 \to P(\lambda_2)$

3) $X_1 \to N(m_1\,,\,\sigma_1^2)$ et $X2 \to N(m_2\,,\,\sigma_2^2)$

*************** ooo ***************

Exercice 12 : Soit un couple de variables aléatoires réelles (X , Y) dont la fonction densité de probabilité f est définie par :

$$\text{f(x,y)} = \begin{cases} \frac{1}{2} & si\ (x,y) \in D_1 = \{(x,y) \in \mathbb{R}^2 / -1 < x < 0\ et\ 0 < y < 1\} \\ 1 & si\ (x,y) \in D_2 = \{(x,y) \in \mathbb{R}^2 / x > 0\ ,\ y > 0\ et\ x+y < 1\} \\ 0 & ailleurs \end{cases}$$

1) Déterminer les densités marginales de X et de Y.
2) Déterminer la loi de probabilité conditionnelle de Y sachant X = x.
3) Les variables aléatoires X et Y sont-elles indépendantes en probabilité ?

*************** ∘∘∘ ***************

Exercice 13 : Soient X et Y deux variables aléatoires réelles telles que :

$$\text{f(x)} = \begin{cases} \frac{\sqrt{2}}{\pi} e^{-\frac{x^2}{2}} & si\ x > 0 \\ 0 & ailleurs \end{cases}$$

Déterminer E(Y) sachant que $r(X,Y) = 1$; $V(X) = 4V(Y)$ et $E(XY) = \frac{1}{2}$.

*************** ∘∘∘ ***************

Exercice 14 : Soit F la fonction de répartition du couple de variables aléatoires réelles (X , Y) définie par :

$$\text{F(x , y)} = \begin{cases} e^{-(y+2x)} - e^{(2-y)} - e^{-2(x+1)} + 1 & si\ x \geq -1\ \ et\ \ y \geq 2 \\ 0 & sinon \end{cases}$$

1) Déterminer la fonction de densité de probabilité f du couple (X , Y).
2) Déterminer les lois marginales de X et Y.
3) Déterminer la densité de probabilité conditionnelle de X sachant Y.
4) Calculer l'espérance mathématique E(X) et la covariance Cov(X , Y).

*************** ∘∘∘ ***************

Exercice 15 : La fonction densité conjointe f du couple de variables aléatoires réelles (X , Y) est définie par :

$$\text{f(x , y)} = \begin{cases} \frac{e^{-y} e^{-\frac{x}{y}}}{y} & si\ 0 < x < +\infty\ \ et\ \ 0 < y < +\infty \\ 0 & sinon \end{cases}$$

1) Déterminer la fonction densité de probabilité marginale de Y.
2) Déterminer la fonction densité de probabilité conditionnelle de $X/Y = y$.
3) En déduire $E(X/Y = y)$ et $P[(X > 1)/(Y = y)]$.

*************** ∘∘∘ ***************

Exercice 16 : Soit un couple de variables aléatoires (X , Y) de fonction densité f définie par :

$$f(x\ ,\ y) = \begin{cases} xe^{-(x+y)} & si\ x>0\ \ et\ \ y>0 \\ 0 & sinon \end{cases}$$

1) Déterminer les densités marginales de X et de Y.
2) Les variables X et Y sont-elles indépendantes en probabilité ?
3) Déterminer la fonction de répartition F du couple (X , Y).
4) Calculer la covariance Cov(X , Y) et la probabilité $P[(X \leq 1) \cap (Y \leq 1)]$.

*************** ∘∘∘ ***************

Exercice 17 : Soit f une fonction définie par :

$$f(x\ ,\ y) = \begin{cases} k(x^2+\frac{xy}{2}) & si\ 0<x<1\ \ et\ \ 0<y<2 \\ 0 & sinon \end{cases}$$

1) Déterminer l'unique valeur de la constante k pour que f soit une fonction densité de probabilité du couple de variables aléatoires réelles (X , Y).
2) Déterminer les fonctions densités marginales de X et de Y.
3) Les variables X et Y sont-elles indépendantes ?
4) Calculer la probabilité suivante : $P[(Y > \frac{1}{2})/(X < \frac{1}{2})]$.

*************** ∘∘∘ ***************

Exercice 18 : Soit f une fonction densité conjointe de X et Y définie par :

$$f(x\ ,\ y) = \begin{cases} \frac{12}{5}(2x-x^2-xy) & si\ 0<x<1\ \ et\ \ 0<y<1 \\ 0 & sinon \end{cases}$$

1) Déterminer la fonction de répartition conjointe du couple (X , Y).
2) Déterminer les fonctions densités marginales de X et de Y.
3) Les variables X et Y sont-elles indépendantes ?
4) Déterminer $f_{X/Y}$ la fonction densité de probabilité conditionnelle de X, sachant que Y = y.

*************** ∘∘∘ ***************

Exercice 19 : Soit F la fonction de répartition conjointe de X et Y définie par :

$$F(x\ ,\ y) = \begin{cases} (1-e^{-x})-\frac{1}{y+1}(1-e^{-x(y+1)}) & si\ \ x>0\ \ et\ \ y>0 \\ 0 & sinon \end{cases}$$

1) Déterminer la fonction de densité conjointe du couple (X , Y).
2) Déterminer les fonctions densités marginales de X et de Y.
3) Les variables X et Y sont-elles indépendantes ?
4) Déterminer les fonctions densités conditionnelles $f_{X/Y}$ et $f_{Y/X}$.

*************** ∘∘∘ ***************

Exercice 20 : Soit f la fonction densité conjointe du couple (X , Y) définie par :

$$f(x\ ,\ y) = \begin{cases} e^{-(x+y)} & si\ x \geq 0\ et\ y \geq 0 \\ 0 & sinon \end{cases}$$

1) Déterminer la fonction de répartition conjointe du couple (X , Y).

2) Déterminer les fonctions densités marginales de X et de Y.

3) Les variables X et Y sont-elles indépendantes ?

4) Calculer les espérances mathématiques : $E(X), E(Y)$ et $E(XY)$ ainsi que la covariance $Cov(X,Y)$.

5) Calculer les probabilités : $P(X < Y)$ et $P(X > 2)$.

*************** ooo ***************

Chapitre 7.

Indications de solution des exercices d'application

Analyse combinatoire - Dénombrement

Combinaisons, arrangements et permutations, avec et sans répétition

Exercice 1 :
Propriétés à déduire à partir des définitions.

Exercice 2 :
1) 35960 2) 16192 3) 863040 4) 1048576

Exercice 3 :
1) 12 mains différentes 2) 12740 mains différentes possibles.

Exercice 4 :
1) 40 équipes différentes 2) 28 équipes différentes sans le couple (S_1, O_1).

Exercice 5 :
280 signaux différents.

Exercice 6 :
1) $6.3501\,10^{11}$ 2) $6 \times 22595200368 = 1.3557\,10^{11}$

Exercice 7 :
1) 78 stratégies 2) 45 stratégies.

Exercice 8 :
1a) 720 1b) 120 2a) 72 2b) 12

Exercice 9 :
1) $1.098\,10^{14}$ 2) $7.846\,10^{13}$

Exercice 10 :
1) 380 matchs (A/R) 2) 38 journées (A/R)

Exercice 11 :
1) $2.9457\,10^{21}$ 2) $2.63\,10^{20}$

Exercice 12 :
1) 9856 comités 2) 5880 3) 9240

Exercice 13 :
1a) $2.2104\,10^{30}$ listes 1b) $8.4729\,10^{36}$ listes.
2a) 142506 listes 2b) $1.6832\,10^{15}$ listes.

Exercice 14 :
1) 2401 2) 840 3) 120.

Exercice 15 :
1) 648 2) 375 3) 273 4) 360 5) 288 6) 18.

*************** °°° ***************

Généralités sur les probabilités

Terminologie et notations, expérience, tribu, espace probabilisé. Calcul des probabilités, probabilités conditionnelles, théorèmes des probabilités totales et des causes (Bayes), indépendance en probabilité

Exercice 1 :
1) $A\cap\overline{B}=A-B$, 2) $(A\cap\overline{B})\cup(\overline{A}\cap B)=A\triangle B$, 3) $A\cup B$, 4) $\overline{A}\cap\overline{B}=\overline{A\cup B}$

Exercice 2 :
Expressions à déduire à partir des définitions.

Exercice 3 :
a) $\frac{3}{5}$; $\frac{2}{5}$; $\frac{3}{5}$; 0 ; 1 ; $\frac{8}{57}$; $\frac{3}{40}$ b) compatibles et dépendants.

Exercice 4 :
756 cas possibles équiprobables , $42+252=294$ cas favorables, $\frac{294}{756}=38.89\%$

Exercice 5 :
1) 43.06% 2) 0.78% 3) 49.83% 4) 4.67% 5) 56.55%.

Exercice 6 :
1) 7% 2) 4% 3) 93%

Exercice 7 :
1) 8.77% 2) 57.01%.

Exercice 8 :
1) 0,6% 2) 39.80% 3) 49.60%.

Exercice 9 :
42,30%

Exercice 10 :
1) 75% 2) 24.55%.

Exercice 11 :
1) $U_1 : 41.38\%$ $U_2 : 31.03\%$ $U_3 : 27.59\%$.

Exercice 12 :
1) 3.96% 2) 94.12% 3) 0,042% 4) 66,67%

Exercice 13 :
1) et 2) Oui 3) Non en général, il faudrait que les événements A, B et C soient mutuellement indépendants. 4) Non, il faudrait que C soit indépendant de $A\cap B$.

Exercice 14 :
1) 20% 2) 31.25%

Exercice 15 :
En utilisant la formule de Bayes $P(T/A)=96.97\%$ avec les événements suivants :
T : « Paméla est une tricheuse » et A : « l'As de Cœur est tiré au sort » Il y a en effet 97% de chances pour que Paméla soit une tricheuse. Paméla soit une tricheuse.

*************** ○○○ ***************

Variables aléatoires réelles

Généralités, variable aléatoire réelle discrète ou continue, propriétés de l'espérance mathématique et de la variance

Exercice 1 :

1) 0,05 ; 0,10 3) $P(X < 3) = 0.47$ 4) 2.76 ; 1.477
5) $P(X \geq 3) = 0.53$ 6) $P(X > 3) = 0,3$

Exercice 2 :

1) Distribution de probabilité, 2) $E(S) = 4.8$ points et $V(S) = 2.16$ points.

s_k	2	4	5	6	7
$p_k = P(S = s_k)$	$\frac{1}{10}$	$\frac{4}{10}$	$\frac{2}{10}$	$\frac{1}{10}$	$\frac{2}{10}$
$F(s_k) = P(S \leq s_k)$	$\frac{1}{10}$	$\frac{5}{10}$	$\frac{7}{10}$	$\frac{8}{10}$	1

Exercice 3 :

$a = \frac{3}{5}$ et $b = \frac{6}{5}$

Exercice 4 :

1) Vérifier : $\begin{cases} \forall x \in R \ f(x) \geq 0 \\ \int_{-\infty}^{+\infty} f(x)dx = 1 \end{cases}$

2a) $E(X) = 4$ 2b) $E(Y) = 0$ 2c) $E(Z)$ n'existe pas.

Exercice 5 :

1) $k = \frac{1}{2}$ 2) $F(x) = P(X \leq x) = \begin{cases} 0 & si\ y \leq 1 \\ 1 - e^{-\frac{(x-1)}{2}} & si\ x > 1 \end{cases}$

3) 60.65% ; 39.35% ; 60.65% ; 0% 4) 2.39 (médiane)

5) $E(X) = 3$; $V(X) = 2^2$; $\sigma(X) = 2$. 6) $E(Y) = V(Y) = 1$.

7) G(y) = P(Y $\leq y$) = $\begin{cases} 0 & si\ y \leq 0 \\ 1 - e^{-y} & si\ y > 0 \end{cases} \Rightarrow g(y) = \begin{cases} 0 & si\ y \leq 0 \\ e^{-y} & si\ y > 0 \end{cases}$

On reconnaît l'expression de la fonction densité de probabilité de Y qui suit une loi exponentielle de paramètre $\lambda = 1$: $Y \to Exp(\lambda = 1)$.

Exercice 6 :

1) $A = \frac{1}{8}$, 3) $G(y) = P(Y \leq y) = \begin{cases} 0 & si\ y \leq 0 \\ \frac{y}{2} - \frac{y^2}{16} & si\ 0 < y < 4 \\ 1 & si\ y \geq 4 \end{cases}$

4) a) 0% b) 75% c) 18.75% d) 25% e) 81.25% f) 0% g) 25%.

5) $E(Y) = \frac{4}{3}$; $V(Y) = \frac{8}{9}$; $\sigma_Y = \frac{2\sqrt{2}}{3}$.

Exercice 7 :

1) $\text{f(x)} = \begin{cases} \frac{6x}{5}(3-2x) & si\, 0<x<1 \\ 0 & sinon \end{cases}$

Mode $= \frac{3}{4}$: valeur la plus probable (valeur qui rend maximale f).

3) $E(X)=0.6$ et $V(X)=0.06$

4) $F(M)=\frac{1}{2} \Rightarrow 8M^3-18M^2+5=0 \; M \simeq 0.619$ 5) 39.96%

6) $P[(X_1<0.5)\cap(X_2<0.5)] = P(X_1<0.5)\times P(X_2<0.5) = F(0.5)^2 = 12.25\%$

7) conditions : $a=b+1$ et $-1<b<2$.

Exercice 8 :

1) $a=x_0^{\alpha}$ 2) $\text{f(x)} = \begin{cases} 0 & sinon \\ \alpha x_0^{\alpha} x^{-(\alpha+1)} & si\, x>x_0 \end{cases}$

3) $\alpha=2$ et $x_0=5$, $\text{f(x)} = \begin{cases} 0 & sinon \\ 50x^{-3} & si\, x>5 \end{cases}$ 4)E(X) = 10.

Exercice 9 :

1) Vérifier (Intégration par parties) : $\begin{cases} \forall t\in R \;\; f(t)\geq 0 \\ \int_{-\infty}^{+\infty} f(t)dt=1 \end{cases}$

2) $E(T)=\frac{2}{\lambda}$, $V(T)=\frac{2}{\lambda^2}$, $\sigma(T)=\frac{\sqrt{2}}{\lambda}$

3) a) $\lambda=1$ b) $F(t)=P(T\leq t)=\begin{cases} 0 & si\, t\leq 0 \\ 1-(t+1)e^{-t} & si\, t>0 \end{cases}$

4) 40.60% ,53.66% , 59.07%.

Exercice 10 :

2) $F(x)=P(X\leq x)=\begin{cases} 0 & si\, x<-1 \\ \frac{x^2}{2}+x+\frac{1}{2} & si\; -1\leq x\leq 0 \\ -\frac{x^2}{2}+x+\frac{1}{2} & si\, 0\leq x\leq 1 \\ 1 & si\, x>1 \end{cases}$

3) $E(X)=0$; $V(X)=\frac{1}{6}$, oui car f est une fonction paire f(-x) = f(x) :

4) P(|X| > a) = 1 - $P(|X|\leq a) = 1-P(-a\leq X\leq a) = 1-F(a)+F(-a)$.

$$P(|X|>a)=\begin{cases} 0 & si\, a=1 \\ \frac{1}{4} & si\, a=\frac{1}{2} \\ 1 & si\, a=0 \end{cases}$$

Exercice 11 :

1) $\frac{1}{2\sqrt{3}}$ 2) $F(x)=P(X\leq x)=\begin{cases} 0 & si\, x<0 \\ \frac{1}{2\sqrt{3}}(3x-\frac{x3}{3}) & si\, 0\leq x\leq \sqrt{3} \\ 1 & si\, x>\sqrt{3} \end{cases}$

3) 77% , 57.9% , 34.9%

4) $E(X)=0.649$ et $V(X)=0.179$.

Exercice 12 :

1) $k=\frac{1}{12}$ 2) $F(x)=0$ si $x\leq 0$; $F(x)=\frac{x(x+1)}{12}$ si $0<x\leq 3$; $F(x)=1$ $si\, x>3$.

4) E(X) = 1.875 ; V(X) = 0.61

5) $G(y) = P(Y \leq y) = \begin{cases} 0 & si\, y\leq \frac{1}{12} \\ y(12y-1) & \frac{1}{12}<y\leq \frac{1}{3} \\ 1 & si\ y>\frac{1}{3} \end{cases}$

$\Rightarrow g(y) = \begin{cases} 0 & ailleurs \\ 24y-1 & \frac{1}{12}<y\leq \frac{1}{3} \\ 1 & siy>\frac{1}{3} \end{cases}$

Exercice 13 :

1) $\Omega(X)=]0,1[$ 2) $b=2$ et $c=0$ 4) $f(x) = \begin{cases} 0 & ailleurs \\ -2(x-1) & 0<x<1 \end{cases}$

5) $E(X)=\frac{1}{3}$; $V(X)=\frac{1}{18}$; $\sigma_Y = \sqrt{\frac{1}{18}}$.

Exercice 14 :

1) $k=\frac{1}{2}e^{-\frac{1}{2}}$ 2) $E(X)=3$; $V(X)=4$

3) $F(x)=P(X\leq x) = \begin{cases} 0 & si\, x<1 \\ 1-e^{-\frac{(x-1)}{2}} & si\, x\geq 1 \end{cases}$ 4) 1 - e^{-1} ; $\frac{e^{-2}-e^{-3}}{1-e^{-2}}$

Exercice 15 :

1) densités de probabilité :

a) $g(y) = \frac{1}{|a|}f((y-b)/a)\ \forall a\in R^*$ b) $h(z) = \begin{cases} 0 & si\, z\leq 0 \\ f(z)+f(-z) & si\, z>0 \end{cases}$

c) $k(t) = \begin{cases} 0 & si\, t\leq 0 \\ (1/2\sqrt{t})[f(\sqrt{t})+f(-\sqrt{t})] & si\, t>0 \end{cases}$

d) $l(u)=e^u[f(e^u)+f(-e^u)]\forall u\in R$ e) $r(v) = \begin{cases} 0 & v\leq 0 \\ \frac{1}{v}f(lnv) & si\, v>0 \end{cases}$

2) $E(X)=0$; $V(X)=\frac{1}{3}$

3) $k(y) = \begin{cases} 0 & sinon \\ \frac{1}{4} & si\, y\in[-1,3] \end{cases}$ $E(Y)=1$; $V(Y)=\frac{4}{3}$

4) $g(z) = \begin{cases} 0 & sinon \\ 1 & si\, z\in[0,1] \end{cases}$ $E(Z)=\frac{1}{2}$; $V(Z)=\frac{1}{12}$

5) $h(t) = \begin{cases} 0 & sinon \\ \frac{1}{2}\sqrt{t} & si\, t\in[0,1] \end{cases}$ $E(T)=\frac{1}{3}$; $V(Z)=\frac{4}{45}$

Exercice 16 :

1) $k=3\,10^{-9}$ 2) 50 ans 3) 15.40%

Exercice 17 :

15 ; 24

*************** °°° ***************

Lois de probabilité

Lois de probabilité - Distribution et fonction densité de probabilité, fonction de répartition. Lois de probabilité usuelles (discrètes & continues)

Exercice 1 :

1) Loi dite binomiale : X $\to B(n=50\ ;\ p=0.5)$
$P(X=k)=\frac{50!}{(50-k)!k!}0.5^k(1-0.5)^{50-k}$ pour tout k = $0,1,\cdots,50$.
2) $P(X=25)=11.23\%$

Exercice 2 :

1) $E(X)=2$ personnes et $V(X)=1.2 \Rightarrow \sigma(X)=1.095$ personne.
2) $Z_i=Y/X_i$ suit une loi binomiale : $Z_i \to B(n=i\ ;\ p=0.4)$
$P_{X=i}(Y=k)=C_i^k 0.4^k 0.6^{i-k}$ pour tout k = 0, 1, ... i.
pour i = 0, aucune personne ne s'arrête à la station : $P_{X=0}(Y=0)=1$
pour i = 1, une personne s'arrête : $P_{X=1}(Y=0)=60\%$ et $P_{X=1}(Y=1)=40\%$
etc.
pour i = 4, quatre personnes s'arrêtent à la station :
$P_{X=4}(Y=0)=12.96\%$, $P_{X=4}(Y=1)=34.56\%$, $P_{X=4}(Y=2)=34.56\%$
$P_{X=4}(Y=3)=15.36\%$, $P_{X=4}(Y=4)=2.56\%$.

Exercice 3 :

1) $\frac{k}{4}$ 2) $\frac{1}{2}$.

Exercice 4 :

1a) Bimoteur $B_2 \to B(2,p)$; $P(B_2=k)C_2^k p^k(1-p)^{2-k}$ pout k = 0, 1 et 2.
Quadrimoteur $Q_4 \to B(4,p)$; $P(Q_4=k)C_4^k p^k(1-p)^{4-k}$ pout k = $0,\ 1,\ \cdots,4$.
1b) $P(B_2=0)=(1-p)^2$, $P(Q_4=0)=(1-p)^4$
1b) $P(B_2>1)=P(B_2=2)=p^2$, $P(Q_4>2)=p^3(4-3p)$
Cas général : $P(B_2>1)-P(Q_4>2)=p^2-p^3(4-3p)$
Il y a 2 racines : $p_1=1$ et $p_2=\frac{1}{3}$
si $0<p<p_2=\frac{1}{3}$, la probabilité d'accident avec le Bimoteur est plus grande,
si $p_2=\frac{1}{3}<p<p_1=1$, la probabilité d'accident avec le Quadrimoteur est plus grande,
si $p=\frac{1}{3}$, les deux sont à égalité de risque d'accident, si $p=1$, il vaut mieux annuler son vol!!!
2b) Cas où $p=0.001$, le Quadrimoteur est préférable.
Cas où $p=0.4$, (énorme) le Bimoteur est préférable.

Exercice 5 :

1) $X \to B(400, p=\frac{1}{12})$; $P(X=k)C_{400}^k \frac{1}{12}^k \frac{11}{12}^{400-k}$ pour k = $0,\ 1,\ \cdots,400$.
2) $E(X)=np=\frac{100}{3}$ trajets contrôlés annuellement.
3) $C=\frac{100M}{3}$ € 4) $M=114$ €,
5) $P(XM\geq 3800)=P(X\geq 34)=1-P(X<34)=1-F(33)=47.79\%$
$F(33)=P(X=0)+\cdots+P(X=33)=52.21\%$ calculée à l'aide d'un tableur.

Exercice 6 :

1) 1.02% 2) 23.04% 98.98% 3) $n^* \geq 11$ fusées

4) $P_{0.4}[Y=4] = P_{0.6}(X=n-4) = P_{0.6}(X=1) = 7.68\%$, $n=5, p=60\%$ et $q=40\%$.

Exercice 7 :

1) $P(D_1 \cap D_2) = 1.89\%$, $P(\overline{D_1} \cap D_2) = 6.37\%$, $P(D_2) = 8.26\%$, $P(\overline{D_1} \cap \overline{D_2}) = 84.63\%$

2) X $\rightarrow B(n=14\ ,\ p=P(\overline{D_1} \cap \overline{D_2}) = 0.8463\ )$, $P(X \geq 13) = 34.25\%$.

Exercice 8 :

12.73%

Exercice 9 :

1) $X \rightarrow P(\lambda = 2)$, $P(X=k) = e^{-2}\frac{2^k}{k!}$ pour $k \in \mathbb{N}$ $E(X) = V(X) = \lambda = 2$

2) $P(X \geq 1) = 86.47\%$ 3) $P[(X=1)/(X \geq 1)] = 31.31\%$

4) $P(R \geq 3) = 32.33\%$, 5) $P[(X=3)/(X \geq 2)] = 30.38\%$.

Exercice 10 :

1) X $\rightarrow B(n=12; p=0.20)$, 2) $P(X=k) = C_{12}^k 0.2^k 0.8^{12-k}$ pour $k = 0, 1, \cdots, 12$

3) $E(X) = np = 2.4$, $V(X) = npq = 1.92$ 4) $P(X=0) = 6.9\%$

5) $P(X=1) = 20.6\%$, $P(X>2) = 44.17\%$, $P(X<10) \approx 100\%$,
$P(2<X<5) = 36.91\%$.

6) Y $\rightarrow H(N=5\ ,\ n=4\ ,\ p=0.20)$ 7) $P(Y=k) = \dfrac{C_1^k C_4^{4-k}}{C_5^4}$ pour $k = 0, 1$

8) $E(Y) = np = 0.8$, $V(Y) = npq(\frac{N-n}{N-1}) = 0.16$ 9) $P(Y=0) = 20\%$,

10) $P(Y=1) = 80\%$, $P(Y>2) = 0\%$, $P(Y<10) = 100\%$, $P(2<Y<10) = 0\%$.

Exercice 11 :

Avec remise (Indépendance - loi binomiale) : 1) 0.2 ; 0.198 2) 0.8179

Sans remise (Dépendance - loi Hypergéométrique) :

1) 0.2 0.1905 2) 0.8147 Faible taux de sondage : 4%

Exercice 12 :

1) Loi exacte : Hypergéométrique $X \rightarrow H(N=2000, n=20, p=5\%)$

2) E(X) = np = 1 3) $V(X) = npq\frac{N-n}{N-1} = 0.9410$; $CV = |\frac{\sigma(X)}{E(X)}| = 97\%$

4) $P(X \leq 5) = 99.97\%$ 5) $P(X<4) = 98.46\%$

6) $P(E(X) - \sigma(X) \leq X \leq E(X) - \sigma(X)) = 37.93\%$

7) Mode = 1 8) $P(X>3) = 1.54\%$ 9) $Y \rightarrow B(n=100; p=98.46\%)$

10) $P[Z=5] = P[Y=95] = 18\%$ 11) $n^* < 13.51 \leq 13$ contenants.

Remarque : Dans ce cas, on peut approximer la loi exacte hypergéométrique $H(N=2000, n=20, p=5\%)$ par la loi dite approximée binomiale $B(n=20\ ,\ p=5\%)$ car le taux de sondage $t = \frac{n}{N} = \frac{20}{2000} = 1\%(<10\%)$ est très faible. Les deux distributions sont très proches.

Exercice 13 :

1) Loi de probabilité géométrique : $X \rightarrow G(p=0.05)$
$E(X) = \frac{1}{p} = 20$ et $V(X) = \frac{q}{p^2} = 380$

2) 0.0429 3) 0.0315

Exercice 14 :

1) 4.1% 2) 12.5 micros.

Exercice 15 :

1) $f(x) = \begin{cases} 0 & ailleurs \\ 2 & si\ -\frac{1}{4} \leq x \leq \frac{1}{4} \end{cases} \Rightarrow F(x) = \begin{cases} 0 & si\ x < -\frac{1}{4} \\ 2x+\frac{1}{2} & si\ -\frac{1}{4} \leq x \leq \frac{1}{4} \\ 1 & si\ x > \frac{1}{4} \end{cases}$

2) $E(X) = 0$, $V(X) = \frac{1}{48}$, $\sigma(X) = \frac{\sqrt{3}}{12}$,

3) 0% , 0% , 80% , 10% , 100% , 20%.

Exercice 16 :

1) 1.7 2) 49.32% 50,67% 41.36% 3) $27.40 \simeq 28$ plaques.

Exercice 17 :

1) T $\rightarrow G(p = \frac{1}{12})$ (Loi Géométrique) 2) $P(T = k) = p(1-p)^{k-1}\ k \in \mathbb{N}^*$

3) $E(T) = \frac{1}{p} = 12$, $V(T) = \frac{q}{p^2} = 132$, $\sigma(T) = \sqrt{132}$

4) $P(T < 5) = P(T \leq 4) = 29.39\%$

5) $P(T \geq 5) = 1 - P(T < 5) = 70.61\%$

Exercice 18 :

1) $E(X) = 3 = \frac{1}{\lambda} \Rightarrow \lambda = \frac{1}{3}$

$f(x) = \begin{cases} 0 & ailleurs \\ \frac{1}{3}e^{-\frac{x}{3}} & si\ x \geq 0 \end{cases} \Rightarrow F(x) = \begin{cases} 0 & si\ x < 0 \\ 1 - e^{-\frac{x}{3}} & si\ x \geq 0 \end{cases}$

2) $V(X) = \frac{1}{\lambda^2} = 9 \Rightarrow \sigma(X) = 3$

3) 0% , 93.05% , 48.66% , 100% , 36.78% , 51.34% , 51.34% , 90.30% , 63.21%.

Exercice 19 :

1) 50% , 84.13% , 68.26% 2) $1.56, -1.88, 0.49, 2.07$ 3) $m = 4.13$ et $\sigma = 1.67$

4) E(Z) = m = 6 *et* V(T) = $\sigma^2 = 1$

Exercice 20 :

1) m = 6 et $\sigma = 3$ 2) 86.07%

Exercice 21 :

1) $E(X) = \frac{1}{\lambda} = 10$ minutes ; $V(X) = \frac{1}{\lambda^2} = 100$ 3) $P(X > 10) = 36.79\%$

$P(10 < X < 20) = 23.25\%$ 4) P(E(X) - $\sigma < X < E(X) + \sigma) = 86.47\%$

5) 12.04 minutes.

Exercice 22 :

1) 15.87% 2) $n \geq 250$ unités.

Exercice 23 :

1) E(X) = 100 jours 2) $e^{-1/10} = 9.52\%$

Exercice 24 :

2500 heures.

Exercice 25 :

1) 0.62%, 621 produits. 2) 10.76 3) dans 80% : [4.43 ; 9.57],
dans 95% : [3.08 ; 10.92].

Exercice 26 :

1) 0.20 2) 32.97% , 30.12% , 34.69% 4) faux : 63.21%.

Exercice 27 :

2) 60.65% ; 36.79% ; 23.87%

3) 60.65% $= 1 - F(5)$; 36.79% $= 1 - F(10)$. Remarque : la loi exponentielle est une loi sans mémoire : $\forall t > 0$ et $\forall h > 0$ $P[(T > t + h)/(T > t)] = P(T > h)$. Tout se passe comme si le passé était « oublié ».

Exercice 28 :

1) 10% très homogène 2) 2.27% ,2.27% , 95.45% 3) 68.27% 4) 11.28 cm 5) 8.72 cm , 6) 11.04 cm 7) 228 tiges , 8) 3737.8 € , 9) oui , 3776.05 €.

Exercice 29 :

1) $g(y) = \begin{cases} 0 & si\ y \leq 0 \\ \frac{1}{y\sqrt{2\pi}} e^{-\frac{(lny)^2}{2}} & si\ y > 0 \end{cases}$

2) $E(Y) = e^{\frac{1}{2}}$; $V(Y) = e^2 - e^1$ 3) 50% ; 41.33%

Exercice 30 :

1) $g(y) = \begin{cases} 0 & si\ y \leq 0 \\ \sqrt{\frac{2}{\pi}} e^{-\frac{y^2}{2}} & si\ y > 0 \end{cases}$

2) $E(Y) = \sqrt{\frac{2}{\pi}}$, $V(Y) = 1 - \frac{2}{\pi}$

Exercice 31 :

1) 5 ans 2) 36.79% 3) environ 632 tubes seront défaillants.
4) 86.47% 5) 3.4657 ans 6) 0.5268 $\simeq$ 6 mois.

Exercice 32 :

1) 63.21% ; 36.21% ; 23.25% 2) 36.79%

Exercice 33 :

1) Loi exponentielle : $Y \rightarrow Exp(\lambda = 15)$ 2) $E(T) = \frac{1}{\lambda} = \frac{1}{15}$

3) $P(Y < \frac{5}{60} = 1 - e^{-1.25} = 71.35\%$; $P(\frac{1}{60} < Y < \frac{2}{60} = e^{-0.25} - e^{-0.5} = 17.23\%$; $P(Y > \frac{5}{60} = 1 - P(Y \leq \frac{5}{60} = 28.65\%$.

Exercice 34 :

1) 17.53% ; 3.35 2) $a = 0.78$; $b = 4.38$ 3) Loi normale N(m = 10 ; $\sigma^2 = 2.34^2$).

Approximations & Convergence

Approximations d'une loi discrète par une loi discrète, d'une loi discrète par une loi continue

Exercice 1 :

1) Loi binomiale : 1.31% 2) Loi de Poisson : 1.41%

Exercice 2 :

1) $H(1000, 50, 0.5) \simeq B(50, 0.5) \simeq N(25, \sqrt{12.5})$

2) $H(1000, 50, 0.05) \simeq B(50, 0.05) \simeq P(\lambda = 2.5)$.

Exercice 3 :

1) $B(n = 100\ ,\ p = 0.04\%)$; $E(X) = 4$; $V(X) = 3.84$ 2) Poisson $\lambda = 4$
Conditions d'approximation ($n = 100 \geq 30$; $np = 4 < 5$; $p = 4\% < 10\%$).
3) 19,54% ; 76,35% 4) $n \geq 9$.

Exercice 4 :

1) 0% 2) 0% 3) 9.8% 4)0.08% 5)1.7% 6)33.7%
7) 99.7% 8) 22.36%2)2.3% 9)44.64%

Exercice 5 :

loi binomiale $X \to B(n = 300\ ,\ p = \frac{5}{100}) \simeq N(m = np = 15\ ,\ \sigma^2 = npq = 3.77^2)$
(Approximation par une loi normale). La garantie tombe en défaut si le nombre de composants défectueux dans une boîte est supérieur à 12.
$P(X > 12) = 1 - P(X \leq 12) \simeq_{C.C.} 1 - P(X \leq 12.5) = 1 - P(U \leq \frac{(12.5-15)}{3.77})$
$= \Phi(0.66) = 74.54\%$

Exercice 6 :

$k \geq 253$ plats de chaque type.

Exercice 7 :

1) X $\to B(n = 300, p = 0.06)$, $E(X) = np = 18$, $V(X) = npq = 16.92 = 4.11^2$
2) 2.26% 3) Approximation par une loi normale :
conditions ($n = 300 \geq 30$; $np = 18 > 15$; $pq = 282 > 15$)
$X \hookrightarrow N(m = 18\ ;\ \sigma^2 = 16.92 = 4.11^2)$ 4) 72.85% 5) 67.16%.

Exercice 8 :

$X \to \mathscr{P}(\lambda = 12) \Rightarrow Y = \sum_{i=1}^{22} X_i \to \mathscr{P}(\beta = 264) \approx \mathscr{N}(m = 264\ ,\ \sigma^2 = 16.25^2)$,
80.55%.

Exercice 9 :

Valeur approchée (valeur exacte)
1) X $\to B(n = 75\ ;\ p = 0{,}02) \simeq P(\lambda = 1{,}5)$. $P(X = 2) = 25.10\%$ (25.40%) ,
$P(X \geq 2) = 44.22\%$ (44.39%) et $P(2 < X \leq 4) = 17.26\%$ (17.25%) .
2) $X \to P(\lambda = 25) \simeq N(m = 25\ ;\ \sigma^2 = 5^2)$. $P(X = 15) = 1.08\%$ (0.989%),
$P(15 < X < 20) = 11.78\%$ (11.13%) et $P(16 < X \leq 18) = 5.22\%$ (5.43%).
3) $X \to B(n = 20\ ;\ p = 0{,}4)$ aucune approximation possible : $P(X > 5) = 0.097\%$
$P(2 < X \leq 6) = 4.38\%$.

Exercice 10 :

1) 34.61% 2) 17.79% 3) $n* \leq 86$ réservations.

Exercice 11 :

1) $E(X) = V(X) = \lambda = 5$ 2) 23.78% , 24 jours.
3) binomiale : Y $\to B(n = 100\ ;\ p = 23.78\%)$
4) $Y \to B(n = 100\ ;\ p = 23.78\%) \simeq N(m = 23\ ,\ \sigma^2 = 4.26^2)$.

Exercice 12 :

1) X $\to B(n = 100\ ,\ p = \frac{1}{100})$ 2) X $\to B(n = 100; p = \frac{1}{100}) \simeq P(\lambda = 1)$
3) Non, les conditions d'approximation par une loi normale ne sont pas vérifiées.
4) $P(X > 2) \simeq 1 - P(X \leq 2) = 1 - \sum_{k=0}^{2} P(X = k) = 1 - \frac{5}{2}e^{-1} = 8.03\%$.

Exercice 13 :

1) X $\to B(n=400\,,\ p=\frac{1}{10})$ 2) $E(X)=np=40$ trajets contrôlés en moyenne.
3) $40M$ 4) $M=100$ €
5) X $\to B(n=400\,,\ p=\frac{1}{10}) \simeq N(m=40\,,\ \sigma^2=6^2)$ 6) 60%.

Exercice 14 :

1) $X \to B(n=400\,,\ p=0.2) \approx N(m=80\,,\ \sigma^2=8^2)$ 2) 90.53%.

Exercice 15 :

1) $P(Pub)=P(J\cup T)=25\%$ 2) $P(S)=4\%$ 3) X est liée au résultat du choix au hasard des 100 consommateurs parmi les 10 000 et repose donc sur le hasard. X $\to H(N=10000; n=100; p=4\%)$, $E(X)=np=4$ et $V(X)=npq\frac{N-n}{N-1}=3$.
4) X $\to H(N=10000\,,\ n=100\,,\ p=4\%) \simeq B(n=100\,,\ p=0.04) \simeq P(\lambda=3)$
5) binomiale : 14.50% et 54.20% , Poisson : 14.65% et 53.72%
6) $np=4<15$, 12.16% et 49.70% les valeurs approchées sont trop éloignées.

Exercice 16 :

1) 97.38% 2) $n^* \leq 38$ voitures.

Exercice 17 :

X $\to$ H(N = 100000 , n = 1000 , p = 0.01) $\simeq B(n=1000\,,\ p=0.01) \simeq P(10)$ avec $E(X)=10$ et $V(X)=9.9$. 2) $p_1=P(X>15)=4.87\%$
3) X $\to B(n=1000\,,\ p=0.02) \simeq N(m=20\,,\ \sigma^2=19.6)$ $p_2=P(X\leq 15)=15.4\%$.

Exercice 18 :

1) Vérifier : $\begin{cases} \forall x\in\mathbb{R}\ \ f(x)\geq 0 \\ \int_{-\infty}^{+\infty} f(x)dx=1 \end{cases}$ 2) $\alpha=\frac{3}{200}$ $\sigma(X)=100\sqrt{\frac{4}{3}}$
3) $E(Y)=200$ et $V(Y)=\frac{400}{3}$ et $\sigma(Y)=10\sqrt{\frac{4}{3}}$.
4) Théorème central limite : $Y \to N(m=200\,;\ \sigma^2=(10\sqrt{\frac{4}{3}})^2$ 5) $\varepsilon \geq 22.63$.

Exercice 19 :

0.20%.

Exercice 20 :

Pour satisfaire la commande dans au moins 99% des cas, chaque constructeur doit prévoir au moins 25 avions.

Exercice 21 :

1) 15.77% 2) 20.33% 3) 20.57%

Exercice 22 :

1) 31.41% 2) 3.91%

*************** °°° ***************

Variables aléatoires bidimensionnelles

Lois conjointe, marginales et conditionnelles, variables aléatoires indépendantes, covariance, coefficient de corrélation linéaire

Exercice 1 :

1) $F(x\,,\,y) = \begin{cases} \frac{x^2(y^2-1)}{384} & si\ (x,y) \in [0,4]\times[1,5] \\ 1 & si\ x>4\ \ et\ \ y>5 \\ 0 & sinon \end{cases}$

2) $\frac{8}{3}$, $\frac{31}{9}$, $\frac{248}{27}$, $\frac{47}{3}$ 3) X et Y sont indépendantes par conséquent $r(X,Y)=0$.

Exercice 2 :

1) Y suit une loi exponentielle de paramètre $\lambda = 1$, $E(Y) = \frac{1}{\lambda} = 1$, 2) E(X) = 1.

Exercice 3 :

1) Loi marginale de X : $P_{1.} = 0.20$, $P_{2.} = 0.50$, $P_{3.} = 0.30$
Loi marginale de Y : $P_{.1} = 0.20$, $P_{.2} = 0.40$, $P_{.3} = 0.40$
Loi conjointe à partir du tableau des effectifs : (fréquences)
$P_{12} = \frac{n_{12}}{n} = \frac{2}{100} = 0.02$, etc...

2) $E(X) = 2.10$, $V(X) = 0.49$, $E(Y) = 0.20$, $V(Y) = 0.56$

3) loi de probabilité de $T = X+Y$: $E(T) = 2.30$

t_i	0	1	2	3	4
$P(T=t_i)$	0.09	0.12	0.40	0.18	0.21

4) Loi de $W = XY$: $E(W) = 0.42$

w_i	-3	-2	-1	0	1	2	3
$P(W=w_i)$	0.01	0.10	0.09	0.40	0.09	0.10	0.21

5) $Cov(X,Y) = 0.18$, $r(X,Y) = 0.3436$ 6) non ; $V(T) = 1.41$

Exercice 4 :

1) $P[X=x_i\ et\ Y=y_j] = P[X=x_i]\times P[Y=y_j]$
2) 0.12 3) 0.3 , 0.5 , 0.2 4) *oui*
5) 0.9 , 0.8 , 1.7 , 0.49 , 0.56 , 1.05 6) 0.

Exercice 5 :

1) $\frac{6}{7}$ 2) $\frac{6(2x^2+x)}{7}$ 3) 26.79% , 86.25%

Exercice 6 :

1) $k=1$ 2) $F(x,y) = \begin{cases} 0 & ailleurs \\ \frac{x^2(1-e^-2y)}{4} & si\ 0<x\le 2\ \ et\ \ y>0 \\ 1 & si\ x>1\ \ et\ \ y>2 \end{cases}$ 3) 1 - e^{-1} ; $1-e^{-2}$

4) $f(x) = \begin{cases} \frac{x}{2} & si\ 0<x\le 2 \\ 0 & sinon \end{cases}$ $\quad f(y) = \begin{cases} 2e^{-2y} & si\ y>0 \\ 0 & sinon \end{cases}$

Exercice 7 :

1) $a = \frac{1}{e}$ b) oui , $X \to G(p=\frac{1}{2})$ et $Y \to P(\lambda = 1)$
3) $E(X) = 1$, $V(X) = 2$ et $E(Y) = V(Y) = 1$.

Exercice 8 :

$P[S=n]=(n-1)p^2q^{n-2}$, $n \geq 2$, $S \to Pascal(r=2\,,\,p)$

Loi de pascal (r=2) : somme de 2 variables aléatoires réelles indépendantes qui suivent une loi géométrique G(p).

Exercice 9 :

2) $P[(Y=0)=\frac{1}{6}$, $P[(Y=1)=\frac{1}{2}$, $P[(Y=2)=\frac{1}{3}$ 3) non.

4) $Cov(X,Y)=0$. Deux variables aléatoires réelles dont la covariance est nulle, ne sont pas nécessairement indépendantes.

Exercice 10 :

$f(x,y)=f(x).f(y)$ car les variables aléatoires X et Y sont indépendantes, f étant la fonction densité de probabilité d'une variable aléatoire réelle normale.

Exercice 11 :

1) binomiale : $B(n_1+n_2\,,\,p)$ 2) Poisson : $P(\lambda_1+\lambda_2)$ 3) $N(m_1+m_2\,,\,(\sqrt{\sigma_1^2+\sigma_2^2})^2)$.

Exercice 12 :

1) $f(x)=\begin{cases} \frac{1}{2} & si\ -1<x<0 \\ 1-x & si\ 0<x<1 \\ 0 & sinon \end{cases}$ $\quad f(y)=\begin{cases} \frac{3}{2}-y & si\ 0<y<1 \\ 0 & sinon \end{cases}$

3) si $-1<x<0$ $f_x(y)=\begin{cases} 1 & si\ 0<y<1 \\ 0 & sinon \end{cases}$

si $0<x<1$ $f_x(y)=\begin{cases} \frac{1}{(1-x)} & si\ 0<y<1-x \\ 0 & sinon \end{cases}$ $\quad$ 4) *non.*

Exercice 13 :

$\frac{1}{\sqrt{2\pi}}$.

Exercice 14 :

1) $f(x,y)=\begin{cases} 2e^{-(2x+y)} & si\ x\geq -1\ et\ y\geq 2 \\ 0 & ailleurs \end{cases}$

2) $f_X(x)=\begin{cases} 2e^{-(2x+1)} & si\ x\geq -1 \\ 0 & sinon \end{cases}$ $\quad f_Y(y)=\begin{cases} e^{2-y} & si\ y\geq 2 \\ 0 & sinon \end{cases}$

3) $f_{X/Y}(x)=f(x)$ $\Rightarrow$ les variables X et Y sont indépendantes en probbilité.

4) $E(X)=-\frac{e}{2}$; $Cov(X,Y)=0$ car les variables X et Y indépendantes.

Exercice 15 :

1) $f(y)=\begin{cases} e^{-y} & si\ 0<y<+\infty \\ 0 & sinon \end{cases}$

Fonction densité de probabilité d'une loi exponentielle de paramètre $\lambda=1$.

2) $f_{X/Y}(x)=\begin{cases} \frac{1}{y}e^{-\frac{x}{y}} & si\ 0<x<+\infty \\ 0 & sinon \end{cases}$

3) $E(X/Y=y)=y$ et $P_{(Y=y)}(X>1)=e^{-\frac{1}{y}}$.

Exercice 16 :

1) $f_X(x) = \begin{cases} xe^{-x} & si\, x > 0 \\ 0 & sinon \end{cases}$ $\quad f_Y(y) = \begin{cases} e^{-y} & si\, y > 0 \\ 0 & sinon \end{cases}$

2) Oui, $f(x,y) = f_X(x) \times f_Y(y)$

3) $F(x,y) = \begin{cases} 0 & ailleurs \\ (1-e^{-y})(1-(x+1)e^{-x}) & si\, x > 0 \;\; et \;\; y > 0 \end{cases}$

4) $Cov(X,Y) = 0$; 16.7%

Exercice 17 :

1) $k = \frac{6}{7}$

2) $f_X(x) = \begin{cases} \frac{6}{7}(2x^2 + x) & si\, 0 < x < 1 \\ 0 & sinon \end{cases}$ $\quad f_Y(y) = \begin{cases} \frac{1}{14}(3y+4) & si\, 0 < y < 2 \\ 0 & sinon \end{cases}$

3) Non 4) $\frac{69}{80}$

Exercice 18 :

1) $F(x\, ,\, y) = \begin{cases} \frac{12}{5}x^2y(1 - \frac{x}{3} - \frac{y}{4}) & si\, 0 < x < 1 \;\; et \;\; 0 < y < 1 \\ 0 & sinon \end{cases}$

2) $f_X(x) = \begin{cases} \frac{12}{5}x(\frac{3}{2} - x) & si\, 0 < x < 1 \\ 0 & sinon \end{cases}$ $\quad f_Y(y) = \begin{cases} \frac{12}{5}(\frac{2}{3} - \frac{y}{2}) & si\, 0 < y < 2 \\ 0 & sinon \end{cases}$

3) Non 4) $f_{X/Y}(x) = \frac{f(x,y)}{f_Y(y)} = \begin{cases} \frac{6x(2-x-y)}{4-3y} & si\, 0 < x < 1 \;\; et \;\; 0 < y < 1 \\ 0 & sinon \end{cases}$

Exercice 19 :

1) $f(x\, ,\, y) = \begin{cases} xe^{-x(y+1)} & si\;\; x > 0 \;\; et \;\; y > 0 \\ 0 & sinon \end{cases}$

2) $f_X(x) = \begin{cases} e^{-x} & si\;\; x > 0 \\ 0 & sinon \end{cases}$ $\quad f_Y(y) = \begin{cases} \frac{1}{(y+1)^2} & si\;\; y > 0 \\ 0 & sinon \end{cases}$

3) Non, $f(x,y) \neq f_X(x) \times f_Y(y)$

4) $f_{X/Y}(x) = \begin{cases} (1+y)^2xe^{-x(y+1)} & si\, x > 0 \\ 0 & sinon \end{cases}$ $\quad f_{Y/X}(y) = \begin{cases} xe^{-xy} & si\, y > 0 \\ 0 & sinon \end{cases}$

*************** °°° ***************

Exercice 20 :

1) $F(x\, ,\, y) = \begin{cases} (1-e^{-x})(1-e^{-y}) & si\;\; x \geq 0 \;\; et \;\; y \geq 0 \\ 0 & sinon \end{cases}$

2) $f_X(x) = \begin{cases} e^{-x} & si\;\; x \geq 0 \\ 0 & sinon \end{cases}$ $\quad f_Y(y) = \begin{cases} e^{-y} & si\;\; y \geq 0 \\ 0 & sinon \end{cases}$

3) oui, $f(x,y) = f_X(x) \times f_Y(y)$

4) $E(X) = E(Y) = E(XY) = 1$; $Cov(X,Y) = 0.$

5) $P(X < Y) = \frac{1}{2}$ et $P(X > 2) = e^{-2}.$

Partie 2.

Rappels de cours avec des exemples d'application

Chapitre 8.
Analyse combinatoire - Dénombrement

8. Introduction

Analyse **combinatoire** ou **théorie du dénombrement** :

- La théorie mathématique du dénombrement est une partie importante de la **théorie des probabilités**, dont le but est d'étudier les phénomènes caractérisés par le hasard et l'incertitude.
- Elle étudie comment **compter** des objets.
- Elle fournit des **méthodes efficaces et utiles** en probabilité pour dénombrer les différentes situations pouvant se présenter lors d'une expérience.
- En effet, bien des problèmes en **théorie des probabilités** peuvent être résolus simplement en comptant le nombre de manières différentes selon lesquelles un certain événement peut se réaliser. Par exemple, la formule du binôme de Newton.
- Les notions de dénombrement constituent la base de l'approche dite **fréquentiste des probabilités** ; elles permettent, par exemple dans les jeux de hasard, de calculer les probabilités doccurrence des différents événements d'une expérience.

Soit l'ensemble $\Omega = \{\omega_1, \omega_2, \cdots, \omega_n\}$; $card(\Omega) = n$ éléments **distincts**, $n \in N^*$

Dans le cas où il y a équiprobabilité sur l'ensemble Ω fini, le calcul des probabilités se ramène à un problème de dénombrement.

La notion d'analyse combinatoire permet d'exprimer par une formule le nombre de configurations possibles. On distingue 3 types de dispositions :

$$\begin{cases} Arrangement \\ Permutation \quad \textbf{Avec}\ ou\ \textbf{Sans}\ répétition\ d'éléments \\ Combinaison \end{cases}$$

Ces dispositions interviennent dans de nombreux problèmes concrets :

- définir la composition du bureau d'une association,
- lister le nombre de plaques d'immatriculation ou de numéros de téléphone,
- établir les règles d'un jeu publicitaire
- établir le nombre de façons de choisir les 5 tireurs de penalties parmi les onze joueurs de football et l'ordre de passage.

Teminologie

Soit $\Omega = \{\omega_1, \omega_2, \cdots, \omega_n\}$; $card(\Omega) = n$ éléments tous **distincts**, n et p $\in N^*$
— Quatre types de dispostion :

1. **Sans répétition :** p-uple d'éléments de Ω où, chaque élément peut apparaître au plus une fois.
2. **Avec répétition :** p-uple d'éléments de Ω où, chaque élément peut apparaître plus d'une fois.
3. **Ordonnée :** l'ordre des éléments du p-uple d'éléments de Ω est important dans sa caractérisation.
4. **Non ordonnée :** l'ordre des éléments du p-uple d'éléments de Ω n'est pas important dans sa caractérisation.

Notations

$$\begin{cases} \forall n \in N \,;\, n! = 1 \times 2 \times \cdots \times (n-1) \times n = \prod_{i=1}^{n} i & : \text{factorielle n} \\ \text{n! = n(n - 1)! = n(n - 1)(n - 2)! = } \; etc. & : \text{récursivité du n!} \\ n! \approx \sqrt{2\pi n}(\frac{n}{e})^n \text{ lorsque } n \to +\infty & : \text{formule de Stirling} \\ 0! = 1 & : \text{par convention.} \end{cases}$$

8.1. Dispositions sans répétition

Soit $\Omega = \{\omega_1, \cdots, \omega_n\}$; $card(\Omega) = n$ éléments **tous distincts**,
$n \in N^*$ et $p \in N^*$ avec $p \leq n$

8.1.1. Arrangement sans répétition

Un arrangement sans répétition (ASR) de p éléments est une **suite ordonnée** de p éléments choisis parmi les n éléments distincts de Ω, et qui **ne peuvent pas se répéter** :

$$\boxed{A_n^p = \frac{n!}{(n-p)!}}$$

est le nombre total d'arrangements sans répétition de p éléments parmi n.

Exemple illustratif

$\Omega = \{a, b, c\}$; $card(\Omega) = n = 3$

Déterminer le nombre d'arrangements possibles sans répétition de p = 2 éléments parmi les n = 3 éléments de Ω.

Diagramme d'arborescence :

$$
\begin{array}{ccccl}
 & \nearrow & b & (a,b) & \\
a & \rightarrow & a & \cancel{(a,a)} & \\
 & \searrow & c & (a,c) & \\
 & & & & \text{Suites ordonnées, on tient bien compte de l'ordre :} \\
 & \nearrow & a & (b,a) & \quad (a\ ,\ b) \neq (b,a)\ ,\ (a,c) \neq (c,a)\ ,\ (b,c) \neq (c,b) \\
b & \rightarrow & b & \cancel{(b,b)} & \text{Pas de répétition déléments :} \\
 & \searrow & c & (b,c) & \quad \cancel{(a\ ,\ a)}\ ,\ \cancel{(b\ ,\ b)}\ ,\ \cancel{(c\ ,\ c)} \\
 & & & & \text{Arrangements sans répétition :} \\
 & \nearrow & a & (c,a) & \quad A_3^2 = \frac{3!}{1!} = 3! = 1 \times 2 \times 3 = 6 \\
c & \rightarrow & c & \cancel{(c,c)} & \\
 & \searrow & b & (c,b) & \\
\end{array}
$$

6 couples au total

Exemple d'application

1. Quel est le nombre de quintés possibles dans une course hippique où, 8 chevaux sont au départ ?
   $Card(\Omega) = n = 8\ ;\ p = 5$ *chevaux*
   $A_{n=8}^{p=5} = \frac{8!}{(85)!} = \frac{8!}{3!} = 4 \times 5 \times 6 \times 7 \times 8 = 6720$ *arrivées possibles.*

2. De combien de façons différentes une assemblée de 12 personnes peut-elle désigner un bureau comprenant : un président, un trésorier et un secrétaire général ?
   $Card(\Omega) = n = 12\ ;\ p = 3$ *personnes*
   $A_{12}^{3} = \frac{12!}{(123)!} = \frac{12!}{9!} = 10 \times 11 \times 12 = A_{12}^{1}\, A_{11}^{1}\, A_{10}^{1} = 1320$ *assemblées différentes possibles.*

3. Dix étudiants sont candidats pour être délégué ou délégué suppléant d'un groupe de TD. La liste des élus est affichée suivant le nombre de voix obtenues.

a) Quel est le nombre de listes possibles ?

Card$(\Omega) = n = 10$; $p = 2$ *étudiants pour des rôles spécifiés : délégué et délégué suppléant.*

$A_{10}^2 = \frac{10!}{(102)!} = \frac{10!}{8!} = 9 \times 10 = A_{10}^1 A_9^1 = 90$ *listes différentes possibles.*

b) Déterminer le nombre de candidats pour qu'on ait à afficher que 30 listes.

$A_n^2 = \frac{n!}{(n2)!} = n(n-1) = 30 \Rightarrow n = 6$ *personnes.*

4. Combien peut-on former de nombres avec 3 chiffres distincts et différents de zéro ?

   Card$(\Omega) = n = 3$; $p = 3$ *chiffres.*

   Tous les nombres à 1 chiffre ou à 2 chiffres ou à 3 chiffres :

   $A_3^1 + A_3^2 + A_3^3 = 3 + 6 + 6 = 15$ *nombres possibles.*

8.1.2. Permutation sans répétition

Une permutation sans répétition (PSR) est une **suite ordonnée** de la totalité des n éléments distincts de Ω, et qui **ne peuvent pas se répéter** :

$$\boxed{P_n = n!}$$

est le nombre total de permutations sans répétition d'éléments.

Remarque : une PSR d'un ensemble Ω de cardinal $n \geq 1$ est un ASR, lorsque $p = n$: $P_n = A_n^n = n!$

Exemple illustratif

$\Omega = \{a, b, c\}$; $card(\Omega) = n = 3$

Déterminer le nombre de permutations possibles sans répétition de p = 3 éléments parmi les n = 3 éléments de Ω.

Diagramme d'arborescence :

$$a \begin{cases} \nearrow & b \to c & (a,b,c) \\ \searrow & c \to b & (a,c,b) \end{cases}$$

$$b \begin{cases} \nearrow & a \to c & (b,a,c) \\ \searrow & c \to b & (b,c,a) \end{cases}$$

$$c \begin{cases} \nearrow & a \to b & (c,a,b) \\ \searrow & b \to a & (c,b,a) \end{cases}$$

6 triplets au total

Suites ordonnées,
on tient bien compte de l'ordre :
(a , b, c) $\neq (b,a,c) \neq (c,b,a) \neq (c,b,a)$ *etc.*
Pas de répétition d'éléments :
(a , a , a) , (a , a, b) , (b , c , b) etc.
Arrangements sans répétition :
$P_3 = 3! = 1 \times 2 \times 3 = 6$ permutations

Exemple d'application

— De combien de façons différentes peut-on asseoir 5 personnes :

a) sur un banc ?
$Card(\Omega) = n = 5$; $p = n = 5$ *toutes les 5 personnes sont à placer*
$P_5 = 5! = 1 \times 2 \times 3 \times 4 \times 5 = 120$ *possibiltés.*

b) autour d'une table ?
$Card(\Omega) = n = 5$; 1 *personne s'installe puis les 4 autres viennent se placer autour*
$P_4 = 4! = 1 \times 2 \times 3 \times 4 = 24$ *plans de table.*

8.1.3. Combinaison sans répétition

Une combinaison sans répétition (CSR) de p éléments est un **sous-ensemble non ordonné** de p éléments choisis parmi les n éléments distincts de **Ω**, et qui **ne peuvent pas se répéter** :

$$\boxed{C_n^p = \frac{A_n^p}{p!} = \frac{n!}{(n-p)!p!}}$$

est le nombre total de combinaisons sans répétition de p éléments parmi n.

Exemple illustratif

$\Omega = \{a,b,c\}$; $card(\Omega) = n = 3$

Déterminer le nombre de combinaisons possibles sans répétition de p = 2 éléments parmi les n = 3 éléments de Ω.

Diagramme d'arborescence :

	$\nearrow$	b	(a,b)
a	$\rightarrow$	a	~~(a,a)~~
	$\searrow$	c	(a,c)
	$\nearrow$	a	~~(b,a)~~
b	$\rightarrow$	b	~~(b,b)~~
	$\searrow$	c	(b,c)
	$\nearrow$	a	~~(c,a)~~
c	$\rightarrow$	c	~~(c,c)~~
	$\searrow$	b	~~(c,b)~~

3 sous-ensembles au total

Sous-ensembles non ordonnés,
on ne tient pas compte de l'ordre :
(a , b) = (b , a) , (a , c) = (c , a) , (b , c) = (c , b)
Pas de répétition d'éléments :
~~(a , a)~~ , ~~(b , b)~~ , ~~(c , c)~~
Arrangements sans répétition :
$C_3^2 = \frac{3!}{1!2!} = 3$ combinaisons sans répétition

Exemple d'application

1. Combien de parties d'échecs distinctes peut-on organiser dans un groupe de 6 personnes ?
   $Card(\Omega) = n = 6$; $p = 2$ *personnes*
   $C_{n=6}^{p=2} = \frac{6!}{(62)!2!} = \frac{6!}{4!2!} = \frac{5\times 6}{2} = 15$ *parties.*
2. Soit l'ensemble $\Omega = a,b,c$; $card(\Omega) = n = 3$.

   a) Combien existe-t-il de parties de Ω possédant 2 éléments ?
   $Card(\Omega) = n = 3$; $p = 2$ *lettres*
   $C_{n=3}^{p=2} = \frac{3!}{1!2!} = 3$: $\{a,b\};\{a,c\};\{b,c\}$

   b) Combien existe-t-il de parties de Ω possédant k éléments ($k \leq 3$) ?
   $Card(\Omega) = n = 3$; $p = k \leq 3$ *lettres*
   $C_{n=3}^{p=k} = \frac{3!}{(3-k)!k!}$

   c) Combien y-a-t-il de parties de l'ensemble fondamental Ω possédant un nombre quelconque d'éléments ?

$Card(\Omega) = n = 3$ parties vide ou à 1 lettre ou à 2 lettres ou à 3 lettres

$$\sum_{k=0}^{3} C_3^k = C_3^0 + C_3^1 + C_3^2 + C_3^3 = 1+3+3+1 = 8 = 2^3$$

$$\underbrace{\emptyset}_{\text{Ensemble vide}} ; \underbrace{\{a\};\{b\};\{c\}}_{\text{singletons}} ; \underbrace{\{a,b\};\{a,c\};\{b,c\}}_{\text{paires}} ; \underbrace{\{a,b,c\} = \Omega}_{\text{Ensemble fondamental}}$$

Propriétés - Formules

1. Formule du triangle de Pascal : $C_n^k = C_{n-1}^{k-1} + C_{n-1}^k$
   Cette formule permet d'établir successivement les lignes du triangle de Pascal.

2. a) $C_n^k = C_n^{n-k} \quad \forall n \in \mathbb{N} \; ; \; 0 \leq k \leq n$ symétrie du tableau de Pascal.
   b) $kC_n^k = nC_{n-1}^{n-k} \quad \forall n \in \mathbb{N} \; ; \; 0 \leq k \leq n$
   c) $\sum_{s=k}^{n} C_s^k = C_{n+1}^{k+1} \quad \forall n \in \mathbb{N} \; ; \; 0 \leq k \leq n$

3. Formule du binôme de Newton : $(a+b)^n = \sum_{k=0}^{n} C_n^k a^k b^{n-k} \quad \forall n \in \mathbb{N}$

4. Formule de Vandermonde : $\sum_{s=0}^{k} C_n^s C_m^{k-s} = C_{n+m}^k \quad \forall (n,m,k) \in \mathbb{N}^3$

5. a) $2^n = \sum_{k=0}^{n} C_n^k \quad \forall n \in \mathbb{N}$
   b) $\sum_{k=0}^{n} (-1)^k C_n^k = 0 \quad \forall n \in \mathbb{N}$
   c) $\sum_{k=0}^{n} kC_n^k = n2^{n-1} \quad \forall n \in \mathbb{N}$
   d) $\sum_{k=0}^{n} (C_n^k)^2 = C_{2n}^n \quad \forall n \in \mathbb{N}$

8.2. Dispositions avec répétition

Soit $\Omega = \{\omega_1, \cdots, \omega_n\}$; $card(\Omega) = n$ éléments **tous distincts**,
$n \in N^*$ et $p \in N^*$ avec avec p quelconque $(p \leq n \; ou \; p > n)$

8.2.1. Arrangement avec répétition

Un arrangement avec répétition (AAR) de p éléments est une **suite ordonnée** de p éléments choisis parmi les n éléments **distincts** de Ω, et qui **peuvent se répéter** :

$$\boxed{\mathscr{A}_n^p = n^p}$$

est le nombre total darrangements avec répétition de p éléments parmi n.

Exemple illustratif

$\Omega = \{a,b,c\}$; $card(\Omega) = n = 3$

Les arrangements possibles **avec** répétition de p = 2 éléments parmi les n = 3 éléments de Ω sont :

Diagramme d'arborescence :

$\Omega \qquad \Omega \to \Omega \times \Omega = \Omega^2$; $card(\Omega^p) = card(\Omega)^p = n^p$

	↗	b	(a,b)
a	→	a	(a,a)
	↘	c	(a,c)
	↗	a	(b,a)
b	→	b	(b,b)
	↘	c	(b,c)
	↗	a	(c,a)
c	→	c	(c,c)
	↘	b	(c,b)

9 couples au total

Suites ordonnées, on tient bien compte de l'ordre :
(a , b) $\neq (b,a)$, $(a,c) \neq (c,a)$, $(b,c) \neq (c,b)$
Répétition d'éléments :
(a , a) , (b , b) , (c , c)
Arrangements avec répétition :
$\mathscr{A}_3^2 = 3^2 = 9$ arrangements avec répétition

Exemple d'application

1. Combien peut-on former d'octets (mot de 8 éléments binaires) ?

   $\Omega = \{0,1\}$; $Card(\Omega) = n = 2$; $p = 8 > n$

   p = 8 → | 1 | 0 | 0 | 1 | 1 | 1 | 0 | 1 |

   $\mathscr{A}_{n=2}^{p=8} = \mathscr{A}_2^8 = 2^8 = 256$ *octets possibles.*

2. Combien y-a-t-il dinitiales possibles (2 lettres) pour un étudiant ?

   $\Omega = \{a,b,,z\}$; $Card(\Omega) = n = 26$; $p = 2$ *lettres* ; $\mathscr{A}_{n=26}^{p=2} = 26^2 = 676$ *initiales possibles.*

3. Combien faut-il d'étudiants dans une promotion pour qu'il soit certain que 2 étudiants au moins aient les mêmes initiales ?

   Il faut au moins 677 étudiants dans la promotion.

4. Dénombrer le nombre de codes possibles d'une carte bancaire

   $\Omega = \{0,1,,9\}$; $Card(\Omega) = n = 10$ *chiffres*

   Code : p = 4 → | 5 | 0 | 7 | 5 | $\mathscr{A}_{n=10}^{p=4} = n^p = 10^4 = 10000$ *codes possibles.*

5. Combien peut-on former de sigles dentreprises de plus d'une lettre et au plus 3 lettres à partir des 26 lettres de l'alphabet latin ?

   $\Omega = \{a, b, , z\}$; $Card(\Omega) = n = 26$; $p = 2$ *ou* 3 *lettres.*

   sigle : $p = 2 \rightarrow$

A	*A*

   sigle : $p = 3 \rightarrow$

B	*X*	*Z*

   $\mathscr{A}_{n=26}^{p=2} + \mathscr{A}_{n=26}^{p=3} = 26^2 + 26^3 = 676 + 17576 = 18252$ *sigles possibles.*

6. Une plaque minéralogique ou dimmatriculation dun véhicule est composée de 2 lettres latines, suivies de 3 chiffres puis de 2 lettres latines. Combien de plaques différentes peut-on lister ?

   Lettres : $Card(\Omega_1) = n_1 = 26$; $p = 2$; *Chiffres :* $Card(\Omega_2) = n_2 = 10$; $p = 3$

AE	281	RF

   $\mathscr{A}_{n=26}^{p=2} \mathscr{A}_{n=10}^{p=3} \mathscr{A}_{n=26}^{p=2} = 26^2 \times 10^3 \times 26^2 = 456\,976\,000$ *plaques possibles.*

8.2.2. Permutation avec répétition

Une permutation avec répétition (PAR) de p éléments de Ω, pour la répartition $(p_1; p_2; \cdots; p_n)$, est une **suite ordonnée** de p éléments qui **peuvent se répéter**, où, le premier élément Ω figure p_1 fois, le second p_2 fois, etc., de telle sorte que $p_1 + p_2 + \cdots + p_n = p$,

$$\boxed{\mathscr{P}_{p;(p_1, p_2, \cdots, p_n)} = \frac{p!}{p_1! p_2! \cdots p_n!}}$$

est le nombre total de permutations avec répétition d'éléments selon une répartition donnée.

Exemple illustratif

$\Omega = \{a, b, c\}$; $card(\Omega) = n = 3$

Les permutations avec répétition de $p = 4$ éléments parmi les $n = 3$ éléments distincts de Ω, selon la répartition $(3, 1, 0)$ sont :

Diagramme d'arborescence :

(a, a, a, b)	
(a, a, b, a)	$p_1 = 3$ fois a
(a, b, a, a)	$p_2 = 1$ fois b
(b, a, a, a)	$p_3 = 0$ fois c
4 quadruplets	$\sum_{i=1}^{3} p_i = p = 4$

Suites ordonnées, on tient bien compte de l'ordre :
(a, a, a, b) $\neq (b,a,a,a) \neq (a,b,a,a) \neq (a,a,b,a)$
Répétition d'éléments : selon la répartition (3 , 1 , 0)
$\mathscr{P}_{4;(3,1,0)} = \frac{4!}{3!1!0!} = 4$ permutations avec répétition

Exemple d'application

1. Combien peut-on former d'anagrammes du mot « ECONOMIE » ?
   $\Omega = \{E,C,O,N,M,I\}$; $card(\Omega) = n = 6$
   $E:2$, $C:1$, $O:2$, $N:1$, $M:1$, $I:1 \rightarrow$ *répartition : (2, 1, 2, 1, 1, 1)*

   p = 8 $\rightarrow$

E	C	O	N	O	M	I	E

   $\mathscr{P}_{8;(2,1,2,1,1,1)} = \frac{8!}{2!1!2!1!1!1!} = 10\,080$ *anagrammes possibles.*

2. A partir du mot « ECONOMIE », combien peut-on former de mots de 6 lettres selon la répartition (1,1,1,1,1,1) ?

   p = 6 $\rightarrow$

E	C	O	N	M	I

   $\Omega = \{E,C,O,N,M,I\}$; $Card(\Omega) = n = 6$ *lettres distinctes*
   $p = \sum_{i=1}^{6} p_i = 6$ *selon la répartition : (1, 1, 1, 1, 1, 1) :*
   $\mathscr{P}_{6;(1,1,1,1,1,1)} = \frac{6!}{1!1!2!1!1!1!} = 6! = 720 = P_6$ *: PSR.*

3. Une chaîne de montage de véhicules identiques assure la sortie de 12 véhicules par jour dont 6 sont de couleur « Gris métallisé », 3 de couleur « Noir », 2 « Rouge »et 1 de couleur « Blanche ». Les véhicules dune même couleur sont indiscernables. Ces véhicules sont ensuite garés les uns à côté des autres sur un parking de 12 places numérotées. De combien de manières visuellement différentes peut-on ranger ces véhicules sur le parking à la fin de la journée de travail ?

   $\Omega = \{Gris, Noir, Rouge, Blanc\}$; $Card(\Omega) = n = 4$ *couleurs*

   $G:6$, $N:3$, $R:2$, $B:1$; $p = 12$ *places selon la répartition : (6, 3, 2, 1)*

   $\mathscr{P}_{12;(6,3,2,1)} = \frac{12!}{6!3!2!1!} = 55\,440$ *stationnements possibles.*

8.2.3. Combinaison avec répétition

Une combinaison (CAR) avec répétition est un sous-ensemble non ordonné de p éléments choisis parmi les n éléments distincts de Ω, et qui **peuvent se répéter** :

$$\mathscr{C}_n^p = C_{n+p-1}^p = \frac{(n+p-1)!}{p!(n-1)!}$$

est le nombre total de combinaisons avec répétition de p éléments parmi n.

Exemple illustratif

$\Omega = \{a, b, c\}$; $card(\Omega) = n = 3$

<u>Diagramme d'arborescence</u> :

$\nearrow$ b (a,b)
a $\rightarrow$ a (a,a)
$\searrow$ c (a,c)

$\nearrow$ a ~~(b,a)~~
b $\rightarrow$ b (b,b)
$\searrow$ c (b,c)

$\nearrow$ a ~~(c,a)~~
c $\rightarrow$ c (c,c)
$\searrow$ b ~~(c,b)~~

6 sous-ensembles au total

Sous-ensembles non ordonnés,
on ne tient pas compte de l'ordre :
(a , b) = (b , a) , (a , c) = (c , a) , (b , c) = (c , b)
Répétition d'éléments :
(a , a) , (b , b) , (c , c)
Combinaisons avec répétition :
$\mathscr{C}_{n=3}^{p=2} = C_{n+p-1=4}^{p=2} = C_4^2 = \frac{4!}{2!2!}$
$= 6$ combinaisons avec répétition

Exemple d'application

1. Jeu du « Mexico » : on lance deux dès. Avec les deux chiffres obtenus, on forme un nombre dont le chiffre des dizaines est le plus grand des deux chiffres obtenus. Combien de nombres peut former ?

2. Combien y-a-t-il de pièces dans un jeu de domino ?

$\Omega = \{1\,,2\,,3\,,4\,,5\,,6\}$
$card(\Omega) = n = 6\,;\, p = 2$ *chiffres*
$\mathscr{C}_{n=6}^{p=2} = C_7^2 = \frac{7!}{2!5!} = 21$ *nombres possibles*

11 ; 21 ; 22 ; 31 ; 32 ; 33 ; 41
42 ; 43 ; 44 ; 51 ; 52 ; 53 ; 54
55 ; 61 ; 62 ; 63 ; 64 ; 65 ; 66

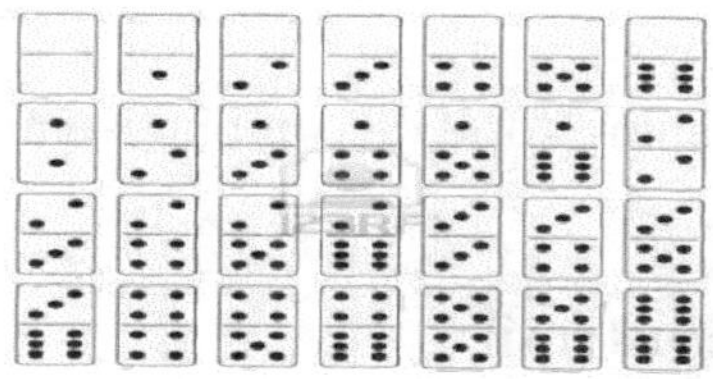

$\Omega = \{Blanc\,,1\,,2\,,3\,,4\,,5\,,6\}$
$card(\Omega) = n = 7\,;\, p = 2 < n$
$\mathscr{C}_{n=7}^{p=2} = C_8^2 = \frac{8!}{2!6!} = 28$ *pièces*

3. De combien de façons différentes peut-on ranger 9 dossiers sur les 5 étagères d'une armoire ?
   $card(\Omega) = n = 5$ *étagères* ; $p = 9$ *dossiers.*
   $\mathscr{C}_{n=5}^{p=9} = C_{13}^9 = \frac{13!}{4!9!} = 715$ *rangements possibles.*

Résumé des dispositions :

		Remise	
		Avec	**Sans**
Ordre	**Avec**	$A_n^p = \frac{n!}{(n-p)!}$	$\mathscr{A}_n^p = n^p$
	Totalité n = p	$P_n = n!$	$\mathscr{P}_{p;(p_1,\cdots,p_n)} = \frac{p!}{p_1!p_2!\cdots p_n!}$
	Sans	$C_n^p = \frac{n!}{p!(n-p)!}$	$\mathscr{C}_n^p = C_{n+p-1}^p = \frac{(n+p-1)!}{p!(n-1)!}$

Chapitre 9.
Généralités sur les probabilités

9. Introduction

— Le calcul des probabilités a pour but de **modéliser des phénomènes aléatoires** ou non déterministes, cest-à-dire qui dépendent du hasard.

— La notion de probabilité est le résultat d'un raisonnement dans lequel on **évalue le nombre de chances** d'obtenir la réalisation d'un événement.

— Lorsqu'un événement dépend du **hasard**, on peut avoir le sentiment qu'il est **plus ou moins probable**.

— La probabilité est un **rapport de possibilités**.

— Comment donc définir la **probabilité d'un événement** ?

9.1.1. Définitions - Terminologie

Une expérience est répétée n fois. A chaque essai, on note le résultat de l'expérience. Soit n_S le nombre d'apparitions de l'événement succès S.

Définition 1

$$0 \leq \ P(S) = \frac{Nombre\,de\,cas\,favorables}{Nombre\,de\,cas\,possibles} \ \leq 1$$

— Dans certaines expériences, le décompte des cas favorables et des cas possibles à la réalisation de l'événement S, n'est pas toujours facile à effectuer sauf dans le cas dun ensemble fini (dénombrement),

— Une autre définition s'impose, celle basée sur des résultats expérimentaux.

Définition 2

Lorsque n est grand, on observe EMPIRIQUEMENT que la fréquence relative de succès :

$$f = \frac{n_s}{n} \ \rightarrow \lim_{n\rightarrow\infty} \frac{n_s}{n} = P(S)$$

se rapproche d'une valeur limite et se STABILISE.

— La fréquence relative f donne une approximation de P(S) d'autant meilleure que n est grand : $0 \leq P(S) \leq 1$.

— C'est sur cette stabilité que repose toute la théorie du calcul des probabilités.

— Une **Expérience aléatoire** est une expérience faite dans des conditions déterminées dont le résultat nest pas connu à lavance.

— L'**ensemble fondamental**, **univers** ou encore **ensemble de référence**, noté en général Ω, désigne l'ensemble de tous les résultats possibles d'une expérience aléatoire.

— Exemples illustratifs : déterminer lensemble fondamental Ω de chacune des expériences suivantes. On jette :

1. une pièce de monnaie :

   $\Omega_1 = \{P, F\}$; $card(\Omega_1) = |\Omega_1| = 2 < +\infty$ (Fini)

2. un dé :

   $\Omega_2 = \{1, 2, 3, 4, 5, 6\}$; $card(\Omega_2) = |\Omega_2| = 6 < +\infty$ (Fini)

3. une pièce de monnaie et un dé :

   $$\Omega_3 = \Omega_1 \times \Omega_2 = \{P, F\} \times \{1, 2, 3, 4, 5, 6\}$$
   $$= \{(P,1), (P,2), (P,3), (P,4), \cdots, (F,5), (F,6)\}$$

   Produit cartésien de 2 ensembles.

   $card(\Omega_3) = card(\Omega_1) \times card(\Omega_2) = C_2^1 C_6^1 = 12 < +\infty$ (Fini)

   Produit des cardinaux.

4. Plusieurs fois un dé jusqu'à l'obtention d'un « 6 » :

   $\Omega_4 = \{1, 2, 3, \cdots, \cdots = \mathbb{N}^*$; $card(\Omega_4)$ (Infini)

Remarque

A une **même expérience aléatoire**, on peut associer différents types d'éventualités, donc **différents ensembles fondamentaux** Ω.

En effet, soit l'expérience aléatoire qui consiste à lancer une pièce de monnaie 2 fois de suite :

— On peut décrire la suite des résultats de chaque lancé. Dans ce cas :
$\Omega = \{(P,P), (P,F), (F,P), (F,F)\}$; $card(\Omega) = \mathscr{A}_2^2 = 2^2 = 4$

— Mais on peut également considérer le nombre de « pile » obtenus. Dans ce cas : $\Omega = \{0, 1, 2\}$; $card(\Omega) = 3$

9.2. Algèbre des ensembles

— **Ensemble** : Collection d'objets ou d'événements appelés éléments.

	↗ Fini			$\Omega = \{1, 2, \cdots, n\}$ $card(\Omega) = n < +\infty$
Ω		↗	Dénombrable	$\Omega = \{1, 2, \cdots, +\infty\} = \mathbb{N}^*$
	↘ Infini			
		↘	Continu	$\Omega \subseteq \mathbb{R}$

— **Appartenance** : soit $\Omega = \{a, b, c\}$ - Diagramme de Venn

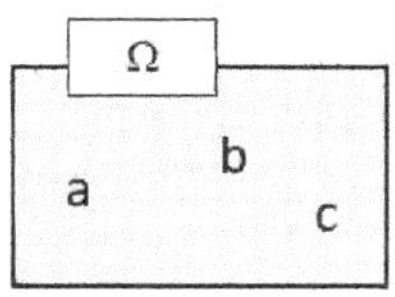

· $a \in \Omega$: l'élément a appartient à l'ensemble Ω
· $d \notin \Omega$: l'élément d n'appartient pas à l'ensemble Ω

— **Egalité de 2 ensembles :** Deux ensembles A et B sont dits **égaux** s'ils sont constitués des mêmes éléments : A = B
· Tout élément de A est élément de B et réciproquement
· $\forall x \in A \Leftrightarrow x \in B$
· A et B sont confondus

— **Ensemble vide :** Un ensemble vide, noté ϕ, est un ensemble ne comprenant aucun élément.
· Il est unique ; $card(\phi) = 0$

— **Sous-ensemble :** soit Ω un ensemble non vide ($\Omega \neq \phi$)

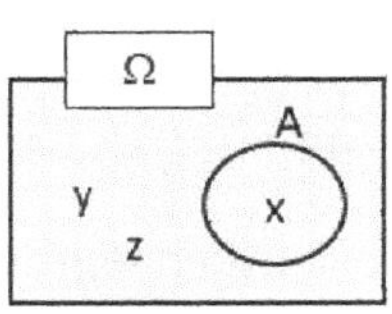

· $A \subset \Omega$: l'ensemble A est inclus dans Ω
· $\forall x \in A \Leftrightarrow x \in \Omega$; $y \in \Omega$; $y \notin \Omega$
· Tous les éléments de A sont dans Ω

Propriétés de l'inclusion : soient les ensembles A, B et C (tous $\neq \phi$)
· $A \subset A$ de plus, $\phi \subset A$
· Si $A \subset B$ et $B \subset A \Rightarrow A = B$
· Si $A \subset B$ et $B \subset C \Rightarrow A \subset C$

— **Complémentaire d'un ensemble :** soit Ω l'ensemble fondamental, A et B deux sous-ensembles quelconques non vides de Ω : $A \subset \Omega$ et $B \subset \Omega$.

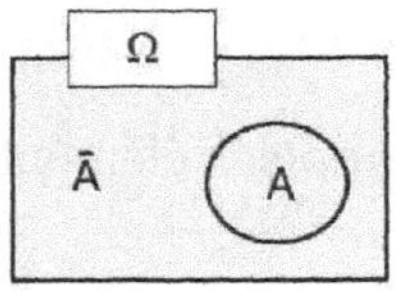

· Le complémentaire de A dans Ω est noté $\overline{A} = C_{\Omega}^{A}$
· $\overline{A} = \{x, x \in \Omega \,/\, x \notin A\}$; $x \in \overline{A} \Leftrightarrow x \notin A$
· Le complémentaire de A dans B est noté C_{B}^{A}

Propriétés : soient les ensembles A, B et C (tous $\neq \phi$)

· $\overline{\Omega} = \phi$; $\overline{\phi} = \Omega$; $\overline{\overline{A}} = A$
· Si $A = B \Leftrightarrow \overline{A} = \overline{B}$
· Si $A \subset B \Rightarrow \overline{B} \subset \overline{A}$
Soit $x \in \overline{B} \Rightarrow x \notin B$ *sachant que* $A \subset B \Rightarrow x \notin A \Rightarrow x \in \overline{A} \Rightarrow \overline{B} \subset \overline{A}$

9.2.1. Ensemble des parties d'un ensemble

Etant donné un ensemble Ω, on peut définir un ensemble, noté $\mathscr{P}(\Omega)$: l **ensemble des parties de Ω**, constitué de tous les sous-ensembles possibles y compris Ω et ϕ.

Exemple illustratif

$\Omega = \{a, b, c\}$; $card(\Omega) = 3$

— $\mathscr{P}(\Omega) = \{\phi, \{a\}, \{b\}, \{c\}, \{a,b\}, \{a,c\}, \{b,c\}, \{a,b,c\} = \Omega\}$
Toutes les combinaisons possibles des $n = 3$ *éléments de* Ω

— $card(\mathscr{P}(\Omega)) = 8$

— Notation : $a \in \Omega$; $\{a\} \subset \Omega$; $\{a\} \in \mathscr{P}(\Omega)$

— Propriété : si $card(\Omega) = n$ alors $card(\mathscr{P}(\Omega)) = 2^n = \sum_{k=0}^{n} C_n^k$
Coefficients binomiaux.

9.2.2. Opérations sur les ensembles

Définir de nouveaux ensembles à partir de sous-ensemble donnés dans Ω.

— **Intersection :** l'intersection de 2 ensemble A et B est un ensemble, noté $A \cap B$, dont les éléments appartiennent à la fois à A et à B.

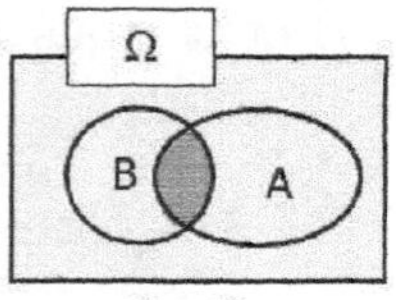

A∩B

· $A \cap B = \{x,\ x \in \Omega \,/\, x \in A$ **et** $x \in B\}$
· Evident, $A \cap B \subset A$ et $A \cap B \subset B$
· Si $A \cap B = \phi$ alors les ensembles A et B sont dit : **incompatibles**, **disjoints** ou s'**excluent mutuellement**.

— **Réunion :** la réunion de 2 ensemble A et B est un ensemble, noté $A \cup B$, dont les éléments appartiennent à l'un au moins des 2 ensembles.

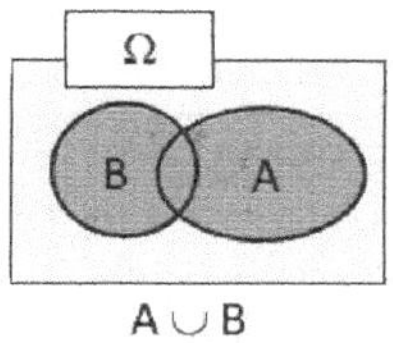

· $A \cup B = \{x,\ x \in \Omega\ /\ x \in A$ **ou** $x \in B\}$
· « ou » non exclusif, $x \in A \cap B$, ; $A \cap B \subset A \cup B$
· Si $A \subset B$ alors $A \cap B = A$ et $A \cup B = B$
$\forall x,\ x \in A \cap B \Rightarrow x \in A$ et $x \in B$, de plus, $A \subset B \Rightarrow x \in A$
$\forall x,\ x \in A \cup B \Rightarrow x \in A$ ou $x \in B$, de plus, $A \subset B \Rightarrow x \in A$

9.2.3. Partition de l'ensemble « fondamental Ω »

On dit que n sous-ensembles $A_1, A_2, \cdots, A_n$ de Ω forment une **partition ou un système complet de Ω** si et seulement si :

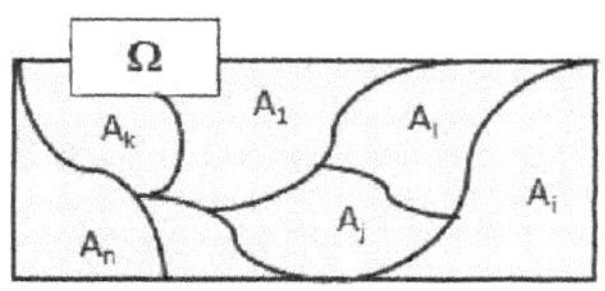

1) $A_i \neq \phi \quad \forall i, i = 1, \cdots, n$
2) $A_i \cap A_j = \phi \quad \forall i \neq j = 1, \cdots, n$
3) $\bigcup_{i=1}^{n} A_i = \Omega$

$(A_i)_{i=1,n}$ forment un système complet d'événements de Ω.

Exemple illustratif

Soit l'expérience aléatoire qui consiste à lancer un dé « équilibré ». L'ensemble fondamental $\Omega = \{1,2,3,4,5,6\}$.

1. Les sous-ensembles A_1 : les nombres pairs et A_2 : les nombres impairs forment-ils une partition de Ω ?
   1) $A_1 = \{2,4,6\} \neq \phi$; $A_2 = \{1,3,5\} \neq \phi$
   2) $A_1 \cap A_2 = \phi$
   3) $A_1 \cup A_2 = \Omega$
   $\Rightarrow$ Les événements A_1 et A_2 forment une partition de Ω.

2. Les sous-ensembles A_1 : les nombres pairs et A_3 : les nombres premiers forment-ils une partition de Ω ?
   1) $A_1 = \{2,4,6\} \neq \phi$; $A_3 = \{1,2,3,5\} \neq \phi$
   2) $A_1 \cap A_3 = \{2\} \neq \phi$: A_1 et A_3 ne sont pas disjoints
   3) $A_1 \cup A_3 = \Omega$
   $\Rightarrow$ Les événements A_1 et A_3 ne forment pas une partition de Ω.

9.2.4. Autres opérations sur les ensembles - Propriétés

$A \cup A = A$	Loi idempotence	$A \cap A = A$
$A \cup \phi = A$ $A \cup \Omega = \Omega$	Identité	$A \cap \phi = \phi$ $A \cap \Omega = A$
$A \cup \overline{A} = \Omega$ $\Omega = \overline{\phi}$	Complémentarité	$A \cap \overline{A} = \phi$ $\phi = \overline{\Omega}$
$A \cup B = B \cup A$	Commutativité	$A \cap B = B \cap A$
$A \cup (B \cup C) = (A \cup B) \cup C$	Associativité	$A \cap (B \cap C) = (A \cap B) \cap C$
$A \cup (B \cap C) = (A \cup B) \cap (A \cup C)$	Distributivité	$A \cap (B \cup C) = (A \cap B) \cup (A \cap C)$
$\overline{A \cup B} = \overline{A} \cap \overline{B}$ $\forall x,\ x \in \overline{A \cup B} \Leftrightarrow x \notin A \cup B$ $\Leftrightarrow\ x \notin A \ \ et \ \ x \notin B$ $\Leftrightarrow\ x \in \overline{A} \cap \overline{B}$ $\overline{\bigcup_{i=1}^{n} A_i} = \bigcap_{i=1}^{n} \overline{A_i}$	Loi de Morgan Généralisation	$\overline{A \cap B} = \overline{A} \cup \overline{B}$ $\forall x,\ x \in \overline{A \cap B} \Leftrightarrow x \notin A \cap B$ $\Leftrightarrow\ x \notin A \ \ ou \ \ x \notin B$ $\Leftrightarrow\ x \in \overline{A} \cup \overline{B}$ $\overline{\bigcap_{i=1}^{n} A_i} = \bigcup_{i=1}^{n} \overline{A_i}$

Exemple d'application 1

Soit A, B et C trois sous-ensembles non vides de Ω.
Montrer que : $[A \cap (B \cup C)] \cup [A \cap (\overline{B} \cap \overline{C})] = A$

$$\begin{aligned} [A \cap (B \cup C)] \cup [A \cap (\overline{B} \cap \overline{C})] &= A \cap [(B \cup C) \cup (\overline{B} \cap \overline{C})] \\ &= A \cap [(B \cup C) \cup (\overline{B \cup C})] \quad \text{loi de Morgan} \\ &= A \cap \Omega = A \end{aligned}$$

Exemple d'application 2

Une urne contient 3 boules numérotées 0, 1 et 2. On tire avec remise 2 boules de l'urne et on note x le résultat du premier tirage et y celui du second tirage.

1. Quel est l'ensemble fondamental Ω ?

$$\begin{aligned} \Omega &= \{(x,y) \in \{0,1,2\} \times \{0,1,2\} = \{0,1,2\}^2 \ / \ 0 \leq x \leq 2 \ \text{ et } \ 0 \leq y \leq 2\} \\ &= \{(0,0),(0,1),(0,2),(1,0),(1,1),(1,2),(2,0),(2,1),(2,2)\} \end{aligned}$$

$card(\Omega) = \mathscr{A}_3^2 = 3^2 = 9$

2. Déterminer les éventualités des trois sous-ensembles suivants :
   $A = \{(x,y) \in \Omega \,/\, x+y \geq 3\} = \{(1,2),(2,1),(2,2)\}$
   $B = \{((x,y) \in \Omega \,/\, x.y < 1\} = \{(0,0),(0,1),(0,2),(1,0),(2,0)\}$
   $C = \{(x,y) \in \Omega \,/\, y = 2x\} = \{(0,0),(1,2)\}$

3. Caractériser le sous-ensemble de Ω : $\overline{A}\cap\overline{B}\cap\overline{C}$
   $\overline{A}\cap\overline{B}\cap\overline{C} = (\overline{A}\cap\overline{B})\cap\overline{C} = (\overline{A\cup B})\cap\overline{C} = \overline{A\cup B\cup C} = \{(1,1)\}$

4. Déterminer le sous-ensemble D de telle sorte que les trois événements A, B et D forment un système complet de Ω.
   On pose $D = \{(1,1)\}$: 1) $A \neq \phi$; $B \neq \phi$; $D \neq \phi$
   2) $A\cap B = \phi$; $A\cap D = \phi$; $B\cap D$
   3) $A\cup B\cup D = \Omega$
   $\Rightarrow$ Les événements A, B et D ne forment pas une partition de Ω.

9.3. Différence de 2 ensembles

1. La **différence de deux ensembles** A et B pris dans cette ordre est l'ensemble, noté **A - B**, dont des éléments appartiennent à A et n'appartiennent pas à B.

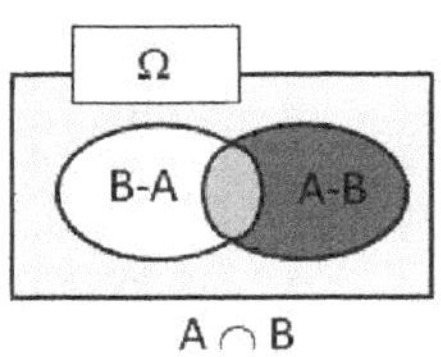

$A - B = \{x, x \in \Omega \,/\, x \in A \;\text{ et }\; x \notin B\}$
$B - A = \{x, x \in \Omega \,/\, x \in B \;\text{ et }\; x \notin A\}$

Remarques 1 : il est évident de vérifier que :

- $A - B = A \cap \overline{B}$
  $\forall x,\; x \in A - B \Leftrightarrow x \in A \;\text{ et }\; x \notin B \Leftrightarrow x \in A \;\text{ et }\; x \in \overline{B} \Leftrightarrow x \in A \cap \overline{B}$
- $A - B = C_A^{A\cap B}$
  $\forall x,\; x \in C_A^{A\cap B} \Leftrightarrow x \in A \;\text{ et }\; x \notin A\cap B \Leftrightarrow x \in A \;\text{ et }\; x \in \overline{A\cap B}$
  $\Leftrightarrow x \in A \;\text{ et }\; x \in \overline{A}\cup\overline{B} \Leftrightarrow x \in A\cap(\overline{A}\cup\overline{B})$ loi de Morgan
  $\Leftrightarrow x \in (A\cap\overline{A})\cup(A\cap\overline{B}) \Leftrightarrow x \in \phi\cup(A\cap\overline{B}) = A\cap\overline{B} = A - B$
- Si A et B sont **disjoints** alors $A - B \neq B - A$

Si A et B sont disjoints $\Leftrightarrow A\cap B = \phi \Rightarrow A - B = A \neq B - A = B$

2. La **différence symétrique** de deux ensembles A et B est l'ensemble, noté $A \triangle B$, constitué des éléments de A qui n'appartiennent pas à B et des éléments de B qui n'appartiennent pas à A : $A \triangle B = (A-B) \cup (B-A)$

Remarques 2 :

- $A - B = \overline{\overline{A} \cup B}$
  $A - B = A \cap \overline{B} = \overline{\overline{A}} \cap \overline{B} = \overline{\overline{A} \cup B}$ loi de Morgan
- $A \cup B = (A \triangle B) \cup (A \cap B)$
  $(A \triangle B) \cup (A \cap B) = (A \cap \overline{B}) \cup (A \cap B) \cup (B \cap \overline{A}) = A \cup B$
  Réunion de 3 sous-ensembles 2 à 2 disjoints.

9.4. Algèbre des événements (vocabulaire)

Un **événement aléatoire** est un ensemble ou, plus exactement un **sous-ensemble** de l'ensemble fondamental Ω. Il peut contenir **un** ou **plusieurs** résultats de l'épreuve.

L'ensemble de **tous les événements aléatoires possibles** est donc égale à $\mathscr{P}(\Omega)$ **l'ensemble des parties de Ω.**

Exemple d'application

Une urne contient 3 boules numérotées 0, 1 et 2. On tire avec remise 2 boules de l'urne et on note x le résultat du premier tirage et y celui du second tirage.

$$\begin{aligned}\Omega &= \{(x,y) \in \{0,1,2\} \times \{0,1,2\} = \{0,1,2\}^2 \;/\; 0 \leq x \leq 2 \text{ et } 0 \leq y \leq 2\} \\ &= \{(0,0),(0,1),(0,2),(1,0),(1,1),(1,2),(2,0),(2,1),(2,2)\}\end{aligned}$$
$$card(\Omega) = \mathscr{A}_3^2 = 3^2 = 9$$

Evénements particuliers

— **Evénement élémentaire** : **singleton** de Ω ; sous-ensemble qui contient qu'un seul résultat d'épreuve.
  A : « la somme est égale à zéro ».
  $A = \{(x,y) \in \Omega \,/\, x+y=0\} = \{(0,0)\} \subset \Omega$
  Un seul couple ; une seule éventualité.

— **Evénement impossible** : événement qui n'est jamais réalisé. C'est l'ensemble vide : ϕ
  B : « la somme est strictement supérieure à 4 ».
  $B = \{(x,y) \in \Omega \,/\, x+y > 4 = \phi$

— **Evénement certain** : événement qui est toujours réalisé. C'est l'ensemble fondamental : Ω

C : « la somme est inférieure ou égale à 4 ».

$C = \{(x,y) \in \Omega \,/\, x+y \leq 4 = \Omega$ Tous les cas possibles.

— **Evénement contraire** : l'événement contraire d'un événement est le **complémentaire** de cet événement dans Ω.

D est réalisé $\Leftrightarrow$ $\overline{D}$ n'est pas réalisé, $D \cap \overline{D} = \phi$; $D \cup \overline{D} = \Omega$

D : « la somme est inférieure ou égale à 2 ».

$D = \{(x,y) \in \Omega \,/\, x+y \leq 2\}$

$\overline{D} = \{(x,y) \in \Omega \,/\, x+y > 2\} = \{(1,2),(2,1),(2,2)\}$

— **Incompatibilité d'événements** : 2 événements sont dits **incompatibles** (**disjoints** ou **mutuellement exclusifs**) s'ils ne peuvent être réalisés en même temps.

E : « la somme est inférieure ou égale à 2 »

F : « le produit égal à 2 ».

E et F sont incompatibles $\Leftrightarrow$ $E \cap F = \phi$

$E = \{(x,y) \in \Omega \,/\, x+y \leq 2\} = \{(0,0),(0,1),(0,2),(1,0),(1,1)\}$

$F = \{(x,y) \in \Omega \,/\, x \times y = 2\} = \{(1,2),(2,1)\}$

Les événements E et F sont incompatibles.

9.5. Espace probabilisable

Tribu d'événements

Une famille @ de sous-ensembles de Ω est une tribu de Ω si :

1. $\Omega \in @$
2. $\forall A,\ A \in @\ \overline{A} \in @$
3. $\forall A,\ A \in @$ et $\forall B, B \in @\ A \cup B \in @$ cas fini
4. $\forall (A_i)_{i \in \mathbb{N}}$ événements de @, $\bigcup_{A_{i \in \mathbb{N}} \in @}$ cas infini dénombrable

On dit alors que @ est stable par passage du complémentaire, stable pour l'union et pour l'union dénombrable.

— $\mathscr{P}(\Omega)$ l'ensemble des parties de Ω (fini ou infini dénombrable) est une tribu @ de parties de Ω : $\mathscr{P}(\Omega) = @$

— Le couple $(\Omega, @)$ est appelé **espace probabilisable**. Ω est l'ensemble fondamental des résultats possibles et @ la tribu d'événements de Ω, par exemple $\mathscr{P}(\Omega)$.

9.6. Espace probabilisé

Un espace probabilisable est un espace constitué d'un ensemble fondamental Ω et d'une tribu @, que l'on va pouvoir munir d'une probabilité. On distingue trois types d'espaces probabilisables : fini, infini dénombrable et infini.

Définition : On appelle **probabilité**, sur un espace probabilisable (Ω, @), toute **application** P, de @ dans [0 , 1] vérifiant les 3 axiomes suivants :

$$\begin{array}{rcl} P : @ & \longrightarrow & [0,1] \subset \mathbb{R} \\ A & \longrightarrow & P(A) \end{array}$$

1. $P(\Omega) = 1$
2. $P(A \cup B) = P(A) + P(B)$: A et B sont 2 événements **disjoints** de @
3. $P(\bigcup_{i \in \mathbb{N}^*} A_i) = \sum_{i \in \mathbb{N}^*} P(A_i)$: $(A_i)_{i \in \mathbb{N}^*}$, une famille dénombrable d'événements de @ 2 à 2 disjoints (incompatibles).

$(\Omega, @, P)$ est alors appelé **espace probabilisé**, et pour tout événement $A \in @$, le **nombre réel P(A)** $(0 \leq P(A) \leq 1)$ est appelé **probabilité de l'événement A**.

9.6.1. Espace probabilisé fini

Soit $\Omega = \{w_1, w_2, \cdots, w_n\}$ un ensemble fondamental **fini** et $\mathscr{P}(\Omega)$ l'ensemble des parties de Ω.

— $(\Omega, @ = \mathscr{P}(\Omega))$: espace probabilisable fini.
— Le triplet $(\Omega, @ = \mathscr{P}(\Omega), P)$: espace probabilisé fini.
— Les éléments de @ = P(Ω)$sontdesvnements.Lessingletons$\{w$_i$\} de Ω sont des événements élémentaires.
— Pour tout événement $A \in \mathscr{P}(\Omega)$: $0 \leq P(A) \leq 1$.
— $P(\phi) = 0$.

$$\left.\begin{array}{l} \Omega = \Omega \cup \phi \;;\; \Omega \text{ et } \phi \text{ sont disjoints} \\ \mathrm{P}(\Omega) = P(\Omega \cup \phi) = P(\Omega) + P(\phi) \ \text{(axiome 2)} \\ \mathrm{P}(\Omega) = 1 \ \text{(axiome 1)} \end{array}\right\} \Rightarrow P(\phi) = 1 - P(\Omega) = 0$$

Exemple illustratif

Jet d'une pièce de monnaie : $\Omega = \{p, f\}$; $\mathscr{P}(\Omega)) = \{\Omega, \{p\}, \{f\}, \{p, f\}\}$

— Si la pièce est équilibrée - Probabilité P :
$$P(\{p\}) = P(\{f\}) = \tfrac{1}{2}$$
— Si la pièce est truquée - Probabilité P' :
$$P'(\{p\}) = \alpha \;;\; P(\{f\}) = 1 - \alpha \ \text{ avec } \ \alpha \neq \tfrac{1}{2} \ \text{ et } \ \alpha \in]0, 1[$$

Choix de la probabilité : c'est un problème expérimental basé sur :

— le bon sens et l'intuition,
— la connaissance a priori du phénomène aléatoire,
— la comparaison entre un échantillon et une loi de probabilité.

Propriétés des probabilités

Soit $(\Omega, @ = \mathscr{P}(\Omega), P)$ un espace probabilisé fini et soient A et B deux événements quelconques non vides de Ω. On a :

1. **Si** $A \subset B \Rightarrow P(A) \leq P(B)$

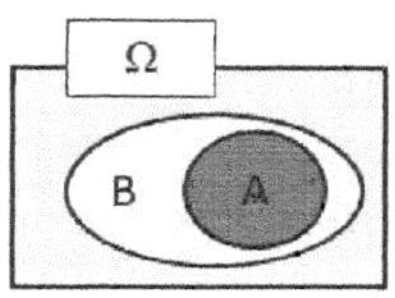

Si $A \subset B$ alors $B = A \cup (B \cap \bar{A})$; A et $B \cap \bar{A}$ sont disjoints
Alors, $P(B) = P(A \cup (B \cap \bar{A})) = P(A) + P(B \cap \bar{A}) \geq P(A)$
vu que : $A \cap (B \cap \bar{A}) = \phi$ et $P(B \cap \bar{A}) \geq 0$

2. $P(\bar{A}) = 1 - P(A)$

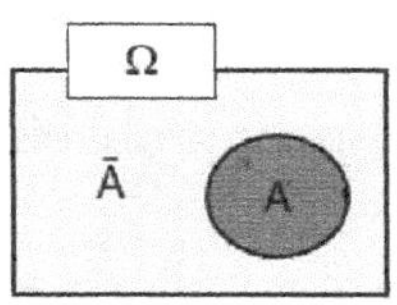

Vu que $\Omega = A \cup \bar{A}$; A et $\bar{A}$ sont disjoints. Alors,
$P(\Omega) = 1 = P(A \cup \bar{A}) = P(A) + P(\bar{A}) \Rightarrow P(\bar{A}) = 1 - P(A)$
vu que : $A \cap \bar{A} = \phi$

3. $P(A - B) = P(A) - P(A \cap B)$

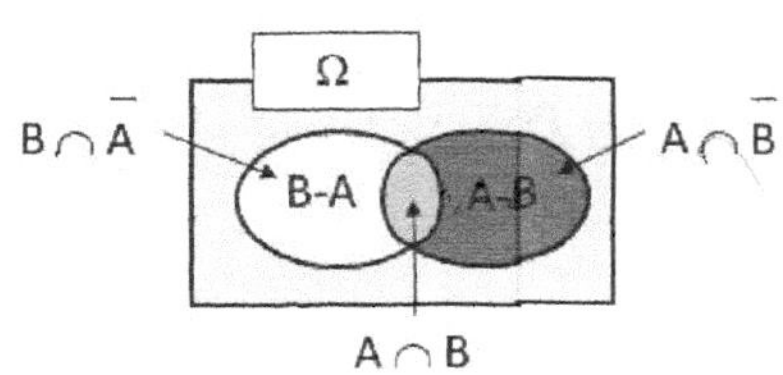

Ecrire l'événement A en 2 événements incompatibles :

$A = (A \cap B) \cup (A - B)$; $A \cap B$ et $A - B$ sont disjoints

Alors, P(A) = $P((A \cap B) \cup (A - B)) = P(A \cap B) + P(A - B)$

$\Rightarrow P(A - B) = P(A) - P(A \cap B)$

De même, $P(B - A) = P(B) - P(A \cap B)$

4. $\boxed{P(A \triangle B) = P(A) + P(B) - 2P(A \cap B)}$

Décomposer l'événement $(A \triangle B)$ en 2 événements incompatibles :

$A \triangle B = (B - A) \cup (A - B)$; $B - A$ et $A - B$ sont disjoints

Alors, $P(A \triangle B) = P((B - A) \cup (A - B)) = P(B - A) + P(A - B)$

$= P(B) - P(A \cap B) + P(A) - P(A \cap B)$

$\Rightarrow P(A \triangle B) = P(A) + P(B) - 2P(A \cap B)$

5. $\boxed{P(A \cup B) = P(A) + P(B) - P(A \cap B)}$

Décomposition de l'événement $(A \cup B)$ en 3 événements mutuellement incompatibles :

$A \cup B = (A - B) \cup (A \cap B) \cup (A - B)$ 2 à 2 disjoints

Décomposition de $(A \cup B)$ en 2 événements incompatibles :

$A \cup B = (A \triangle B) \cup (A \cap B)$; $A \triangle B$ et $A \cap B$ sont disjoints

$P(A \cup B) = P((A \triangle B) \cup (A \cap B)) = P(A \triangle B) + P(A \cap B)$

$= P(A) + P(B) - 2P(A \cap B) + P(A \cap B)$

$\Rightarrow P(A \cup B) = P(A) + P(B) - P(A \cap B)$.

9.6.2. Probabilité sur un espace probabilisé fini

Soient $\Omega = \{w_1, w_2, \cdots, w_n\}$; $(\Omega\,,\ @ = \mathscr{P}(\Omega)\,,\ P)$ un espace probabilisé fini, $card(\Omega) = n$; $card(\mathscr{P}(\Omega)) = 2^n$.

Cas général : la **probabilité** P d'un **événement élémentaire** $\{w_i\}$ est définie sur $(\Omega\,,\ @ = \mathscr{P}(\Omega))$ par :

$$\forall i = 1, \cdots, n \ \ P(\{w_i\}) = p_i \text{ tel que } \begin{cases} 1) & 0 \le p_i \le 1 \\ 2) & \sum_{i=1}^{n} p_i = 1 = P(\Omega) \\ & \text{principe des probabilités totales} \end{cases}$$

Dans ce cas, la probabilité P d'un événement A est définie par :

$\forall A \in @ = \mathscr{P}(\Omega) \ \ P(A) = \sum_{w_i \in A} p_i$

Exemple d'application

On lance 3 pièces de monnaies et on observe le nombre de côtés faces obtenus.

1. Quel est l'ensemble fondamental Ω ?

   $\Omega = \{0, 1, 2, 3\}$; $card(\Omega) = 4$

2. On munit Ω de la tribu $\mathscr{P}(\Omega)$. Montrer que si on pose : $P(0) = P(3) = \frac{1}{8}$ et $P(1) = P(2) = \frac{3}{8}$, on définit ainsi une probabilité.

   $card(\mathscr{P}(\Omega)) = 2^4 = 16$

w_i	$p_i = P(\{w_i\})$
0	$p_0 = P(0) = \frac{1}{8}$
1	$p_1 = P(1) = \frac{3}{8}$
2	$p_2 = P(2) = \frac{3}{8}$
3	$p_3 = P(3) = \frac{1}{8}$

Les conditions sont vérifiées :
1) $\forall i = 0,1,2,3 \quad 0 \leq p_i \leq 1$
2) $\sum_{i=0}^{3} p_i = 1$

3. Soient les événements : A - on obtient au moins une face et B - on obtient 3 faces ou 3 piles. Calculer P(A) et P(B).

$$P(A) = P(1) + P(2) + P(3) = \frac{3}{8} + \frac{3}{8} + \frac{1}{8} = \frac{7}{8} = 1 - P(0)$$
$$P(B) = P(3) + P(0) = \frac{1}{8} + \frac{1}{8} = \frac{1}{4}.$$

Cas particulier - Equiprobabilité

$\Omega = \{w_1, w_2, \cdots, w_n\}$ fini à n résultats équiprobables ; $(\Omega\,,\ @ = \mathscr{P}(\Omega)\,,\ P)$ un espace probabilisé fini, $card(\Omega) = n$; $card(\mathscr{P}(\Omega)) = 2^n$.

Si les **événements élémentaires** $\{wi\}$ sont considérés par l'expérience comme **équiprobables** alors La **probabilité P** d'un événement élémentaire $\{wi\}$ est définie sur $(\Omega\,,\ @ = \mathscr{P}(\Omega))$ par :

$$\forall i = 1, \cdots, n \quad P(\{w_i\}) = \frac{1}{card(\Omega)} = \frac{1}{n} \quad \text{avec} \quad \begin{cases} 1) & 0 \leq p_i = \frac{1}{n} \leq 1 \\ 2) & \sum_{i=1}^{n} p_i = \sum_{i=1}^{n} \frac{1}{n} = \frac{n}{n} = 1 \end{cases}$$

Dans ce cas, la probabilité P d'un événement A est définie par :

$$\forall A \in @ = \mathscr{P}(\Omega) \quad P(A) = \frac{card(A)}{card(\Omega)} = \frac{n_A}{n} = \frac{Nombre\ de\ cas\ favorables}{Nombre\ de\ cas\ possibles}$$

Exemple d'application

On choisit au hasard 2 articles d'un lot de 12 articles, dont 4 sont défectueux. Calculer les probabilités des événements suivants :

A = { les 2 sont défectueux } ; B = { Aucun des 2 nest défectueux }
C = { 1 seul est défectueux } ; D = { au moins 1 article est défectueux }
E = { au plus 1 article est défectueux }

Le $card(\Omega) = 12$ est fini et chaque article a la même probabilité d'être choisi : **équiprobabilité**, $\forall i = 1, \cdots, n = 12 \ \ p_i = \frac{1}{12}$.

Nombre de cas favorables à la réalisation de l'événement A : $C_4^2 = 6$
Nombre de cas possibles de 2 articles parmi 12 : $C_{12}^2 = 66$

$$P(A) = \frac{C_4^2}{C_{12}^2} = \frac{6}{66} = 9.09\% \quad ; \quad P(B) = \frac{C_8^2}{C_{12}^2} = \frac{28}{66} = 42.42\%$$
$$P(C) = \frac{C_4^1 C_8^1}{C_{12}^2} = \frac{32}{66} = 48.48\% \quad ; \quad P(D) = P(C \cup A) = P(C) + P(A) = 57.57\%$$
$$P(E) = P(C \cup B) = P(C) + P(B) = 90.91\%$$

9.6.3. Probabilité sur un espace probabilisé infini dénombrable

Soient $\Omega = \{w_1, w_2, \cdots, \cdots\} = \bigcup_{i=1}^{+\infty}$ et $(\Omega\ ,\ @ = \mathscr{P}(\Omega)\ ,\ P)$ un espace probabilisé **infini dénombrable**.

La probabilité P est définie sur $(\Omega\ ,\ @ = \mathscr{P}(\Omega))$ par la suite $(p_i)_{i\in\mathbb{N}}$ des probabilités élémentaires $p_i = P(\{w_i\})$ telle que :

$$\begin{cases} 1) & 0 \leq p_i \leq 1 \quad \forall i = 1, +\infty \\ 2) & \sum_{i=1}^{+\infty} p_i = 1 = P(\Omega) \quad \text{la somme à l'infini converge vers 1.} \end{cases}$$

Dans ce cas, la probabilité P d'un événement A est définie par :

$$\forall A \in @ = \mathscr{P}(\Omega) \quad P(A) = \sum_{w_i \in A} p_i$$

Exemple d'application

Dans une urne il y a 4 boules rouges et 6 boules vertes non discernables par ailleurs. On tire une boule au hasard, si elle est rouge l'expérience s'arrête. Si elle est verte, on la remet dans l'urne et on recommence un tirage. Définir l'espace probabilisé.

Espace probabilisé $(\Omega, @, P)$:

— $\Omega = \{w_1, w_2, \cdots, +\infty\} = \mathbb{N}^* = \mathbb{N}_{-\{0\}}$ Nombre de **tirages jusqu'à l'obtention** d'une boule Rouge.

— $Card(\Omega)$ est infini dénombrable ; $@ = \mathscr{P}(\Omega) = \mathbb{N}^*$

— Chaque boule à la même probabilité d'être choisie : **équiprobabilité**

$$p = P(R) = \frac{2}{5} \quad ; \quad q = 1 - p = P(V) = \frac{3}{5}$$

Deux événements ou résultats possibles Rouge ou Vert avec $p + q = 1$.
Il s'agit là d'un exemple de loi de probabilité dite géométrique.
Soit X : le nombre de tirages jusqu'à l'obtention de la 1ère boule Rouge.

La probabilité d'avoir la boule rouge au $k^{ème}$ tirage :

$$P(X = k) = pq^{k-1} \quad k = 1, 2, \cdots, +\infty$$

9.6.4. Probabilité sur un espace probabilisé infini

Ω est un intervalle de $\mathbb{R}$: $\Omega =]a, b] = \{w \in \mathbb{R}\ /\ a < w \leq b\} \subset \mathbb{R}$; $@ = \mathscr{B}_\mathbb{R}$ (tribu borélienne). Dans ce cas, on peut par exemple, définir sur $@ = \mathscr{B}_\mathbb{R}$, la probabilité d'un événement A =]x , y] $\in \mathscr{B}_\mathbb{R}$ par :

$$P(A) = P(]x, y] = \frac{y-x}{b-a} \quad (y \geq x \quad \text{et} \quad b > a)$$

Cette définition vérifie bien les axiomes d'une probabilité.

Exemple d'application

Une personne arrive à un arrêt de bus, qui est desservi régulièrement toutes les 15 minutes, et chronomètre le temps d'attente jusqu'à l'arrivée du bus. Calculer la probabilité que cette personne attende moins de 5 minutes.

L'espace probabilisé $\Omega = [0,15] \subset \mathbb{R}$; $@ = B_{\mathbb{R}}$; $P)$ est infini.
Soit A l'événement attendre moins de 5 mn et x le temps d'attente :

$$P(A) = P([0,x[) = \frac{x}{15} = \frac{5}{15} = \frac{1}{3}$$

Exemple de loi de probabilité dite uniforme sur]a = 0 , b = 15].

9.7. Probabilités conditionnelles

9.7.1. Introduction - Définitions

Exemple illustratif

Expérience : Jet d'un dé équilibré. Soient les événements suivants :
A : « on obtient un nombre inférieur ou égal à 5 »
B : « on obtient un nombre supérieur strictement à 4 »

Supposons que l'**on sache que l'événement A est réalisé**, le résultat w du lancer du dé est un élément de A :

$$w \in A = \{1,2,3,4,5\} \ ; \ P(A) = \frac{5}{6} = \frac{C_5^1}{C_6^1} \text{ équiprobabilité.}$$

Pour que l'événement B soit réalisé, il faut que le résultat w du lancer du dé soit un élément de B :

$$w \in B = \{5,6\} \ ; \ P(B) = \frac{2}{6} = \frac{C_2^1}{C_6^1} \text{ équiprobabilité.}$$

Mais pour que l'événement **B soit réalisé sachant** que l'événement **A est réalisé**, il faut que le résultat w du lancer du dé soit un élément de :

$$A \cap B = \{5\} \text{ donc } P(A \cap B) = \frac{1}{6} \text{ de plus } P(A) = \frac{5}{6}$$

On a donc bien : $P_A(B) = P(B/A) = 1/5 = \frac{P(A \cap B)}{P(A)} = \frac{\frac{1}{6}}{\frac{5}{6}} = \frac{1}{5}$

Soit (Ω , @ , P) un espace probabilisé. Si A est un évènement de @ de probabilité non nulle, alors l'application P_A définie par :

$$\forall B \in @ \quad P_A(B) = P(B/A) = \frac{P(A \cap B)}{P(A)} \quad \textbf{si} \quad P(A) \neq 0$$

est une probabilité sur Ω , @), appelée **probabilité conditionnelle sachant A**. On lira « **probabilité de B sachant A** ».

On peut également déterminer la « **probabilité de A sachant B** » :

$$\forall A \in @ \quad P_B(A) = P(A/B) = \frac{P(A\cap B)}{P(B)} \quad \textbf{si} \quad P(B) \neq 0$$

Remarque : P_A est-elle une probabilité sur l'espace probabilisable $(\Omega, @)$?

Vérifions les axiomes de la définition d'une probabilité :

$$\begin{array}{rcl} P(./A) : @ & \longrightarrow & [0,1] \subset \mathbb{R} \\ B & \longrightarrow & P_A(B) = P(B/A) \end{array}$$

Axiome 0 : $A \cap B \subset \Omega \Rightarrow 0 \leq P(A \cap B) \leq P(A) \Rightarrow 0 \leq \frac{P(A\cap B)}{P(A)} = P(B/A) \leq 1$

Axiome 1 : $P(\Omega/A) = \frac{P(\Omega\cap A)}{P(A)} = \frac{P(A)}{P(A)} = 1$

Axiomes 2-3 : $(B_i)_{i\in\mathbb{N}^*}$ une famille d'événements fini ou infini dénombrable 2 à 2 disjoints de @ :

$$P(\bigcup_{i\in\mathbb{N}^*} B_i/A) = \frac{P[(\bigcup_{i\in\mathbb{N}^*} B_i)\cap A)]}{P(A)} = \frac{P[\bigcup_{i\in\mathbb{N}^*}(B_i)]}{P(A)} = \Sigma_{i=1}^{+\infty} \frac{P(B_i\cap A)}{P(A)} = \Sigma_{i=1}^{+\infty} P(B_i/A)$$

Les évènements $(B_i \cap A)$ et $(B_j \cap A)$ sont disjoints, vu que $B_i \cap B_j = \phi$.

Propriétés

1. $P_B(B) = P(B/B) = 1$
   Evident, $P_B(B) = P(B/B) = \frac{P(B\cap B)}{P(B)} = \frac{P(B)}{P(B)} = 1$

2. $P_A(\overline{B}) = P(\overline{B}/A) = 1 - P(B/A) = 1 - P_A(\overline{B})$

$$P_A(\overline{B}) = P(\overline{B}/A) = \frac{P(\overline{B}\cap A)}{P(A)} = \frac{P(A-B)}{P(A)} = \frac{P(A)-P(A\cap B)}{P(A)} = \frac{P(A)}{P(A)} - \frac{P(A\cap B)}{P(A)}$$
$$= 1 - \frac{P(A\cap B)}{P(A)} = 1 - P(B/A) = 1 - P_A(B)$$

3. $P((B_1 \cup B_2)/A) = P(B_1/A) + P(B_2/A) - P((B_1 \cap B_2)/A)$

$$P(B_1 \cup B_2/A) = \frac{P[(B_1\cup B_2)\cap A)]}{P(A)} = \frac{P[(B_1\cap A)\cup(B_2\cap A)]}{P(A)}$$
$$= \frac{[P(B_1\cap A)+P(B_2\cap A)-P[(B_1\cap A)\cap(B_2\cap A)]]}{P(A)}$$
$$= \frac{P(B_1\cap A)+P(B_2\cap A)-P(B_1\cap B_2\cap A)}{P(A)} = \frac{P(B_1\cap A)}{P(A)} + \frac{P(B_2\cap A)}{P(A)} - \frac{P(B_1\cap B_2\cap A)}{P(A)}$$
$$= P(B_1/A) + P(B_2/A) - P(B_1 \cap B_2/A)$$

4. Cas de 3 événements A, B et C de probabilités non nulles :
   $P(A)P(B/A)P[C/(A \cap B)] = P(A \cap B \cap C)$

$$P(A)P(B/A)P[C/(A \cap B)] = P(A)\frac{P(A\cap B)P[C/(A\cap B)]}{P(A)} = P(A \cap B)P[C/(A \cap B)]$$
$$= \frac{P(A\cap B)P(A\cap B\cap C)}{P(A\cap B)} = P(A \cap B \cap C)$$

Principe des probabilités composées

$$\boxed{P(B\cap A)=P(B/A)P(A)=P(A/B)P(B) \quad \textbf{si} \quad P(A)\neq 0 \ \textbf{et} \ P(B)\neq 0}$$

En effet,

$$\left.\begin{array}{l} \mathrm{P}_A(B)=P(B/A)=\frac{P(A\cap B)}{P(A)} \\ \mathrm{P}_B(A)=P(A/B)=\frac{P(B\cap A)}{P(B)} \end{array}\right\} \Rightarrow P(B\cap A)=P(B/A)P(A)=P(A/B)P(B)$$

Exemple d'application

Dans un jeu de 32 cartes, mon adversaire tire une carte au hasard. Quelle est la probabilité qu'il ait tiré une dame de pique sachant qu'un coup d'œil indiscret m'a permis de distinguer une figure à pique ou à trèfle ?

1 Figure : D-Dame et 2 couleurs : p-pique et t-trèfle :

$$\begin{aligned} P[D_p/(F_p\cup F_t)] &= \frac{P[D_p\cap(F_p\cup F_t)]}{P(F_p\cup F_t)} = \frac{P[(D_p\cap F_p)\cup(D_p\cap F_t)]}{P(F_p)+P(F_t)-P(F_p\cap F_t)} \\ &= \frac{P(D_p)}{P(F_p)+P(F_t)} = \frac{\frac{1}{32}}{\frac{3}{32}+\frac{3}{32}} = \frac{1}{6} = 16.67\% \end{aligned}$$

Sachant que : $D_p\cap F_p=D_p$; $D_p\cap F_t=\phi$ et $F_p\cap F_t=\phi$.
Remarque : $P(D_p)=\frac{1}{32}=3.12\% < P[D_p/(F_p\cup F_t)]=16.67\%$.

9.7.2. Théorème de Bayes

Le théorème de Bayes est un résultat mathématique de base en théorie des probabilités.

Propriétés

Soient $(A_i)_{i\in I}$, **un système complet d'événements** de probabilités non nulles.

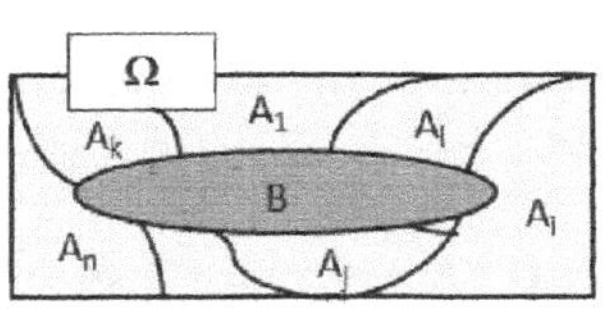

$(\mathrm{A}_i)_{i\in I}$ forment une partition de Ω :

1) $\mathrm{A}_i\neq\phi \quad \forall i\in I$
2) $\mathrm{A}_i\cap A_j=\phi \quad \forall i\in I$
3) $\bigcup_{i\in I}A_i=\Omega$

Pour tout événement B, on a :

1. Formule des probabilités totales :

$$\boxed{P(B)=\sum_{i\in I}P(B/A_i)P(A_i)}$$

$$\begin{aligned} P(B) &= P(\Omega\cap B)=P[(\bigcup_{i\in I}A_i)\cap B]=P[\bigcup_{i\in I}(A_i\cap B)] \\ &= \sum_{i\in I}P(A_i\cap B)=\sum_{i\in I}P(B/A_i)P(A_i) \end{aligned}$$

Sachant que : $\Omega = \bigcup_{i \in I} A_i$ et $\forall i \neq j \in I \ (A_i \cap B) \cap (A_j \cap B) = \phi$ vu que les évènements A_i et A_j sont disjoints : $A_i \cap A_j = \phi$.

2. Formule de Bayes - Probabilité des causes :

$$\boxed{P(A_j/B) = \frac{P(B/A_j)P(A_j)}{\sum_{i \in I} P(B/A_i)P(A_i)} \quad \forall j \in I}$$

$$P(A_j/B) = \frac{P(B/A_j)P(A_j)}{P(B)} = \frac{P(B/A_j)P(A_j)}{\sum_{i \in I} P(B/A_i)P(A_i)}$$

C'est la probabilité que la cause A_j soit responsable de la survenue de l'événement B, sachant que l'événement B s'est réalisé.

Exemple d'application

On suppose que 3 types de microprocesseurs utilisés dans la fabrication de micro-ordinateurs se partagent le marché à raison de :

Type	*Part*	*Défaut*
X	$P(X) = 25\%$	$P(D/X) = 5\%$
Y	$P(Y) = 35\%$	$P(D/Y) = 4\%$
Z	$P(Z) = 40\%$	$P(D/Z) = 2\%$

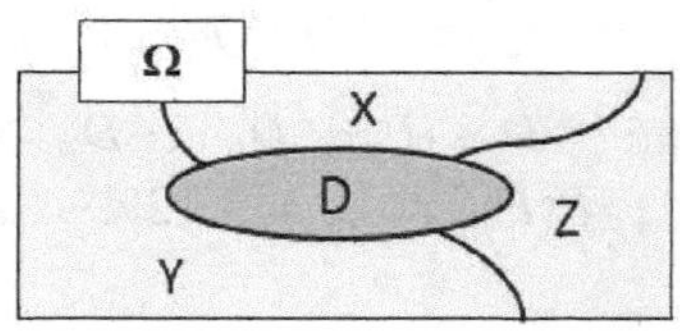

On prélève au hasard un microprocesseur dans un lot dans les proportions indiquées pour les types X, Y et Z.

1. Quelle est la probabilité qu'il soit défectueux ?

$$\begin{aligned} P(D) &= P(D/X)P(X) + P(D/Y)P(Y) + P(D/Z)P(Z) \\ &= 0.05 \times 0.25 + 0.04 \times 0.35 + 0.02 \times 0.40 = 3.45\% \end{aligned}$$

2. Sachant que le microprocesseur présente un défaut de fabrication, quelle est la probabilité qu'il soit de type X ?

Les évènements X, Y et Z forment une partition de Ω, on applique la formule de Bayes :

$$P(X/D) = \frac{P(X \cap D)}{P(D)} = \frac{P(D/X)P(X)}{P(D)} = \frac{0.05 \times 0.25}{0.0345} = 36.23\%$$

Bien que le type X ne représente que le quart du marché $P(X) = 25\%$, il représente sur le marché, 36.23% des microprocesseurs présentant un défaut de fabrication. On peut de même déterminer $P(Y/D) = 40.58\%$ et $P(Z/D) = 23.19\%$ avec $P(X/D) + P(Y/D) + P(Z/D) = 100\%$

Cas particulier

Soit A un évènement quelconque non vide et son complémentaire $\overline{A}$.

$$A \text{ et } \overline{A} \text{ forment une partition de } \Omega : \begin{cases} 1)\ A \neq \phi \ ;\ \overline{A} \neq \phi \\ 2)\ A \cap \overline{A} = \phi \\ 3)\ A \cup \overline{A} = \Omega \end{cases}$$

Pour tout événement B, on a :

1. Formule des probabilités totales :

$$\boxed{P(B) = P(B/A)P(A) + P(B/\overline{A})P(\overline{A})}$$

2. Formule de Bayes - Probabilité des causes :

$$\boxed{P(A/B) = \frac{P(B/A)P(A)}{P(B/A)P(A)+P(B/\overline{A})P(\overline{A})}}$$

$$\boxed{P(\overline{A}/B) = \frac{P(B/\overline{A})P(\overline{A})}{P(B/A)P(A)+P(B/\overline{A})P(\overline{A})} = 1 - P(A/B)}$$

Exemple d'application

Un laboratoire public français a mis au point un test de dépistage au coronavirus Covid-19 dont les résultats sont tels que lorsqu'un patient est porteur du virus, 99 fois sur 100, le test se révèle positif. Lorsqu'un patient n'est pas porteur du virus, dans 1% des cas, le test se révèle positif. Ce test a été expérimenté dans une population où 15% des patients sont porteurs du virus.

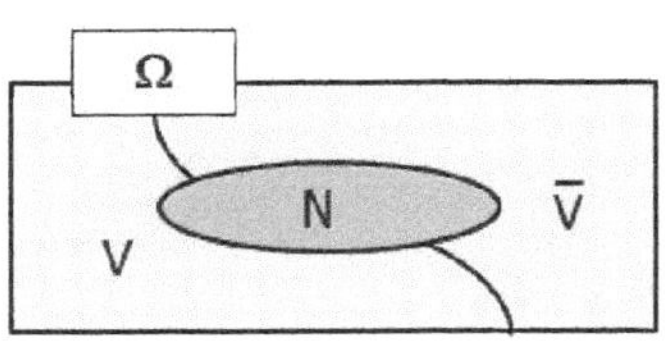

On note les événements :
V : le patient est porteur du virus,
$\overline{V}$: le patient n'est pas porteur du virus
N : le test est négatif et $\overline{N}$: le test est positif.
P(V) = 15% ; $P(\overline{N}/V) = 99\%$
$P(\overline{N}/\overline{V}) = 1\%$ avec $P(\overline{V}) = 1 - P(V) = 85\%$.

1. Calculer la probabilité que le patient soit porteur du virus et que le test se révèle positif.

$$P(V \cap \overline{N}) = P(\overline{N}/V)P(V) = 0.99 \times 0.15 = 0.1485 = 14.85\%$$

2. Calculer la probabilité que le patient ne soit pas porteur du virus et que le test est négatif.

$$P(\overline{V} \cap N) = P(N/\overline{V})P(\overline{V}) = (1 - P(\overline{N}/\overline{V}))P(\overline{V}) = 0.99 \times 0.85 = 84.15\%$$

3. Calculer la probabilité que le test soit positif.

$$P(\overline{N}) = P(\overline{N} \cap V) + P(\overline{N} \cap \overline{V}) = P(\overline{N}/V)P(V) + P(\overline{N}/\overline{V})P(\overline{V})$$
$$= 0.99 \times 0.15 + 0.01 \times 0.85 = 15.70\%$$

4. Calculer la probabilité qu'un patient dont le test s'est révélé positif, ne soit pas porteur du virus. Quelle est votre conclusion ?

   Formule de Bayes : V et $\overline{V}$ forment un système complet de Ω.

$$P(\overline{V}/\overline{N}) = \frac{P(\overline{V}\cap\overline{N})}{P(\overline{N})} = \frac{P(\overline{N}/\overline{V})P(\overline{V})}{P(\overline{N}/V)P(V)+P(\overline{N}/\overline{V})P(\overline{V})} = \frac{0.01\times0.85}{0.99\times0.15+0.01\times0.85} = 5.41\%$$

   Conclusion : $\mathrm{P(V/}\overline{N}) = 1 - P(\overline{V}/\overline{N}) = 94.59\%$, le test est efficace.

5. Calculer la probabilité que le patient soit porteur du virus sachant que le test s'est révélé négatif.

$$P(V/N) = \frac{P(V\cap N)}{P(N)} = \frac{P(N/V)P(V)}{P(N)} = \frac{P(N/V)P(V)}{1-P(\overline{N})} = \frac{0.01\times0.15}{1-0.1570} = 0.18\%$$

9.7.3. Indépendance en probabilité

Indépendance de deux événements

Deux événements A et B sont indépendants pour la probabilité P choisie, si la probabilité de réalisation de l'un n'est pas influencée par la réalisation de l'autre :

$$\boxed{P(A/B) = P(A) \ ou \ P(B/A) = P(B) \ ou \ P(A\cap B) = P(A)P(B)}$$

Remarque : l'indépendance nest pas une qualité intrinsèque des événements. Elle dépend de la probabilité considérée.

Propriétés

Si A et B sont indépendants en probabilité, alors :

1. $\overline{A}$ et B sont indépendants en probabilité

$$P(\overline{A}/B) = 1 - P(A/B) = 1 - P(A) = P(\overline{A}) \text{ vu que } P(A/B) = P(A)$$

2. A et $\overline{B}$ sont indépendants en probabilité

$$P(A/\overline{B}) = \frac{P(A\cap\overline{B})}{P(\overline{B})} = \frac{P(A)-P(A\cap B)}{P(\overline{B})} = \frac{P(A)-P(A)P(B)}{P(\overline{B})} = \frac{P(A)(1-P(B))}{P(\overline{B})}$$
$$= \frac{P(A)P(\overline{B})}{P(\overline{B})} = P(A) \text{ vu que } P(A\cap B) = P(A)P(B).$$

3. $\overline{A}$ et $\overline{B}$ sont indépendants en probabilité

$$P(\overline{A}/\overline{B}) = 1 - P(A/\overline{B}) = 1 - P(A) = P(\overline{A}) \text{ vu que } P(A/\overline{B}) = P(A).$$

Remarques : A ne pas confondre : événements **incompatibles** et événements **indépendants en probabilité**.

- Incompatibilité : les deux événements ne peuvent se réaliser simultanément : $A \cap B = \phi \Rightarrow P(A \cap B) = P(\phi) = 0$.
- Indépendance : la probabilité de réalisation dun événement n'est pas modifiée par la réalisation de l'autre :
  $P(A/B) = P(A)$ ou $P(B/A) = P(B)$ ou encore $P(A \cap B) = P(A)P(B)$.
- Les événements A et B sont dits **dépendants en probabilité** si :
  $P(A/B) \neq P(A)$ ou $P(B/A) \neq P(B)$ ou encore $P(A \cap B) \neq P(A)P(B)$.

Exemple d'application

Pour une promotion d'étudiants, on estime que la probabilité d'obtenir la moyenne en Mathématiques, Economie et Mathématiques ou en Economie sont respectivement de 40%, 70% et 82%.

1. Les événements M et E sont-ils indépendants ? Incompatibles ?

   $$P(M \cup E) = P(M) + P(E) - P(M \cap E)$$
   $$\Rightarrow P(M \cap E) = P(M) + P(E) - P(M \cup E) = 0.4 + 0.7 - 0.82 = 28\%.$$

   $P(M)P(E) = 0.4 \times 0.7 = 28\% = P(M \cap E)$: les événements M et E sont indépendants en probabilité.

   $M \cap E \neq \phi \Rightarrow P(M \cap E) \neq 0$: M et E ne sont pas incompatibles.

2. On prévient un étudiant qu'il n'a obtenu la moyenne qu'à au moins une des 2 matières ; calculer la probabilité que ce soit en Mathématiques.

   $$P[(M/(M \cup E)] = \frac{P[M \cap (M \cup E)]}{P(M \cup E)} = \frac{P[(M \cap M) \cup (M \cap E)]}{P(M \cup E)} = \frac{P[(M \cup (M \cap E)]}{P(M \cup E)}$$
   $$= \frac{P(M)}{P(M \cup E)} = \frac{0.4}{0.82} = 48.78\%$$

Indépendance d'une famille d'événements

Soient $(A_i)_{i\in I}$, une famille d'événements de probabilités non nulles.

— On dit que $(A_i)_{i\in I}$ est une famille d'événements **mutuellement indépendants** pour la probabilité P si :

$$P(\bigcap_{i\in I} A_i) = \prod_{i\in I} P(A_i) \quad \text{pour tout famille finie } J \subset I$$

— On dit que $(A_i)_{i\in I}$ est une famille d'événements **2 à 2 indépendants** pour la probabilité P si :

$$P(A_i \cap A_j) = P(A_i)P(A_j) \quad \text{pour tout } (i,j) \in I^2 \text{ tel que } i \neq j$$

— Par exemple, dans le cas de 3 événements A, B, et C, ils sont dits

Par exemple, dans le cas de 3 événements A, B, et C, ils sont dits

2 à 2 indépendants		Mutuellement indépendants
$P(A \cap B) = P(A)P(B)$		$P(A \cap B) = P(A)P(B)$
$P(A \cap C) = P(A)P(C)$	$\Leftarrow$	$P(A \cap C) = P(A)P(C)$
$P(B \cap C) = P(B)P(C)$		$P(B \cap C) = P(B)P(C)$
		$P(A \cap B \cap C) = P(A)P(B)P(C)$

Exemple d'application

On lance 2 jetons identiques à côtés numérotés 1 et 2. Soient les événements : A - le premier chiffre obtenu est pair, B - le deuxième chiffre obtenu est impair et C - la somme des 2 chiffres est paire

1. Les 3 événements A, B et C sont-ils 2 à 2 indépendants ?

   $\Omega = \{1,2\}$; $card(\Omega) = 2$ nombre de couples possibles : $2^2 = 4$

   $A = \{(2,1),(2,2)\}$; $P(A) = \frac{1}{2}$

   $B = \{(1,1),(2,1)\}$; $P(B) = \frac{1}{2}$

   $C = \{(1,1),(2,2)\}$; $P(C) = \frac{1}{2}$

   $A \cap B = \{(2,1)\}$; $P(A \cap B) = \frac{1}{4} = P(A)P(B)$

   $A \cap C = \{(2,2)\}$; $P(A \cap C) = \frac{1}{4} = P(A)P(C)$

   $B \cap C = \{(1,1)\}$; $P(B \cap C) = \frac{1}{4} = P(A)P(B)$

   Les trois événements A, B et C sont 2 à 2 indépendants.

2. Les 3 événements A, B et C sont-ils mutuellement indépendants ?

   $A \cap B \cap C = \phi$; $P(A \cap B \cap C) = P(\phi) = 0 \neq P(A)P(B)P(C) = \frac{1}{8}$

   Les événements A, B et C ne sont pas mutuellement indépendants.

Chapitre 10.
Variable aléatoire réelle

10. Introduction

En théorie des probabilités, une variable aléatoire réelle est une application mesurable définie sur l'ensemble des résultats possibles d'une expérience aléatoire. Elle permet d'affecter des probabilités à tous ces résultats, on peut ainsi caractériser la distribution de probabilité de la variable aléatoire réelle.

10.1. Variable aléatoire réelle - Définition

Exemple illustratif

L'expérience aléatoire consiste à lancer 2 pièces de monnaie. On définit **l'application X**, appelée **variable aléatoire réelle** et notée v.a.r., qui à tout événement associe le nombre de fois où apparaît le côté pile.

$$\Omega = \{(p,p);(p,f);(f,p);(f,f)\}$$

L'application X est définie par :

$$X : (\Omega, @ = \mathscr{P}(\Omega)) \rightarrow (X(\Omega) = \Omega_x = \{0,1,2\} \subset \mathbb{R})$$
$$(p,p) \rightarrow X((p,p)) = 2$$

X représente une expérience aléatoire dont les résultats sont des nombres réels.

Définition : Un espace probabilisé $(\Omega, @, P)$ étant donné, on appelle variable aléatoire réelle (v.a.r.) sur un espace probabilisable $(\Omega, @)$ toute application X de Ω dans $\mathbb{R}$, telle que pour tout événement A de $B_{\mathbb{R}}$, l'événement $X^{-1}(A)$ est un événement de @.

Notation : l'image réciproque $X^{-1}(A) = \{w \in \Omega \ / \ X(w) \in @\}$

Exemple : X : variable aléatoire réelle discrète finie associée au nombre de piles obtenus. Préciser les événements suivants :

$$X^{-1}(0) = \{(f,f)\}$$
$$X^{-1}(1) = \{(p,f);(f,p)\}$$
$$X^{-1}(2) = \{(p,p)\}$$

Evénements de Ω appartenant à $@ = \mathscr{P}(\Omega)$.

Exemple : X : variable aléatoire réelle continue $\Omega_X = \mathbb{R}$ Préciser les événements suivants :

$X^{-1}(]a,b]) = \{a < X \leq b\}$
$X^{-1}(]-\infty,x]) = \{X \leq x\}$
$X^{-1}(\{x\}) = \{X = x\}$

Evénements de Ω appartenant à $@ = \mathscr{B}_{\mathbb{R}}$.

$$(\Omega\ ,\ \mathscr{P}(\Omega)) \quad \xrightarrow{X} \quad (\mathbb{R}\ ,\ @ = \mathscr{B}_{\mathbb{R}})$$
$$\exists X^{-1}(A) \in \mathscr{P}(\Omega) \quad \xleftarrow{X^{-1}} \quad \forall A \in @ = \mathscr{B}_{\mathbb{R}}$$

Où $\mathscr{B}_{\mathbb{R}}$ désigne la tribu de borél : c'est la plus petite tribu (au sens de l'inclusion) qui est contenue par toutes les tribus de la droite réelle $\mathbb{R}$ qui contiennent tous les intervalles du type $]-\infty,x]$, avec $x \in \mathbb{R}$. Les événements de $\mathscr{B}_{\mathbb{R}}$ sont appelés des boréliens de $\mathbb{R}$.

Propriétés :

$X^{-1}(\mathbb{R}) = \Omega$
$X^{-1}(\phi) = \phi$
$X^{-1}(A \cup B) = X^{-1}(A) \cup X^{-1}(B)$
$X^{-1}(A \cap B) = X^{-1}(A) \cap X^{-1}(B)$

Remarque

Notons que dans la définition d'une variable aléatoire réelle, la probabilité P figurant dans le triplet $(\Omega, @, P)$ ne joue aucun rôle ; seule intervient la tribu @ de Ω. Cependant la variable aléatoire réelle X définie sur $(\Omega, @, P)$ permet de probabiliser l'espace d'arrivée $(\mathbb{R}, \mathscr{B}_{\mathbb{R}})$.

10.1.1. Loi de probabilité d'une variable aléatoire réelle

Soit $(\Omega\ ,\ @\ ,\ P)$ un espace probabilisé et X une variable aléatoire réelle.

$$\underset{A_i}{(\Omega = \{A_1, A_2, \cdots, A_n\}\ ,\ @)} \quad \xrightarrow{X} \quad \underset{X(A_i) = x_i}{(\Omega_X = \{0,1,2\}\ ,\ @ = \mathrm{B}_{\mathbb{R}})}$$

A tout résultat d'épreuve A_i, on associe $x_i = X(A_i)$: la **valeur observée** de X pour le résultat ou l'événement A_i. Si on répète n fois l'épreuve, on obtient une série statistique : $(x_1, x_2, .., x_i, \cdots, x_n)$.

Exemple illustratif

$$\begin{array}{cccc}
\Omega & \xrightarrow{\quad X \quad} & \Omega_X=\{0,1,2\} & \xrightarrow{\quad P \quad} \quad [0,1] \\
\{(f,f)\} & & X(\{(f,f)\})=0 & P(X=0)=P[X^{-1}(0)]=P(\{(f,f)\})=\frac{1}{4} \\
\{(p,f);(f,p)\} & & X(\{(p,f);(f,p)\})=1 & P(X=1)=P[X^{-1}(1)]=P(\{(p,f);(f,p)\})=\frac{2}{4} \\
\{(p,p)\} & & X(\{(p,p)\})=2 & P(X=2)=P[X-1(2)]=P(\{(p,p)\})=\frac{1}{4}
\end{array}$$

10.1.2. Fonction de répartition d'une variable aléatoire réelle

Définition : Soit la variable aléatoire réelle X : $(\Omega, @, P) \longrightarrow (\mathbb{R}, \mathscr{B}_{\mathbb{R}})$.
On appelle fonction de répartition de X, la fonction F définie par :

$$\begin{array}{l} F:\mathbb{R}\longrightarrow\mathbb{R} \\ \quad x \quad F(x)=P(X\in]-\infty,x])=P(X\le x)\end{array}$$

La fonction de répartition définit **complètement** la loi de probabilité de X. Elle satisfait les propriétés suivantes :

Propriétés :

1. $\forall x\in\mathbb{R},\ 0\le F(x)\le 1$
   La fonction de répartition est bornée et est définie de $\mathbb{R}$ *dans* $[0,1]$
2. F est une fonction croissante de 0 à 1.
3. Limites au voisinage de l'infini :
   $F(-\infty)=\ \lim_{x\to\infty}F(x)=0$ et $F(+\infty)=\ \lim_{x\to\infty}F(x)=1$
   $P(X\le-\infty)=P(\phi)=0$ *et* $P(X\le-\infty)=P(\Omega)=1$
4. $\forall(a,b)\in\mathbb{R}^2,\ P(a<X\le b)=F(b)-F(a)$.
   $\{a<X\le b\}=\{X\le b\}-\{X\le a\}$ *différence symétrique de 2 ensembles.*
   $$\begin{aligned} P(\{a<X\le b\})&=P(\{X\le b\})-P(\{X\le b\}\cap\{X\le a\}) \\ &=P(X\le b)-P(X\le a)=F(b)-F(a)\end{aligned}$$

10.2. Différents types de variables aléatoires réelles

Une une variable aléatoire réelle X peut être de 3 types différents, suivant la nature de Ω_X :

$$\Omega_X:\begin{cases}\text{fini : X est } \textbf{discrète finie} \\ \text{infini dénombrable : X est } \textbf{discrète infinie dénombrable} \\ \text{infini non dénombrable : X est } \textbf{continue}\end{cases}$$

10.2.1. Variable aléatoire réelle finie

- C'est une variable aléatoire réelle dont la fonction de répartition F est une **fonction en escalier** avec un **nombre fini** de valeurs entières.
- Ce qui est équivalent à considérer que X prend un nombre fini de valeurs possibles : $x_1, x_2, \cdots, x_n$.
- La loi de probabilité est alors définie par l'ensemble des probabilités :

$$P(X = x_i) = p_i \text{ avec } \begin{cases} 0 \le p_i \le 1 \\ \sum_{i=1}^{n} p_i = 1 \end{cases}$$

Conditions à vérifier pour qu'une distribution soit une **distribution de probabilité** de X.

Exemple illustratif :

X étant la variable aléatoire réelle associée au nombre de piles obtenus. Etablir la distribution de probabilité et la fonction de répartition F de X, puis tracer les graphes associés.

$\Omega = \{(f,f),(f,p),(p,f),(p,p)\} \xrightarrow{X} \Omega_X = \{0,1,2\} \xrightarrow{P} [0,1]$

$card(\Omega_X) = 3$ est fini, X est discrète finie.

Distribution de probabilité & Fonction de répartition de X

x_i	$P(X = x_i) = p_i$	$F(x_i) = P(X \le x_i) = \sum_{x \le x_i} p_i$
0	$p_0 = P(X = 0) = \frac{1}{4}$	$F(0) = p_0 = \frac{1}{4}$
1	$p_1 = P(X = 1) = \frac{2}{4}$	$F(1) = p_0 + p_1 = \frac{3}{4}$
2	$p_2 = P(X = 2) = \frac{1}{4}$	$F(2) = p_0 + p_1 + p_2 = 1$

Remarques : $\forall i = 0,1,2 \quad 0 \le p_i \le 1$; $\sum_{i=0}^{2} p_i = 1$ et $0 \le F(x) \le 1$.

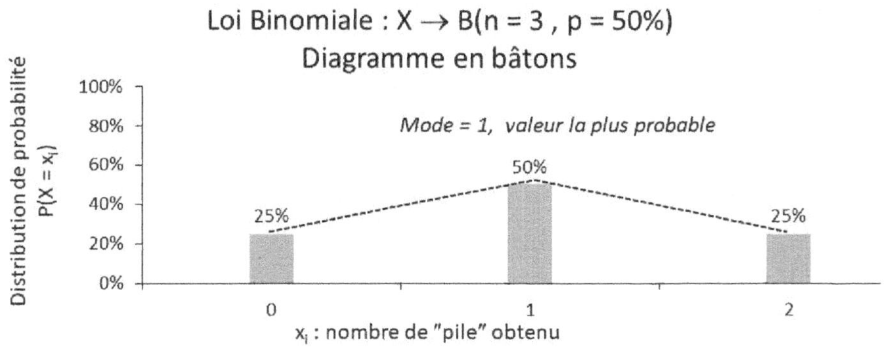

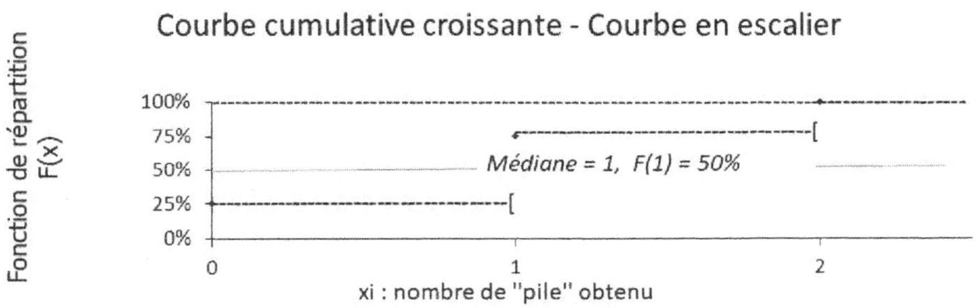

10.2.2. Variable aléatoire réelle infinie dénombrable

— C'est une v.a.r. dont la distribution de probabilité est un diagramme avec un nombre **infini dénombrable de bâtons** la fonction de répartition F est une **fonction en escalier** avec un nombre **infini dénombrable de paliers**.

— Ce qui est équivalent à considérer que X prend un nombre infini de valeurs entières possibles : $\Omega_X = \bigcup_{i=1}^{+\infty}(\{x_i\})$.

— La loi de probabilité est alors définie par l'ensemble des probabilités :

$$P(X = x_i) = p_i \text{ avec } \begin{cases} 0 \leq p_i \leq 1 \\ \sum_{i=1}^{+\infty} p_i = 1 \Leftrightarrow \lim_{n \to +\infty} \sum_{i=1}^{n} p_i = 1 \end{cases}$$

Conditions à vérifier pour qu'une distribution soit une **distribution de probabilité** de X.

Exemple d'application

Une urne contient 10 boules de couleurs dont 4 boules Rouges. On réalise des tirages avec remise jusquà l'obtention de la 1ère boule Rouge. Loi de probabilité de la variable aléatoire réelle X associée au nombre de tirages nécessaires jusqu'à lobtention de la 1ère boule rouge.

$\Omega_X = \{1, 2, \cdots, +\infty = \mathbb{N}^*$; $card(\Omega_X) = +\infty$
X est discrète infinie dénombrable.
On pose : $p = P(R) = \frac{2}{5}$ et $q = 1 - p = P(\overline{R}) = \frac{3}{5}$.

La probabilité d'avoir la 1ère boule Rouge au kème tirage :

$$P(X = k) = pq^{k-1} \ ; \ \forall k = 1, \cdots, +\infty$$

Remarque : loi géométrique, convergence à l'infini d'une série géométrique de raison $\frac{3}{5}$ et de premier terme $p = \frac{2}{5}$.

10.2.3. Variable aléatoire réelle continue

— C'est une variable aléatoire réelle dont la fonction de répartition F est continue sur $\mathbb{R}$ et dérivable par morceaux.

— La loi de probabilité peut aussi être définie par la **fonction f dite fonction densité de probabilité** de X : $f(x) = F'(x)$ $\forall x \in \mathbb{R}$ (f est la function dérivée de F)

— Pour tout événement $A = [a, b] \subset \mathbb{R}$, $P(A) = P([a; b]) = \int_a^b f(x)\,dx$ où, la fonction f est une fonction densité : positive ou nulle et telle que $\int_{-\infty}^{+\infty} f(x)\,dx = 1$.

Remarque : la fonction f densité de probabilité de X est toujours au-dessus de l'axe des abscisses et l'aire sous la courbe est égale à 1.

— On dit alors que X est **continue** et à **fonction densité de probabilité**.

Propriétés

$\forall x \in \mathbb{R}$ $f(x) \geq 0$ *la courbe est toujours au-dessus de l'axe des abscisses.*

$\int_{-\infty}^{+\infty} f(x)\,dx = 1$ *l'aire sous la courbe est égale à 1.*

$\int_a^b f(x)\,dx = F(b) - F(a)$ $\forall \in (a, b) \in \mathbb{R}^2$ $a < b$

Remarque : la fonction de répartition F de X est la primitive de la fonction densité de probabilité f :

$$F(x) = P(X \leq x) = \int_{-\infty}^{x} f(x)\,dx$$

Exemple d'application 1

Déterminer puis représenter la fonction densité de probabilité de la variable aléatoire réelle X associée à la durée de vie d'un composant électronique dont la fonction de répartition est définie par :

$$F(x) = P(X \leq x) = \begin{cases} 0 & si\, x < 0 \\ 1 - e^{-3x} & si\, x \geq 0 \end{cases} \quad \Rightarrow \quad \mathrm{f(x)} = \begin{cases} 0 & si\, x < 0 \\ 3e^{-3x} & si\, x \geq 0 \end{cases}$$

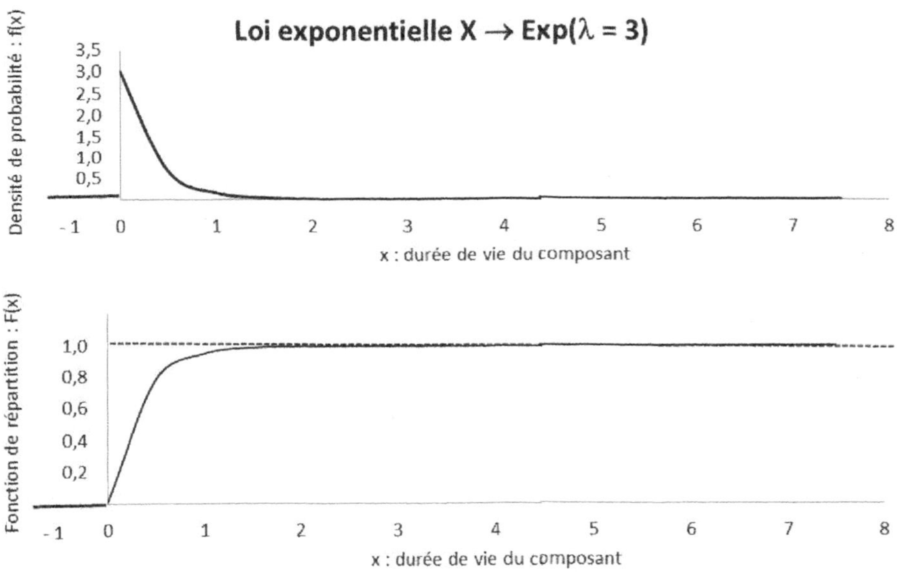

Remarque - Fonction de répartition :

a) Si X est discrète finie ou infinie dénombrable :

$$P(a < X \leq b) = \sum_{\{xi/a<x_i\leq b\}} P(X = x_i) = \sum_{\{xi/a<x_i\leq b\}} p_i = F(b) - F(a)$$

L'expérience aléatoire consiste à lancer 2 pièces de monnaie équilibrées. Soit X la variable aléatoire réelle discrète associée au nombre de côtés piles obtenus.

x_i	0	1	2
$p_i = P(X = x_i)$	$\frac{1}{4}$	$\frac{1}{2}$	$\frac{1}{4}$
$F(x_i) = P(X \leq x_i)$	$\frac{1}{4}$	$\frac{3}{4}$	1

$$\begin{aligned}
P(1 < X \leq 2) = P(X=2) = \tfrac{1}{4} &\quad = \quad F(2) - F(1) = 1 - \tfrac{3}{4} = \tfrac{1}{4} \\
P(1 \leq X < 2) = P(X=1) = \tfrac{1}{2} &\quad \neq \quad F(2) - F(1) \\
P(1 \leq X \leq 2) = P(X=1) + P(X=2) = \tfrac{3}{4} &\quad \neq \quad F(2) - F(1) \\
P(1 < X < 2) = P(\phi) = 0 &\quad \neq \quad F(2) - F(1)
\end{aligned}$$

b) Si X est continue :

$$\begin{aligned}
P(a < X \leq b) &= P(a \leq X \leq b) = P(a < X < b) = P(a \leq X < b) \\
&= F(b) - F(a) = \int_a^b f(x)\,dx
\end{aligned}$$

En effet, dans le cas d'une variable aléatoire réelle continue, la probabilité en un point est pratiquement nulle : $P(X = x) \approx 0$.

Soit la variable aléatoire réelle X associée à la durée de vie d'un composant électronique dont la loi de probabilité est caractérisée soit par sa fonction de répartition F ou sa fonction densité f suivantes :

$$F(x) = P(X \leq x) = \begin{cases} 0 & si\, x < 0 \\ 1 - e^{-3x} & si\, x \geq 0 \end{cases} \quad ; \quad \mathrm{f(x)} = \begin{cases} 0 & si\, x < 0 \\ 3e^{-3x} & si\, x \geq 0 \end{cases}$$

$$\begin{aligned}
P(1 < X \leq 2) &= P(1 \leq X < 2) = P(1 \leq X \leq 2) = P(1 < X < 2) \\
&= \int_1^2 f(x)\,dx = \int_1^2 3e^{-3x}\,dx = [-e^{-3x}]_1^2 = e^{-3} - e^{-6} = 4.73\% \\
&= F(2) - F(1) = (1 - e^{-6}) - (1 - e^{-3}) = e^{-3} - e^{-6} = 4.73\%
\end{aligned}$$

Exemple d'application 2

1. Déterminer la valeur de la constante k pour que f soit une densité de probabilité d'une variable aléatoire réelle continue X.

   Soit f : $\mathbb{R} \to \mathbb{R}$ la fonction définie par :

   $$\text{f(x)} = \begin{cases} ke^x & si\, x < 0 \;\; k \in \mathbb{R} \\ x & si\, 0 \leq x \leq 1 \\ 0 & si\, x > 1 \end{cases}$$ Conditions à vérifier :

   a) $\forall x \in \mathbb{R} \;\; f(x) \geq 0 : \begin{cases} si\, x < 0 \;\; ke^x \geq 0 \Rightarrow k \geq 0 \\ si\, 0 \leq x \leq 1 \;\; f(x) = x \geq 0 \\ si\, x > 1 \;\; f(x) = 0 \geq 0 \end{cases}$

   b) $\int_{-\infty}^{+\infty} f(x)\,dx = 1 \;\Rightarrow \int_{-\infty}^{0} ke^x\,dx + \int_0^1 x\,dx + \int_1^{+\infty} 0\,dx$

   $$\Rightarrow\; k[e^x]_{-\infty}^{0} + [\tfrac{x^2}{2}]_0^1 + 0 = k(1-0) + \tfrac{1}{2}(1-0) = 1$$
   $$\Rightarrow\; k + \tfrac{1}{2} = 1 \Rightarrow k = \tfrac{1}{2}.$$

   $$\text{f(x)} = \begin{cases} \frac{1}{2}e^x & si\, x < 0 \\ x & si\, 0 \leq x \leq 1 \\ 0 & si\, x > 1 \end{cases}$$

2. Déterminer la fonction de répartition F de X.

   Si $x < 0 :\; F(x) = P(X \leq x) = \int_{-\infty}^{x} f(x)\,dx = \int_{-\infty}^{x} \frac{1}{2}e^x\,dx$
   $$= \tfrac{1}{2}[e^x]_{-\infty}^{x} = \tfrac{1}{2}(e^x - 0) = \tfrac{e^x}{2}$$

   Si $0 \leq x \leq 1 :\; F(x) = P(X \leq x) = \int_{-\infty}^{x} f(x)\,dx = \int_{-\infty}^{0} \frac{1}{2}e^x\,dx + \int_0^x x\,dx$
   $$= \tfrac{1}{2}[e^x]_{-\infty}^{x} + [\tfrac{x^2}{2}]_0^x = \tfrac{1}{2}(1-0) + \tfrac{1}{2}(x^2 - 0) = \tfrac{(1+x^2)}{2}$$

   Si $x > 1 :\; F(x) = P(X \leq x) = \int_{-\infty}^{x} f(x)\,dx = \int_{-\infty}^{0} \frac{1}{2}e^x\,dx + \int_0^1 x\,dx + \int_0^x 0\,dx$
   $$= \tfrac{1}{2}[e^x]_{-\infty}^{0} + [\tfrac{x^2}{2}]_0^1 + 0 = \tfrac{1}{2}(1-0) + \tfrac{1}{2}(1-0) = 1$$

   $$\text{F(x)} = \begin{cases} \frac{e^x}{2} & si\, x < 0 \\ \frac{1+x^2}{2} & si\, 0 \leq x \leq 1 \\ 1 & si\, x > 1 \end{cases}$$

10.3. Moments d'une variable aléatoire réelle

En statistique et en théorie des probabilités, les moments dits **remarquables** d'une variable aléatoire réelle sont des indicateurs importants soit de position, de dispersion, de symétrie ou encore d'applatissement de la distribution de probabilité.

10.3.1. Espérance mathématique

L'espérance mathématique d'une variable aléatoire réelle X, quand elle existe, est un **nombre réel**, noté **E(X)** qui est défini par :

$$E(X) = \begin{cases} \nearrow \boxed{\sum_{i=1}^{n} p_i x_i} & : \text{X discréte finie} \\ \rightarrow \boxed{\sum_{i=1}^{+\infty} p_i x_i} & : \text{X discréte infinie dénombrable} \\ \searrow \boxed{\int_{-\infty}^{+\infty} x f(x)\, dx} & : \text{X continue} \end{cases}$$

L'unité de E(X) est l'unité des données de X.

Propriété

Soient X et Y = aX + b deux variables aléatoires réelles, a et b deux nombres réels non nuls : $E(Y) = E(aX + b) = aE(X) + b$

— Si X est discète finie :
$E(Y) = E(aX + b) = \sum_{i=1}^{n} p_i(ax_i + b) = a\sum_{i=1}^{n} p_i x_i + b\sum_{i=1}^{n} p_i$
$= aE(X) + b$ avec $\sum_{i=1}^{n} p_i = 1$: distribution de probabilité.

— Si X est continue :
$E(Y) = E(aX + b) = \int_{-\infty}^{+\infty} (ax + b) f(x)\, dx = a\int_{-\infty}^{+\infty} x f(x)\, dx + b\int_{-\infty}^{+\infty} f(x)\, dx$
$= aE(X) + b$ avec $\int_{-\infty}^{+\infty} f(x)\, dx = 1$: fonction densité de probabilité.

— L'opérateur « E » d'espérance mathématique est linéaire.

Exemples d'application

Calculer l'espérance mathématique de X dans les deux cas suivants :

1. X discrète :

x_i	0	1	2
$p_i = P(X = x_i$	$\frac{1}{4}$	$\frac{1}{2}$	$\frac{1}{4}$
$\mathrm{F}(\mathrm{x}_i) = P(X \leq x_i)$	$\frac{1}{4}$	$\frac{3}{4}$	1

$$E(X) = \sum_{i=0}^{2} p_i x_i = \frac{1}{4}\times 0 + \frac{1}{2}\times 1 + \frac{1}{4}\times 2 = \frac{3}{4}$$

2. X continue :

$$\mathrm{F(x)} = \begin{cases} \frac{e^x}{2} & si\, x < 0 \\ \frac{1+x^2}{2} & si\, 0 \leq x \leq 1 \\ 1 & si\, x > 1 \end{cases} \Rightarrow \mathrm{f(x)} = \begin{cases} \frac{e^x}{2} & si\, x < 0 \\ x & si\, 0 \leq x \leq 1 \\ 0 & si\, x > 1 \end{cases}$$

$$E(X) = \int_{-\infty}^{+\infty} x f(x)\, dx = \int_{-\infty}^{0} x\frac{e^x}{2}\, dx + \int_0^1 x^2\, dx + \int_1^{-\infty} x \times 0\, dx$$

Intégration par parties de $\int_{-\infty}^{0} x\frac{e^x}{2}\, dx$: $\begin{cases} u = x & \Rightarrow u' = 1 \\ v' = e^x & \Leftarrow v = e^x \end{cases}$

$$\int_{-\infty}^{0} x\frac{e^x}{2} = \frac{1}{2}([xe^x]_{-\infty}^{0} - \int_{-\infty}^{0} e^x dx) = -\frac{1}{2}[e^x]_{-\infty}^{0} = -\frac{1}{2}.$$

$$E(X) = \int_{-\infty}^{0} x\frac{e^x}{2}\, dx + \int_0^1 x^2\, dx + \int_1^{-\infty} x \times 0\, dx = -\frac{1}{2} + [\frac{x^3}{3}]_0^1 = -\frac{1}{2} + \frac{1}{3} = -\frac{1}{6}$$

10.3.2. Variance mathématique

La variance mathématique d'une variable aléatoire réelle X, quand elle existe, est un **nombre réel positif ou nul**, noté **V(X)** qui est défini par :

$$\mathrm{V(X)} = \begin{cases} \nearrow \boxed{\sum_{i=1}^{n} p_i(x_i - E(X))^2} & : \text{X discréte finie} \\ \rightarrow \boxed{\sum_{i=1}^{+\infty} p_i(x_i - E(X))^2} & : \text{X discréte infinie dénombrable} \\ \searrow \boxed{\int_{-\infty}^{+\infty} (x - E(X))^2 f(x)\, dx} & : \text{X continue} \end{cases}$$

— L'unité de V(X) est le carré de l'unité des données de X.
— L'écart-type de X, noté $\sigma(X) = \sqrt{V(X)}$, est la racine carrée de V(X).
— L'unité de $\sigma(X)$ est l'unité des données de X.
— $V(X)$ et $\sigma(X)$ sont des indicateurs de dispersion.

Propriétés

Soient X et Y = aX + b deux variables aléatoires réelles discrètes ou continues, a et b deux nombres réels :

1. $V(X) = E([X - E(X)]^2) = E(X^2) - E(X)^2$ Théorème de König-Huygens

   $V(X) = E([X^2 - 2 \times XE(X) + E(X)^2]) = E(X^2) - 2 \times E(X)E(X) + E(X)^2$
   $= E(X^2) - E(X)^2 = E(X^2) - E(X)^2$

   Exemple, X continue :

   $V(X) = \int_{-\infty}^{+\infty}(x - E(X))^2 f(x)\,dx = \int_{-\infty}^{+\infty}(x^2 - 2xE(X) + E(X)^2)f(x)dx$
   $= \int_{-\infty}^{+\infty} x^2 f(x)\,dx - 2 \times E(X)\int_{-\infty}^{+\infty} xf(x)\,dx + E(X)^2\int_{-\infty}^{+\infty} f(x)\,dx$
   $= E(X^2) - 2 \times E(X)E(X) + E(X)^2 \times 1 = E(X^2) - E(X)^2$

   avec, $E(X^2) = \int_{-\infty}^{+\infty} x^2 f(x)\,dx$; $E(X) = \int_{-\infty}^{+\infty} xf(x)\,dx$; $\int_{-\infty}^{+\infty} f(x)\,dx = 1$ fonction densité de probabilité.

2. $V(Y) = V(aX + b) = a^2V(X)$

   $V(Y) = E[(aX + b)^2] - [E(aX + b)]^2$
   $= E[(a^2X^2) + 2abX + b^2] - [aE(X) + b]^2$
   $= a^2E(X^2) + 2abE(X) + b^2 - a^2E(X)^2 - 2abE(X) - b^2$
   $= a^2E(X^2) - a^2E(X)^2 = a^2[E(X^2) - E(X)^2] = a^2V(X)$

3. $V(b) = 0$: la variance d'une constante est nulle.

Exemples d'application

Calculer la variance mathématique de X dans les deux cas suivants :

1. X discrète :

x_i	0	1	2
$p_i = P(X = x_i)$	$\frac{1}{4}$	$\frac{1}{2}$	$\frac{1}{4}$
$F(x_i) = P(X \leq x_i)$	$\frac{1}{4}$	$\frac{3}{4}$	1

$E(X) = \frac{3}{4}$; $E(X^2) = \sum_{i=0}^{2} p_i x_i^2 = \frac{1}{4} \times 0^2 + \frac{1}{2} \times 1^2 + \frac{1}{4} \times 2^2 = \frac{3}{2}$
$V(X) = E(X^2) - E(X)^2 = \frac{3}{2} - (\frac{3}{4})^2 = \frac{15}{16}$

2. X continue :

$$F(x) = \begin{cases} \frac{e^x}{2} & si\, x < 0 \\ \frac{1+x^2}{2} & si\, 0 \leq x \leq 1 \\ 1 & si\, x > 1 \end{cases} \Rightarrow f(x) = \begin{cases} \frac{e^x}{2} & si\, x < 0 \\ x & si\, 0 \leq x \leq 1 \\ 0 & si\, x > 1 \end{cases}$$

$E(X) = -\frac{1}{6}$

$E(X^2) = \int_{-\infty}^{+\infty} x^2 f(x)\, dx = \int_{-\infty}^{0} x^2 \frac{e^x}{2}\, dx + \int_0^1 x^3\, dx + \int_1^{-\infty} x^2 \times 0\, dx$

Intégration par parties de $\int_{-\infty}^{0} x^2 \frac{e^x}{2}\, dx$: $\begin{cases} u = x^2 & \Rightarrow u' = 2x \\ v' = e^x & \Leftarrow v = e^x \end{cases}$

$$\int_{-\infty}^{0} x^2 \frac{e^x}{2} = \frac{1}{2}([x^2 e^x]_{-\infty}^{0} - \int_{-\infty}^{0} 2xe^x dx) = -2\int_{-\infty}^{0} x\frac{e^x}{2}\, dx = -2 \times -\frac{1}{2} = 1.$$

$E(X^2) = 1 + [\frac{x^4}{4}]_0^1 = 1 + \frac{1}{4} = \frac{5}{4} \Rightarrow V(X) = E(X^2) - E(X)^2 = \frac{5}{4} - (-\frac{1}{6})^2 = \frac{11}{9}$

Propriétés - Opérations sur les variables aléatoires réelles :

Translation de l'origine $X \to Y = X + b$	Changement d'unité $X \to Y = aX$	Cas général $X \to Y = aX + b$
$E(Y) = E(X+b) = E(X) + b$	$E(Y) = E(aX) = aE(X)$	$E(Y) = E(aX+b) = aE(X) + b$
$V(Y) = V(X+b) = V(X)$	$V(Y) = V(aX) = a^2V(X)$	$V(Y) = V(aX+b) = a^2V(X)$

Variable aléatoire réelle Centrée et réduite

— Si $E(X) = 0$ alors la variable aléatoire réelle X est dite **centrée.**

— Si $\sigma(X) = 1$ alors la variable aléatoire réelle X est dite **réduite.**

— On pose $Y = X - E(X)$, Y est la variable aléatoire réelle centrée de X.

En effet, $E(Y) = E[(X - E(X)] = E(X) - E(E(X)) = E(X) - E(X) = 0$, *l'espérance mathématique est un opérateur linéaire.*

— On pose $U = \frac{X-E(X)}{\sigma(X)}, (\sigma(X) \neq 0)$, U est la variable aléatoire réelle centrée et réduite « **normée ou standardisée** » de X.

En effet, $E(U) = E[\frac{X-E(X)}{\sigma(X)}] = \frac{E(X)-E(X)}{\sigma(X)} = 0$

$V(U) = V[\frac{X-E(X)}{\sigma(X)}] = \frac{1}{\sigma(X)^2} V[X - E(X)] = \frac{V(X)}{\sigma(X)^2} = 1.$

Coefficient de variation

Le coefficient de variation est un indicateur de **dispersion relative**, exprimé en valeur absolue et sous forme d'un pourcentage, il s'écrit :

$$CV(X) = |\frac{\sigma(X)}{E(X)}| \times 100\%$$

— Il est **indépendant de l'unité de mesure** de la variable aléatoire réelle observée.

— **Sans unité**, il permet de comparer les dispersions relatives entre distributions, quelles que soient leurs unités et les valeurs de la variable.

— Il mesure l'**homogénéité** de la distribution, plus sa valeur tend vers 0%, plus la distribution est **homogène**, plus sa valeur tend vers 100%, plus la distribution est **hétérogène**.

— Dans certains cas, notamment en finance Volatilité et Rendement dun titre, le coefficient de variation peut être **supérieur à 100%**.

10.3.3. Moments d'ordre k d'une variable aléatoire réelle

Pour tout entier k ($k \in \mathbb{N}^*$) le nombre réel :

— $E(X^k)$ est le moment **non centré** d'ordre k de X.

- *k = 1, E(X) : espérance mathématique est le moment non centré d'ordre 1 de X.*

— $E([X - E(X)]^k)$ le moment **centré** d'ordre k de X.

- *k = 2, V(X) : variance mathématique est le moment centré d'ordre 2 de X.*
- *k = 3,* ***coefficient d'asymétrie*** *ou* ***skewness*** *qui est un indicateur de la dissymétrie de la distribution de probabilité (cas discret) ou de la fonction densité (cas continu).*

$$Skewness = \frac{E([X-E(X)]^3)}{V(X)^{\frac{3}{2}}} = E((\frac{X-E(X)}{\sigma(X)})^3) = E(U^3)$$

Il correspond au moment non centré d'ordre 3 de $U = \frac{X-E(X)}{\sigma(X)}$*, la variable aléatoire réelle centrée-réduite de X.*

- $k = 4$, ***coefficient d'aplatissement*** *ou* ***kurtosis*** *qui est un indicateur de l'aplatissement des queues de la distribution de probabilité (cas discret) ou de la fonction densité (cas continu)*

$$Kurtosis = \frac{E([X-E(X)]^4)}{V(X)^2} = E((\frac{X-E(X)}{\sigma(X)})^4) = E(U^4)$$

Il correspond au moment non centré d'ordre 4 de U.

— Ces moments n'existent que si la série ou l'intégrale correspondante existe (convergente).

Exemple d'application 3

Soit f la fonction densité de probabilité d'une variable aléatoire réelle X qui suit la loi de probabilité usuelle dite loi exponentielle de paramètre λ réel strictement positif : $X \to Exp(\lambda)$

$$f(x) = \begin{cases} 0 & \text{si } x < 0 \\ \lambda e^{-\lambda x} & \text{si } x \geq 0 \end{cases}$$

Calculer l'espérance mathématique E(X) et la variance V(X) de X ainsi que le Skewness et le Kurtosis de la loi exponentielle.

- Calculons en utilisant des intégrations par parties, les moments non centrés d'ordre k = 1 à 4 :

$$E(X^k) = \int_{-\infty}^{+\infty} x^k f(x)dx = \int_0^{+\infty} x^k \lambda e^{-\lambda x} dx$$

$$E(X) = \int_{-\infty}^{+\infty} x f(x)dx = \int_0^{+\infty} x\lambda e^{-\lambda x} dx = \frac{1}{\lambda}$$
$$E(X^2) = \int_{-\infty}^{+\infty} x^2 f(x)dx = \int_0^{+\infty} x^2\lambda e^{-\lambda x} dx = \frac{2}{\lambda}E(X) = \frac{2}{\lambda^2}$$
$$E(X^3) = \int_{-\infty}^{+\infty} x^3 f(x)dx = \int_0^{+\infty} x^3\lambda e^{-\lambda x} dx = \frac{3}{\lambda}E(X^2) = \frac{6}{\lambda^3}$$
$$E(X^4) = \int_{-\infty}^{+\infty} x^4 f(x)dx = \int_0^{+\infty} x^4\lambda e^{-\lambda x} dx = \frac{4}{\lambda}E(X^3) = \frac{24}{\lambda^4}$$

- Les moments centrés d'ordre 2, 3 et 4 :

$$V(X) = E([X-E(X)]^2) = E(X^2) - E(X)^2 = \frac{2}{\lambda^2} - (\frac{1}{\lambda})^2 = \frac{1}{\lambda^2}$$
$$E([X-E(X)]^3) = E(X^3) - 3E(X^2)E(X) + 2E(X)^3 = \frac{2}{\lambda^3}$$
$$E([X-E(X)]^4) = E(X^4) - 4E(X^3)E(X) + 6E(X^2)E(X)^2 - 3E(X)^4 = \frac{9}{\lambda^4}$$

- Skewness $= \frac{E([X-E(X)]^3)}{V(X)^{\frac{3}{2}}} = \frac{\frac{2}{\lambda^3}}{(\frac{1}{\lambda^2})^{\frac{3}{2}}} = 2$

- Kurtosis $= \frac{E([X-E(X)]^4)}{V(X)^2} = \frac{\frac{9}{\lambda^4}}{(\frac{1}{\lambda^2})^2} = 9.$

10.3.4. Fonction d'une variable aléatoire réelle

Soit X une variable aléatoire réelle.

1. X est discrète finie :

   Soit X discrète finie définie sur $(\Omega, \mathscr{P}(\Omega))$, et soit h une fonction définie sur Ω_X. Si Y = h(X) alors Y est une variable aléatoire discrète finie définie sur $(\Omega, \mathscr{P}(\Omega))$ telle que :

$$\forall y \in \Omega_Y \ \ P(Y=y) \underset{\{x_i\ h(x_i)=y\}}{=} P(X=x_i).$$

   — **Exemple d'application :** déterminer la distribution de probabilité de la variable aléatoire réelle $Y = X^2 + 1$.

Distribution de probabilité de X

x_i	0	1	2
$p_i = P(X = x_i)$	$\frac{1}{4}$	$\frac{1}{2}$	$\frac{1}{4}$

Distribution de probabilité de Y

y_i	1	2
$p_i = P(Y = y_i)$	$\frac{1}{4}$	$\frac{3}{4}$

Les valeurs y_i possibles de $Y = X^2 + 1$ connaissant les valeurs x_i possibles de X : $\begin{cases} x_i = -1 & \Rightarrow \quad y_i = 2 \\ x_i = 0 & \Rightarrow \quad y_i = 1 \\ x_i = 1 & \Rightarrow \quad y_i = 2 \end{cases}$

Les probabilités des valeurs y_i de $Y = X^2 + 1$ connaissant celles des valeurs x_i de X :

$$P(Y=1) = P(X^2+1=1) = P(X^2=0) = P(X=0) = \tfrac{1}{4}$$
$$P(Y=2) = P(X^2+1=2) = P(X^2=1) = P[(X=1) \cup (X=-1)]$$
$$= P(X=1) + P(X=-1) = \tfrac{3}{4}$$

2. X est continue :

   Soient f et F les fonctions densité de probabilité et de répartition de X. Soit h une fonction **continuement dérivable** et **bijective** de fonction inverse h^{-1}.

   — Si $Y = h(X)$ alors Y est une variable aléatoire réelle continue. On peut alors définir la loi de probabilité de Y à partir de celle de X.

   — En effet, si on note G la fonction de répartition et g la fonction densité de Y. On a alors les relations suivantes :

$$G(y) = F(h^{-1}(y)) \qquad \text{et} \qquad g(y) = |(h^{-1}(y))|\, f(h^{-1}(y))$$

Exemple d'application 1

Déterminer la loi de probabilité de la variable aléatoire réelle $Y = \sqrt{X}$ connaissant la fonction de répartition de X :

$$F(x) = \begin{cases} 0 & si\, x < 0 \\ 1 - e^{-x} & si\, x \geq 0 \end{cases}$$

$$x \xrightarrow{\quad h \quad} h(x) = y = \sqrt{x} \xrightarrow{\quad h^{-1} \quad} h^{-1}(y) = h^{-1}(\sqrt{x}) = y^2$$

$$G(y) = P(Y \leq y) = P(\sqrt{X} \leq y) = \begin{cases} 0 & si\, y < 0 \\ P(X \leq y^2 & si\, y \geq 0 \end{cases}$$

$$G(y) = \begin{cases} 0 & si\, y < 0 \\ F(y^2) & si\, y \geq 0 \end{cases} \qquad G(y) = \begin{cases} 0 & si\, y < 0 \\ 1 - e^{-y^2} & si\, y \geq 0 \end{cases}$$

On en déduit sa fonction densité de probabilité :

$$g(y) = \begin{cases} 0 & si\, y < 0 \\ 2ye^{-y^2} & si\, y \geq 0 \end{cases}$$

Exemple d'application 2

Déterminer la fonction densité t de la variable aléatoire réelle $Y = e^{-X}$ connaissant la fonction de répartition de X :

$$F(x) = \begin{cases} 0 & si\, x < 0 \\ 1 - e^{-x} & si\, x \geq 0 \end{cases}$$

$$T(y) = P(Y \leq y) = P(e^{-X} \leq y) = \begin{cases} 0 & si\, y < 0 \\ P(-X \leq ln(y)) & si\, y \geq 0 \end{cases}$$

$$T(y) = \begin{cases} 0 & si\, y < 0 \\ P(X \leq -lny) = 1 - F(-ln(y)) & si\, y \geq 0 \end{cases}$$

$$T(y) = \begin{cases} 0 & si\, y < 0 \\ 1 - (1 - e^{ln(y)}) & si\, -ln(y) \geq 0 \\ 1 - 0 & si\, -ln(y) < 0 \end{cases} \qquad T(y) = \begin{cases} 0 & si\, y < 0 \\ y & si\, 0 \leq y \leq 1 \\ 1 & si\, y > 1 \end{cases}$$

On en déduit sa fonction densité de probabilité :

$$t(y) = \begin{cases} 0 & ailleurs \\ 1 & si\ 0 \leq y \leq 1 \end{cases}$$

On reconnait l'expression de la fonction densité de probabilité d'une loi uniforme sur l'intervalle $[0,1] : Y \rightarrow U_{[0;1]}$

Chapitre 11.
Lois de probabilité usuelles

11. Introduction

La notion de variable aléatoire réelle (discrète finie ou infinie dénombrable et continue) est liée aux expériences aléatoires.

Ces différentes variables aléatoires réelles fournissent des modèles probabilistes utilisés dans de nombreux domaines divers et variés (économie, sociologie, industrie, biologie, médecine, physique, etc.).

Cela permet d'améliorer la compréhension et l'analyse de phénomènes complexes sans cependant être trop éloigné de la réalité. Ces lois dites usuelles ou courantes se distinguent encore entre lois discrètes à distribution de probabilité et lois continues admettant une densité de probabilité.

11.1. Lois discrètes finies

11.1.1. Loi de bernoulli

Définition

Une expérience aléatoire est dite « expérience de Bernoulli » si elle ne comporte que 2 résultats possibles, par exemple :
Succès / Echec ; Oui / Non ; Favorable / Défavorable ; Bonne / Mauvaise ; etc.

Exemple : Schéma d'urne

Une urne contient des boules Rouges en proportion p et des boules non-Rouges en proportion q = 1 - p. On réalise **1 seule fois** l'expérience qui consiste à prélever une boule au hasard dans l'urne.

Probabilités : $p = P(R) = P(succès)$ et $q = 1 - p = P(\overline{R}) = P(échec)$

On associe à la variable aléatoire réelle X : la réalisation ou l'apparition d'une boule Rouge lors de ce tirage.

Les valeurs possibles de X : $\begin{cases} X = 1 & \text{si la boule est Rouge « succès »} \\ X = 0 & \text{si la boule n'est pas Rouge « échec »} \end{cases}$

$$\begin{array}{llcl}\text{Loi de X :} & (\Omega_X = \{0,1\}, \mathscr{P}(\Omega)) & \xrightarrow{P} & [0,1] \\ & 0 & \rightarrow & P(X=0)=q \\ & 1 & \rightarrow & P(X=1)=p\end{array}$$

d'où la distribution de probabilité et la fonction de répartition F de X :

Résultat	k	$p_k = P(X=k)$	$F(k) = P(X \leq k)$
Echec	0	q = 1 - p	q
Succès	1	p	p + q = 1

On dit alors que X suit une loi de probabilité de Bernoulli de paramètre $p \in]0,1[$, notée $\mathscr{B}(p) : X \rightarrow \mathscr{B}(p)$

Valeurs caractéristiques de X :

$$\boxed{E(X) = \mathbf{p} \quad \text{et} \quad V(X) = \mathbf{pq}}$$

En effet, $E(X) = \sum_{k=0}^{1} p_k k = q \times 0 + p \times 1 = p$

$$V(X) = \sum_{k=0}^{1} p_k [k - E(X)]^2 = E(X^2) - E(X)^2 = \sum_{k=0}^{1} p_k k^2 - p^2$$
$$= q \times 0^2 + p \times 1^2 - p^2 = p(1-p) = pq$$

11.1.2. Loi binomiale

Exemple : Schéma d'urne

Une urne contient des boules Rouges en proportion p et des boules non-Rouges en proportion q = 1 - p. On réalise **n fois** l'expérience qui consiste à prélever une boule au hasard dans l'urne.

On réalise n tirages **indépendants** (**avec remise** ou **non-exhaustifs**).

Probabilités : $p = P(R)$ et $q = P(\overline{R}) = 1 - p$

C'est-à-dire qu'on répète n fois la même expérience de Bernoulli.

On associe à la variable aléatoire réelle X : « le nombre de boules Rouges tirées au cours des n tirages ».

Les valeurs possibles de X sont : $0, 1, 2, \cdots, k, \cdots, n$

La loi de probabilité de X est définie par :

$$\boxed{P(X=k) = C_n^k \, p^k \, q^{n-k} \quad \forall k = 0, 1, 2, \cdots, k, \cdots, n}$$

On dit alors que X suit une loi de probabilité binomiale de paramètres n et p, notée $\mathscr{B}(n,p) : X \to \mathscr{B}(n,p)$

C'est bien une distribution de probabilité :

$$\forall k = 0,1,\cdots,n \quad 0 \leq P(X=k) \leq 1 \quad \text{et} \quad \sum_{k=0}^{n} P(X=k) = 1.$$

Binôme de Newton :

$$(p+q)^n = \sum_{k=0}^{n} C_n^k p^k q^{n-k} = 1 \quad \text{avec} \quad p \in [0,1] \quad \text{et} \quad q = 1-p.$$

Remarques

1. X qui suit une loi binomiale $\mathscr{B}(n,p)$ est une somme de n variables $X_{i=1,n}$ de Bernoulli $\mathscr{B}(p)$ indépendantes et de même paramètre p.

$$\left.\begin{array}{l} X_i \to \mathscr{B}(p) \\ \text{X}_{i=1,n} \text{ indépendantes} \end{array}\right\} \Rightarrow X = \sum_{i=1}^{n} X_i \to \mathscr{B}(n,p)$$

2. $\mathscr{B}(n=1,p) = \mathscr{B}(p)$

   En effet pour n = 1,

$$P(X=k) = C_1^k\, p^k\, q^{1-k} \qquad \forall k = 0,1 = n$$
$$P(X=0) = C_1^0\, p^0\, q^1 = q \qquad \text{et} \qquad P(X=1) = C_1^1\, p^1\, q^0 = p$$

3. $\mathscr{B}(k:n,p) = \mathscr{B}(n-k:n,q=1-p)$

   Succès : X $\to \mathscr{B}(n,p)$; $P(X=k) = C_n^k\, p^k\, q^{n-k} \quad \forall k = 0,1,\cdots,n$

   Echec : Y $\to \mathscr{B}(n,q)$; $P(Y=n-k) = C_n^{n-k}\, q^{n-k}\, p^k \quad \forall k = 0,1,\cdots,n$

   Sachant que $C_n^k = C_n^{n-k} \Rightarrow P(X=k) = P(Y=n-k) \quad \forall k = 0,1,\cdots,n$

4. La somme de 2 lois binomiales indépendantes suit une loi binomiale.

$$\left.\begin{array}{l} X_1 \to \mathscr{B}(n_1,p) \\ X_2 \to \mathscr{B}(n_2,p) \\ \text{X}_1 \text{ et } X_2 \text{ indépendantes} \end{array}\right\} \Rightarrow S = X_1 + X_2 \to \mathscr{B}(n_1+n_2,p)$$

$$\begin{aligned} P(S=s) = P(X_1+X_2=s) &= \sum_{k=0}^{s} P[(X_1=k)\cap(X_2=s-k)] \\ &= \sum_{k=0}^{s} P(X_1=k)\,P(X_2=s-k) \qquad \text{les variables } X_1 \text{ et } X_2 \\ &= \sum_{k=0}^{s} C_{n_1}^k\, p^k\, q^{n_1-k}\, C_{n_2}^{s-k}\, p^{s-k}\, q^{n_2-(s-k)} \quad \text{sont indépendantes} \\ &= p^s\, q^{(n_1+n_2)-s} \sum_{k=0}^{s} C_{n_1}^k\, C_{n_2}^{s-k} \qquad \text{en probabilité} \\ &= C_{n_1+n_2}^s\, p^s\, q^{(n_1+n_2)-s} \quad \forall k = 0,1,\cdots,s,\cdots,(n_1+n_2) \end{aligned}$$

avec $\sum_{k=0}^{s} C_{n_1}^k\, C_{n_2}^{s-k} = C_{n_1+n_2}^s$ (propriété de Vandermonde).

On peut montrer par récurrence la généralisation pour la somme de n variables binomiales indépendantes :

$$\left.\begin{array}{l} X_i \to \mathscr{B}(n_i,p) \\ \text{X}_{i=1,n} \text{ indépendantes} \end{array}\right\} \Rightarrow S = \sum_{i=1}^{n} X_i \to \mathscr{B}\left(\sum_{i=1}^{n} n_i, p\right)$$

Valeurs caractéristiques de X :

$$E(X) = \mathbf{np} \qquad \text{et} \qquad V(X) = \mathbf{npq}$$

En effet, si $X_{i=1,n} \rightarrow \mathscr{B}(p)$ alors $\forall i = 1, \cdots, n$ $E(X_i) = p$ et $V(X_i) = pq$

$$E(X) = E(\textstyle\sum_{i=1}^{n} X_i) = \sum_{i=1}^{n} E(X_i) = \sum_{i=1}^{n} p = np$$

$$\begin{aligned} V(X) &= V(\textstyle\sum_{i=1}^{n} X_i) = \sum_{i=1}^{n} V(X_i) + \sum_{i=1}^{n} \sum_{j \neq i}^{n} Cov(X_i, X_j) \\ &= \textstyle\sum_{i=1}^{n} V(X_i) + 2\sum_{j>i}^{n} Cov(X_i, X_j) = \sum_{i=1}^{n} V(X_i) = \sum_{i=1}^{n} pq = npq \end{aligned}$$

$\forall i = 1, \cdots, n$ $Cov(X_i, X_i) = V(X_i)$; $\forall i \neq j$ $Cov(X_i, X_j) = 0$ car les X_i sont indépendantes.

Exemple d'application

D'après un représentant de la compagnie aérienne Lyon'Air, 15% des clients réservent un siège en première classe. Parmi les 10 prochaines réservations,

1. Quelle est la loi de probabilité suivie par la variable aléatoire réelle X associée au nombre de clients qui réservent en 1ère classe parmi les 10 prochaines réservations ?

   Lors d'une réservation, 2 résultats sont possibles pour le client, soit il réserve en 1ère classe avec une probabilité $p = 15\%$, soit il ne réserve pas en 1ère classe avec une probabilité $q = 1 - p = 85\%$. Les réservations d'un client à un autre sont indépendantes. La taille de l'échantillon correspond aux $n = 10$ prochaines réservations.

   $X \rightarrow \mathscr{B}(n = 10\,, \, p = 0.15)$

   $P(X = k) = C_{10}^{k} p^{k}(1-p)^{10-k} \quad \forall k = 0, 1, \cdots, k, \cdots, n = 10$

2. Quelle est la probabilité qu'aucune personne ne réserve en première classe au cours des 10 prochaines réservations ?

   $P(X = 0) = C_{10}^{0} 0.15^{0} 0.85^{10} = 0.85^{10} = 19.69\%$

3. Quelle la probabilité d'avoir exactement une réservation en première classe ?

   $P(X = 1) = C_{10}^{1} 0.15^{1} 0.85^{9} = 0.150.85^{10} = 34.74\%$

4. Quelle est la probabilité d'avoir au plus une réservation en première classe au cours des 10 prochaines réservations ?

   $P(X \leq 1) = F(1) = P(X = 0) + P(X = 1) = 0.1969 + 0.3474 = 54.43\%$

5. Quelle est la probabilité d'avoir plus d'une réservation en première classe au cours des 10 prochaines réservations ?

$$P(X > 1) = 1 - P(X \leq 1) = 1 - F(1) = 1 - 0.5443 = 45.57\%$$

6. Quelle est la probabilité d'avoir un nombre de réservations en première classe compris entre la moyenne plus ou moins un écart-type ?

$$E(X) = np = 1.50 \ ; \ V(X) = npq = 1.275 \ ; \ \sigma(X) = \sqrt{V(X)} = 1.13$$

$$\begin{aligned} P[E(X) - \sigma(X) \leq X \leq E(X) + \sigma(X)] &= P(1.50 - 1.13 \leq X \leq 1.50 + 1.13) \\ &= P(0.37 \leq X \leq 2.63) \\ &= P(X = 1) + P(X = 2) = 62.33\% \end{aligned}$$

7. Parmi ces 10 prochaines réservations, quel est le nombre le plus probable de réservations en première classe ?

Mode = 1 : c'est le nombre de réservations en 1ère classe le plus probable parmi les 10 prochaines réservations : $P(X = 1) = 34.74\%$

Mode = 1 : $P(X = 1) = 34.74\%$; Médiane = 1 : $F(1) = 54.43\%$

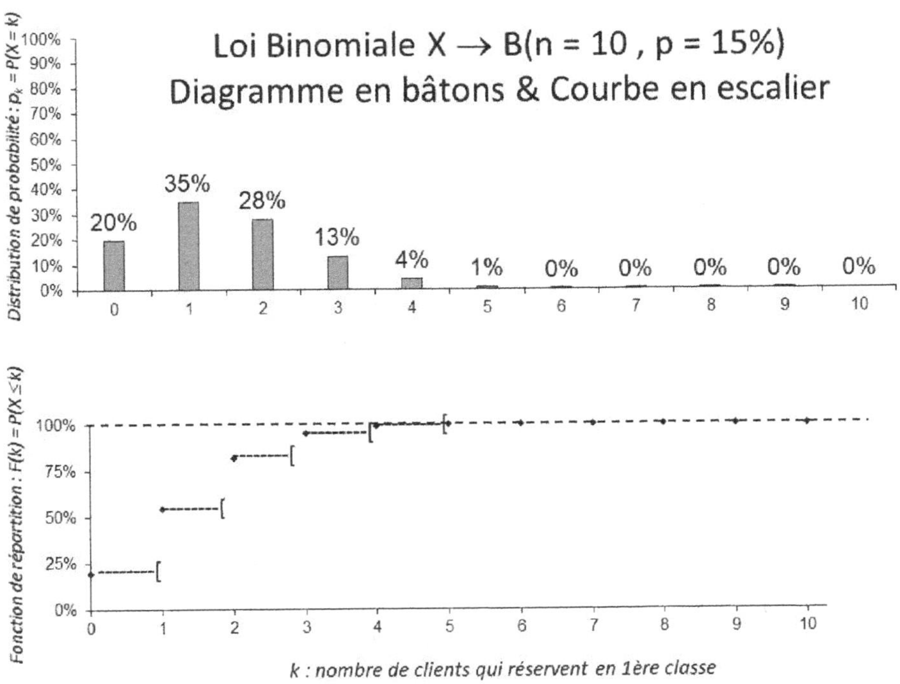

11.1.3. Loi hypergéométrique

Exemple : Schéma d'urne

Une urne contient a boules Rouges et b boules non Rouges. On prélève un échantillon de taille n d'une population de taille $N = a + b$ $(n \leq N)$.

On réalise **n fois** l'expérience qui consiste à prélever une boule au hasard dans l'urne. On effectue n tirages **dépendants** (**exhaustifs** ou **sans remise**)

Probabilités : $p = P(R) = \frac{a}{N}$ et $q = P(\overline{R}) = 1 - p = \frac{b}{N}$

On associe à la variable aléatoire réelle X : « le nombre de boules Rouges tirées au cours des n tirages ».

Les valeurs possibles de X sont : $\begin{cases} 0, 1, \cdots, k, \cdots, a & si\, n > a \\ 0, 1, \cdots, k, \cdots, n & si\, n \leq a \end{cases}$

La loi de probabilité de X est définie par :

$$P(X = k) = \frac{C_a^k C_b^{n-k}}{C_{N=a+b}^n} \quad \forall k = \begin{cases} 0, 1, \cdots, k, \cdots, a & si\, n > a \\ 0, 1, \cdots, k, \cdots, n & si\, n \leq a \end{cases}$$

X suit une loi hypergéométrique de paramètres N, n et p : $X \to H(N, n, p)$ ou encore de paramètres N, n et a = p N : $X \to H(N, n, a)$

Valeurs caractéristiques de X :

$E(X) =$ **np** n dépend pas de N et $V(X) = npq(\frac{N-n}{N-1})$

On a, $X_i \to \mathscr{B}(p)$; $X_{i=1,n}$ sont **dépendantes (tirages sans remise)**, avec $E(X_i) = p$; $V(X_i) = pq$; $p = \frac{a}{N}$; $q = \frac{b}{N}$; $a + b = N$

On pose X = $\sum_{i=1}^{n} X_i$ et calculons $E(X)$:

- i = 1, 1er tirage :

$$E(X_1) = 1 \times P(X_1 = 1) + 0 \times P(X_1 = 0) = P(X_1 = 1) = p$$

- i = 2, 2ème tirage :

$$\begin{aligned} E(X_2) = P(X_2 = 1) &= P[((X_2 = 1) \cap (X_1 = 0)) \cup ((X_2 = 1) \cap (X_1 = 1))] \\ &= P[(X_2 = 1) \cap (X_1 = 0)] + P[(X_2 = 1) \cap (X_1 = 1)] \\ &= P_{(X_1=0)}(X_2 = 1) \times P(X_1 = 0) + P_{(X_1=1)}(X_2 = 1) \times P(X_1 = 1) \\ &= \frac{a}{(N-1)} \times q + \frac{(a-1)}{(N-1)} \times p = \frac{ab}{(N-1)N} + \frac{(a-1)a}{(N-1)N} \\ &= \frac{(ab+a^2-a)}{N(N-1)} = \frac{a(b+a-1)}{N(N-1)} = \frac{a}{N} = p \end{aligned}$$

- i = 3, 3ème tirage : $E(X_3) = P(X_3 = 1) = \cdots, \cdots = p$ idem

$\forall i = 1,n \;\; E(X_1) = E(X_2) = \cdots = E(X_n) = p$
$\Rightarrow E(X) = E(\sum_{i=1}^n X_i) = \sum_{i=1}^n E(X_i) = \sum_{i=1}^n p = np$

On a, $X_i \to \mathscr{B}(p)$; $X_{i=1,n}$ sont **dépendantes (tirages sans remise)**, avec $E(X_i) = p$; $V(X_i) = pq$; $p = \frac{a}{N}$; $q = \frac{b}{N}$; $a+b = N$

On pose X $= \sum_{i=1}^n X_i$ et calculons $V(X)$:

Rappels : lorsque les variables X_i, i = 1 à n, sont **dépendantes** alors :

$$\forall i \neq j = 1,\cdots,n \;\; Cov(X_i,X_j) = E(X_iX_j) - E(X_i)E(X_j) \neq 0$$

$$\begin{aligned}\forall i = 1,\cdots,n \;\; Cov(X_i,X_i) &= E(X_iX_i) - E(X_i)E(X_i)\\ &= E[X_i^2] - E[X_i]^2 = E[(X_i - E(X_i))^2] = V(X_i)\end{aligned}$$

Pour n = 2 variables X_1 et X_2 dépendantes :

$$V(X_1 + X_2) = V(X_1) + V(X_2) + 2Cov(X_1,X_2)$$

Généralisation dans le cas de n variables $X_{i=1,\cdots,n}$ dépendantes :

$$\begin{aligned}V(X) = V(\textstyle\sum_{i=1}^n X_i) &= \textstyle\sum_{i=1}^n V(X_i) + \sum_{i=1}^n \sum_{j\neq i}^n Cov(X_i,X_j)\\ &= \textstyle\sum_{i=1}^n V(X_i) + 2\sum_{i=1}^n \sum_{j>i}^n Cov(X_i,X_j)\\ &= \textstyle\sum_{i=1}^n pq + 2\sum_{i=1}^n \sum_{j>i}^n E(X_iX_j) - E(X_i)E(X_j)\\ &= npq + npq(\frac{N-n}{N-1} - 1) = npq(\frac{N-n}{N-1})\end{aligned}$$

Remarques :

1. $\sum_{k=0}^n C_a^k C_b^{n-k}$ avec $N = a+b$
   La distribution de probabilité hypergéométrique vérifie les conditions :
   $$\forall k = 0,1,\cdots,n \;\; 0 \leq P(X=k) \leq 1 \quad \text{et} \quad \sum_{k=0}^n P(X=k) = 1.$$
   $$\sum_{k=0}^n P(X=k) = \sum_{k=0}^n \frac{C_a^k C_b^{n-k}}{C_N^n} = 1 \Rightarrow C_N^n = \sum_{k=0}^n C_a^k C_b^{n-k}.$$
2. Le facteur de correction ou d'exhaustivité $(\frac{N-n}{N-1})$ est voisin de 1 lorsque n est petit par rapport à N, c'est-à-dire, lorsque le taux de sondage $t = \frac{n}{N}$ est faible ($< 10\%$).

Exemple d'application 1

Parmi les 30 comptes-clients d'une entreprise, 3 sont inexacts. Le vérificateur prélève au hasard et sans remise de ce lot 6 comptes pour en vérifier l'exactitude.

1. Quel est le taux de sondage ?
   $t = \frac{n}{N} = \frac{6}{30} = 20\%$

2. Quelle est, en moyenne, le nombre de comptes-clients inexacts dans cet échantillon ?

   On note X la variable aléatoire réelle associée au nombre de comptes-clients inexacts dans un lot de $n = 6$ *comptes.*

   Deux possibiltés pour un compte-client prélevé, soit il est inexact soit il est exact. Un lot de $n = 6$ *comptes-clients est prélevé sans remise dans une population de taille* $N = 30$ *comptes-clients dans laquelle* $a = 3$ *sont inexacts. La probabilité qu'un compte-client soit inexact est donc de l'ordre* $p = \frac{a}{N} = \frac{3}{30} = 10\%$. *Le nombre de comptes-clients exacts dans la population est* $b = N - a = 27$, *avec une probabilité* $q = 1 - p = \frac{b}{N} = 90\%$. *On peut donc conclure que* $X \rightarrow H(N = 30, n = 6, p = 10\%)$.

   Distribution de probabilité de X :

   $$P(X = k) = \frac{C_{a=3}^{k} C_{b=27}^{6-k}}{C_{N=30}^{n=6}} \quad \forall k = 0, 1, 2, 3 = a$$

   Espérance mathématique de X :

   $E(X) = np = 6 \times 0.10 = 0.6$ *compte inexact en moyenne dans le lot.*

3. Quelle est la variance du nombre de comptes-clients inexacts ?

   Variance mathématique de X :

   $$V(X) = npq(\tfrac{N-n}{N-1}) = 6 \times 0.10 \times 0.90 \tfrac{24}{29} = 0.4469 = 0.6685^2$$

   Le facteur de correction ou d'exhaustivité : $\frac{N-n}{N-1} = \frac{24}{29} = 0.8276$

4. Quelle est la probabilité de n'avoir aucun compte-client inexact ?

   $$P(X = 0) = \frac{C_{a=3}^{0} C_{b=27}^{6}}{C_{N=30}^{n=6}} = 49.85\%$$

5. Quelle est la probabilité d'avoir plus dun compte-client inexact ?

   $$P(X > 1) = 1 - P(X \leq 1) = 1 - [P(X = 0) + P(X = 1)]$$
   $$= 1 - [\frac{C_{a=3}^{0} C_{b=27}^{6}}{C_{N=30}^{n=6}} + \frac{C_{a=3}^{1} C_{b=27}^{5}}{C_{N=30}^{n=6}}] = 9.36\%$$

***Remarque** : si on fait l'erreur de considérer que les tirages sont avec remise (indépendants) :* $X \rightarrow \mathscr{B}(n = 6, p = 0.10)$

$$P(X = k) = C_6^k \, p^k \, (1-p)^{6-k} \qquad \forall k = 0, 1, \cdots, k, \cdots, n = 6$$

$$P(X = 0) = C_6^0 \, 0.10^0 \, 0.90^6 = 53.14\% \neq \boldsymbol{49.85\%}$$

$$P(X > 1) = 1 - (C_6^0 \, 0.10^0 \, 0.90^6 + C_6^1 \, 0.10^1 \, 0.90^5) = 11.43\% \neq \boldsymbol{9.36\%}$$

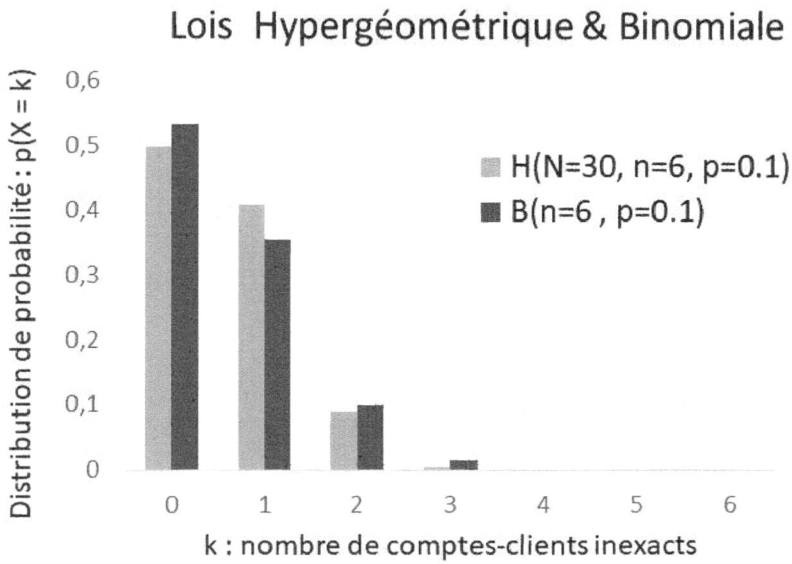

Exemple d'application 2

Le responsable de l'entretien d'un immeuble, sans ascenseur, doit remplacer 2 lampes fluorescentes dans un bureau situé au dernier étage. Les lampes sont stockées au sous-sol de l'immeuble dans des boîtes contenant 16 lampes. Il est bien mentionné sur l'emballage que la probabilité qu'une lampe soit défectueuse dans la boîte est de 12.5%. Comme il veut en finir au plus tôt, le responsable ouvre rapidement une boîte neuve, choisit 2 lampes au hasard et monte les marches jusqu'au dernier étage.

1. Caractériser la loi de probabilité de la variable aléatoire réelle X associée au nombre de lampes défectueuses dans l'échantillon prélevé par le responsable.

   X : le nombre de lampes défectueuses dans l'échantillon :

   $X \to H(N=16\,,\, n=2\,,\, p=0.125)\,;\, a=pN=2\,;\, b=N-a=14$

   Distribution de probabilité de X :

   $$P(X=k)=\frac{C_{a=2}^{k}C_{b=14}^{2-k}}{C_{N=16}^{n=2}} \quad \forall k=0,1,2=a$$

   Espérance et Variance mathématique de X :

   $$E(X)=np=0.25\,;\, V(X)=npq\,\frac{N-n}{N-1}=2\times 0.125\times 0.975\times \frac{14}{15}=0.2042$$

2. Quelle est la probabilité que le responsable soit obligé de retourner au sous-sol pour se procurer d'autres lampes ?

   Le responsable sera obligé de retourner au sous-sol si une voire les 2 lampes prélevées sont défectueuses :

$$P[(X=1)\cup(X=2)] = P(X=1)+P(X=2)$$
$$= \frac{C^1_{a=2}C^1_{b=14}}{C^{n=2}_{N=16}} + \frac{C^2_{a=2}C^0_{b=14}}{C^{n=2}_{N=16}} = 24.17\%$$

ou encore, $$= 1 - P(X=0) = 1 - \frac{C^0_{a=2}C^1_{b=14}}{C^{n=2}_{N=16}} = 24.17\%.$$

11.2. Lois discrètes infinies dénombrables

11.2.1. Loi Géométrique

La loi géométrique est la loi du nombre d'essais avec remise nécessaire pour faire apparaître pour la **1ère fois** un événement de probabilité p.

Exemple : Schéma d'urne

Une urne contient des boules Rouges avec une probabilité $p = P(R)$ et des boules non Rouges avec une probabilité $q = P(\overline{R}) = 1-p$

On réalise des tirages **indépendants** (**avec remise**) jusqu'à l'obtention de la **1ère** boule Rouge.

On note X la variable aléatoire réelle associée au « nombre de boules tirées jusqu'à obtenir la **1ère** boule Rouge ».

Les valeurs possibles de X sont : $1, 2, \cdots, k, \cdots, +\infty$;$\mathbb{N}^*$: infinité de valeurs entières

La loi de probabilité de X est définie par :

$$\boxed{P(X=k) = p\,(1-q)^{k-1} = p\,q^{k-1} \qquad \forall k = 1, 2, \cdots, +\infty}$$

On dit alors que X suit une loi de probabilité Géométrique de paramètre p, notée $\mathcal{G}(p) : X \to \mathcal{G}(p)$

La distribution de probabilité géométrique vérifie les conditions :

$$\forall k \in \mathbb{N}^* \quad 0 \leq P(X=k) \leq 1 \quad \text{et} \quad \textstyle\sum_{k=1}^{+\infty} P(X=k) = 1.$$

En effet, $\sum_{k=1}^{+\infty} pq^{k-1} = p\sum_{k=1}^{+\infty} q^{k-1} = p\lim_{n\to+\infty}\sum_{k=1}^{n} q^{k-1}$

$$= p \xrightarrow[n\to+\infty]{lim} \frac{(1-q^{k-1})}{1-q} = \frac{p}{1-q} = 1$$

Série géométrique de raison $0 < q < 1$ et de premier terme p.

Valeurs caractéristiques de X :

$$\boxed{\mathrm{E(X)} = \frac{1}{p} \qquad \text{et} \qquad V(X) = \frac{q}{p^2}}$$

On a, $E(X) = \sum_{k=1}^{+\infty} kP(X=k) = \sum_{k=1}^{+\infty} kpq^{k-1} = p\sum_{k=1}^{+\infty} k\,q^{k-1}$

$u(q) = \sum_{k=1}^{+\infty} q^k = \frac{1}{(1-q)} \xrightarrow{dérivée} u'(q) = \sum_{k=1}^{+\infty} k\,q^{k-1} = \frac{1}{(1-q)^2}$

Développement limité au voisinage de l'infini avec $0 \leq q \leq 1$

$E(X) = p\sum_{k=1}^{+\infty} k\,q^{k-1} = \frac{1}{(1-q)^2} = \frac{p}{p^2} = \frac{1}{p}$

$V(X) = E(X^2) - E(X)^2 = \sum_{k=1}^{+\infty} k^2\,P(X=k) - E(X)^2,$

avec $E(X^2) = \sum_{k=1}^{+\infty} k^2\,p\,q^{k-1} = pq\sum_{k=1}^{+\infty} k^2\,q^{k-2}$

$u'(q) = \sum_{k=1}^{+\infty} k\,q^{k-1} = \frac{1}{(1-q)^2} \xrightarrow{dérivée} u''(q) = \sum_{k=1}^{+\infty} k(k-1)q^{k-2} = \frac{2}{(1-q)^3}$

$u''(q) = \sum_{k=1}^{+\infty} k(k1)q^{k-2} = \sum_{k=1}^{+\infty} k^2\,q^{k-2} - \sum_{k=1}^{+\infty} k\,q^{k-2}$

$\Rightarrow E(X^2) = \sum_{k=1}^{+\infty} k^2 q^{k-2} = \sum_{k=1}^{+\infty} k(k-1)q^{k-2} + \sum_{k=1}^{+\infty} kq^{k-2}$

$= \sum_{k=1}^{+\infty} k(k-1)\,q^{k-2} + \frac{1}{q}\sum_{k=1}^{+\infty} k\,q^{k-1} = \frac{2}{(1-q)^3} + \frac{1}{q}[\frac{1}{(1-q)^2}] = \frac{1+q}{p^2}$

d'où, $V(X) = E(X^2) - E(X)^2 = \frac{(1+q)}{p^2} - \frac{1}{p^2} = \frac{q}{p^2}$

Exemple d'application

Une entreprise fabrique des pièces de précision qui sont utilisées par une usine de montage. D'après le service de contrôle de l'entreprise, la proportion de pièces défectueuses est de l'ordre de 5%.

1. Quelle est la probabilité pour que la 4ème pièce contrôlée par le responsable de l'usine s'avère la première défectueuse ?

   Soit X : le nombre de pièces contrôlées par le responsable de l'usine jusqu'à l'obtention d'une pièce défectueuse

   $X \to \mathcal{G}(p = 5\%)$; $P(X=k) = pq^{k-1} = 0.05 \times 0.95^{k-1} \quad \forall k \in \mathbb{N}^*$

   $P(X=4) = pq^3 = 0.05 \times 0.95^3 = 4.29\%$

2. Même question, mais cette fois la 10ème pièce contrôlée ?

   $P(X=10) = pq^9 = 0.05 \times 0.95^9 = 3.15\%$

3. Combien de pièces doit-on contrôler, en moyenne, avant d'observer une pièce défectueuse ?

   $E(X) = \frac{1}{p} = \frac{1}{0.05} = 20$ pièces en moyenne.

11.2.2. Loi binomiale négative - Loi de Pascal

La loi de Pascal est la loi du nombre d'essais **avec remise** nécessaire pour faire apparaître pour la $r^{ième}$ fois un événement de probabilité p.

Exemple : Schéma d'urne

Une urne contient des boules Rouges avec une probabilité $p = P(R)$ et des boules non Rouges avec une probabilité $q = P(\overline{R}) = 1 - p$

On réalise des tirages **indépendants** (**avec remise**) jusqu'à l'obtention de la $r^{ième}$ boule Rouge.

On note X la variable aléatoire réelle associée au « Nombre de boules tirées jusqu'à obtenir la $r^{ième}$ boule Rouge ».

Les valeurs possibles de X sont : $r, r+1, \cdots, k, \cdots, +\infty$
La loi de probabilité de X est définie par :

$$\boxed{P(X=k) = C_{k-1}^{r-1}\, p\, (1-q)^{k-1} = C_{k-1}^{r-1}\, p\, q^{k-1} \qquad \forall k = \mathbf{r}, r+1, \cdots, +\infty}$$

On dit alors que X suit une loi de probabilité de Pascale de paramètres r et p, notée $\mathscr{P}(r,p) : X \to \mathscr{P}(r,p)$

Remarques

1. La loi de Pascal de paramètres r et p est la somme de r lois géométriques $\mathscr{G}(p)$ **indépendantes** et de **même paramètre p**.

$$\left.\begin{array}{l} X_i \to \mathscr{G}(p) \\ \text{X}_{i=1,r} \text{ indépendantes} \\ E(X_i) = \frac{1}{p} \;;\; V(X) = \frac{p}{q^2} \end{array}\right\} \Rightarrow X = \textstyle\sum_{i=1}^{r} X_i \to \mathscr{P}(r,p)$$

2. $\mathscr{P}(r=1,p) = \mathscr{G}(p)$

Valeurs caractéristiques de X :

$$\boxed{\text{E(X)} = \frac{r}{p} \qquad \text{et} \qquad V(X) = \frac{rq}{p^2}}$$

On a, $X_i \to \mathscr{G}(p)$; $E(X_i) = \frac{1}{p}$; $V(X) = \frac{p}{q^2}$

$$E(X) = E(\textstyle\sum_{i=1}^{r} X_i) = \sum_{i=1}^{r} E(X_i) = \sum_{i=1}^{r} \frac{1}{p} = \frac{r}{p}$$

$$V(X) = V(\textstyle\sum_{i=1}^{r} X_i) = \sum_{i=1}^{r} V(X_i) + \sum_{i=1}^{r} \sum_{j\neq i}^{r} Cov(X_i, X_j)$$

$$= \textstyle\sum_{i=1}^{r} V(X_i) = \sum_{i=1}^{r} \frac{q}{p^2} = \frac{rq}{p^2}$$

Les $Cov(X_i, X_j) = 0$ car les X_i sont indépendantes.

Exemple d'application

Une entreprise fabrique des pièces de précision qui sont utilisées par une usine de montage. D'après le service de contrôle de l'entreprise, la proportion de pièces défectueuses est de l'ordre de 5%.

1. Déterminer la probabilité qu'il faille contrôler 10 pièces pour en observer 2 pièces défectueuses

   Soit X : le nombre de pièces contrôlées par le responsable de l'usine jusqu'à l'obtention de la 2ème pièce défectueuse

   $X \to \mathscr{P}(r=2\,;\,p=5\%)\;\;;\;\;P(X=k)=C_{k-1}^{r-1}\,p^r\,q^{k-r}\;\;\forall k=2,3,\cdots,+\infty$

   $P(X=10)=C_{k-1}^{1}\,0.05^2\times 0.95^{k-2}=C_9^1\,0.05^2\times 0.95^8=1.48\%$

2. Combien de pièces doit-on contrôler, en moyenne, avant d'observer deux pièces défectueuse ?

   $E(X)=\frac{r}{p}=\frac{2}{0.05}=40$ pièces en moyenne.

11.2.3. Loi de Poisson

La loi de Poisson est particulièrement utile pour décrire le comportement d'événements dont les chances de réalisation sont faibles ; d'où le nom de **loi des événements rares**. Elle est utilisée notamment en assurance pour modéliser le nombre de sinistres ou d'accidents, le nombre de coquilles par page d'un livre, ou encore dans le cas des files d'attente pour modéliser par exemple, le nombre de clients qui attendent devant un bureau de poste en l'espace d'une période de temps, etc.

Exemple : Schéma d'urne

Même schéma d'urne que la loi binomiale avec quelques boules rouges de probabilité $p=P(R)$ et un très grand nombre de boules non-rouges avec une probabilité $q=P(\overline{R})=1-p$. Pour autant que les paramètres n soit grand et $p=P(R)$ assez petit pour que np soit d'ordre de grandeur moyen.

On réalise des tirages **indépendants** (**avec remise non exhaustifs**).

On note X la variable aléatoire réelle associée au « Nombre de boules tirées ».

Les valeurs possibles de X : $0,1,\cdots,k,\cdots,+\infty\,\mathbb{N}$: infinité de valeurs entières

La loi de probabilité de X est définie par :

$$P(X=k)=\frac{e^{-\lambda}\,\lambda^k}{k!}\qquad\forall k=0,1,\cdots,+\infty$$

On dit alors que X suit une loi de probabilité de Poisson de paramètre $\lambda(>0)$, notée $\mathscr{P}(\lambda) : X \to \mathscr{P}(\lambda)$.

Remarques :

1. C'est bien une distribution de probabilité :

   $\forall k \in \mathbb{N} \quad 0 \leq P(X=k) \leq 1 \qquad \text{et} \qquad \sum_{k=1}^{+\infty} P(X=k) = 1.$

   $\frac{e^{-\lambda}\lambda^k}{k!} \geq 0 \ \text{ car } \ \lambda > 0$

   $\sum_{k=1}^{+\infty} P(X=k) = \sum_{k=1}^{+\infty} \frac{e^{-\lambda}\lambda^k}{k!} = e^{-\lambda}\sum_{k=1}^{+\infty} \frac{\lambda^k}{k!} = e^{-\lambda}e^{\lambda} = e^0 = 1.$

   $\sum_{k=1}^{+\infty} \frac{\lambda^k}{k!} = \lim_{n\to+\infty}\sum_{k=1}^{n} \frac{\lambda^k}{k!} = e^{\lambda}$

   Développement limité de e^{λ} au voisinage de l'infini.

2. La distribution de probabilité de Poisson admet :

   1 seul Mode $= Ent(\lambda) = \lfloor \lambda \rfloor$ partie entière de λ si $\lambda \notin \mathbb{N}$

   2 Modes $= \lambda - 1$ et λ si $\lambda \in \mathbb{N}$

3. La somme de 2 lois de Poisson **indépendantes** suit une loi de Poisson.

$$\left.\begin{array}{l} X_1 \to \mathscr{P}(\lambda_1) \\ X_2 \to \mathscr{P}(\lambda_2) \\ \text{X}_1 \text{ et } X_2 \text{ indépendantes} \end{array}\right\} \Rightarrow S = X_1 + X_2 \to \mathscr{P}(\lambda_1 + \lambda_2)$$

$$\begin{aligned} P(S=s) &= P(X_1+X_2=s) = \textstyle\sum_{k=0}^{s} P[(X_1=k)\cap(X_2=s-k)] \\ &= \textstyle\sum_{k=0}^{s} P(X_1=k)P(X_2=s-k) && \text{les variables } X_1 \text{ et } X_2 \\ &= \textstyle\sum_{k=0}^{s} e^{-\lambda_1}\frac{\lambda_1^k}{k!}\, e^{-\lambda_2}\frac{\lambda_2^{s-k}}{(s-k)!} && \text{sont indépendantes} \\ &= e^{-(\lambda_1+\lambda_2)} \textstyle\sum_{k=0}^{s} \frac{\lambda_1^k \lambda_2^{s-k}}{(s-k)!\,k!} && \text{en probabilité} \\ &= e^{-(\lambda_1+\lambda_2)} \frac{1}{s!}\textstyle\sum_{k=0}^{s} \frac{s!}{(s-k)!\,k!}\lambda_1^k \lambda_2^{s-k} \\ &= e^{-(\lambda_1+\lambda_2)} \frac{1}{s!}\textstyle\sum_{k=0}^{s} C_k^s \lambda_1^k \lambda_2^{s-k} = e^{-(\lambda_1+\lambda_2)}\frac{(\lambda_1+\lambda_2)^s}{s!} \end{aligned}$$

avec $\forall s \in \mathbb{N}\ (\lambda_1+\lambda_2)^s = \sum_{k=0}^{s} C_k^s \lambda_1^k \lambda_2^{s-k}$ (formule du binôme de Newton). On reconnait l'expression de la distribution de probabilité d'une loi de Poisson de paramètre $(\lambda_1+\lambda_2)$: $S \to \mathscr{P}(\lambda_1+\lambda_2)$

On peut montrer par récurrence la généralisation pour la somme de n variables de Poisson **indépendantes** :

$$\left.\begin{array}{l} X_i \to \mathscr{P}(\lambda_i) \\ \text{X}_{i=1,n} \text{ indépendantes} \end{array}\right\} \Rightarrow S = \textstyle\sum_{i=1}^{n} X_i \to \mathscr{P}(\beta = \sum_{i=1}^{n}\lambda_i)$$

Valeurs caractéristiques de X :

$$\boxed{E(X) = V(X) = \lambda}$$

$$\begin{aligned} E(X) &= \sum_{k=1}^{+\infty} k\, P(X=k) = \sum_{k=1}^{+\infty} k\, \frac{e^{-\lambda}\lambda^k}{k!} \\ &= \lambda e^{-\lambda} \sum_{k=1}^{+\infty} \frac{\lambda^{k-1}}{(k-1)!} = \lambda\, e^{-\lambda}\, e^{\lambda} = \lambda\, e^0 = \lambda \end{aligned}$$

$$V(X) = E(X^2) - E(X)^2$$

$$\begin{aligned} E(X^2) &= \sum_{k=1}^{+\infty} k^2\, P(X=k) = \sum_{k=1}^{+\infty} k\, \frac{e^{-\lambda}\lambda^k}{(k-1)!} \\ &= \sum_{k=1}^{+\infty} [(k-1)+k]\, \frac{e^{-\lambda}\lambda^k}{(k-1)!} \\ &= \sum_{k=1}^{+\infty} (k-1)\, \frac{e^{-\lambda}\lambda^k}{(k-1)!} + = \sum_{k=1}^{+\infty} k\, \frac{e^{-\lambda}\lambda^k}{(k-1)!} \\ &= \lambda^2 e^{-\lambda} \sum_{k=1}^{+\infty} \frac{\lambda^{(k-2)}}{(k-2)!} + \lambda e^{-\lambda} \sum_{k=1}^{+\infty} \frac{\lambda^{(k-1)}}{(k-1)!} \\ &= \lambda^2 e^{-\lambda}\, e^{\lambda} + \lambda e^{-\lambda}\, e^{\lambda} = \lambda^2 + \lambda \end{aligned}$$

$$V(X) = E(X^2) - E(X)^2 = \lambda^2 + \lambda - \lambda^2 = \lambda$$

Exemple d'application 1

Le responsable d'une compagnie d'assurances a effectué une compilation du nombre de sinistres qui se sont produits ces dernières années. Ceci a permis d'établir que le taux moyen de sinistres enregistrés par la compagnie a été de 2.5 sinistres par jour. En admettant que le nombre de sinistres en une journée obéit à la loi de Poisson,

1. Quelle est la probabilité que cette compagnie n'enregistre aucun sinistre dans la journée ?

   Soit X la variable aléatoire réelle associée au nombre de sinistres par jour dont le taux moyen : $E(X) = \lambda = 2.5$ *sinitres/jour*

   $$X \to \mathscr{P}(\lambda = 2.5)\ ;\ P(X=k) = \frac{e^{-\lambda}\lambda^k}{k!} = \frac{e^{-2.5}\, 2.5^k}{k!}\ \ \forall k = 0, 1, \cdots, +\infty$$

   $$P(X=0) = \frac{e^{-2.5}\, 2.5^k}{k!} = \frac{e^{-2.5}\, 2.5^0}{0!} = e^{-2.5} = 8.21\%$$

2. Quelle est la probabilité que cette compagnie enregistre plus de 3 sinistres par jour ?

   $$\begin{aligned} P(X>3) &= 1 - P(X \leq 3) = 1 - [P(X=0) + P(X=1) + P(X=2) + P(X=3)] \\ &= 1 - [\frac{e^{-2.5}\, 2.5^0}{0!} + \frac{e^{-2.5}\, 2.5^1}{1!} + \frac{e^{-2.5}\, 2.5^2}{2!} + \frac{e^{-2.5}\, 2.5^3}{3!}] \\ &= 1 - [e^{-2.5} + 2.5 e^{-2.5} + \frac{2.5^2}{2} e^{-2.5} + \frac{2.5^3}{6} e^{-2.5}] = 10.7576 = 24.24\% \end{aligned}$$

3. Sur une période d'une année, quel est vraisemblablement le nombre de jours où la compagnie n'a enregistré aucun sinistre ?

   1 année = 365 jours ; $365 \times P(X=0) = 365 \times 8.21\% = 29.96 \approx 30$ *jours ≈ 1 mois.*

4. Calculer la probabilité d'avoir un nombre de sinistres compris entre le taux moyen de sinistres plus ou moins un écart-type.

$$E(X) = V(X) = \lambda = 2.5 \; ; \; \sigma(X) = \sqrt{V(X)} = \sqrt{2.5} = 1.58$$

$$\begin{aligned} P[E(X)-\sigma(X) < X < E(X)+\sigma(X)] &= P(2.5-1.58 < X < 2.5+1.58) \\ &= P(0.92 < X < 4.08) \\ &= \textstyle\sum_{k=1}^{4} P(X=k) = 80.91\% \end{aligned}$$

5. Quel est le nombre de sinistres par jour le plus probable et quelle est sa probabilité ?

   La distribution est unimodale : Mode = 2 avec une probabilité :

$$P(X=2) = \frac{e^{-2.5}\,2.5^2}{2!} \approx 25.65\%$$

6. Représenter graphiquement la distribution de probabilité de X.

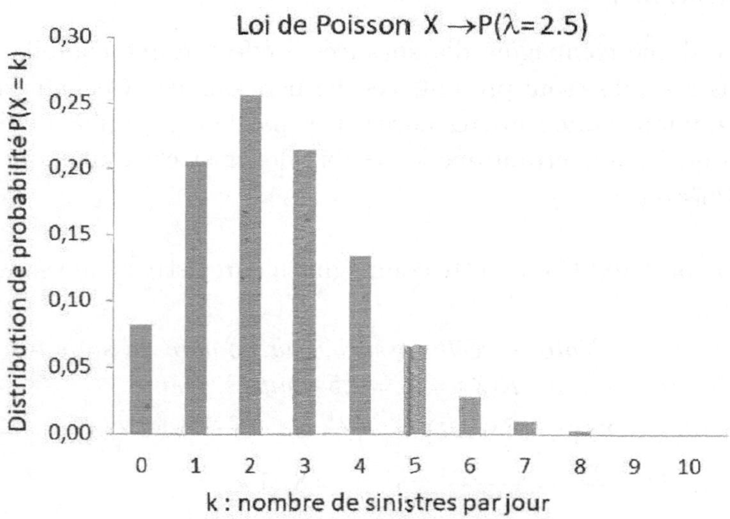

Exemple d'application 2

Deux distributeurs automatiques de billets sont placés l'un à l'extérieur l'autre à l'intérieur de la galerie marchande d'une grande surface. On étudie le nombre aléatoire d'utilisateurs de ces distributeurs pendant une période d'un quart d'heure entre l'ouverture et la fermeture de la grande surface. Un utilisateur sera compté s'il utilise un distributeur dans le quart d'heure considéré. On suppose que le nombre d'utilisateurs du distributeur situé à l'extérieur suit une loi de poisson avec un taux moyen de 1 utilisateur par quart dheure.

1. Quelle est la probabilité de n'avoir aucun utilisateur pendant le quart d'heure considéré devant le distributeur situé à l'extérieur ?

   Soit X la variable aléatoire réelle associée au nombre d'utilisateurs du distributeur situé à l'extérieur/période dont le taux moyen : $\lambda_x = 1$ *utilisateur/quart d'heure*

   $$X \to \mathscr{P}(\lambda_x = 1) \ ; \ P(X=k) = \frac{e^{-\lambda}\,\lambda^k}{k!} = \frac{e^{-1}\,1^k}{k!} \ \ \forall k = 0, 1, \cdots, +\infty$$
   $$P(X=0) = \frac{e^{-1}\,1^k}{k!} = \frac{e^{-1}\,1^0}{0!} = e^{-1} = 36.79\%$$

   On suppose que le nombre d'utilisateurs du distributeur situé à l'intérieur suit une loi de poisson, et on a pu établir que la probabilité qu'il y ait 4 utilisateurs en un quart d'heure est le double de la probabilité qu'il y en ait 5 utilisateurs.

2. Montrer que l'espérance mathématique de Y est égale à 2.5.

   Soit Y la variable aléatoire réelle associée au nombre d'utilisateurs du distributeur situé à l'intérieur/période dont le taux moyen : λ_y *utilisateur/quart d'heure*

   $$Y \to \mathscr{P}(\lambda_y) \ ; \ P(X=k) = \frac{e^{-\lambda_y}\,\lambda_y^k}{k!} \ \ \forall k = 0, 1, \cdots, +\infty$$
   $$\textit{Sachant que } P(Y=4) = 2P(Y=5) \Rightarrow \frac{e^{-\lambda_y}\,\lambda_y^4}{4!} = 2\frac{e^{-\lambda_y}\,\lambda_y^5}{5!}$$
   $$\Rightarrow \lambda_y = \frac{5!}{2!4!} = \frac{5}{2} = 2.5 \textit{ utilisateurs/quart d'heure}$$

3. Quelle est la probabilité davoir un seul utilisateur pendant le quart d'heure considéré devant le distributeur situé à l'intérieur ?

   $$Y \to \mathscr{P}(\lambda_y = 2.5) \ ; \ P(X=k) = \frac{e^{-2.5}\,2.5^k}{k!} \ \ \forall k = 0, 1, \cdots, +\infty$$
   $$P(Y=1) = \frac{e^{-2.5}\,2.5^k}{k!} = \frac{e^{-2.5}\,2.5^1}{1!} = 2.5\,e^{-2.5} = 20.52\%$$

4. Quelle est la probabilité d'avoir plus d'un utilisateur pendant le quart d'heure considéré devant les deux distributeurs ?

   Soit $S = X + Y$ *la variable aléatoire réelle associée au nombre d'utilisateurs par quart d'heure des deux distributeurs :*

$$\left.\begin{array}{l} X \rightarrow \mathscr{P}(\lambda_x = 1) \\ Y \rightarrow \mathscr{P}(\lambda_y = 2.5) \\ \text{X et Y indépendantes} \end{array}\right\} \Rightarrow S = X + Y \rightarrow \mathscr{P}(\lambda_s = \lambda_x + \lambda_y = 3.5)$$

$$S \rightarrow \mathscr{P}(\lambda_s = 3.5) \ ; \ P(X = k) = \frac{e^{-3.5}\, 3.5^k}{k!} \quad \forall k = 0, 1, \cdots, +\infty$$

$$P(S > 1) = 1 - P(S \leq 1) = 1 - [P(S = 0) + P(S = 1)]$$

$$= 1 - [\frac{e^{-3.5}\, 3.5^0}{0!} + \frac{e^{-3.5}\, 3.5^1}{1!}] = 1 - (0.0302 + 0.1057) = 86.41\%.$$

Lois de Poisson $X \rightarrow P(\lambda_x = 1)$ & $Y \rightarrow P(\lambda_y = 2.5)$
Nombre d'utilisateurs des distributeurs Extérieur & Intérieur

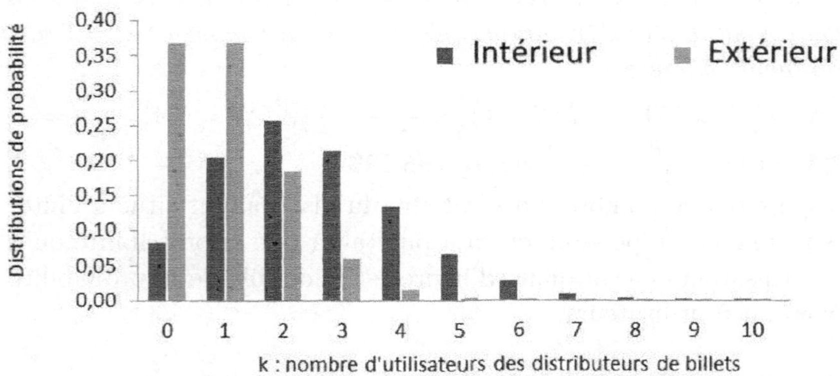

11.3. Lois continues

11.3.1. Loi uniforme

Une variable aléatoire réelle X (absolument continue) suit une loi uniforme sur l'intervalle $[a,b] \subset \mathbb{R}$ si elle a pour fonction densité de probabilité f :

$$\mathbf{f(x)} = \begin{cases} \frac{1}{b-a} & si \ \mathbf{x} \in [a,b] \\ 0 & ailleurs \end{cases}$$

C'est bien une fonction densité de probabilité :

$\forall x \in \mathbb{R} \quad f(x) \geq 0 \quad$ et $\quad \int_{-\infty}^{+\infty} f(x)dx = 1.$

- f est continue sur $\mathbb{R}$:

$\lim_{x \to a^-} f(x) = \lim_{x \to b^+} f(x) = 0 \quad$ et $\quad \lim_{x \to 0^+} f(x) = 1$

$\lim_{x \to a^+} f(x) = \lim_{x \to b^-} f(x) = \frac{1}{b-a}.$

- f est positive ou nulle sur tout $\mathbb{R}$:
$f(x) = \frac{1}{b-a} \geq 0$ si $a \leq x \leq b$ et $f(x) = 0$ ailleurs.

- $\int_{-\infty}^{+\infty} f(x)dx = \int_{-\infty}^{a} 0\,dx + \int_{a}^{b} \frac{1}{b-a}dx + \int_{b}^{+\infty} 0\,dx = [\frac{x}{b-a}]_a^b = \frac{b-a}{b-a} = 1$

X suit une loi uniforme sur l'intervalle [a , b] : $X \to U_{[a\,;\,b]}$

X a pour fonction de répartition F la fonction définie par :

$$\mathbf{F(x)} = \int_{-\infty}^{x} f(x)dx = \begin{cases} 0 & si\ x < a \\ \frac{x-a}{b-a} & si\ x \in [a,b] \\ 1 & si\ x > b \end{cases}$$

En effet,
Si $x < a$: $F(x) = P(X \leq x) = \int_{-\infty}^{x} f(x)\,dx = \int_{-\infty}^{x} 0\,dx = 0.$

Si $a \leq x \leq b$: $F(x) = P(X \leq x) = \int_{-\infty}^{x} f(x)\,dx = \int_{-\infty}^{a} 0\,dx + \int_{a}^{x} \frac{1}{b-a}\,dx$
$= [\frac{x-a}{b-a}]_a^x = \frac{x-a}{b-a}$

Si $x > b$: $F(x) = P(X \leq x) = \int_{-\infty}^{x} f(x)\,dx = \int_{-\infty}^{x} 0\,dx + \int_{a}^{b} \frac{1}{b-a}\,dx + \int_{b}^{x} 0\,dx$
$= [\frac{x-a}{b-a}]_a^b = \frac{b-a}{b-a} = 1.$

Remarques

1. Déterminer la **loi de probabilité** d'une variable aléatoire réelle **continue** revient **à caractériser** soit sa **fonction densité de probabilité f** soit par sa **fonction de répartition F**.

2. La probabilité d'un intervalle quelconque $[\alpha\ ,\ \beta] \subset [a\ ,\ b]$ est proportionnelle à sa longueur :
$P(\alpha < X < \beta) = F(\beta) - F(\alpha) = \int_{-\infty}^{x} f(x)dx = [1/(b-a)] \int_{-\infty}^{x} dx = \frac{\beta-\alpha}{b-a}$

Valeurs caractéristiques de X :

$$\mathrm{E(X)} = \frac{a+b}{2} \quad \text{et} \quad \mathrm{V(X)} = \frac{(b-a)^2}{12}$$

$E(X) = \int_{-\infty}^{x} x f(x)dx = \int_{a}^{b} x \frac{1}{b-a}dx = \frac{1}{b-a}[\frac{x^2}{2}]_a^b = \frac{b^2-a^2}{2(b-a)} = \frac{(b-a)(b+a)}{2(b-a)} = \frac{a+b}{2}$

$V(X) = E(X^2) - E(X)^2 = E(X^2) - \frac{(a+b)^2}{4}$

$E(X^2) = \int_{-\infty}^{x} x^2 f(x)dx = \frac{1}{b-a}\int_{a}^{b} x^2\,dx = \frac{1}{b-a}[\frac{x^3}{3}]_a^b = \frac{b^3-a^3}{3(b-a)}$
$= \frac{(b-a)(a^2+ab+b^2)}{3(b-a)} = \frac{a^2+ab+b^2}{3}$

$\mathrm{V(X)} = \mathrm{E(X^2)} - E(X)^2 = \frac{a^2+ab+b^2}{3} - \frac{(a+b)^2}{4} = \frac{(a^2+b^2-2ab)}{12} = \frac{(a-b)^2}{12}.$

Exemple d'application

Soit X une variable aléatoire réelle qui suit une loi de probabilité uniforme sur l'intervalle [a , b]. Caractériser puis reconnaître la loi de probabilité de la variable aléatoire réelle $Y = \frac{X-a}{b-a}$ avec $b > a$.

On note F la fonction de répartition de X et G celle de Y :

$$G(y) = P(Y \leq y) = P[\tfrac{X-a}{b-a} \leq y] = P[X \leq (b-a)y + a] = F[(b-a)y+a]$$

On sait que : $X \to U_{[a\,;\,b]}$ $F(x) = \int_{-\infty}^{x} f(x)dx = \begin{cases} 0 & si\, x < a \\ \frac{x-a}{b-a} & si\, x \in [a,b] \\ 1 & si\, x > b \end{cases}$

$$G(y) = F[(b-a)y+a] = \begin{cases} 0 & si\ (b-a)y + a < a \\ \frac{(b-a)y+a-a}{b-a} & si\ a \leq b-a)y + a \leq b \\ 1 & si\ (b-a)y + a > b \end{cases}$$

$$G(y) = \begin{cases} 0 & si\, y < 0 \\ y & si\, 0 \leq y \leq 1 \\ 1 & si\, y > 1 \end{cases}$$

Conclusion : on reconnaît l'expression de la fonction de répartition d'une loi uniforme sur l'intervalle [0 , 1] :

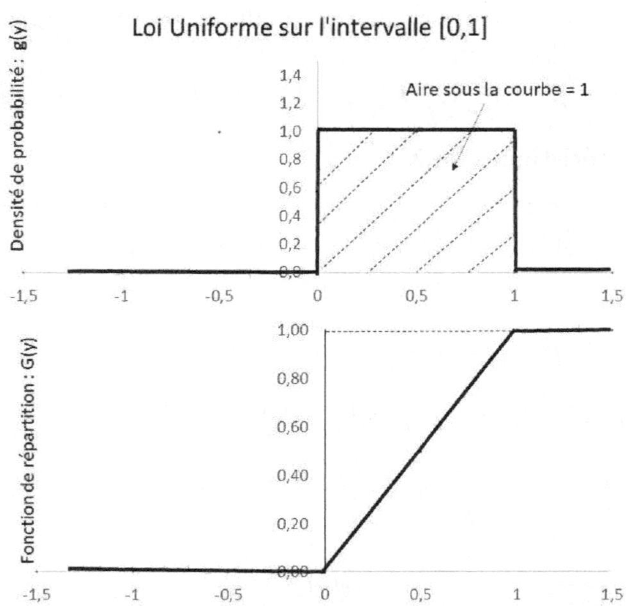

$$Y \to U_{[0\,;\,1]} \quad G(y) = P(Y \leq y) = \int_{-\infty}^{y} g(y)dy = \begin{cases} 0 & si\, y < 0 \\ \frac{(y-0)}{(1-0)} & si\, y \in [0,1] \\ 1 & si\, y > 1 \end{cases}$$

On peut en déduire sa fonction densité de probabilité g :

$$g(y) = \begin{cases} 1 & si \;\; y \in [0,1] \\ 0 & ailleurs \end{cases}$$

11.3.2. Loi exponentielle

Une variable aléatoire réelle X (absolument continue) suit une loi exponentielle de paramètre $\lambda (\lambda > 0)$, si elle a pour densité de probabilité :

$$\boxed{\mathbf{f(x)} = \begin{cases} 0 & si\, x < 0 \\ \lambda e^{-\lambda x} & si \;\; \mathbf{x} \geq 0. \end{cases}}$$

C'est bien une fonction densité de probabilité :
$\forall x \in \mathbb{R} \;\; f(x) \geq 0 \quad$ et $\quad \int_{-\infty}^{+\infty} f(x)dx = 1.$

- f est continue sur $\mathbb{R}$:
$\lim_{x \to 0^-} f(x) = 0 \quad$ et $\quad \lim_{x \to 0^+} f(x) = 1$

- f est positive ou nulle sur tout $\mathbb{R}$:
$f(x) = \lambda e^{-\lambda x} \geq 0 \quad$ si $\quad x \geq 0 \quad$ et $\quad f(x) = 0 \quad$ ailleurs.

- $\int_{-\infty}^{+\infty} f(x)dx = \int_{-\infty}^{0} 0dx + \int_{0}^{+\infty} \lambda e^{-\lambda x}dx = \lambda [\frac{-e^{-\lambda x}}{\lambda}]_0^{+\infty} = [-e^{-\lambda x}]_0^{+\infty} = 1.$

X suit une loi exponentielle de paramètre λ positif : $X \to Exp(\lambda)$

Remarques

1. Domaines d'application : industrie, génie industriel, recherche opérationnelle (file d'attente, durée de service, durée de vie d'un matériel, durée de chômage, d'hospitalisation, etc.).

2. Exemple : Durée de vie d'un composant électronique, analyse de la fiabilité du composant afin de mesurer son aptitude à fonctionner sans défaillance.
λ : taux moyen de défaillance du composant
$\beta = \frac{1}{\lambda}$: moyenne des Temps de Bon Fonctionnement (temps moyen entre défaillances)

X a pour fonction de répartition F :

$$\mathbf{F(x)} = \int_{-\infty}^{x} f(x)dx = \begin{cases} 0 & si\, x < 0 \\ 1 - e^{-\lambda x} & si\, x \geq 0 \end{cases}$$

En effet, si $x < 0$: $F(x) = P(X \leq x) = \int_{-\infty}^{x} f(x)\,dx = \int_{-\infty}^{x} 0\,dx = 0.$

si $x \geq 0$: $F(x) = P(X \leq x) = \int_{-\infty}^{x} f(x)dx = \int_{-\infty}^{0} 0dx + \int_{-\infty}^{x} \lambda e^{-\lambda x}dx$

$= \lambda [\frac{-e^{-\lambda x}}{\lambda}]_0^x = [-e^{-\lambda x}]_0^x = -e^{-\lambda x} + 1.$

Valeurs caractéristiques de X :

$$\mathrm{E(X)} = \frac{1}{\lambda} \qquad \text{et} \qquad \mathrm{V(X)} = \frac{1}{\lambda^2}$$

Espérance mathématique : $E(X) = \int_{-\infty}^{+\infty} xf(x)dx = \lambda \int_0^{+\infty} xe^{-\lambda x}dx$

Intégration par parties : $u = x \quad \Rightarrow u' = 1$

$v' = e^{-\lambda x} \Leftarrow v = -\frac{1}{\lambda}e^{-\lambda x}$

$E(X) = \lambda[-\frac{x}{\lambda}e^{-\lambda x}]_0^{+\infty} + \lambda\frac{1}{\lambda}\int_0^{+\infty} e^{-\lambda x}dx = \int_0^{+\infty} e^{-\lambda x}dx = [\frac{-e^{-\lambda x}}{\lambda}]_0^{+\infty} = \frac{1}{\lambda}.$

Variance mathématique : $V(X) = E(X^2) - E(X)^2$ avec,

$E(X^2) = \int_{-\infty}^{+\infty} x^2 f(x)dx = \int_0^{+\infty} \lambda x^2 e^{-\lambda x}dx$

Intégration par parties : $u = x^2 \quad \Rightarrow u' = 2x$

$v' = e^{-\lambda x} \Leftarrow v = -\frac{1}{\lambda}e^{-\lambda x}$

$E(X^2) = \lambda[\frac{-x^2e^{-\lambda x}}{\lambda}]_0^{+\infty} + \lambda\int_0^{+\infty} \frac{2xe^{-\lambda x}}{\lambda}dx = \frac{2}{\lambda}\int_0^{+\infty} \lambda xe^{-\lambda x}dx = \frac{2}{\lambda}E(X) = \frac{2}{\lambda^2}$

d'où, $V(X) = E(X^2) - E(X)^2 = \frac{2}{\lambda^2} - (\frac{1}{\lambda})^2 = \frac{1}{\lambda^2}.$

Exemple d'application 1

Un composant électronique a une durée de vie qui est distribuée selon une loi exponentielle de paramètre $\lambda (\lambda > 0)$ dont la durée de vie moyenne est de 500 heures.

1. Quelle est alors la valeur du paramètre λ ? Que représente ce paramètre dans ce contexte ?

X : la durée de vie d'un composant électronique :

$E(X) = 500 = \frac{1}{\lambda} \Rightarrow \lambda = \frac{1}{500} = 0.002$; $X \rightarrow Exp(\lambda = 0.002)$

$\mathrm{f(x)} = \begin{cases} 0 & si\, x < 0 \\ \lambda e^{-\lambda x} & si\, x \geq 0 \end{cases}$; $F(x) = \begin{cases} 0 & si\, x < 0 \\ 1 - e^{-\lambda x} & si\, x \geq 0 \end{cases}$

$\lambda = \frac{1}{500} = 0.002$ composant/h, représente le taux moyen de défaillance.

2. Quelle est la probabilité qu'un composant prélevé au hasard ait une durée de vie inférieure à 250 h ?

   $P(X < 250) = F(250) = 1 - e^{-\frac{250}{500}} = 1 - e^{-\frac{1}{2}} = 39.35\%$

3. Quelle est la probabilité qu'un composant ait une durée inférieure à la durée de vie moyenne ?

   $P(X < E(X) = 500) = F(500) = 1 - e^{-\frac{500}{500}} = 1 - e^{-1} = 63.21\%$

4. Sur 1000 composants, combien auront vraisemblablement une durée de vie supérieure à 345 h ?

   $P(X > 345) = 1 - P(X \leq 345) = 1 - F(345) = e^{-\frac{345}{500}} = 50.16\%$

   Sur 1000 composants fabriqués, environ 502 auront une durée de vie supérieure à 345 h.

5. Quelle est la probabilité qu'un composant ait une durée vie comprise entre 250 et 500 h ?

   $P(250 < X < 500) = F(500) - F(250) = 63.21\% - 39.35\% = 23.86\%$

6. Quelle est la probabilité qu'un composant ait une durée de vie inférieure à 500 heures sachant qu'il a duré plus de 250 h ?

   $$P_{(X>250)}(X < 500) = P[(X < 500)/(X > 250)] = \frac{P[(X<500)\cap(X>250)]}{P(X>250)}$$
   $$= \frac{P(250<X<500)}{1-P(X\leq 250)} = \frac{F(500)-F(250)}{1F(250)} = \frac{0.2386}{0.6065} = 39.34\%$$

7. Déterminer la fonction de répartition G de la variable aléatoire réelle $Y = e^{-\lambda X}$. Reconnaître sa loi de probabilité de Y.

$$G(y) = P(Y \leq y) = P(e^{-\lambda X} \leq y)$$
$$= \begin{cases} 0 & si\, y < 0 \\ P(-\lambda X \leq lny) = P(X \geq -\frac{lny}{\lambda}) & si\, y \geq 0 \end{cases}$$
$$= \begin{cases} 0 & si\, y < 0 \\ 1 - F(-\frac{lny}{\lambda}) & si\, y \geq 0 \end{cases}$$
$$= \begin{cases} 0 & si\;\; y < 0 \\ 1 - (1 - e^{-\lambda(-\frac{lny}{\lambda})}) & si\;\; -\frac{lny}{\lambda} \geq 0 \Rightarrow lny \leq 0 \\ 1 & si\;\; -\frac{lny}{\lambda} < 0 \Rightarrow lny > 0 \end{cases}$$
$$= \begin{cases} 0 & si\, y < 0 \\ y & si\, 0 \leq y \leq 1 \\ 1 & si\, y > 1 \end{cases}$$

On reconnaît la fonction de répartition d'une loi uniforme : $Y \to U_{[0\,;\,1]}$

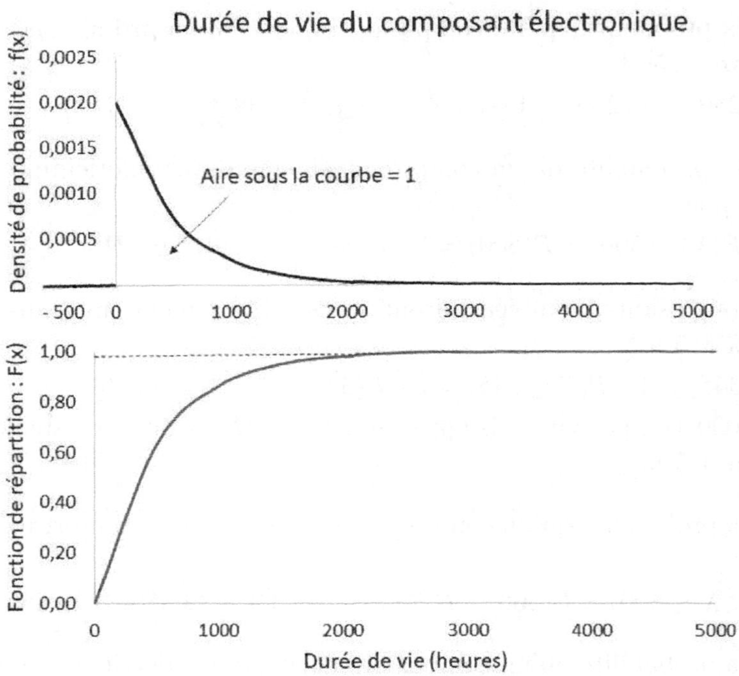

Exemple d'application 2

Dans un magasin de pièces détachées, le temps nécessaire pour servir des clients est distribué selon une loi exponentielle de paramètre $\lambda (> 0)$ avec une durée moyenne de service de 3 minutes par client.

1. Quelle est alors la valeur du paramètre λ ?

   X : le temps de service :

   $E(X) = \frac{1}{\lambda} \Rightarrow \lambda = \frac{1}{E(X)} = \frac{1}{3}$; $X \to Exp(\lambda = \frac{1}{3})$

   $$\text{f(x)} = \begin{cases} 0 & si\, x < 0 \\ \frac{1}{3}e^{-\frac{1}{3}x} & si\, x \geq 0 \end{cases} \quad ; \quad F(x) = \begin{cases} 0 & si\, x < 0 \\ 1 - e^{-\frac{1}{3}x} & si\, x \geq 0 \end{cases}$$

   $\lambda = \frac{1}{3} = 0.333$ représente le temps moyen de service, le temps moyen d'attente entre 2 clients.

2. Quelle est la probabilité que la durée de service soit :

   supérieure à 6 minutes :

   $$P(X > 6) = 1 - P(X \leq 6) = 1 - F(6) = 1 - (1 - e^{-\frac{1}{3}6}) = e^{-2} = 13.53\%$$

   comprise entre 3 et 9 minutes :

   $$P(3 < X < 9) = F(9) - F(3) = (1 - e^{-\frac{1}{3}9}) - (1 - e^{-\frac{1}{3}3}) = e^{-1} - e^{-3} = 31.81\%$$

inférieure à 9 minutes sachant qu'elle est supérieure à 3 minutes :

$$P_{(X>3)}(X<9) = P[(X<9)/(X>3)] = \frac{P[(X<9)\cap(X>3)]}{P(X>3)} = \frac{P(3<X<9)}{P(X>3)}$$

$$= \frac{F(9)-F(3)}{1-P(X\leq 3)} = \frac{F(9)-F(3)}{1-F(3)} \simeq 1-\frac{e^{-3}}{e^{-1}} = 86.47\%$$

3. Est-ce exacte de dire qu'il y a 50% de chances pour que la durée de service d'un client soit inférieure à la durée moyenne de service ?

   Non, puisque : $P(X \leq E(X)=3) = F(3) = 1-e^{-\frac{1}{3}3} = e^{-1} = 36.79\%$

Exemple d'application 3

Un fabricant de moniteur-vidéo veut déterminer la période de garantie qu'il devrait associer aux tubes-écran qu'il commercialise. Des essais en laboratoire ont indiqué que la durée de vie utile (en années) de ce composant est distribué selon une loi exponentielle avec un taux moyen de défaillance de 0.20 tube/an.

1. Quelle est la durée de vie moyenne des tubes ?

   X : la durée de vie utile du composant ; $X \to Exp(\lambda = 0.2)$

$$\text{f(x)} = \begin{cases} 0 & si\, x<0 \\ \frac{1}{5}e^{-\frac{1}{5}x} & si\;\; x\geq 0 \end{cases} \quad ; \quad F(x) = \begin{cases} 0 & si\, x<0 \\ 1-e^{-\frac{1}{5}x} & si\, x\geq 0 \end{cases}$$

   $E(X) = \frac{1}{\lambda} = \frac{1}{0.20} = 5$ ans de durée de vie moyenne d'un tube.

2. Quelle est la probabilité qu'un tube opère sans défaillance pour une période excédant sa durée de vie espérée ?

   $P(X>E(X)=5) = 1-P(X\leq 5) = 1-F(5) = e^{-\frac{1}{5}\times 5} = e^{-1} = 36.79\%$

3. 50% des tubes fonctionnent sans défaillance pendant combien de temps ?

   On cherche x_0 tel que : $P(X>x_0) = 50\% \Rightarrow 1-P(X\leq x) = 1-F(x) = 50\%$

   $\Rightarrow F(x) = 1-e^{-\frac{1}{5}x_0} = 0.5 \Rightarrow e^{-\frac{1}{5}x_0} = 0.5 \Rightarrow lne^{-\frac{1}{5}x_0} = ln0.5$

   $\Rightarrow -\frac{1}{5}x_0 = ln0.5 \Rightarrow x_0 = -\frac{ln0.5}{0.2} = 3.47 \approx 3$ ans et demi.

4. On veut donner une période de garantie à ces tubes ; toutefois, on ne veut pas remplacer plus de 18% de tubes au cours de cette période de garantie. Quelle devrait être la période de garantie ?

   On cherche x^* tel que :

   $P(X\leq x^*) \leq 18\% \Rightarrow F(x) = 1-e^{-\frac{1}{5}x^*} \leq 0.18 \Rightarrow e^{-\frac{1}{5}x^*} \geq 0.82$

   $\Rightarrow lne^{-\frac{1}{5}x*} \geq ln0.82 \Rightarrow -\frac{1}{5}x* \geq ln0.82$

   $\Rightarrow x^* \leq -\frac{ln0.82}{0.2} = 0.9923 \approx 1$ ans.

11.3.3. Loi normale

La loi normale dite aussi loi de Laplace-Gauss ou encore loi Gaussienne jouit d'une importance fondamentale puisqu'un grand nombre de méthodes statistiques reposent sur cette loi.

Elle est un modèle théorique qui permet d'exprimer d'une manière suffisamment adéquate le comportement aléatoire des observations d'une multitude de phénomènes.

Notamment lorsque la taille de l'échantillon n est grande - Théorème Central Limite. Les applications pratiques associées à la loi normale sont également très nombreuses.

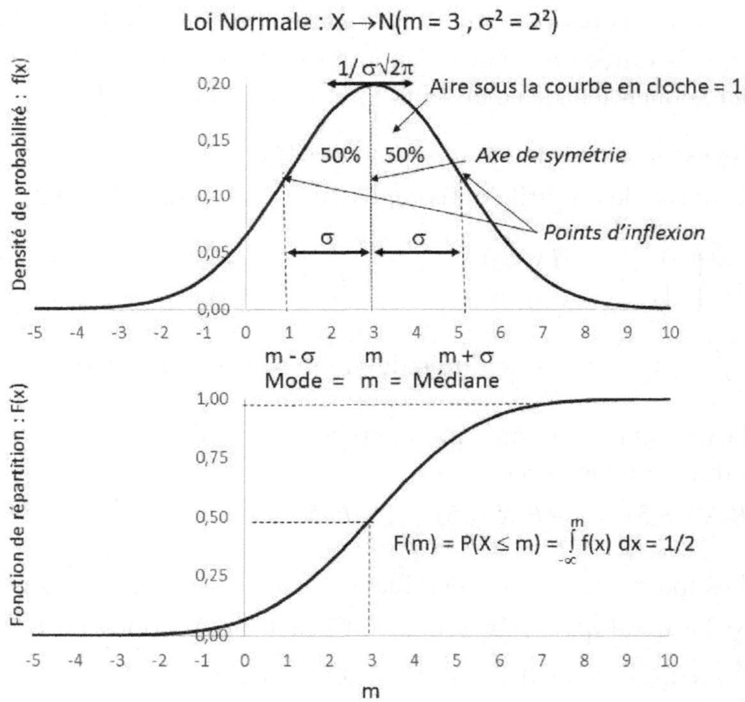

La fonction f densité de probabilité d'une variable aléatoire réelle X qui suit une loi normale de paramètres m et σ^2, est définie par :

$$f(x) = \frac{1}{\sigma\sqrt{2\pi}} e^{-\frac{1}{2}\left(\frac{x-m}{\sigma}\right)^2} \qquad \forall x \in \mathbb{R}$$

En effet, on montre que f est bien une fonction densité de probabilité, c'est-à-dire que : $a)\ \forall x \in \mathbb{R}\ \ f(x) \geq 0$ et b) $\int_{-\infty}^{+\infty} f(x)dx = 1$.

a) $\forall x \in \mathbb{R} \quad f(x) = \frac{1}{\sigma\sqrt{2\pi}} e^{-\frac{1}{2}(\frac{x-m}{\sigma})^2} \geq 0$, la fonction exponentielle est strictement croissante de $\mathbb{R}$ dans $\mathbb{R}_+^*$.

b) On effectue le changement de variable $u = \frac{(x-m)}{\sigma}$, on obtient,

$$\frac{1}{\sigma\sqrt{2\pi}} \int_{-\infty}^{+\infty} e^{-\frac{1}{2}(\frac{x-m}{\sigma})^2} dx = \frac{1}{\sqrt{2\pi}} \int_{-\infty}^{+\infty} e^{-\frac{1}{2}u^2} du$$

il reste à montrer que : $\int_{-\infty}^{+\infty} e^{-\frac{1}{2}u^2} du = \sqrt{2\pi}$

On pose $I = \int_{-\infty}^{+\infty} e^{-\frac{1}{2}u^2} du = \sqrt{2\pi}$ et on montre que $I^2 = 2\pi$.

$$\text{I}^2 = \int_{-\infty}^{+\infty} e^{-\frac{1}{2}u^2} du \int_{-\infty}^{+\infty} e^{-\frac{1}{2}t^2} dt = \int_{-\infty}^{+\infty} \int_{-\infty}^{+\infty} e^{-\frac{1}{2}(u^2+t^2)} du dt$$

On utilise un système de coordonnées polaires en posant :

$t = r cos\theta$; $u = r sin\theta$ et $du dt = r d\theta dr$,

$$\text{I}^2 = \int_0^{+\infty} \int_0^{2\pi} e^{-\frac{r^2}{2}} r d\theta dr = 2\pi \int_0^{+\infty} r e^{-\frac{r^2}{2}} dr = [- 2\pi e^{-\frac{1}{2}r^2}]_0^{+\infty} = 2\pi.$$

La fonction F de répartition de X est définie par :

$$F(x) = P(X \leq x) = \frac{1}{\sigma\sqrt{2\pi}} \int_{-\infty}^{x} e^{-\frac{1}{2}(\frac{x-m}{\sigma})^2} \qquad \forall x \in \mathbb{R}$$

L'expression précédente nous sera toutefois de peu d'utilité, car pour faciliter les calculs (à la main) de probabilités, on utilisera la table statistique de la loi normale centrée réduite donnée en annexe qui permet d'obtenir aisément les probabilités associées à tout phénomène aléatoire normal.

X suit une loi normale de paramètres m et σ^2 : $X \to \mathcal{N}(m\,;\,\sigma^2)$

Valeurs caractéristiques de X :

$$\text{E(X)} = m \qquad \text{et} \qquad \text{V(X)} = \sigma^2$$

Loi normale Centrée - réduite

Une simple transformation permet de ramener toute distribution normale, quelle que soit la valeur de sa moyenne m ou de son écart-type σ, à une seule loi normale dite standard. Il s'agit alors d'effectuer un changement d'origine et un changement d'échelle.

Si X suit une loi normale de paramètres m et σ^2 alors la variable aléatoire réelle $U = \frac{X-m}{\sigma}$ est est distribuée selon une loi normale centrée-réduite ou standardisée de fonction densité de probabilité ϕ définie par :

$$\phi(u) = \frac{1}{\sqrt{2\pi}} e^{-\frac{1}{2}u^2} \qquad \forall u \in \mathbb{R}$$

U suit une loi normale de paramètres $m_U = 0$ et $\sigma_U^2 = 1$: $U \to \mathcal{N}(0\,;\,1)$
La fonction Φ de répartition de U est définie par :

$$\Phi(u) = P(U \leq u) = \frac{1}{\sqrt{2\pi}} \int_{-\infty}^{u} e^{-\frac{1}{2}u^2} \qquad \forall u \in \mathbb{R}$$

Valeurs caractéristiques de U :

$$\mathrm{E(U)} = 0 \qquad \text{et} \qquad \mathrm{V(U)} = 1$$

En effet, $E(U) = E(\frac{X-m}{\sigma}) = \frac{1}{\sigma}(E(X) - m) = 0$

$V(U) = V(\frac{X-m}{\sigma}) = \frac{1}{\sigma^2}V(X) = 1$

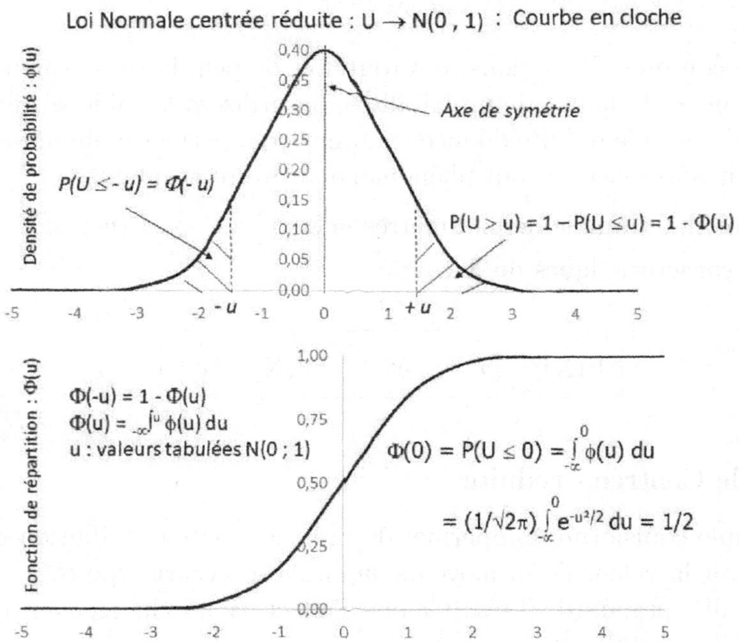

Remarque : ce dernier résultat est essentiel car il permet de ramener les calculs d'intégrales de $X \to \mathcal{N}(m\,;\,\sigma^2)$ à ceux de la centrée et réduite $U \to \mathcal{N}(0\,;\,1)$ dont les valeurs sont tabulées dans la seule et unique table dite de la loi normale donnée en annexe.

Propriétés caractéristiques de U

— La fonction densité de probabilité ϕ de U est une courbe en cloche parfaitement symétrique.

— La courbe représentative de ϕ admet l'axe des ordonnées pour axe de symétrie et admet deux points d'inflexion d'abscisses -1 et $+1$.

— $\int_{-\infty}^{+\infty} \phi(u)\, du = 1$.

— La fonction de répartition Φ de U : $\Phi(u) = P(U \leq u) = \int_{-\infty}^{x} \phi(x)dx$ valeurs tabulées de $U \to N(0,1)$.

— La relation $\Phi(-u) = 1 - \Phi(u)$ ou $P(U \leq -u) = 1 - P(U \leq u)$ permet de déterminer les fractiles négatifs de $U \to \mathcal{N}(0\,;\,1)$.

— $\forall u \in \mathbb{R}\quad P(U \leq u) = P(U \geq -u)$ et $P(U \leq 0) = P(U \geq 0) = \frac{1}{2}$.

— $\forall u \in \mathbb{R}^+\ P(|U| \leq u) = 2\Phi(u) - 1$ et $P(|U| > u) = 2(1 - \Phi(u))$.

Autres propriétés

1. Intégrale de Gauss : $U \to \mathcal{N}(0,1)$

   $\forall u \in \mathbb{R} \qquad \int_{-\infty}^{+\infty} \phi(u)du = \frac{1}{\sqrt{2\pi}} \int_{-\infty}^{+\infty} e^{-\frac{1}{2}u^2} du = 1$

   $$\Rightarrow \boxed{\int_{-\infty}^{+\infty} e^{-\frac{1}{2}u^2} du = \sqrt{2\pi}} \quad \Rightarrow \quad \boxed{\int_{0}^{+\infty} e^{-\frac{1}{2}u^2} du = \frac{\sqrt{2\pi}}{2}} \text{ (parité)}$$

   En posant $t = \frac{u}{\sqrt{2}}$ $dt = \frac{du}{\sqrt{2}}$ $t^2 = \frac{u^2}{2}$

   $$\Rightarrow \boxed{\int_{-\infty}^{+\infty} e^{-t^2} dt = \sqrt{\pi}} \quad \Rightarrow \quad \boxed{\int_{0}^{+\infty} e^{-t^2} dt = \frac{1}{2}\sqrt{\pi}} \text{ (parité)}$$

2. Intégrale : $U \to N(0,1)$; $E(U) = 0$; $V(U) = E(U^2) - E(U)^2 = E(U^2) = 1$

   $\forall u \in \mathbb{R} \qquad V(U) = \int_{-\infty}^{+\infty} u^2 \phi(u)du = \frac{1}{\sqrt{2\pi}} \int_{-\infty}^{+\infty} u^2 e^{-\frac{1}{2}u^2} du = 1$

   $$\Rightarrow \boxed{\int_{-\infty}^{+\infty} u^2 e^{-\frac{1}{2}u^2} du = \sqrt{2\pi}}$$

3. La somme ou la différence de 2 lois normales **indépendantes** suit une loi normale :

   $$\left.\begin{array}{l} X_1 \to \mathcal{N}(m_1\,,\,\sigma_1^2) \\ X_2 \to \mathcal{N}(m_2\,,\,\sigma_2^2) \\ X_1 \text{ et } X_2 \text{ indépendantes} \end{array}\right\} \Rightarrow \begin{array}{l} X_1 + X_2 \to \mathcal{N}(m_1 + m_2, (\sqrt{\sigma_1^2 + \sigma_2^2})^2) \\ X_1 - X_2 \to \mathcal{N}(m_1 - m_2, (\sqrt{\sigma_1^2 + \sigma_2^2})^2) \end{array}$$

Exemple d'application 1 - Lecture de la table N(0 , 1)

Soit X une variable aléatoire réelle qui suit une loi normale :

$X \rightarrow \mathscr{N}(m = 5\,,\, \sigma^2 = 4^2).$

1. Calcul des probabilités :

$$P(X \leq 10) = P(U = \tfrac{X-m}{\sigma} \leq \tfrac{10-5}{4}) = P(U \leq \tfrac{5}{4}) = \Phi(\tfrac{5}{4})$$
$$= \Phi(1.25) = 89.44\% \quad \text{cf. table N(0,1), } \Phi(1.25) = 0.8944$$

$$P(X < 2) = P[U = \tfrac{25}{4}] = P(U \leq -\tfrac{3}{4}) = P(U \leq -0.75) = \Phi(-0.75)$$
$$= 1 - \Phi(0.75) = 22.66\% \quad \text{cf. table N(0,1), } \Phi(0.75) = 0.7734$$

$$P(2 < X \leq 10) = P(\tfrac{25}{4} \leq U \leq \tfrac{105}{4}) = P(-0.75 \leq U \leq 1.25)$$
$$= \Phi(1.25) - \Phi(-0.75) = \Phi(1.25) - (1 - \Phi(0.75))$$
$$= \Phi(1.25) + \Phi(0.75) - 1 = 0.8944 + 0.2266 - 1 = 12.10\%$$

2. Détermination des fractiles :

On cherche x tel que :

$$F(x) = P(X \leq x) = 0.77 = P(U = \tfrac{X-m}{\sigma} \leq \tfrac{x-5}{4}) = \Phi(u = \tfrac{x-5}{4}) = 0.77$$
$$\Rightarrow u = \tfrac{x5}{4} = 0.735 \ \text{ cf. table N(0,1)} \ \Rightarrow x = 7.94$$

On cherche x tel que :

$$F(x) = P(X \leq x) = 0.39 = P(U = \tfrac{X-m}{\sigma} \leq \tfrac{x-5}{4}) = \Phi(u = \tfrac{x-5}{4}) = 0.39$$
$$\Rightarrow \Phi(-u = -\tfrac{x-5}{4}) = 0.61 \quad \text{sachant que} \quad \Phi(u) = 1 - \Phi(-u)$$
$$\Rightarrow -\tfrac{x-5}{4} = 0.275 \ \text{ cf. table N(0,1)} \ \Rightarrow x = 5 - 4 \times 0.275 = 3.9$$

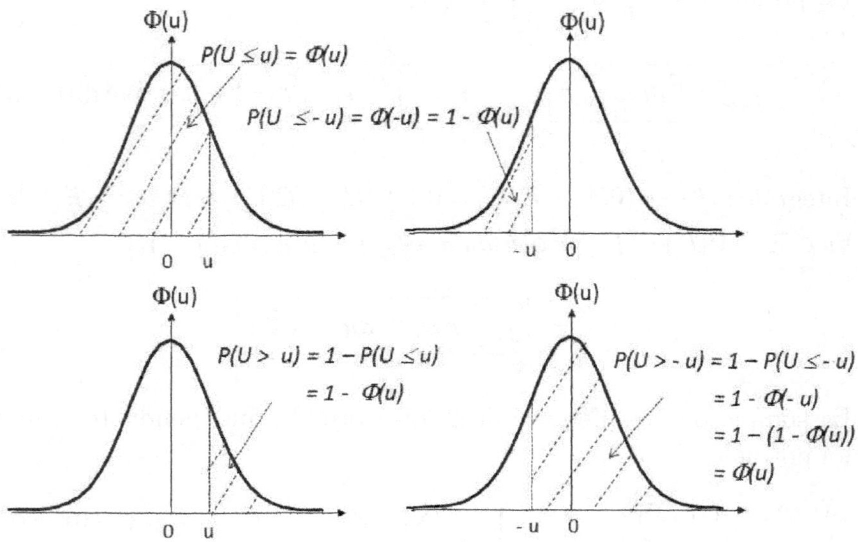

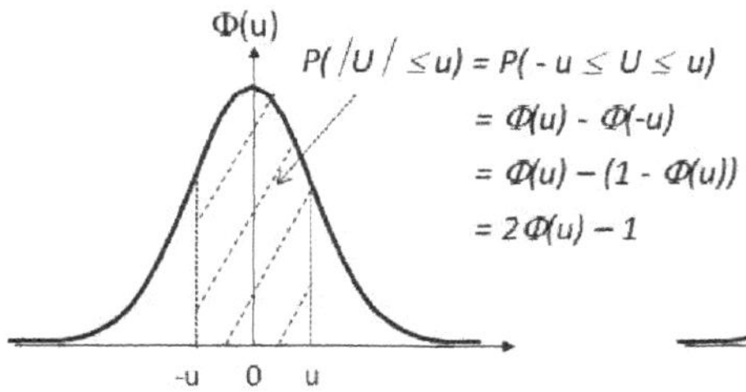

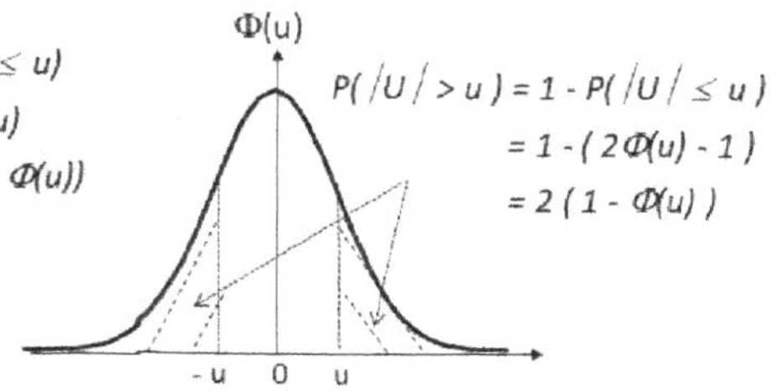

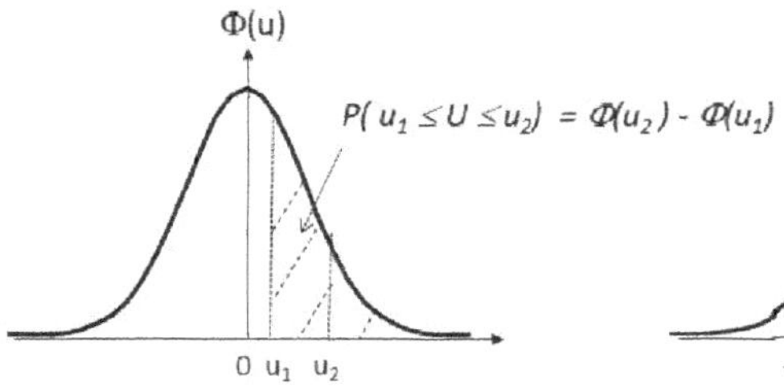

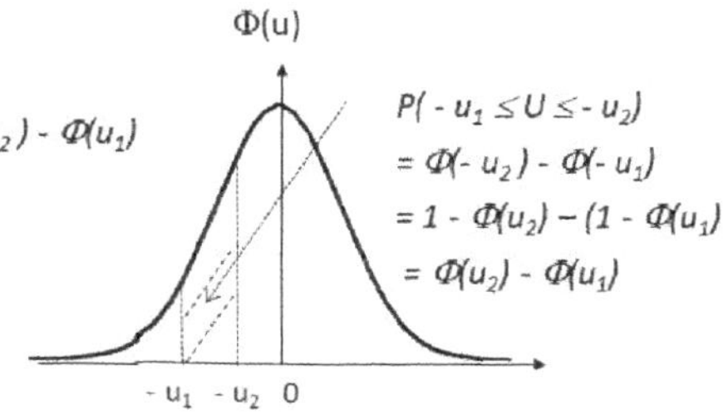

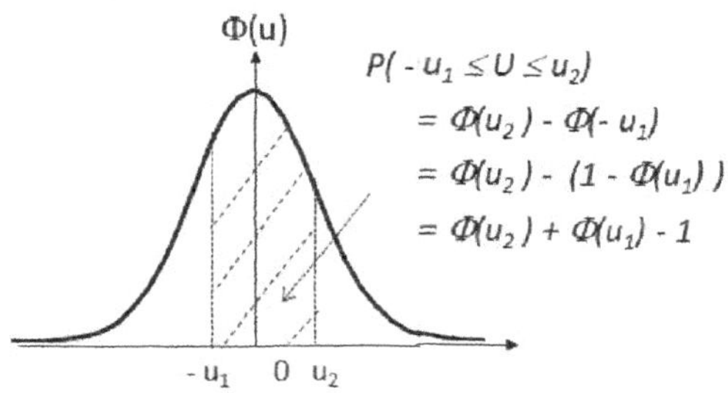

Exemple d'application 2 - Fractiles caractéristiques de U

$X \to \mathscr{N}(m\,,\,\sigma^2)$. Déterminer la probabilité des intervalles suivants :
$[m-1\sigma\,;\,m+1\sigma]$; $[m-1.96\sigma\,;\,m+1.96\sigma]$; $[m-2.58\sigma\,;\,m+2.58\sigma]$

$$\begin{aligned} \text{- } P(m-1\sigma \leq X \leq m+1\sigma) &= P(-1\sigma \leq X-m \leq 1\sigma) \\ &= P(-1 \leq U = \tfrac{X-m}{\sigma} \leq 1) = \Phi(1)-\Phi(-1) \\ &= 2\Phi(1)-1 = 2\times 0.8413-1 = 0.6826 = 68.26\%. \end{aligned}$$

$$\begin{aligned} \text{- } P(m-1.96\sigma \leq X \leq m+1.96\sigma) &= P(-1.96\sigma \leq X-m \leq 1.96\sigma) \\ &= P(-1.96 \leq U = \tfrac{X-m}{\sigma} \leq 1.96) \\ &= \Phi(1.96)-\Phi(-1.96) = 2\Phi(1.96)-1 \\ &= 2\times 0.9750-1 = 0.95 = 95\%. \end{aligned}$$

$$\begin{aligned} \text{- P(m - 2.58 } \sigma \leq X \leq m+2.58\sigma) &= P(-2.58\sigma \leq X-m \leq 2.58\sigma) \\ &= P(-2.58 \leq U = \tfrac{X-m}{\sigma} \leq 2.58) \\ &= \Phi(2.58)-\Phi(-2.58) = 2\Phi(2.58)-1 \\ &= 2\times 0.9951-1 = 0.99 = 99\%. \end{aligned}$$

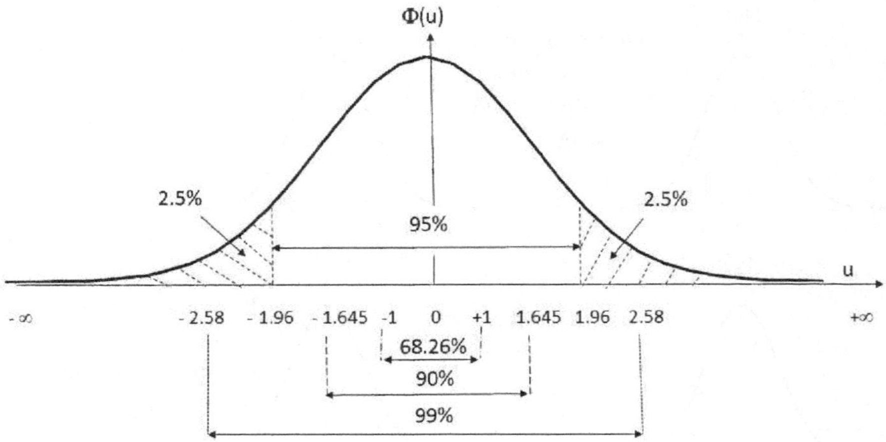

Exemple d'application 3 - Fractiles caractéristiques de U

Le service comptable d'une compagnie d'assurances a évalué le montant de la cotisation annuelle d'un contrat d'assurance complémentaire proposé depuis plusieurs années, et en a établi que cette cotisation est normalement distribuée avec une moyenne m = 500 € et un écart-type = 50 €.

On notera X la variable aléatoire réelle associée au montant de la cotisation annuelle des assurés.

1. Déterminer puis interpréter la valeur du coefficient de variation du montant de la cotisation annuelle des assurés ?

   $X \rightarrow \mathcal{N}(m = 500\,,\, \sigma^2 = 50^2)$.

   $CV_X = \mid \frac{\sigma(X)}{E(X)} \mid = \frac{50}{500} = 10\%$ la distribution de la cotisation annuelle des assurés est homogène.

2. Quelle est la probabilité qu'un contrat d'assurance, choisi au hasard, ait une cotisation annuelle inférieure à 440 € ?

   $$P(X < 440) = P(U = \frac{X-m}{\sigma} < \frac{440-500}{50}) = P(U \leq -\frac{6}{5})$$
   $$= \Phi(-1.2) = 1 - \Phi(1.2) = 1 - 0.8849 = 11.51\%$$
   cf table N(0,1), $\Phi(1.2) = 0.8849$

3. Quelle est la probabilité qu'un contrat d'assurance, choisi au hasard, ait une cotisation annuelle supérieure à 560 € ?

   $$P(X > 560) = 1 - P(U = \frac{X-m}{\sigma} < \frac{560-500}{50}) = 1 - P(U \leq \frac{6}{5})$$
   $$= \Phi(1.2) = 1 - 0.8849 = 11.51\%$$ cf table N(0,1).

4. Entre quelles valeurs autour de la moyenne se situe la cotisation des 95% des assurés ?

   Elle se situe entre $[m - 1.96\sigma\ ;\ m + 1.96\sigma]$, c'est-à-dire : [402 € ; 598 €]

   $$P(402 < X < 598) = P[\tfrac{402-500}{50} < U < \tfrac{598-500}{50}] = P[-1.96 < U < 1.96]$$
   $$= \Phi(1.96) - \Phi(-1.96) = 2\Phi(1.96) - 1 = 95\%$$
   cf. table N(0,1), $\Phi(1.96) = 0.9750$

5. Sur les 3600 assurés de cette compagnie, combien auront une cotisation annuelle comprise entre 440 € et 560 € ?

   $$P(440 < X < 560) = P[\tfrac{440-500}{50} < U < \tfrac{560-500}{50}] = P(-1.20 < U < 1.20)$$
   $$= \Phi(1.20) - \Phi(-1.20) = 2\Phi(1.20) - 1 = 2 \times 0.8849 - 1$$
   $$= 76.98\%$$ cf. table N(0,1), $\Phi(1.20) = 0.8849$

   Sur les 3600 assurés compagnie d'assurances :

   $3600 \times 0.7698 = 2771.28 \approx 2772$ assurés.

6. 25% des contrats de cette compagnie, ont une cotisation annuelle inférieure ou égale à quelle valeur ?

   On cherche x_1 tel que :

   $$F(x_1) = P(X < x_1) = 0.25 = P(U = \tfrac{X-m}{\sigma} \leq \tfrac{x_1-500}{50}) = \Phi(u = \tfrac{x_1-500}{50})$$
   $$\Rightarrow \Phi(-u = -\tfrac{x_1-500}{50}) = 0.75 \Rightarrow -u = -\tfrac{x_1-500}{50} = 0.6745$$
   $$\Rightarrow x_1 = 500 - 50 \times 0.6745 = 466.28 \text{ €}.$$
   cf. table N(0,1), $\Phi(0.6745) = 0.75$

7. Les 10% des contrats ayant des cotisations les plus élevées, ont une cotisation supérieure à quelle valeur ?

   On cherche x_2 tel que :

   $$P(X > x_2) = 0.10 \Rightarrow P(X \leq x_2) = 0.90 = P(U = \tfrac{X-m}{\sigma} \leq \tfrac{x_2-500}{50})$$
   $$= \Phi(u = \tfrac{x_2-500}{50}) = 0.90 \Rightarrow u = \tfrac{x_2-500}{50} = 1.2816$$
   $$\Rightarrow x_2 = 500 + 50 \times 1.2816 = 564.08 \text{ €}.$$
   cf. table N(0,1), $\Phi(1.2816) = 0.90$

8. En supposant que l'écart-type reste inchangé, à quel montant moyen doit être fixée la cotisation de sorte que seulement 5% des assurés auront une cotisation annuelle supérieure à 564.08 € ?

   On cherche m^* tel que :

   $$P(X > 564.08) = 0.05 \Rightarrow P(U \leq u = \tfrac{564.08-m^*}{50}) = 0.95$$
   $$\Rightarrow u = \tfrac{564.08-m^*}{50} = 1.645 \Rightarrow m^* = 564.08 - 50 \times 1.645 = 481.83 \text{ €}.$$
   cf. table N(0,1), $\Phi(1.645) = 0.95$

11.3.4. Loi Log-normale

Une variable aléatoire réelle notée Y suit une loi Log-normale de paramètres m_x et σ_x^2 si la variable aléatoire réelle de son logarithme notée $LnY = X$ suit une loi normale de paramètres m_x et σ^2 et réciproquement.

Les applications pratiques associées à la loi log-normale sont Domaines d'application La loi log-normale est utilisée dans de nombreux domaines notamment en finance pour modéliser les cours des instruments financiers (actions, cours de change, taux d'intérêt, etc.)

Les fonctions g et G de densité de probabilité et de répartition de Y se déduisent des fonctions f et F de densité et de répartition de X qui suit une la loi normale, elles sont définies par :

$$G(y) = P(Y \leq y) = P(X \leq lny) = \begin{cases} 0 & si\ y \leq 0 \\ F(lny) & si\ y > 0 \end{cases}$$

Les expressions des fonctions G et g de la loi de Y sont définies par :

$$\mathbf{G(y) = P(Y} \leq y) = P(X \leq lny) = \begin{cases} 0 & si\ y \leq 0 \\ \frac{1}{\sigma_x\sqrt{2\pi}} \int_{-\infty}^{x} e^{-\frac{1}{2}(\frac{lny-m_x}{\sigma_x})^2} & si\ y > 0. \end{cases}$$

$$\mathbf{g(y)} = \begin{cases} 0 & si\ y \leq 0 \\ \frac{1}{y}f(lny) = \frac{1}{y\sigma_x\sqrt{2\pi}} e^{-\frac{1}{2}(\frac{(lny-m_x)}{\sigma_x})^2} & si\ y > 0. \end{cases}$$

Y suit une loi Log-normale de paramètres m_x et σ_x^2 : $Y \rightarrow \mathscr{LN}(m_x, \sigma_x^2)$.

Une particularité de la loi log-normale de Y est qu'elle n'est pas définie de façon univoque par ses moments $m_y = E(Y)$ et $\sigma_y^2 = V(Y)$, mais par ceux de la loi normale de $X = lnY$, m_x et σ_x^2.

Sachant que : $X \rightarrow \mathscr{N}(m_x\,,\,\sigma_x^2)$; $f(x) = \frac{1}{\sigma_x\sqrt{2\pi}} e^{-\frac{1}{2}(\frac{x-m_x}{\sigma_x})^2}$ $\forall x \in \mathbb{R}$

$\forall x \in \mathbb{R}$ $f(x) \geq 0$ et $\int_{-\infty}^{+\infty} f(x)dx = 1$.

On vérifie que :

$$\int_{-\infty}^{+\infty} g(y)dy = \int_{0}^{+\infty} g(y)dy = \frac{1}{\sigma_x\sqrt{2\pi}} \int_{0}^{+\infty} \frac{1}{y} e^{-\frac{1}{2}(\frac{lny-m_x}{\sigma_x})^2} dy$$

En effet, avec le changement de variable :

$$x = lny \Rightarrow \frac{dx}{dy} = \frac{1}{y} \Rightarrow dy = ydx \text{ avec } y = e^x$$

$$\int_{-\infty}^{+\infty} g(y)dy = \int_{0}^{+\infty} g(y)dy = \frac{1}{\sigma_x\sqrt{2\pi}} \int_{-\infty}^{+\infty} e^{-\frac{1}{2}(\frac{x-m_x}{\sigma_x})^2} dx = \int_{-\infty}^{+\infty} f(x)dx = 1.$$

Valeurs caractéristiques de Y :

— Si $Ln(Y) = X \to N(m_x\,,\,\sigma_x^2)$:

$$\boxed{\mathrm{E(Y)} = m_y = e^{m_x+\frac{\sigma_x^2}{2}} \quad \text{et} \quad \mathrm{V(Y)} = \sigma_y^2 = (e^{\sigma_x^2}-1)\,e^{2m_x+\sigma_x^2}}$$

— Si $Ln(Y) = U \to N(0\,,\,1)$:

$$\boxed{\mathrm{E(Y)} = m_y = e^{\frac{1}{2}} \quad \text{et} \quad \mathrm{V(Y)} = \sigma_y^2 = e^2 - e^1}$$

En effet,

$$E(Y) = \int_{-\infty}^{+\infty} y g(y)dy = \int_0^{+\infty} y g(y)dy = \frac{1}{\sigma_x\sqrt{2\pi}}\int_0^{+\infty}\frac{1}{y}ye^{-\frac{1}{2}(\frac{lny-m_x}{\sigma_x})^2}\,dy$$
$$= \frac{1}{\sigma_x\sqrt{2\pi}}\int_0^{+\infty} e^{-\frac{1}{2}(\frac{lny-m_x}{\sigma_x})^2}\,dy$$

Changement de variable : $x = lny \Rightarrow \frac{dx}{dy} = \frac{1}{y} \Rightarrow dy = ydx$ avec $y = e^x$

$$\Rightarrow E(Y) = \frac{1}{\sigma_x\sqrt{2\pi}}\int_{-\infty}^{+\infty} e^{-\frac{1}{2}(\frac{x-m_x}{\sigma_x})^2}\,e^x\,dx = \frac{1}{\sigma_x\sqrt{2\pi}}\int_{-\infty}^{+\infty} e^{-\frac{1}{2}(\frac{x-m_x}{\sigma_x})^2+x}\,dx$$

Ecriture de l'expression :

$$-\frac{1}{2}(\frac{x-m_x}{\sigma_x})^2 + x = -\frac{1}{2\sigma_x^2}[(x-(m_x+\sigma_x^2))^2 - [(m_x+\sigma_x^2)^2 - m_x^2]]$$
$$= -\frac{1}{2}(\frac{x-(m_x+\sigma_x^2)}{\sigma_x})^2 + (m_x + \frac{\sigma_x^2}{2})$$

$$\Rightarrow E(Y) = \frac{1}{\sigma_x\sqrt{2\pi}}\int_{-\infty}^{+\infty} e^{-\frac{1}{2}(\frac{x-m_x}{\sigma_x})^2+x}\,dx$$
$$\Rightarrow E(Y) = \frac{1}{\sigma_x\sqrt{2\pi}}\int_{-\infty}^{+\infty} e^{-\frac{1}{2}(\frac{x-(m_x+\sigma_x^2)}{\sigma_x})^2+(m_x+\frac{\sigma_x^2}{2})}\,dx$$
$$= e^{m_x+\frac{\sigma_x^2}{2}}\,\frac{1}{\sigma_x\sqrt{2\pi}}\int_{-\infty}^{+\infty} e^{-\frac{1}{2}(\frac{x-(m_x+\sigma_x^2)}{\sigma_x})^2}\,dx = e^{m_x+\frac{\sigma_x^2}{2}}$$

vu que, $\frac{1}{\sigma_x\sqrt{2\pi}}\int_{-\infty}^{+\infty} e^{-\frac{1}{2}(\frac{x-(m_x+\sigma_x^2)}{\sigma_x})^2}\,dx = 1$ car $\forall x \in \mathbb{R}$, $\frac{1}{\sigma_x\sqrt{2\pi}}e^{-\frac{1}{2}(\frac{x-(m_x+\sigma_x^2)}{\sigma_x})^2}$ est l'expression de la fonction densité de probabilité d'une loi normale de moyenne $m_x + \sigma_x^2$ et de variance σ_x^2.

De même,

$V(Y) = E(Y^2) - E(Y)^2 = E(Y^2) - (e^{m_x+\frac{\sigma_x^2}{2}})^2$. Il reste à calculer $E(Y^2)$:

$$E(Y^2) = \int_{-\infty}^{+\infty} y^2 g(y)dy = \int_0^{+\infty} y^2 g(y)dy = \frac{1}{\sigma_x\sqrt{2\pi}}\int_0^{+\infty}\frac{1}{y}y^2e^{-\frac{1}{2}(\frac{lny-m_x}{\sigma_x})^2}\,dy$$
$$= \frac{1}{\sigma_x\sqrt{2\pi}}\int_{-\infty}^{+\infty} e^x e^{-\frac{1}{2}(\frac{lny-m_x}{\sigma_x})^2}\,e^x\,dx = \frac{1}{\sigma_x\sqrt{2\pi}}\int_{-\infty}^{+\infty} e^{-\frac{1}{2}(\frac{x-m_x}{\sigma_x})^2+2x}\,du$$
$$= e^{2(m_x+\sigma_x^2)}\,\frac{1}{\sigma_x\sqrt{2\pi}}\int_{-\infty}^{+\infty} e^{-\frac{1}{2}(\frac{x-(m_x+2\sigma_x^2)}{\sigma_x})^2}\,du = e^{2(m_x+\sigma_x^2)}.$$

vu que, $\frac{1}{\sigma_x\sqrt{2\pi}}\int_{-\infty}^{+\infty} e^{-\frac{1}{2}(\frac{x-(m_x+2\sigma_x^2)}{\sigma_x})^2}\,dx = 1$ car $\forall x \in \mathbb{R}$, $\frac{1}{\sigma_x\sqrt{2\pi}}e^{-\frac{1}{2}(\frac{x-(m_x+2\sigma_x^2)}{\sigma_x})^2}$ est l'expression de la fonction densité de probabilité d'une loi normale de moyenne $m_x + 2\sigma_x^2$ et de variance σ_x^2.

On a repris le même changement de variable que précédemment :

$x = lny \Rightarrow \frac{dx}{dy} = \frac{1}{y} \Rightarrow dy = ydx$ avec $y = e^x$

et développé une nouvelle expression :

$$-\frac{1}{2\sigma_x^2}(x-m_x)^2 + 2x = -\frac{1}{2\sigma_x^2}[(x-(m_x+2\sigma_x^2))^2 - (m_x+2\sigma_x^2)^2 + m_x^2]$$
$$= e^{-\frac{1}{2}(\frac{x-(m_x+2\sigma_x^2)}{\sigma_x})^2} e^{2(m_x+\sigma_x^2)}$$

On en déduit l'expression de la variance :

$$V(Y) = E(Y^2) - E(Y)^2 = e^{2(m_x+\sigma_x^2)} - (e^{m_x+\frac{\sigma_x^2}{2}})^2 = e^{2m_x+\sigma_x^2}(e^{\sigma_x^2} - 1).$$

Relations entre les caractéristiques des deux lois :

Pour les calculs de probabilités de la loi log-normale, il faut connaître les paramètres m_x et σ_x^2 de la loi normale associée. On peut facilement les retrouver connaissant les relations des caractéristiques m_y et σ_y^2 de la loi log-normale :

$$\boxed{m_x = ln(m_y) - \frac{1}{2}ln(1+\frac{\sigma_y^2}{m_y^2}) \qquad \text{et} \qquad \sigma_x^2 = ln(1+\frac{\sigma_y^2}{m_y^2})}$$

Exemple d'application 1

Lors de l'assemblée générale des actionnaires d'une société cotée en Bourse de Paris, le responsable financier a précisé que le cours de l'action suit une loi log-normale avec un cours moyen de 54.87 € et une volatilité de 5.5 €.

1. Déterminer les caractéristiques de la loi normale suivie par le logarithme du cours du titre de cette société

   Soit Y la variable aléatoire réelle associée au cours du titre de la société. $Y \rightarrow \mathscr{LN}(m_x\ ,\ \sigma_x^2)$ de paramètres la moyenne m_x et la variance σ_x^2 du logarithme du cours du titre qui suit une loi normale $X = lnY \rightarrow \mathscr{N}(m_x\ ,\ \sigma_x^2)$.

$$\left\{\begin{array}{l} E(Y) = m_y = e^{m_x+\frac{\sigma_x^2}{2}} = 54.87 \\ V(Y) = \sigma_y^2 = e^{2(m_x+\sigma_x^2)} = 5.5^2 \end{array}\right. \Leftrightarrow \left\{\begin{array}{l} m_x = ln(m_y) - \frac{1}{2}ln(1+\frac{\sigma_y^2}{m_y^2}) \\ \sigma_x^2 = ln(1+\frac{\sigma_y^2}{m_y^2}) \end{array}\right.$$

$$\Rightarrow \left\{\begin{array}{l} m_x = 4 \\ \sigma_x^2 = 0.01^2 \end{array}\right.$$

2. Calcul des probabilités :
   - Probabilité que le cours de l'action de cette société soit supérieure à 60 € :

$$\begin{aligned} P(Y > 60) &= 1 - P(Y \leq 60) = 1 - F(ln(60)) = 1 - P(X \leq ln(60)) \\ &= 1 - P(U \leq \tfrac{ln(60)-4}{0.01}) = 1 - \Phi(0.9434) \\ &= 1 - 0.8273 = 17.27\% \ \text{ cf. table N(0,1).} \end{aligned}$$

   - Probabilité que le cours de l'action soit compris entre 50 et 60 € :

$$\begin{aligned} P(50 \leq Y \leq 60) &= F(ln(60)) - F(ln(50)) = P(ln(50) \leq X \leq ln(60)) \\ &= P(\tfrac{ln(50)-4}{0.01} \leq X \leq \tfrac{ln(60)-4}{0.01}) = \Phi(0.9434) - \Phi(-0.8798) \\ &= \Phi(0.9434) - (1 - \Phi(0.8798)) = 0.8273 + 0.8105 - 1 = 63.78\% \\ &\quad \text{cf. table N(0,1), } \Phi(0.9434) = 82.73\%\$et \ \ \Phi(0.8798) = 81.05\%. \end{aligned}$$

3. Déterminer la valeur médiane du cours de l'action :
   On cherche y^* la valeur du titre telle que : $P(Y \leq y^*) = 50\%$

$$\begin{aligned} P(Y \leq y^*) &= P(X \leq ln(y^*)) = P(U \leq \tfrac{ln(y*)-4}{0.01}) = \Phi(u = \tfrac{ln(y*)-4}{0.01}) = 0.5 \\ &\Rightarrow \ u = \tfrac{ln(y*)-4}{0.01} = 0 \ \Rightarrow \ y^* = e^4 = e^{m_x} = 54.598 \text{ €} \end{aligned}$$

Exemple d'application 2

Un investisseur gère un portefeuille de titres financiers dont le revenu annuel est supposé suivre une loi log-normale de paramètres $\mu = 0$ et $\sigma = 1$.

1. Quelle est la probabilité que le revenu du portefeuille dépasse 20% ?
   Soit Y la variable aléatoire réelle associée au revenu du portefeuille :
   $Y \to \mathscr{L}\mathscr{N}(\mu = 0 \text{ et } \sigma^2 = 1^2) \Rightarrow U = lnY \to \mathscr{N}(m_x = 0\,,\ \sigma_x^2 = 1^2).$

$$\begin{aligned} P(Y > 0.20) &= 1 - P(Y \leq 0.20) = 1 - P(U \leq ln(0.20)) = 1 - \Phi(-1.6094) \\ &= \Phi(1.6094) = 94.62\% \end{aligned}$$

2. Quelle est la probabilité que le revenu du portefeuille soit compris entre 12% et 20% ?

$$\begin{aligned} P(0.12 < Y < 0.20) &= P(ln(0.12) < U < ln(0.20)) \\ &= \Phi(-1.6094) - \Phi(-2.1203) \\ &= \Phi(2.1203) - \Phi(1.6094) = 3.68\%` \\ &\text{cf. table N(0,1)} : \Phi(2.1203) = 98.30\% \text{ et } \Phi(1.6094) = 94.62\% \end{aligned}$$

3. L'investisseur achète un bon du Trésor ou titre d'emprunt émis par l'État et remboursable à échéance d'une année à 15.5%. Quelle est la probabilité que le revenu du portefeuille soit inférieure ou égale à 15.5% ?

$$P(Y \leq 0.155) = P(U \leq ln(0.155) = \Phi(-1.8643)$$
$$= 1 - \Phi(1.8643) = 3.11\%$$

4. Etablir la fonction densité de probabilité du revenu annuel du portefeuille de titres.

$$Y \to \mathscr{LN}(0\,,\,1) \Rightarrow Ln(Y) = U \to \mathscr{N}(0\,,\,1)$$

On note g et ϕ les fonctions densité de probabilité de Y et U :

$$\mathrm{g(y)} = \begin{cases} 0 & si\, y \leq 0 \\ \frac{1}{y}\phi(lny) = \frac{1}{y\sqrt{2\pi}}e^{-\frac{1}{2}(lny)^2} & si\, y > 0. \end{cases}$$

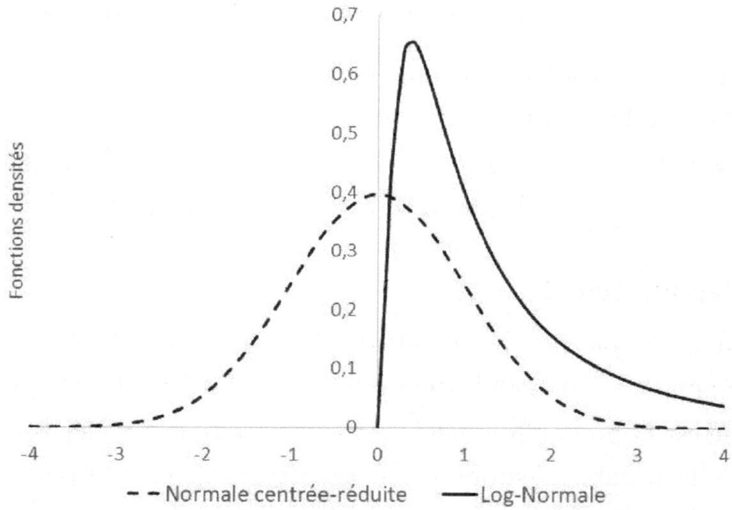

5. Quelle est la rentabilité annuel du portefeuille de titres ?

Espérance mathématique de Y :

$$E(Y) = \int_{-\infty}^{+\infty} yg(y)dy = \int_{0}^{+\infty} yg(y)dy = \frac{1}{\sqrt{2\pi}}\int_{0}^{+\infty} \frac{1}{y}ye^{-\frac{1}{2}(lny)^2}\, dy$$
$$= \frac{1}{\sqrt{2\pi}}\int_{0}^{+\infty} e^{-\frac{1}{2}(lny)^2}\, dy$$

Changement de variable : $u = lny \Rightarrow \frac{du}{dy} = \frac{1}{y} \Rightarrow dy = ydu$ avec $y = e^u$

$$\Rightarrow E(Y) = \frac{1}{\sqrt{2\pi}}\int_{-\infty}^{+\infty} e^{-\frac{1}{2}u^2}\, e^u\, du = \frac{1}{\sqrt{2\pi}}\int_{-\infty}^{+\infty} e^{-\frac{1}{2}u^2+u} du$$
$$= \frac{1}{\sqrt{2\pi}}\int_{-\infty}^{+\infty} e^{-\frac{1}{2}(u-1)^2+\frac{1}{2}}\, du = \frac{e^{\frac{1}{2}}}{\sqrt{2\pi}}\int_{-\infty}^{+\infty} e^{-\frac{1}{2}(u-1)^2}\, du = e^{\frac{1}{2}} = 1.6487$$

vu que, $\frac{1}{\sqrt{2\pi}}\int_{-\infty}^{+\infty} e^{-\frac{1}{2}(u-1)^2}\, du = 1$, intégrale d'une fonction densité de probabilité d'une variable aléatoire réelle normalement distribuée de moyenne égale à 1 et de variance égale à 1.

6. Quelle est la volatilité du revenu annuel du portefeuille de titres ?

   Variance mathématique de Y : $V(Y) = E(Y^2) - E(Y)^2$

   $$E(Y^2) = \int_{-\infty}^{+\infty} y^2 g(y)dy = \int_0^{+\infty} y^2 g(y)dy = \frac{1}{\sqrt{2\pi}} \int_0^{+\infty} \frac{1}{y} y^2 e^{-\frac{1}{2}(lny)^2}\, dy$$
   $$E(Y^2) = \frac{1}{\sqrt{2\pi}} \int_0^{+\infty} y e^{-\frac{1}{2}(lny)^2}\, dy$$

   Changement de variable : $u = lny \Rightarrow \frac{du}{dy} = \frac{1}{y} \Rightarrow dy = ydu$ avec $y = e^u$

   $$\Rightarrow E(Y^2) = \frac{1}{\sqrt{2\pi}} \int_{-\infty}^{+\infty} e^{-\frac{1}{2}u^2} e^{2u}\, du = \frac{1}{\sqrt{2\pi}} \int_{-\infty}^{+\infty} e^{-\frac{1}{2}u^2+2u}\, du$$
   $$= \frac{1}{\sqrt{2\pi}} \int_{-\infty}^{+\infty} e^{-\frac{1}{2}(u-2)^2+2}\, du = e^2 \frac{1}{\sqrt{2\pi}} \int_{-\infty}^{+\infty} e^{-\frac{1}{2}(u-2)^2}\, du = e^2$$

   vu que, $\frac{1}{\sqrt{2\pi}} \int_{-\infty}^{+\infty} e^{-\frac{1}{2}(u-2)^2}\, du = 1$, intégrale d'une fonction densité de probabilité d'une variable aléatoire réelle normalement distribuée de moyenne égale à 2 et de variance égale à 1.

   $$V(Y) = E(Y^2) - E(Y)^2 = e^2 - (e^{\frac{1}{2}})^2 = e^2 - e^1 = 4.6708 = 2.1612^2$$

Chapitre 12. Approximations de lois de probabilité

12. Introduction

Identifier ou **reconnaître** la loi de probabilité courante suivie par une variable aléatoire donnée est essentiel, cela conditionne le choix de la loi ajustée à un phénomène donné.

Dans ce chapitre, sont traités les notions de **convergence** et d'**approximation** de lois de probabilité usuelles, éléments dont les applications pratiques sont nombreuses.

Ce chapitre repose sur le théorème fondamental des probabilités appellé **Théorème Central Limite**. Ce dernier, sapplique quelque soit la loi de probabilité suivie par les variables aléatoires (discrètes ou continues), pourvu que les n expériences répétées soient **indépendantes** et en très grand nombre (**n est grand**).

A l'aide de la notion de la **convergence en loi** et du Théorème Central Limite, il est possible de faire des approximations de certaines lois de probabilité par d'autres et notamment vers la **loi normale**.

Les éléments présentés permettent de préciser ce que signifie l'ajustement dune loi de probabilité par une autre (notion de convergence) et ainsi de justifier l'approximation d'une loi exacte (observée) par une loi approchée (théorique).

12.1. Approximation d'une loi discrète finie par une loi discrète finie : $\mathscr{H}(N,n,p) \approx \mathscr{B}(n,p)$

Comme nous l'avons mentionné précédemment, le facteur $\frac{N-n}{N-1}$ de la loi hypergéométrique est voisin de 1 lorsque la taille n de l'échantillon prélevé est petit par rapport à la taille N de la population, c'est-à-dire lorsque le taux de sondage $t = \frac{n}{N}$ est faible.

$$\frac{N-n}{N-1} = \frac{\frac{N-n}{N}}{\frac{N-1}{N}} = \frac{1-\frac{n}{N}}{1-\frac{1}{N}} = \frac{1-t}{1-\frac{1}{N}} \underset{N\to+\infty}{\longrightarrow} 1$$

Si $N >> n$, cela revient à considérer les **tirages dépendants** (sans remise Exhaustifs) de la loi hypergéométrique comme des **tirages indépendants** (avec remise Non exhaustifs) de la loi binomiale.

En pratique, la loi hypergéométrique (loi exacte) peut être approximée par une loi binomiale (loi approchée) sous la condition :

$\mathscr{H}(N,n,p) \approx \mathscr{B}(n,p)$
Condition d'approximation : $t = n/N < 10\%$

Plus le taux de sondage est petit, meilleure sera l'approximation, la population est 10 fois plus grande que léchantillon.

Exemple d'application - Contrôle de qualité

A la sortie d'une chaîne de fabrication, on prélève 10 pièces, une à une, sans remise, d'un lot de 200 pièces d'apparence identiques. On sait par ailleurs, que la proportion de pièces défectueuses dans ce lot est de l'ordre de 7.5%.

1. Reconnaître la loi exacte du nombre de pièces défectueuses parmi les 10 pièces de l'échantillon prélevé.

   On note X la variable aléatoire réelle associée au nombre de pièces défectueuses dans l'échantillon : $X \to \mathscr{H}(N=200\ ,\ n=10\ ,\ p=0.075)$. $p=\frac{a}{N} \Rightarrow a=p\times N=15$ pièces défectueuses et $b=N-a=185$ pièces non défectueuses. Distribution de probabilité exacte :
   $$P(X=k)=\frac{C_{10}^{k}C_{185}^{10-k}}{C_{200}^{10}} \quad k=0,1,\cdots,n=10$$

2. Quelle la probabilité davoir exactement 2 pièces défectueuses ? Plus de 3 et au plus 5 pièces défectueuses dans l'échantillon prélevé ?

   $$P(X=2)=\frac{C_{10}^{k}C_{185}^{10-k}}{C_{200}^{10}}=\frac{C_{10}^{2}C_{185}^{8}}{C_{200}^{10}}=0.1365=\mathbf{13.65\%}$$

   $$P(3<X\leq 5)=P(X=4)+P(X=5)=\frac{C_{10}^{4}C_{185}^{6}}{C_{200}^{10}}+\frac{C_{10}^{5}C_{185}^{5}}{C_{200}^{10}}$$
   $$=0.003347=\mathbf{0.3347\%}$$

3. Calculer le taux de sondage. Par quelle loi discrète peut-on approcher la loi de X ? En déduire les valeurs approchées des probabilités précédentes.

   Taux de sondage : $t=\frac{n}{N}=\frac{10}{200}=5\%$ ($<10\%$), dans ce cas, la condition d'approximation est respectée :

   $$X \to \mathscr{H}(N=200\ ,\ n=10\ ,\ p=7.5\%) \approx \mathscr{B}(n=10\ ,\ p=7.5\%)$$

   Distribution de probabilité approchée : $X \to \mathscr{B}(n=10\ ;\ p=0.075)$
   $$P(X=k)=C_{n=10}^{k}\,0.075^{k}\,0.925^{10-k} \quad k=0,1,\cdots,n=10$$

Les valeurs approchées des probabilités :

$P(X=2)=C_{10}^{2}0.075^{2}0.825^{8}=0.13666=\mathbf{13.66\%}$

$$\begin{aligned} P(3<X\leq 5) &= P(X=4)+P(X=5)\\ &= C_{10}^{4}0.075^{4}0.825^{6}+C_{10}^{5}0.075^{5}0.825^{5}\\ &= 0.004567=\mathbf{0.4567\%} \end{aligned}$$

12.2. Approximation d'une loi discrète finie par une loi discrète infinie dénombrable : $\mathscr{B}(n,p)\ \approx\ \mathscr{P}(\lambda)$

La loi de Poisson qui ne dépend que d'un seul paramètre λ, peut également s'avérer utile pour obtenir une approximation très satisfaisante de la loi binomiale. L'approximation est valable en autant que certaines conditions sont réalisées.

L'approximation sera d'autant meilleure que la taille déchantillon **n est grande** et la probabilité **p est faible** tout en ayant np de l'ordre de quelques unités.

En pratique, la loi binomiale (loi exacte) peut être approximée par une loi de Poisson (loi approchée) sous certaines conditions :

$\mathscr{B}(n,p)\ \approx\ \mathscr{P}(\lambda)$ **avec** $\lambda=np$

Condition d'approximation : $n>30$; $p<10\%$ $(np<5)$

En effet, posons $\lambda=np\Rightarrow p=\frac{\lambda}{n}$,

$$\begin{aligned} P(X=k) &= C_n^k p^k(1-p)^{n-k}=\tfrac{n!}{(n-k)!k!}\left(\tfrac{\lambda}{n}\right)^k\left(1-\tfrac{\lambda}{n}\right)^{n-k}\\ &= \tfrac{n(n-1)\cdots(n-k+1)}{n^k}\,\tfrac{\lambda^k}{k!}\,\tfrac{(1-\frac{\lambda}{n})^n}{(1-\frac{\lambda}{n})^k}=e^{-\lambda}\tfrac{\lambda^k}{k!} \end{aligned}$$

vu que, pour n grand et λ modéré,

$$\left(1-\tfrac{\lambda}{n}\right)^n\approx e^{-\lambda}\ ;\ \tfrac{n(n-1)\cdots(n-k+1)}{n^k}\approx 1\ \text{ et }\ \left(1-\tfrac{\lambda}{n}\right)^k\approx 1.$$

Exemple d'application - Compagnie d'assurances

Une compagnie d'assurances considère que la probabilité pour un automobiliste d'avoir un accident par mois est de l'ordre de 0.1%. Cette compagnie dispose de 2000 contrats (les accidents sont supposés indépendants les uns des autres).

1. Quelle est la loi exacte associée au nombre d'accidents par mois de cette compagnie parmi les 2000 contrats d'assurance automobile.

   Soit X la variable aléatoire réelle associée au nombre d'accidents par mois enregistré parmi les 2000 contrats d'assurance automobile.

Distribution de probabilité exacte : $X \to \mathscr{B}(n = 2000\,;\, p = 0.001)$

$P(X = k) = C_{2000}^{k}\, 0.001^{k}\, 0.999^{2000-k} \quad k = 0, 1, \cdots, n = 2000$

2. Combien d'accidents en moyenne, cette compagnie peut-elle enregistrer au cours d'un mois donné ?

   $E(X) = np = 2$ accidents/mois

3. Quelle est la probabilité qu'il n'y ait aucun accident un mois donné ? Moins de 2 accidents par mois ?

$$P(X = 0) = C_{2000}^{k}\, 0.001^{k}\, 0.999^{2000-k} = C_{2000}^{2}\, 0.001^{2}\, 0.999^{1998} = 0.13533528 = \mathbf{13.53\%}$$

$$P(X < 2) = P(X \leq 2) = P(X = 0) + P(X = 1) = C_{2000}^{0}\, 0.001^{0}\, 0.999^{2000} + C_{2000}^{1} 0.001^{1} 0.999^{1999} = 0.40600585 = \mathbf{40.60\%}$$

4. Par quelle loi discrète peut-on approcher la loi de X ? En déduire les valeurs approchées des probabilités précédentes.

   $n = 2000 (> 30)\,;\, p = 0.1\% (< 10\%)$ et $np = 2 (< 5)$. Les conditions d'approximation sont dans ce cas respectées.

   $X \to \mathscr{B}(n = 2000\,;\, p = 0.1\%) \approx \mathscr{P}(\lambda = np = 2)$

   Distribution de probabilité de la loi approchée :

   $P(X = k) = e^{-\lambda} \frac{\lambda^k}{k!} = e^{-2} \frac{2^k}{k!} \quad k = 0, 1, \cdots, +\infty$

   Les valeurs approchées :

   $P(X = 0) = e^{-2} \frac{2^0}{0!} = e^{-2} = 0.135199 = \mathbf{13.52\%}$

   $P(X < 2) = P(X = 0) + P(X = 1) = e^{-2} \frac{2^0}{0!} + e^{-2} \frac{2^1}{1!} = 0.405870 = \mathbf{40.59\%}$

12.3. Théorème central limite

— Le théorème central limite (TCL) cconstitue le résultat théorique le plus important de la théorie des probabilités.

— **Théorème** : Soient $(X_i)_{i=1,n}$ une suite de variables aléatoires réelles **indépendantes** et **identiquement distribuées** (i.i.d.), dont les moments d'ordre un et deux **existent** notés $E(X_i) = m$ et $V(X_i) = \sigma^2$.

Posons la somme $S_n = \sum_{i=1}^{n} X_i \Rightarrow E(S_n) = nm$ et $V(S_n) = n\sigma^2$, alors :

$$\boxed{\frac{S_n - E(S_n)}{\sqrt{V(S_n)}} = \frac{S_n - nm}{\sigma\sqrt{n}} \to_{loi} N(0, 1)}$$

La loi de la somme S_n est **approximativement** normale $N(nm, n\sigma^2)$ lorsque **n est assez grand**, quelle que soit la loi de probabilité des X_i (connue ou inconnue).

— Le TCL justifie l'importance donnée à la loi normale, loi de probabilité la plus utilisée en statistique.

— Le TCL fournit une méthode simple pour le calcul de **probabilités approchées** liées à des sommes de variables aléatoires réelles indépendantes et explique ce fait empirique remarquable de bien des phénomènes naturels qui suivent une distribution en forme de cloche (fonction densité d'une loi normale).

— Dans beaucoup de situations, le phénomène étudié est la résultante d'un grand nombre de composantes indépendantes et le TCL nous assure une distribution de probabilité de type normale.

Exemple d'application

On lance n pièces de monnaie équilibrées, la variable aléatoire réelle S_i est associée au nombre de faces pile obtenues au cours des n lancés.

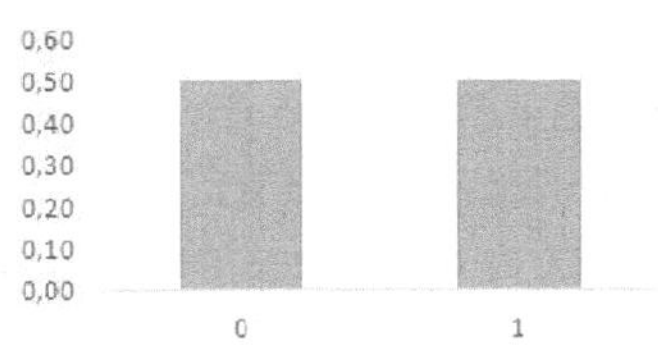

$S_1 = X_1 \to B(p = \frac{1}{2})$

k	$P(S_1) = k$
0	$\frac{1}{2}$
1	$\frac{1}{2}$

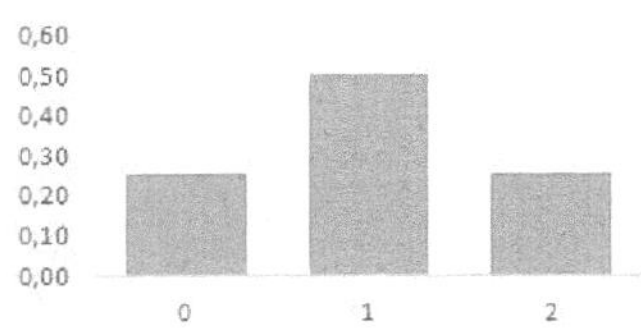

$S_2 = X_1 + X_2 \to B(n = 2, p = \frac{1}{2})$

k	$P(S_2) = k$
0	$\frac{1}{4}$
1	$\frac{1}{2}$
2	$\frac{1}{4}$

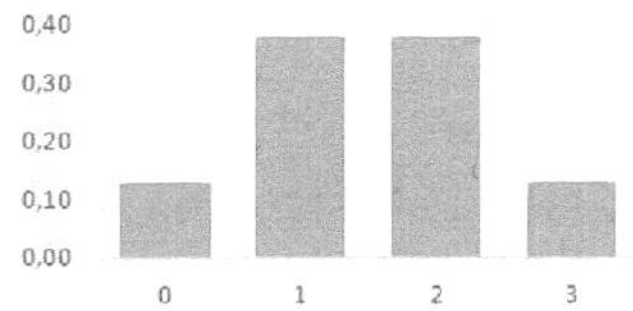

$S_2 = X_1 + X_2 + X_3 \to B(n = 3, p = \frac{1}{2})$

k	$P(S_2) = k$
0	$\frac{1}{8}$
1	$\frac{3}{8}$
2	$\frac{3}{8}$
3	$\frac{1}{8}$

— etc.

— Vu que $p = q = \frac{1}{2}$ (symétrie), l'approximation normale est déjà satisfaisante avec $n = 10$ lancés.
— Plus n sera grand, meilleure sera l'approximation normale.

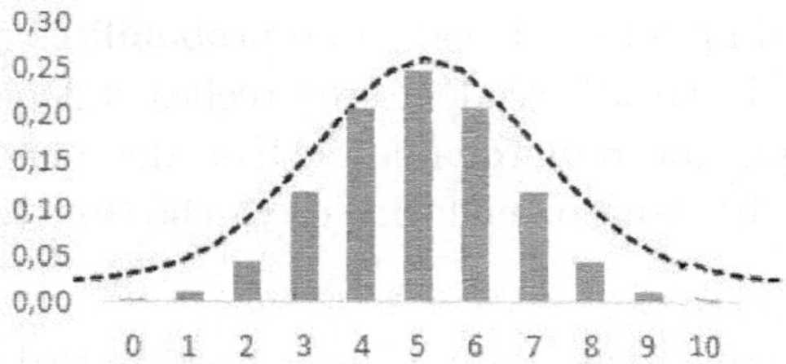

$S_{10} = \sum_{i=1}^{10} X_i \to B(n = 10, p = \frac{1}{2})$

k	$P(S_{10}) = k$
0	0.0010
1	0.0098
2	0.0439
3	0.1172
4	0.2051
5	0.2461
6	0.2051
7	0.1172
8	0.0439
9	0.0098
10	0.0010

12.4. Approximation d'une loi discrète finie par une loi continue : $\mathscr{B}(n,p) \approx \mathscr{N}(m\,,\,\sigma^2)$

Une autre utilisation de la loi normale est l'approximation de probabilités binomiales. La plupart des tables de probabilités binomiales ne donnent que des valeurs de n n'excédant pas 30. Nous avons déjà traité du cas où l'on peut sous certaines conditions obtenir une approximation de la loi binomiale par la loi de Poisson. Pour d'autres cas, on s'aperçoit que, à mesure que **n croît**, la loi binomiale tend vers une distribution limite qui correspond à la loi normale (**Théorème de la limite centrale**).

En pratique, une des approximations satisfaisantes de la loi binomiale par la loi normale sera obtenue sous les conditions suivantes :

$\mathscr{B}(n,p) \approx \mathscr{N}(m\,,\,\sigma^2)$ **avec** $m = np$ **et** $\sigma^2 = (\sqrt{npq})^2$
Condition d'approximation : $n \geq 30$; $np \geq 15$; $nq \geq 15$

Remarques

1. Plus la probabilité p s'éloigne de $\frac{1}{2}$ (parfaite symétrie), plus la taille de l'échantillon n doit être grande et plus l'approximation sera satisfaisante. L'approximation est d'autant meilleure que n est grand et p voisin de $\frac{1}{2}$.

2. L'approximation d'une loi binomiale par une loi normale nécessite une **correction de continuité**.

Exemple d'application

D'après une étude réalisée auprès des assurés d'une compagnie, il semble que 30% des assurés sont intéressés par un nouveau contrat pour renforcer leur protection en cas d'accident corporel de la vie quotidienne. Le responsable interroge 70 assurés choisis au hasard afin de connaître leur réaction sur ce nouveau contrat.

Soit X la variable aléatoire réelle associée au nombre d'assurés intéressés par le nouveau contrat parmi les 70 assurés interrogés.

Distribution de probabilité exacte : $X \to \mathscr{B}(n=70\,;\,p=0.30)$

$$P(X=k) = C_{70}^{k}\, 0.3^{k}\, 0.7^{70-k} \quad k=0,1,\cdots,n=70$$

Caractéristiques : $E(X)=np=21 \;\; ; \;\; V(X)=npq=14.7=3.83^2$

Conditions d'approximation par une loi normale sont vérifiées :

$$n=70\ (\geq 30) \quad \text{et} \quad np=21\ (\geq 15) \;\; ; \;\; nq=49\ (\geq 15)$$

$$\mathscr{B}(n=70, p=0.3) \;\approx\; \mathscr{N}(m=np=21\ ,\ \sigma^2=npq=14.7=3.83^2)$$

1. Donner une valeur approchée de la probabilité que 15 assurés se déclarent intéressés par ce nouveau contrat.

$$\begin{aligned} P(X=15) &\approx_{C.C.} P(15-0.5 \leq X \leq 15+0.5) = P(\tfrac{14.5-21}{3.83} \leq U \leq \tfrac{15.5-21}{3.83}) \\ &= P(-1.697 \leq U \leq -1.436) = \Phi(-1.436)-\Phi(-1.697) \\ &= \Phi(1.697)-\Phi(1.436) = 0{,}0307 = 3.07\% \end{aligned}$$

2. Quelle est la probabilité qu'au plus 20 assurés se déclarent intéressés par ce nouveau contrat ?

$$\begin{aligned} P(X \leq 20) &\approx_{C.C.} P(X \leq 20.5) = P(U \leq \tfrac{20.5-21}{3.83}) = P(U \leq -0.13054) \\ &= 1-\Phi(0.13054) = 0.4481 = 44.81\% \end{aligned}$$

12.5. Approximation d'une loi discrète infinie dénombrable par une loi continue : $\mathscr{P}(\lambda) \approx \mathscr{N}(m\,,\,\sigma^2)$

De la même façon, on peut obtenir une approximation de la loi de Poisson, discrète infinie dénombrable, par une loi continue normale. Une approximation satisfaisante sera obtenue sous la condition suivante :

$\mathscr{P}(\lambda) \approx \mathscr{N}(m\,,\,\sigma^2)$ **avec** $m = \lambda$ **et** $\sigma^2 = \lambda^2$
Condition d'approximation : $\lambda \geq 20$

Remarque

L'approximation d'une loi de Poisson par une loi normale nécessite une **correction de continuité.**

Exemple d'application

On a observé dans un bureau de poste du centre ville de Lyon, que la probabilité pour qu'une personne se présente à un guichet suit une loi de poisson dont l'espérance mathématique est de l'ordre de 1.4 client par minute. La probabilité pour que deux personnes entrent durant la même minute est considérée comme nulle et que l'arrivée des personnes est indépendante de la minute considérée.

1. Quelle est la loi de probabilité exacte du nombre de personnes qui se présentent à l'ouverture du bureau de poste entre 9h et 9h15 ?

   Soit X la variable aléatoire réelle associée au nombre de personnes qui se présentent au bureau de poste par minute :

   $E(X) = \lambda = 1.4 \Rightarrow X \rightarrow \mathscr{P}(\lambda = 1.4)$

   On note Y la variable aléatoire réelle associée au nombre de personnes qui se présentent au bureau de poste par quart d'heure :

   $$\left.\begin{array}{l} X_{i=1,15} \rightarrow \mathscr{P}(\lambda_x = 1.4) \\ \text{X}_i \text{ indépendantes} \end{array}\right\} \Rightarrow Y = \sum_{i=1}^{15} X_i \rightarrow \mathscr{P}(\beta = \sum_{i=1}^{15} \lambda = 21)$$

   Distribution de probabilité de la loi approchée :

   $P(Y = k) = \frac{e^{-21}\,21^k}{k!} \quad \forall k = 0, 1, \cdots, +\infty$

2. Donner une valeur approchée de la probabilité pour que plus de 25 personnes se présentent au guichet entre 9h et 9h 15 ?

   La condition d'approximation d'une loi de Poisson par une loi normale est vérifiée : $E(Y) = V(Y) = \beta = 21 (> 20)$

   $$\text{Y} \rightarrow \mathscr{P}(\beta = 21) \approx \mathscr{N}(m = 21\,,\,\sigma^2 = 4.58^2)$$

$$P(Y > 25) = 1 - P(Y \leq 25) \approx_{C.C.} 1 - P(U < \tfrac{25.5-21}{4.58}) = 1 - \Phi(0.9825)$$
$$= 1 - 0.8369 = 16.31\%$$

Le tableau ci-dessous résume l'application de la correction de continuité pour approximer la probabilité exacte d'une loi discrète binomiale ou de Poisson, par la probabilité approchée d'une continue normale. On améliore la précision des calculs en utilisant la correction de continuité.

Loi discrète $\mathscr{B}(n,p)$ **ou** $\mathscr{P}(\lambda)$ Probabilité exacte	Correction de continuité	Loi continue $\mathscr{N}(m\,,\,\sigma^2)$ Probabilité approchée
$P(X = a)$	$\approx_{C.C.}$	$P(a-0.5 \leq X \leq a+0.5)$
$P(X > a)$	$\approx_{C.C.}$	$P(X \geq a+0.5)$
$P(X \geq a)$	$\approx_{C.C.}$	$P(X \geq a-0.5)$
$P(X < a)$	$\approx_{C.C.}$	$P(X \leq a-0.5)$
$P(X \leq a)$	$\approx_{C.C.}$	$P(X \leq a+0.5)$
$P(a \leq X \leq b)$	$\approx_{C.C.}$	$P(a-0.5 \leq X \leq b+0.5)$
$P(a < X < b)$	$\approx_{C.C.}$	$P(a+0.5 < X < b-0.5)$
$P(a < X \leq b)$	$\approx_{C.C.}$	$P(a+0.5 < X \leq b+0.5)$
$P(a \leq X < b)$	$\approx_{C.C.}$	$P(a-0.5 < X \leq b-0.5)$

Règle de la correction de continuité : pour toute valeur entière a ($a \in \mathbb{N}$) concernée par l'événement considéré, il faut cerner l'événement à plus ou moins 0.5 puis calculer la probabilité de ce nouvel événement. Elle ne s'applique que pour une approximation d'une loi discrète par une loi continue, en l'occurence ici, par la loi normale.

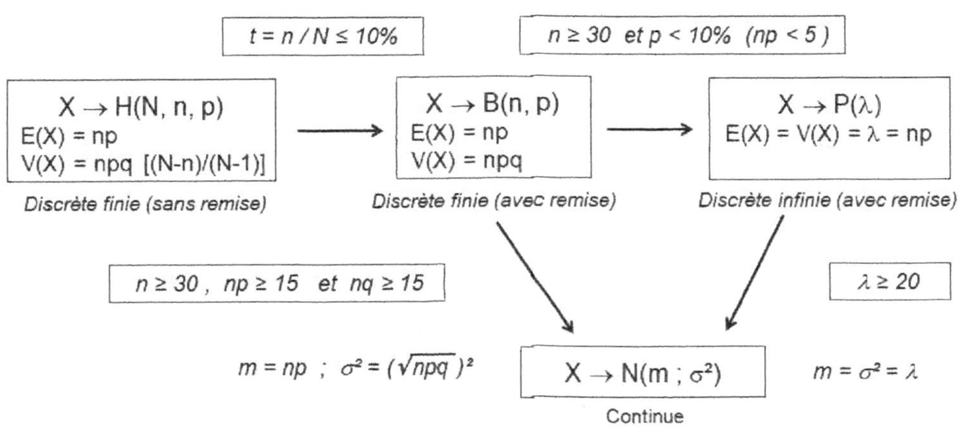

C.C. : correction de continuité

Chapitre 13. Variables aléatoires réelles bidimensionnelles

13. Introduction

Etant données deux variables aléatoires réelles X et Y définies sur $\mathbb{R}$, on peut alors définir la loi de probabilité du couple (X, Y), dite loi conjointe, à partir de laquelle il est possible de définir les lois marginales et conditionnelles, aussi bien dans le cas d'un couple de variables discrètes que d'un couple de variables continues.

13.1. Couple de variables aléatoires discrètes

Soient X et Y deux variables aléatoires réelles discrètes (finie ou infinie dénombrable). Le couple aléatoire (X , Y) est une variable aléatoire discrète finie à 2 dimensions.

Exemple d'application 1

Soit (X , Y) un couple de variables aléatoires réelles discrètes dont la loi de probabilité est définie par :

$$P[X = x_i\,, Y = y_j] = \begin{cases} kx_iy_j & (x_i, y_j) \in \{1,2\} \times \{1,2,3\}\ ,\ k > 0 \\ 0 & sinon \end{cases}$$

Quelle doit être l'unique valeur de la constante k ?

$-\forall (x_i, y_j) \in \{1,2\} \times \{1,2,3\}\ ,\ k > 0$ et $\sum_{x_i=1}^{2} \sum_{y_j=1}^{3} P[(X = x_i) \cap (Y = y_j)] = 1$

$$\begin{aligned} -\sum_{x_i=1}^{2} \sum_{y_j=1}^{3} P[(X = x_i) \cap (Y = y_j)] &= \sum_{x_i=1}^{2} \sum_{y_j=1}^{3} P[X = x_i\,, Y = y_j] \\ &= k\sum_{x_i=1}^{2} \sum_{y_j=1}^{3} x_i y_j = k\sum_{x_i=1}^{2} x_i \sum_{y_j=1}^{3} y_j \\ &= k\sum_{x_i=1}^{2} x_i \sum_{y_j=1}^{3} y_j = 18k = 1 \Rightarrow k = \tfrac{1}{18} \end{aligned}$$

	$Y: j=1,2,3$			
$X: i=1,2$	$y_1=1$	$y_2=2$	$y_3=3$	$P_{i.}=P(X=x_i)$
$x_1=1$	$P_{11}=\frac{1}{18}$	$P_{12}=\frac{1}{9}$	$P_{13}=\frac{1}{6}$	$P_{1.}=\frac{1}{3}$
$x_2=2$	$P_{21}=\frac{1}{9}$	$P_{22}=\frac{2}{9}$	$P_{23}=\frac{1}{3}$	$P_{2.}=\frac{2}{3}$
$P_{.j}=P(Y=y_j)$	$P_{.1}=\frac{1}{6}$	$P_{.2}=\frac{1}{3}$	$P_{.3}=\frac{1}{2}$	$P_{..}=\sum_{x_i=1}^{2}\sum_{y_j=1}^{3}P_{ij}=1$

La loi de probabilité **conjointe** ou **simultanée** de X et de Y : la loi de probabilité du couple (X , Y) est complètement caractérisée par le tableau à double entrée ci-dessus.

Compléter le tableau de la distribution de probabilités du couple (X , Y) :

$$P_{12}=P[(X=x_1)\cap(Y=y_2)]=P[X=1,Y=2]=\frac{1}{9}$$

$$\begin{aligned}P_{1.}&=P(X=1)=P[[(X=1)\cap(Y=1)]\cup[(X=1)\cap(Y=2)]\cup[(X=1)\cap(Y=3)]\\&=P[[(X=1)\cap(Y=1)]+P[(X=1)\cap(Y=2)]+P[(X=1)\cap(Y=3)]\quad \text{2 à 2 disjoints}\\&=P_{11}+P_{12}+P_{13}=\textstyle\sum_{y_j=1}^{3}P_{1j}=P_{1.}=\frac{1}{3}\end{aligned}$$

$$\begin{aligned}P_{.2}&=P(Y=y_2)=P[[(X=1)\cap(Y=2)]\cup[(X=2)\cap(Y=2)]\\&=P[[(X=1)\cap(Y=2)]+P[(X=2)\cap(Y=2)]\quad \text{2 à 2 disjoints}\\&=P_{12}+P_{22}=\textstyle\sum_{x_i=1}^{2}P_{i2}=P_{.2}=\frac{1}{3}\end{aligned}$$

13.1.1. Définitions

— La loi de probabilité du couple (X , Y) ou loi **conjointe** de X et de Y est définie par l'ensemble des probabilités conjointes :

$$\boxed{P_{ij}=P[(X=x_i)\cap(Y=y_j)]\quad \forall(i,j)\in I\times J}$$

avec $0\leq P_{ij}\leq 1$ et $\sum_{i\in I}\sum_{j\in J}P_{ij}=1$

— X et Y discrètes sont les **variables marginales** du couple (X , Y).

— Les lois marginales du couple (X , Y) :

Distribution de probabilité marginale de X :

$$\boxed{P_{i.}=P(X=x_i)=\textstyle\sum_{j\in J}P_{ij}}$$

avec : $0\leq P_{i.}\leq 1$ et $\sum_{i\in I}P_{i.}=P_{..}=1$

Distribution de probabilité marginale de Y :

$$\boxed{P_{.j}=P(Y=y_j)=\textstyle\sum_{i\in I}P_{ij}}$$

avec : $0\leq P_{.j}\leq 1$ et $\sum_{j\in J}P_{.j}=P_{..}=1$

13.1.2. Indépendance en probabilité

Deux variables aléatoires réelles discrètes X et Y sont dites **indépendantes en probabilité** si et seulement si :

$$\boxed{P_{ij} = P[(X = x_i) \cap (Y = y_j)] = P(X = x_i)\, P(Y = y_j) = P_{i.}\, P_{.j} \quad \forall (i,j) \in I \times J}$$

Exemple d'application 1

Soit (X , Y) un couple de variables aléatoires réelles discrètes dont la loi de probabilité est définie par :

$$P[X = x_i\,, Y = y_j] = \begin{cases} \frac{x_i y_j}{18} & (x_i, y_j) \in \{1,2\} \times \{1,2,3\} \ , \ k > 0 \\ 0 & sinon \end{cases}$$

On vérifie que : $\forall (x_i, y_j) \in \{1,2\} \times \{1,2,3\} \quad P_{ij} = P_{i.} P_{.j}$.

Les variables aléatoires réelles X et Y sont donc indépendantes en probabilité.

13.2. Couple de variables aléatoires continues

Soient X et Y deux variables aléatoires réelles continues. Le couple aléatoire (X , Y) est une variable aléatoire réelle continue à 2 dimensions

— La loi conjointe de Z = (X , Y) est définie par la fonction densité de probabilité f(x , y) :

a) $\forall (x,y) \in \mathbb{R}^2 \ f(x,y) \geq 0$

b) $\int_{\mathbb{R}} \int_{\mathbb{R}} f(x,y)\, dx dy = 1$

— X et Y continues sont les variables marginales du couple Z = (X , Y).

Exemple d'application 2

On note Z = (X , Y) la variable aléatoire réelle bidimensionnelle de densité de probabilité :

$$f(x,y) = \begin{cases} kx^2 y & si \ (x,y) \in [0,1]^2 \ , \ k > 0 \\ 0 & sinon \end{cases}$$

a) $\forall (x,y) \in \mathbb{R}^2 \ f(x,y) \geq 0$

b) $\int_{\mathbb{R}} \int_{\mathbb{R}} f(x,y)\, dx dy = k \int_0^1 \int_0^1 x^2 y\, dx dy = k \int_0^1 x^2 \int_0^1 y\, dy dx = k \int_0^1 x^2 \, [\frac{y^2}{2}]_0^1 dx$
$= k \int_0^1 \frac{x^2}{2} dx = k[\frac{x^3}{6}]_0^1 = \frac{k}{6} = 1 \Rightarrow k = 6$

$$f(x,y) = \begin{cases} 6x^2 y & si \ (x,y) \in [0,1]^2 \\ 0 & sinon \end{cases}$$

— Les lois marginales de Z = (X , Y) :

Fonction densité de probabilité marginale de X :

$$\boxed{f_X(x) = f(x,.) = \int_{-\infty}^{+\infty} f(x,y)\,dy}$$

avec : $\forall x \in \mathbb{R} \quad f_X(x) \geq 0 \quad \text{et} \quad \int_{-\infty}^{+\infty} f_X(x)\,dx = 1$

Fonction densité de probabilité marginale de Y :

$$\boxed{f_Y(y) = f(.,y) = \int_{-\infty}^{+\infty} f(x,y)\,dx}$$

avec : $\forall y \in \mathbb{R} \quad f_Y(y) \geq 0 \quad \text{et} \quad \int_{-\infty}^{+\infty} f_Y(y)\,dy = 1$

13.2.1. Indépendance en probabilité

Les variables aléatoires réelles continues X et Y sont dites indépendantes en probabilité si et seulement si :

$$\boxed{f(x,y) = f_X(x)f_Y(y) \quad \forall (x,y) \in \mathbb{R}^2 \ ; \ f_X(x) \neq 0 \ \textbf{et} \ f_Y(y) \neq 0}$$

Exemple d'application 2

On note Z = (X , Y) la variable aléatoire réelle bidimensionnelle de densité de probabilité :

$$f(x,y) = \begin{cases} 6x^2y & si \ (x,y) \in [0,1] \times [0,1] \\ 0 & sinon \end{cases}$$

Calculer les lois marginales de X et Y. X et Y sont-elles indépendantes en probabilité ?

Loi marginale de X :

$$f_X(x) = \int_{-\infty}^{+\infty} f(x,y)\,dy = \begin{cases} 6x^2 \int_0^1 y\,dy = 6x^2[\frac{y^2}{2}]_0^1 = 3x^2 & si \ x \in [0,1] \\ 0 & ailleurs \end{cases}$$

Loi marginale de Y :

$$f_Y(y) = \int_{-\infty}^{+\infty} f(x,y)\,dx = \begin{cases} 6y \int_0^1 x^2\,dx = 6y[\frac{x^3}{3}]_0^1 = 2y & si \ y \in [0,1] \\ 0 & ailleurs \end{cases}$$

$$\forall (x,y) \in \mathbb{R}^2 \ f_X(x)f_Y(y) = f(x,y) = \begin{cases} 6x^2y & si \ (x,y) \in [0,1]^2 \\ 0 & ailleurs \end{cases}$$

X et Y sont donc indépendantes en probabilité.

13.2.2. Définitions - Propriétés

Définitions

1. On appelle **covariance** entre deux variables aléatoires réelles continues X et Y le nombre réel :

$$\boxed{Cov(X,Y) = E([X - E(X)][Y - E(Y)]) = E(XY) - E(X)E(Y)}$$

En effet, $Cov(X,Y) = E([X - E(X)][Y - E(Y)])$
$= E[XY - XE(Y) - YE(X) + E(X)E(Y)]$
$= E(XY) - E(X)XE(Y) - E(Y)E(X) + E(X)E(Y)$
$= E(XY) - E(X)E(Y)$

avec, $E(XY) = \sum_{i \in I} \sum_{j \in J} x_i y_j P_{ij}$ si X est une variable discréte finie ou infinie dénombrable et $E(XY) = \int_{-\infty}^{+\infty} \int_{-\infty}^{+\infty} xy f(x,y)\, dx dy$ si X est une variable continue.

— La covariance est un indicateur de dispersion entre X et Y qui n'est pas bornée : $-\infty < Cov(X,Y) < +\infty$

2. On appelle **coefficient de corrélation linéaire** de Bravais-Pearson entre X et Y, le nombre réel :

$$\boxed{r(X,Y) = E[(\frac{X - E(X)}{\sigma(X)})(\frac{Y - E(Y)}{\sigma(Y)})] = \frac{Cov(X,Y)}{\sigma(X)\sigma(Y)}}$$

— La corrélation est un indicateur de dispersion normalisée qui mesure la dépendance linéaire entre X et Y. C'est un paramètre statistique qui est bornée, $-1 \leq r(X,Y) \leq 1$.

— Le coefficient de corrélation linéaire r(X,Y) est un indice statistique qui mesure l'intensité et le sens (positif ou négatif) de la relation linéaire entre X et Y.

- forte corrélation ou **dépendance** linéaire en « **attraction ou positive** » entre X et Y si $r(X,Y)$ tend vers $+1$,

- pas de corrélation ou **dépendance linéaire** entre X et Y si $r(X,Y)$ tend vers 0, ce qui n'exclut pas l'existence d'une relation autre que linéaire, par exemple une dépendance fonctionnelle,

- forte corrélation linéaire en « **opposition ou négative** » entre X et Y si $r(X,Y)$ tend vers -1,

- L'intensité de la relation linéaire entre X et Y sera d'autant plus forte que la valeur du coefficient est proche de +1 ou de - 1, et d'autant plus faible qu'elle est proche de 0.

Propriétés

1. Cas général :
   — $E(X \pm Y) = E(X) \pm E(Y)$

   Cas discret :

   $$\begin{aligned} E(X \pm Y) &= \sum_{i\in I}\sum_{j\in J}(x_i \pm y_j)P_{ij} = \sum_{i\in I}\sum_{j\in J} x_i P_{ij} \pm \sum_{i\in I}\sum_{j\in J} y_j P_{ij} \\ &= \sum_{i\in I} x_i P_{i.} \pm \sum_{j\in J} y_j P_{.j} = E(X) \pm E(Y) \end{aligned}$$

   Cas continu :

   $$\begin{aligned} E(X \pm Y) &= \int\int_{\mathbb{R}^2}(x \pm y) f(x,y)\,dx\,dy \\ &= \int\int_{\mathbb{R}^2} x f(x,y)\,dx\,dy \pm \int\int_{\mathbb{R}^2} y f(x,y)\,dx\,dy \\ &= \int_{\mathbb{R}} x\left(\int_{\mathbb{R}} f(x,y)\,dy\right)dx \pm \int_{\mathbb{R}} y\left(\int_{\mathbb{R}} f(x,y)\,dx\right)dy \\ &= \int_{\mathbb{R}} x f(x)\,dx \pm \int_{\mathbb{R}} y f(y)\,dy = E(X) \pm E(Y) \end{aligned}$$

   — $V(X \pm Y) = V(X) + V(Y) \pm 2Cov(X,Y)$

   $$\begin{aligned} V(X \pm Y) &= E[(X \pm Y)^2] - (E(X \pm Y))^2 \\ &= E(X^2 + Y^2 \pm 2XY) - (E(X) \pm E(Y))^2 \\ &= E(X^2) + E(Y^2) \pm 2E(XY) - E(X)^2 - E(Y)^2 \pm 2E(X)E(Y) \\ &= E(X^2) - E(X)^2 + E(Y^2) - E(Y)^2 \pm 2(E(XY) - E(X)E(Y)) \\ &= V(X) + V(Y) \pm 2Cov(X,Y) \end{aligned}$$

   — $Cov(X,X) = E(X^2) - E(X)^2 = V(X)$

   — $r(X,X) = \frac{Cov(X,X)}{\sigma_x^2} = \frac{V(X)}{\sigma_x^2} = 1$

2. Si X et Y sont indépendantes :

   — $E(XY) = E(X) \times E(Y)$

   $$\begin{aligned} E(XY) &= \int_{-\infty}^{+\infty}\int_{-\infty}^{+\infty} xy f(x,y)\,dx\,dy = \int_{-\infty}^{+\infty}\int_{-\infty}^{+\infty} xy f_X(x) f_Y(y)\,dx\,dy \\ &= \int_{-\infty}^{+\infty}\int_{-\infty}^{+\infty} xy f_X(x) f_Y(y)\,dx\,dy \quad \text{X et Y indépendantes} \\ &= \int_{-\infty}^{+\infty} x f_X(x)\,dx \int_{-\infty}^{+\infty} y f_Y(y)\,dy = E(X)E(Y) \end{aligned}$$

   — $Cov(X,Y) = 0$

   X et Y indépendantes $\Rightarrow E(XY) = E(X)E(Y)$
   $\Rightarrow Cov(X,Y) = E(XY) - E(X)E(Y) = 0$

   — $V(X \pm Y) = V(X) + V(Y)$

   X et Y indépendantes $\Rightarrow Cov(X,Y) = 0$
   $\Rightarrow V(X \pm Y) = V(X) + V(Y) \pm 2Cov(X,Y)$
   $= V(X) + V(Y)$

   — $r(X,Y) = 0$

   X et Y indépendantes $\Rightarrow Cov(X,Y) = 0$
   $\Rightarrow r(X,Y) = \frac{Cov(X,Y)}{\sigma_x \sigma_y} = 0$

   La réciproque est généralement fausse.

3. Espérance d'une fonction de 2 variables aléatoires réelles :

   Soit g une fonction de deux variables, comme dans le cas d'une seule variable, on a aussi le résultat suivant :

$$E(g(x,y)) = \begin{cases} \sum_x \sum_y g(x,y) P[(X=x) \cap (Y=y)] \\ \text{X et Y discrètes, loi conjointe P(X = x , Y = y)} \\ \\ \int \int_{\mathbb{R}^2} g(x,y) f(x,y)\, dx dy \\ \text{X et Y continues, densité conjointe f(x,y)} \end{cases}$$

Pour les deux exemples illustratifs précédents, calculer E(2X + Y - 2), E(XY) ainsi que les paramètres de covariance Cov(X,Y) et de corrélation linéaire r(X,Y) entre X et Y. Les variables X et Y sont-elles corrélées ?

Exemple d'application 1

Soit (X , Y) un couple de variables aléatoires réelles discrètes dont la loi de probabilité est définie par :

$$P[X = x_i, Y = y_j] = \begin{cases} \frac{x_i y_j}{18} & (x_i, y_j) \in \{1,2\} \times \{1,2,3\} \ , \ k > 0 \\ 0 & sinon \end{cases}$$

Espérances mathématiques :

$$E(X) = \sum_{x_i=1}^{2} x_i P_{i.} = 1\frac{1}{3} + 2\frac{2}{3} = \frac{5}{3}$$

$$E(Y) = \sum_{y_j=1}^{3} y_j P_{.j} = 1\frac{1}{6} + 2\frac{1}{3} + 3\frac{1}{2} = \frac{7}{3}$$

$$E(2X + Y - 2) = 2E(X) + E(Y) - 2 = 2\frac{5}{3} + \frac{7}{3} - 2 = \frac{11}{3}$$

$$E(XY) = \sum_{x_i=1}^{2} \sum_{y_j=1}^{3} x_i y_j P_{ij}$$
$$= 1 \times 1\frac{1}{18} + 1 \times 2\frac{1}{9} + 1 \times 3\frac{1}{6} + 2 \times 1\frac{1}{9} + 2 \times 2\frac{2}{18} + 2 \times 3\frac{1}{3} = \frac{35}{9}$$

Covariance : $Cov(X,Y) = E(XY) - E(X)E(Y) = \frac{35}{9} - \frac{5}{3}\frac{7}{3} = 0$

Corrélation linéaire : $r(X,Y) = \frac{Cov(X,Y)}{\sigma_x \sigma_y} = 0$, pas de dépendance linéaire entre X et Y.

Exemple d'application 2

On note Z = (X , Y) la variable aléatoire réelle bidimensionnelle de densité de probabilité :

$$f(x,y) = \begin{cases} 6x^2 y & si \ (x,y) \in [0,1] \times [0,1] \\ 0 & sinon \end{cases}$$

Espérances mathématiques :

$E(X) = \int_{-\infty}^{+\infty} x f_X(x)\,dx = \int_0^1 3x^3\,dx = 3[\frac{x^4}{4}]_0^1 = \frac{3}{4}$

$E(Y) = \int_{-\infty}^{+\infty} y f_Y(y)\,dy = \int_0^1 2y^2\,dy = 2[\frac{y^3}{3}]_0^1 = \frac{2}{3}$

$E(2X+Y-2) = 2E(X) + E(Y) - 2 = 2\frac{3}{4} + \frac{2}{3} - 1 = \frac{1}{6}$

$E(XY) = \int_{-\infty}^{+\infty}\int_{-\infty}^{+\infty} xy\,f(x,y)\,dx dy = \int_0^1\int_0^1 6x^3y^2\,dx dy = 6\int_0^1 x^3 \int_0^1 y^2\,dy dx$
$= 6\int_0^1 x^3[\frac{y^3}{3}]_0^1 dx = 2\int_0^1 x^3 dx = 2[\frac{x^4}{4}]_0^1 = \frac{1}{2}$

Covariance : $Cov(X,Y) = E(XY) - E(X)E(Y) = \frac{1}{2} - \frac{3}{4}\frac{2}{3} = 0$

Corrélation linéaire : $r(X,Y) = \frac{Cov(X,Y)}{\sigma_x \sigma_y} = 0$, pas de dépendance linéaire entre X et Y.

13.3. Lois conditionnelles

13.3.1. Cas discret

— La loi de **Y conditionnée par** $(X = x_i)$ est définie par l'ensemble des probabilités :

$$P_{Y/X=x_i} = P(Y = y_j/X = x_i) = \frac{P(X=x_i, Y=y_j)}{P(X=x_i)} = \frac{P_{ij}}{P_{i.}} \quad \forall j \in J \;\; P_{i.} \neq 0$$

On vérifie que : $0 \leq \frac{P_{ij}}{P_{i.}} \leq 1$ et $\sum_{j\in J} \frac{P_{ij}}{P_{i.}} = \frac{P_{i.}}{P_{i.}} = 1$

— la loi de **X conditionnée par** $(\mathbf{Y} = \mathbf{y}_j)$ est définie par l'ensemble des probabilités :

$$P_{X/Y=y_j} = P(X = x_i/Y = y_j) = \frac{P(X=x_i, Y=y_j)}{P(Y=y_j)} = \frac{P_{ij}}{P_{.j}} \quad \forall i \in I \;\; P_{.j} \neq 0$$

On vérifie que : $0 \leq \frac{P_{ij}}{P_{.j}} \leq 1$ et $\sum_{i\in I} \frac{P_{ij}}{P_{.j}} = \frac{P_{.j}}{P_{.j}} = 1$ on en déduit :

Remarque

Si X et Y sont indépendantes alors :

— $P_{ij} = P_{i.}P_{.j} \quad \forall (i,j) \in I \times J$

— $P_{X/Y=y_j} = \frac{P_{ij}}{P_{.j}} = \frac{P_{i.}P_{.j}}{P_{.j}} = P_{i.} \quad \forall i \in I$

— $P_{Y/X=x_i} = \frac{P_{ij}}{P_{i.}} = \frac{P_{i.}P_{.j}}{P_{i.}} = P_{.j} \quad \forall j \in J$

Exemple d'application 1

Soit (X , Y) un couple de variables aléatoires réelles discrètes dont la loi de probabilité est définie par :

$$P[X = x_i, Y = y_j] = \begin{cases} \frac{x_i y_j}{18} & (x_i, y_j) \in \{1,2\} \times \{1,2,3\} \ , \ k > 0 \\ 0 & sinon \end{cases}$$

Déterminer les lois conditionnelles $P_{X/Y=y_j}$ et $P_{Y/X=x_i}$.

13.3.2. Cas continu

— La loi conjointe de Z = (X , Y) est aussi définie par sa fonction de répartition :

$$\boxed{F(x,y) = P((X \leq x_i) \cap (Y \leq y_j)) = \int_{-\infty}^{x} \int_{-\infty}^{y} f(x,y)\, dx dy}$$

où f est la fonction densité conjointe de Z = (X , Y) : $f = \frac{\partial^2 F}{\partial x \partial y}$.

— Les fonctions de **répartition marginales** de Z sont les primitives des densités marginales :

$$\begin{aligned} F_X(x) = F(x,.) &= \int_{-\infty}^{x} \int_{-\infty}^{+\infty} f(x,y)\, dx dy = \int_{-\infty}^{x} f(x)\, dx \\ &= P[(X \leq x) \cap (Y < +\infty)] = F(x,+\infty) \end{aligned}$$

$$\begin{aligned} F_Y(y) = F(.,y) &= \int_{-\infty}^{+\infty} \int_{-\infty}^{y} f(x,y)\, dx dy = \int_{-\infty}^{y} f(y)\, dy \\ &= P[(X < +\infty) \cap (Y \leq y)] = F(+\infty, y) \end{aligned}$$

— Les fonctions de **répartition** et de **densité conditionnelles** de Y sous la condition $(X = x_i)$ est définie par :

$$\boxed{F_{Y/X \leq x}(y) = \frac{F(x,y)}{F_X(x)} \quad F_X(x) \neq 0} \qquad \boxed{f_{Y/X=x_i}(y) = \frac{f(x_i,y)}{f_X(x_i)} \quad \forall y \in \mathbb{R}}$$

$$F_{(Y \leq y)/(X \leq x)}(y) = \frac{P((Y \leq y) \cap (X \leq x))}{P(X \leq x)} = \frac{F(x,y)}{F_X(x)} \ ; F_X(x) \neq 0$$

— Les fonctions de **répartition** et de **densité conditionnelles** de X sous la condition $(Y = y_j)$ est définie par :

$$\boxed{F_{X/Y \leq y}(x) = \frac{F(x,y)}{F_Y(y)} \quad F_Y(y) \neq 0} \qquad \boxed{f_{X/Y=y_j}(x) = \frac{f(x,y_j)}{f_Y(y_j)} \quad \forall x \in \mathbb{R}}$$

$$F_{(X \leq x)/(Y \leq y)}(x) = \frac{P((X \leq x) \cap (Y \leq y))}{P(Y \leq y)} = \frac{F(x,y)}{F_Y(y)} \ ; F_Y(y) \neq 0$$

Exemple d'application 2

On note Z = (X , Y) la variable aléatoire réelle bidimensionnelle de densité de probabilité :

$$f(x,y) = \begin{cases} 6x^2y & si\ (x,y) \in [0,1] \times [0,1] \\ 0 & sinon \end{cases}$$

Déterminer,

1. la fonction de répartition F de Z = (X , Y),

$$F(x,y) = \int_{-\infty}^{x} \int_{-\infty}^{y} f(x,y)\,dx\,dy = \begin{cases} 6\int_0^x \int_0^y x^2y\,dx\,dy & si\ (x,y) \in [0,1]^2 \\ 0 & ailleurs \end{cases}$$

$$= \begin{cases} 6\int_0^x x^2[\frac{y^2}{2}]_0^y dx = 3y^2 \int_0^x x^2\,dx = 3y^2\,[\frac{x^3}{3}]_0^x & si\ (x,y) \in [0,1]^2 \\ 0 & ailleurs \end{cases}$$

$$= \begin{cases} x^3y^2 & si\ (x,y) \in [0,1]^2 \\ 0 & ailleurs \end{cases}$$

$$f(x,y) = \frac{\partial^2 F(x,y)}{\partial_x \partial_y} = \frac{\partial}{\partial_x}(\frac{\partial F(x,y)}{\partial_y}) = \frac{\partial}{\partial_x}(2x^3y) = \begin{cases} 6x^2y & si\ (x,y) \in [0,1]^2 \\ 0 & ailleurs \end{cases}$$

2. les fonctions de répartitions marginales de X et Y,

$$F_X(x) = \int_{-\infty}^{x} \int_{-\infty}^{+\infty} f(x,y)\,dx\,dy = \begin{cases} 6\int_0^x \int_0^1 x^2y\,dx\,dy & si\ (x,y) \in [0,1]^2 \\ 0 & ailleurs \end{cases}$$

$$= \begin{cases} 6\int_0^x x^2[\frac{y^2}{2}]_0^1 dx = \int_0^x 3x^2\,dx = 3\,[\frac{x^3}{3}]_0^x & si\ (x,y) \in [0,1]^2 \\ 0 & ailleurs \end{cases}$$

$$= \begin{cases} x^3 & si\ (x,y) \in [0,1]^2 \\ 0 & ailleurs \end{cases}$$

$$F_Y(y) = \int_{-\infty}^{+\infty} \int_{-\infty}^{y} f(x,y)\,dx\,dy = \begin{cases} 6\int_0^y y(\int_0^1 x^2\,dx)\,dy & si\ (x,y) \in [0,1]^2 \\ 0 & ailleurs \end{cases}$$

$$= \begin{cases} 6\int_0^y y[\frac{x^3}{3}]_0^1 dy = \int_0^y 2y\,dy = 2\,[\frac{y^2}{2}]_0^y & si\ (x,y) \in [0,1]^2 \\ 0 & ailleurs \end{cases}$$

$$= \begin{cases} y^2 & si\ (x,y) \in [0,1]^2 \\ 0 & ailleurs \end{cases}$$

On remarque que :

$$F_X(x)F_Y(y) = F(x,y) = \begin{cases} x^3y^2 & si\ (x,y) \in [0,1]^2 \\ 0 & ailleurs \end{cases}$$

3. les fonctions conditionnelles $F_{X/Y}$ et $f_{X/Y}$.

$$F_{X/Y}(x) = \frac{F(x,y)}{F(y)} = \begin{cases} \frac{x^3y^2}{y^2} = x^3 & si\ x \in [0,1] \\ 0 & ailleurs \end{cases}$$

$$f_{X/Y}(x) = \frac{f(x,y)}{f(y)} = \begin{cases} \frac{6x^2y}{2y} = 3x^2 & si\ x \in [0,1] \\ 0 & ailleurs \end{cases}$$

13.4. Espérances et variances conditionnelles

Il est dès lors naturel de définir :

1. Les espérances mathématiques de X conditionnée par Y = y ou de Y conditionné par X = x :

$$E(X/Y) = \begin{cases} \nearrow \boxed{\sum_x xP(X = x/Y = y)} & \text{X, Y discrétes finies, infinies dénombrables} \\ \searrow \boxed{\int_{-\infty}^{+\infty} x f_{X/Y}(x)\,dx} & \text{X, Y continues (infinies non dénombrables)} \end{cases}$$

$$E(Y/X) = \begin{cases} \nearrow \boxed{\sum_y yP(Y = y/X = x)} & \text{X, Y discrétes finies, infinies dénombrables} \\ \searrow \boxed{\int_{-\infty}^{+\infty} y f_{Y/X}(y)\,dy} & \text{X, Y continues (infinies non dénombrables)} \end{cases}$$

2. Les espérances mathématiques totales :

$$\boxed{E(X) = E(E(X/Y))} \quad \text{et} \quad \boxed{E(Y) = E(E(Y/X))}$$

En effet, dans le cas de variables continue :

$$\begin{aligned} E(E(X/Y)) &= \int_{-\infty}^{+\infty} E(X/Y = y) f_Y(y)\,dy = \int_{-\infty}^{+\infty} \left(\int_{-\infty}^{+\infty} x f_{X/Y}\,dx\right) f_Y(y)\,dy \\ &= \int_{-\infty}^{+\infty} x\left(\int_{-\infty}^{+\infty} f_{X/Y} f_Y(y)\,dy\right)dx = \int_{-\infty}^{+\infty} x\left(\int_{-\infty}^{+\infty} f(x,y)\,dy\right)dx \\ &= \int_{-\infty}^{+\infty} x f_X(x)\,dx = E(X) \end{aligned}$$

3. Les moments d'ordre 2 conditionnés :

$$E(X^2/Y) = \begin{cases} \nearrow \boxed{\sum_x x^2 P(X=x/=y)} & \text{X, Y discrétes finies, infinies dénombrables} \\ \searrow \boxed{\int_{-\infty}^{+\infty} x^2 f_{X/Y}(x)\,dx} & \text{X, Y continues (infinies non dénombrables)} \end{cases}$$

$$\mathrm{E}(\mathrm{Y}^2/X) = \begin{cases} \nearrow \boxed{\sum_y y^2 P(Y=y/X=x)} & \text{X, Y discrétes finies, infinies dénombrables} \\ \searrow \boxed{\int_{-\infty}^{+\infty} y^2 f_{Y/X}(y)\,dy} & \text{X, Y continues (infinies non dénombrables)} \end{cases}$$

4. Les variances de X conditionnée par Y ou de Y conditionné par X, en s'inspirant de la démarche suivie pour l'espérance conditionnelle :

$$\boxed{\begin{aligned} V(X/Y) &= E[(X-E(X/Y))^2/Y] \\ &= E(X^2/Y)-E(X/Y)^2 \end{aligned}} \quad \text{et} \quad \boxed{\begin{aligned} V(Y/X) &= E[(Y-E(Y/X))^2/X] \\ &= E(Y^2/X)-E(Y/X)^2 \end{aligned}}$$

5. Les variances totales :

$$\boxed{V(X) = E(V(X/Y)) + V(E(X/Y))}$$

et

$$\boxed{V(Y) = E(V(Y/X)) + V(E(Y/X))}$$

En effet,

$$E(V(X/Y)) = E(E(X^2/Y)) - E(E(X/Y)^2) = E(X^2) - E(E(X/Y)^2)$$
$$V(E(X/Y)) = E(E(X/Y)^2) - E(E(X/Y))^2 = E(E(X/Y)^2) - E(X)^2$$

Par conséquent, on a bien :

$$E(V(X/Y)) + V(E(X/Y)) = E(X^2) - E(X)^2 = V(X)$$

Exemple d'application 1

On note Z = (X , Y) la variable aléatoire réelle bidimensionnelle de densité de probabilité :

$$P(X = x_i, Y = yj) = \begin{cases} \frac{x_i y_j}{18} & si\ (x_i, y_j) \in \{1,2\} \times \{1,2,3\} \\ 0 & sinon \end{cases}$$

Déterminer,

1. $E(X/Y=1) = \sum_{x_i=1}^{2} x_i P_{X/Y}(x_i) = \sum_{x_i=1}^{2} x_i \frac{P_{i1}}{P_{.1}} = 1\frac{P_{11}}{P_{.1}} + 2\frac{P_{21}}{P_{.1}} = 1\frac{\frac{1}{18}}{\frac{1}{6}} + 2\frac{\frac{1}{9}}{\frac{1}{6}} = 1.$

2. $V(X/Y=1) = E(X^2/Y=1) - E(X/Y=1)^2$

   $E(X^2/Y=1) = \sum_{x_i=1}^{2} x_i^2 P_{X/Y=1}(x_i) = \sum_{x_i=1}^{2} x_i^2 \frac{P_{i1}}{P_{.1}}$

   $= 1^2\frac{P_{11}}{P_{.1}} + 2^2\frac{P_{21}}{P_{.1}} = 1\frac{\frac{1}{18}}{\frac{1}{6}} + 4\frac{\frac{1}{9}}{\frac{1}{6}} = 3$

   $V(X/Y=1) = E(X^2/Y=1) - E(X/Y=1)^2 = 3 - 1^2 = 2.$

Exemple d'application 2

On note Z = (X , Y) la variable aléatoire réelle bidimensionnelle de densité de probabilité :

$$f(x,y) = \begin{cases} 6x^2y & si\ (x,y) \in [0,1] \times [0,1] \\ 0 & sinon \end{cases}$$

Déterminer,

1. $E(X/Y) = \int_{-\infty}^{+\infty} x f_{X/Y}(x)\,dx = \int_0^1 x 3x^2\,dx = 3[\frac{x^4}{4}]_0^1 = \frac{3}{4}.$

2. $V(X/Y) = E(X^2/Y) - E(X/Y)^2$

   $E(X^2/Y) = \int_{-\infty}^{+\infty} x^2 f_{X/Y}(x)\,dx = \int_0^1 x^2 3x^2\,dx = 3[\frac{x^5}{5}]_0^1 = \frac{3}{5}$

   $V(X/Y) = E(X^2/Y) - E(X/Y)^2 = \frac{3}{5} - (\frac{3}{4})^2 = \frac{3}{80}.$

Exemple d'application 3

Soit (X , Y) un couple de variables aléatoires réelles de fonction densité de probabilité conjointe définie par :

$$\text{f(x , y)} = \begin{cases} 0 & sinon \\ \frac{1}{x}e^{-x-\frac{y}{x}} & \text{si (x , y)} \in]0,+\infty[\times[0,+\infty[\end{cases}$$

Calculer l'espérance mathématique E(Y) de Y.

- Calculons la densité de probabilité conditionnelle :

$$f_{Y/X}(y) = \frac{f(x,y)}{f_X(x)} = \frac{f(x,y)}{\int_{\mathbb{R}} f(x,y)\,dy}$$

$$f_X(x) = \int_{\mathbb{R}} f(x,y)\,dy = \begin{cases} 0 & sinon \\ \frac{1}{x}e^{-x}x\int_0^{+\infty} e^{-\frac{y}{x}}\,dy & \text{si} \quad x \in]0,+\infty[\end{cases}$$

$$= \begin{cases} 0 & sinon \\ \frac{1}{x}e^{-x}x[-xe^{-\frac{y}{x}}]_0^{+\infty} = e^{-x} & \text{si} \quad x \in]0,+\infty[\end{cases}$$

On peut remarquer l'expression de la fonction densité de probabilité d'une loi exponentielle de paramètre $\lambda = 1 : X \to Exp(\lambda = 1)$

$$f_{Y/X}(y) = \begin{cases} 0 & sinon \\ \frac{\frac{1}{x}e^{-x}e^{-\frac{y}{x}}}{e^{-x}} = \frac{1}{x}e^{-\frac{y}{x}} & \text{si} \quad (x\ ,\ y) \in]0,+\infty[\times[0,+\infty[\end{cases}$$

$$= \begin{cases} 0 & sinon \\ \frac{1}{x}e^{-\frac{y}{x}} & \text{si} \quad (x\ ,\ y) \in]0,+\infty[\times[0,+\infty[\end{cases}$$

$$E(Y/X) = \int_{\mathbb{R}} y f_{Y/X}(y)\,dy = \begin{cases} 0 & sinon \\ \frac{1}{x}\int_0^{+\infty} ye^{-\frac{y}{x}}dy & \text{si} \quad (x\ ,\ y) \in]0,+\infty[\times[0,+\infty[\end{cases}$$

$$= \begin{cases} 0 & sinon \\ \int_0^{+\infty} e^{-\frac{y}{x}}dy = x & \text{si} \quad (x\ ,\ y) \in]0,+\infty[\times[0,+\infty[\end{cases}$$

$$E(Y/X) = X$$

$$E(Y) = E(E(Y/X)) = E(X) = \int_{-\infty}^{+\infty} x f_X(x)\,dx$$

$$= \begin{cases} 0 & sinon \\ \int_0^{+\infty} xe^{-x}dx & \text{si} \quad x \in]0,+\infty[\end{cases}$$

$$= \int_{-\infty}^{+\infty} x f_X(x)\,dx = \begin{cases} 0 & sinon \\ \int_0^{+\infty} e^{-x}dx & \text{si} \quad x \in]0,+\infty[\end{cases}$$

$$= \int_{-\infty}^{+\infty} x f_X(x)\,dx = \begin{cases} 0 & sinon \\ 1 & \text{si} \quad x \in]0,+\infty[\end{cases}$$

Partie 3.
Sujets d'examens

Ces épreuves de contrôles continus et d'examens terminaux ont été proposées sans aucun document autorisé et pour une durée d'une heure trente.

Sujet de contrôle continu n°2

Exercice 1 : Le responsable de l'entretien d'un immeuble sans ascenseur, doit remplacer 2 lampes fluorescentes dans un bureau situé au dernier étage. Les lampes sont stockées au sous-sol de l'immeuble dans des boîtes contenant 16 lampes. Il est bien mentionné sur l'emballage que la probabilité qu'une lampe soit défectueuse dans la boîte est de 12.5%. Comme il veut en finir au plus tôt, le responsable ouvre rapidement une boîte, choisit 2 lampes au hasard et monte les marches jusqu'au dernier étage.

a) Caractériser la loi de probabilité de la variable aléatoire réelle X associée au nombre de lampes défectueuses dans l'échantillon prélevé par le responsable.

b) En déduire l'espérance mathématique E(X) et la variance V(X) de X.

c) Quelles sont les chances sur 100 pour qu'il soit obligé de retourner au sous-sol pour se procurer d'autres lampes ?

*************** °°° ***************

Exercice 2 : Soit f la fonction définie par :

$$\mathrm{f(x)} = \begin{cases} 0 & si\ x < 0 \\ \frac{k}{(x+1)^2} & si\, x \geq 0\ avec\ k \in \mathbb{R} \end{cases}$$

a) Montrer clairement que $k = 1$ est la seule valeur possible de la constante k pour que f soit la fonction densité de la variable aléatoire réelle X.

b) Déterminer la fonction de répartition F de X.

c) Calculer la valeur x_0 de telle sorte que $P(X < x_0) = P(X \geq x_0)$.
Que représente x_0 ?

d) Montrer que la variable aléatoire réelle définie par $Y = \frac{1}{X}$ suit la même loi de probabilité que X.

e) Est-ce que la variable Y admet une espérance mathématique ? Justifier votre réponse.

*************** °°° ***************

Exercice 3 : A la sortie d'une chaîne de fabrication de pièces détachées, une machine constitue des lots d'environ 1000 pièces. Un contrôle visuel des pièces de chaque lot est effectué avant de les expédier à différents concessionnaires. Le plan de contrôle consiste à prélever au hasard un échantillon de 50 pièces et si aucune pièce n'est défectueuse, le lot est expédié. Sinon, le lot entier est vérifié. On admet qu'il y a environ 10% de pièces défectueuses dans chaque lot.

a) Quelle est la probabilité qu'un lot soit accepté avec ce plan de contrôle ?

b) Quelle doit être la taille de l'échantillon de pièces à contrôler pour que la probabilité d'acceptation d'un lot soit supérieure ou égale à 50% ?

c) Quelle est la probabilité qu'il y ait exactement 5 pièces défectueuses parmi les 50 prélevées.

*************** ◦◦◦ ***************

Exercice 4 : Soit T une variable aléatoire réelle associée à la durée de vie d'un certain appareil. T est distribuée selon une loi Exponentielle de paramètre $\lambda(\lambda > 0)$ de fonction densité de probabilité f définie par :

$$\text{T} \rightarrow Exp(\lambda) \Leftrightarrow f(t) = \begin{cases} 0 & si\, t \leq 0 \\ \lambda e^{-\lambda t} & si\, t > 0 \end{cases}$$

d'espérance mathématique $E(T) = \frac{1}{\lambda}$ et de variance $V(T) = \frac{1}{\lambda^2}$.

a) Déterminer la fonction taux de panne, notée $\lambda(t)$, définie par l'équation :
$\lambda(t) = \frac{f(t)}{(1-F(t))}$, où F désigne la fonction de répartition de T.

b) Déterminer en fonction de λ, la médiane t_O de T telle que :
$P(T > t_0) = P(T \leq t_0) = 50\%$.

Soit Y une variable aléatoire réelle qui suit une loi dite de Weibull de fonction de répartition G définie par :

$$\text{G(y)} = \begin{cases} 1 - e^{-\frac{(y-1)}{2}} & si\, y > 1 \\ 0 & si\, y \leq 1. \end{cases}$$

c) Déterminer H la fonction de répartition de la variable aléatoire réelle $Z = \frac{Y-1}{2}$.

d) Quelle est la loi de probabilité suivie par Z, en déduire son espérance mathématique E(Z) et sa variance V(Z).

*************** ◦◦◦ ***************

Sujet de contrôle continu n°3

Exercice 1 : Un courtier en assurance reçoit une commission de 100 € chaque fois qu'il obtient la signature d'un nouveau contrat. Chaque jour il rencontre 6 clients potentiels, et 1 personne sur 10 accepte et signe le contrat.

a) Quelle est la probabilité que le courtier obtienne 2 signatures au cours d'une journée ? Au moins une signature au cours d'une journée ?

Le courtier travaille 5 jours par semaine et ses frais professionnels non remboursés s'élèvent à 20 € par semaine. On admettra que les nombres de contrats signés à deux dates différentes sont des variables aléatoires réelles indépendantes.

b) Quelle est la probabilité que le courtier obtienne 10 contrats signés au cours d'une semaine donnée ?

c) Quels sont l'espérance mathématique et l'écart-type de son revenu net par semaine ?

*************** °°° ***************

Exercice 2 : Un atelier de Mécanique destiné à l'entretien des moteurs d'un parc automobile comporte un service spécialisé en Electricité.

La variable aléatoire réelle notée X, associée au nombre de moteurs qui sont envoyés à l'atelier Mécanique au cours d'une semaine, obéit à une loi de Poisson d'espérance mathématique $E(X) = 6$ et chaque moteur envoyé en réparation a une probabilité de 0.4 d'avoir affaire au service Electricité.

a) Quelle est la probabilité qu'une semaine donnée, le nombre de moteurs envoyés en réparation à l'atelier Mécanique soit égal à 5 ?

b) Quelle est la probabilité que 2 moteurs soient adressés au service Electricité une semaine donnée sachant que 5 moteurs sont admis en réparation dans l'atelier Mécanique ?

c) Quelle est la probabilité qu'au cours d'une semaine 5 moteurs entrent en réparation dans l'atelier Mécanique et que 2 d'entre eux soient adressés au service Electricité ?

*************** °°° ***************

Exercice 3 : Le responsable d'un magasin d'une marque prestigieuse de cycles a prélevé au hasard un lot de 5 vélos d'un stock de 120 vélos de la nouvelle génération, des vélos classiques et des vélos à assistance électriques (VAE).

La probabilité qu'un vélo soit à assistance électrique est de l'ordre de 5%

a) Etablir l'expression de la distribution de probabilité du nombre de VAE dans le lot prélevé. En déduire son espérance mathématique et sa variance.

b) Quelle est la probabilité qu'il y ait un seul VAE dans le lot prélevé ?

c) Par quelle loi de probabilité peut-on approcher la loi du nombre de VAE dans le lot prélevé ? Justifier votre réponse. En déduire une valeur approchée de la probabilité qu'il ait 2 VAE et plus dans le lot prélevé.

*************** ooo ***************

Exercice 4 : Soit T une variable aléatoire réelle associée à la durée de vie d'un certain appareil électronique. T est distribuée selon une loi Exponentielle de paramètre $\lambda (\lambda > 0)$ de fonction densité de probabilité f définie par :

$$T \rightarrow Exp(\lambda) \Leftrightarrow f(t) = \begin{cases} 0 & si\, t \leq 0 \\ \lambda e^{-\lambda t} & si\, t > 0 \end{cases}$$

a) Déterminer la fonction de répartition F de T. En déduire en fonction du paramètre λ la médiane t_0 de T.

b) Calculer en fonction de λ la probabilité conditionnelle suivante :

$P[(0 \leq T \leq 1)/(T > \frac{1}{2}]$.

c) Déterminer la fonction taux de panne, notée $\lambda(t)$, définie par l'équation :

$\lambda(t)(t) = \frac{f(t)}{(1-F(t))}$.

d) Montrer que T vérifie la propriété de non-vieillissement :

la loi exponentielle est une loi sans mémoire à savoir, que pour tout $t > 0$ et $h > 0$, alors : $P[(T > t+h)/(T > t)] = P(T > h)$.

*************** ooo ***************

Soit $T = \lambda Y$, où λ est une constante positive, la variable aléatoire réelle associée à la durée en heures (h) entre deux précipitations de pluie sur la ville de Lyon au mois de mars. En consultant les nombreux relevés météorologiques, on se rend compte qu'il s'écoule au moins 6 h consécutives sans pluie avec une probabilité de 13.53%.

g) Déterminer la valeur de la constante λ.

h) Combien de temps s'écoule-t-il en moyenne entre deux averses de pluie ? Quel est l'écart-type de la durée entre deux averses de pluie ?

i) Il est midi à Lyon, la pluie vient de s'arrêter. Quelle est la probabilité qu'il pleuve avant 14 h ?

*************** °°° ***************

Sujet de contrôle continu n°6

Exercice 1 : Deux fournisseurs de la région Rhône-Alpes approvisionnent en tubes de verre une PME lyonnaise. Le fournisseur A fournit 75% des besoins de la PME avec un pourcentage de tubes de verre défectueux de l'ordre de 1%. Le fournisseur B présente un pourcentage de tubes de verre défectueux de 2%.

Le technicien de l'entreprise a prélevé un tube de verre au hasard d'une nouvelle réception :

a) Quelle est la probabilité que le tube prélevé soit défectueux et provienne du fournisseur B ?

b) Quelle est la probabilité que le tube prélevé soit défectueux ou provienne du fournisseur B ?

c) Il constate que le tube de verre est défectueux, quelle est la probabilité pour qu'il provienne du fournisseur B ?

d) Le tube de verre prélevé n'est pas défectueux, quelle est la probabilité pour qu'il provienne du fournisseur A ?

e) Le technicien constate que le tube de verre est défectueux et s'exclame : « encore un tube qui doit provenir du fournisseur B ». Cette remarque vous semble-t-elle justifiée ? Justifier votre réponse.

*************** ooo ***************

Exercice 2 : On note X la variable aléatoire réelle associée à la demande d'un nouveau logiciel de gestion dont la distribution de probabilité est présentée ci-dessous :

Demande (en unités)	10	20	30	40	50
probabilité	0.10	0.25	0.35	0.20	0.10

a) Calculer l'espérance mathématique E(X) de la demande de ce nouveau logiciel ainsi que sa variance V(X).

b) En déduire puis interpréter son coefficient de variation CV(X).

c) Quelle est la probabilité d'avoir une demande de moins de 20 unités ? Une demande supérieure à 20 unités et au plus égale à 40 unités ? Une demande de plus de 30 unités ? Une demande de 15 unités ?

Les frais de développement et de publicité pour introduire ce logiciel sur le marché sont de 15 M.€. et le profit brut par unité vendue est de 0,8 M.€.

d) Peut-on espérer un profit avec la mise sur le marché de ce nouveau logiciel ?

*************** ooo ***************

Exercice 3 : Une station service est approvisionnée en carburant une fois par semaine. On note X la variable aléatoire réelle associée à son volume de vente hebdomadaire en milliers de litres (ML). Soit f la fonction définie par :

$$f(x) = \begin{cases} k(2x - x^2) & si\, 0 < x < 1 \quad et \quad k \in \mathbb{R} \\ 0 & ailleurs \end{cases}$$

a) Montrer clairement en justifiant votre réponse, que la constante $k = \frac{3}{2}$ est la seule valeur possible pour que f soit la fonction densité de probabilité de X.

b) Quel est le volume de vente hebdomadaire moyen de carburant de cette station service ?

c) Déterminer la variance du volume de vente par semaine de cette station ?

d) Déterminer F la fonction de répartition associée au volume de vente hebdomadaire de cette station service.

e) Quelle est la probabilité que cette station service vende moins de 0.2 ML par semaine ? Plus de 0.5 ML par semaine ? Entre 0.8 et 1.2 ML par semaine ? Plus de 0.8 ML par semaine sachant qu'elle a déjà vendu plus de 0.5 ML dans la semaine ?

f) Quelle doit être la capacité du réservoir de cette station service pour que la probabilité d'épuiser l'approvisionnement d'une semaine soit inférieure ou égale à 5% ?

*************** ooo ***************

Exercice 4 : Soit X une variable aléatoire réelle de fonction de répartition F définie par :

$$F(x) = \begin{cases} 0 & si\, x < 0 \\ \frac{x}{(1+x)} & si\, x \geq 0 \end{cases}$$

a) Déterminer la valeur x_0 de telle sorte que $P(X \leq x_0) = P(X > x_0)$. Que représente x_0 ?

b) Déterminer f la fonction densité de probabilité de X.

c) Calculer les probabilités suivantes :

$P(-2 < X \leq 1)$; $P_{(X>2)}(X < 1)$; $P[(X < 1) \cup (X > 2)]$; $P[(X < 1) - (X > 2)]$.

d) Montrer que la variable aléatoire réelle $Y = \frac{1}{X}$ a la même loi de probabilité que X. Justifier votre réponse.

*************** ooo ***************

Sujet de contrôle continu n°7

Exercice 1 : Une entreprise reçoit tous les jours des pièces d'un même modèle de ses deux sous-traitants A et B. Le sous-traitant B fournit deux fois plus de pièces que le sous-traitant A. 2% des pièces produites par le sous-traitant A et 3% des pièces produites par le sous-traitant B sont défectueuses. On considère les événements suivants :

A : la pièce choisie provient du sous-traitant A, B : la pièce choisie provient du sous-traitant B et D : la pièce choisie est défectueuse.

On prélève au hasard, un jour donné, une pièce parmi les pièces livrées :

a) Quelle est la probabilité qu'elle provienne du sous-traitant A et qu'elle soit défectueuse ?

b) Quelle est la probabilité qu'elle provienne du sous-traitant A ou qu'elle soit défectueuse ?

c) Quelle est la probabilité qu'elle soit défectueuse ?

d) La pièce est défectueuse, quelle est la probabilité qu'elle provienne du sous-traitant A ?

e) Quelle est la probabilité qu'elle ne soit pas défectueuse ?

f) Quelle est la probabilité qu'elle provienne du sous-traitant B et quelle ne soit pas défectueuse ?

g) La pièce n'est pas défectueuse, quelle est la probabilité qu'elle provienne du sous-traitant B ?

*************** °°° ***************

Exercice 2 : Soit f une fonction de $\mathbb{R}$ dans $\mathbb{R}$ dont la représentation graphique est présentée ci-dessous :

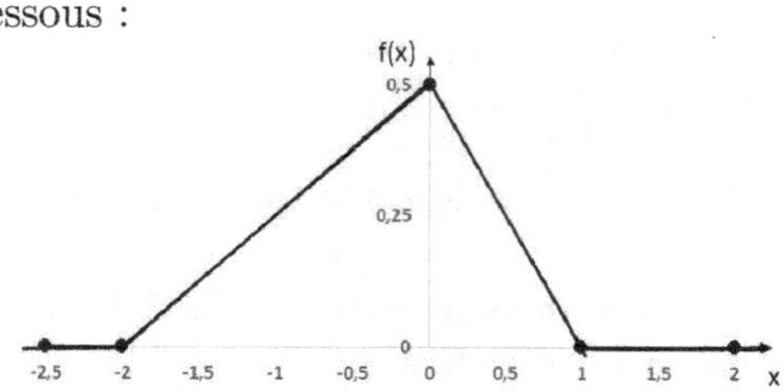

a) Peut-on considérer la fonction f comme une fonction densité de probabilité d'une variable aléatoire réelle X ? Justifier votre réponse.

b) En exploitant les informations fournies par ce graphique, donner les valeurs des probabilités suivantes : $P(X \leq -2)$, $P(X = -1)$, $P(-2 < X \leq 0)$ $P(X > 1)$, $P(X > 2)$, $P(X \leq -1)$, $P(|X| > 1)$, $P_{(X \leq 1)}(X > 0)$.

c) Etablir sur tout $\mathbb{R}$, l'expression de la fonction densité de probabilité f de X, puis celle de sa fonction de répartition F.

N.B. : les trois questions sont indépendantes.

*************** °°° ***************

Exercice 3 : Un fabricant d'électroménager veut déterminer la période de garantie qu'il doit associer à son nouvel appareil électroménager à la pointe de l'innovation. Des essais en laboratoire ont indiqué que la fonction de répartition de la variable aléatoire réelle notée X, associée à la durée de vie de cet appareil, exprimée en années, est définie par :

$$F(x) = \begin{cases} 0 & si\, x < 0 \\ 1 - e^{-x/5} & si\, x \geq 0 \end{cases}$$

a) Quelle est la probabilité que l'appareil soit encore en état de marche au bout de 5 ans ?

b) 50% des appareils fabriqués vont fonctionner sans défaillance pendant combien de temps ?

c) Déterminer f la fonction densité de probabilité de X.

d) Quelle est la durée de vie moyenne de cet appareil ?

e) Sur 1000 appareils de ce type fabriqués, combien seront défaillants au cours des cinq premières années ?

f) On veut déterminer une période de garantie à cet appareil ; toutefois, le fabricant ne souhaite pas remplacer plus de 33% de ses appareils au cours de cette période de garantie. Quelle devrait être alors la période de garantie ?

g) Déterminer la fonction densité de probabilité de la variable aléatoire réelle $Y = e^{-\frac{X}{5}}$.

*************** ∘∘∘ ***************

Sujet de contrôle continu n°8

Exercice 1 : Le responsable des ressources humaines d'une P.M.I. a sur microfiche les dossiers des 350 employés de l'entreprise.

La répartition de ces dossiers selon les classes d'âges (A , B, C) et le sexe (M, F) est donnée par le tableau croisé suivant :

AGE SEXE	Masculin (M)	Féminin (F)	Total
$\leq 30ans\,(A)$	35	15	50
$]30ans - 40ans]\,(B)$	160	40	200
$> 40ans\,(C)$	85	15	100
Total	280	70	350

a) Si un dossier est sélectionné au hasard, quelle est la probabilité que ce soit le dossier d'un(e) employé(e) :

1) âgé d'au plus 30 ans (A) ?

2) masculin (M) de plus de 40 ans (C) ?

3) féminin (F) âgée de plus de 30 ans ?

4) d'au plus 30 ans (A), sachant que l'employé est de sexe féminin (F) ?

5) féminin (F) ayant au plus 40 ans ?

6) féminin (F) de plus de 40 ans (C), sachant que le dossier est celui d'un employé de plus de 30 ans ?

b) Les 2 modalités - événements « employé de sexe masculin (M) » et « Agé entre]30 ans - 40 ans] (B) » sont-ils incompatibles ? Sont-ils indépendants en probabilité ? Justifier votre réponse.

*************** ooo ***************

Exercice 2 : Une équipe du service marketing est composée de 12 personnes dont 5 femmes.

a) On veut choisir un échantillon de 5 personnes, sans ordre particulier, dans le cadre d'une enquête.

1) Combien y a-t-il d'échantillons possibles ?

2) Combien y a-t-il d'échantillons constitués de personnes du même sexe ?

3) Combien y a-t-il d'échantillons constitués de 2 femmes et de 3 hommes ?

b) Combien y a-t-il de façons d'établir une liste qui présente le classement des hommes, puis celui des femmes (on suppose qu'il n'y a pas d'ex-æquo) ?

c) On a besoin de volontaires pour faire 4 séminaires. Une même personne peut éventuellement assurer plusieurs séminaires. Combien y a-t-il de façons de recruter ces volontaires ?

d) Il faut nommer parmi ces 12 personnes un responsable, un responsable adjoint et un secrétaire. Combien y a-t-il de façons d'attribuer ces responsabilités si on souhaite en plus que le bureau comprenne une femme et deux hommes ?

*************** ooo ***************

Exercice 3 : Soit f une fonction définie par :

$$f(x) = \begin{cases} ke^{-\frac{(x-1)}{2}} & si\, x > 1 \\ 0 & sinon. \end{cases}$$

a) Montrer que $k = \frac{1}{2}$ est l'unique valeur que l'on peut attribuer à la constante k pour que f soit la fonction densité de probabilité de la variable aléatoire réelle X dite loi de Weibull ? Justifier clairement votre réponse.

b) Déterminer F la fonction de répartition de la variable aléatoire réelle X.

c) Calculer les probabilités suivantes : $P(X > 2)$; $P(1 < X \leq 2)$
$P[(X \leq 1) \cup (X > 2)]$; $P_{(X \geq 2)}(X \leq 2) = P[(X \leq 2)/(X \geq 2)]$

d) Déterminer la valeur x_0 telle que $P(X \leq x_0) = 50\%$? Que représente x_0 ?

e) Calculer l'espérance mathématique E(X) et l'écart-type $\sigma(X)$ de la variable aléatoire réelle X.

f) En déduire l'espérance mathématique E(Y) et la variance V(Y) de la variable aléatoire réelle $Y = \frac{(X-1)}{2}$.

g) Déterminer la fonction de répartition G de $Y = \frac{(X-1)}{2}$. En déduire g la fonction densité de probabilité de Y.

*************** ∘∘∘ ***************

Exercice 4 : Pour limiter la transmission du coronavirus en période de déconfinement, le port du masque est recommandé et obligatoire dans les transports en commun. Une pharmacie a reçu un lot de boîtes de masques grand public en tissu lavables et donc réutilisables dont 5% des boîtes sont abîmées. Le gérant de la pharmacie estime que 60% des boîtes abîmées contiennent au moins un masque défectueux. 98% des boîtes non abîmées ne contiennent aucun masque défectueux. On note A l'événement « la boîte est abîmée » et D l'événement « la boîte achetée contient au moins un masque défectueux ». Un client achète une boîte du lot.

a) Déterminer les probabilités suivantes : $P(D/\overline{A})$; $P(\overline{D}/A)$

b) Quelle est la probababilité que la boîte achetée soit abîmée et contienne au moins un masque défectueux ?

c) Quelle est la probababilité que la boîte achetée contienne au moins un masque défectueux ?

d) Quelle est la probababilité que la boîte achetée soit abîmée ou contienne au moins un masque défectueux ?

e) Le client constate qu'un des masques achetés est défectueux. Quelle est la probabilité pour qu'il ait acheté une bôite abîmée ?

f) Quelle est la probabilité pour qu'il ait acheté une bôite abîmée sachant qu'elle ne contient aucun masque défectueux ?

*************** ∘∘∘ ***************

Sujet de contrôle continu n°9

Exercice 1 : Deux étudiants de l'UFR de Sciences Economiques et de Gestion de l'Université Lumière Lyon 2 arrivent devant un distributeur qui propose 5 types différents de boissons.

a) Dénombrer le nombre de façons différentes possibles pour ces 2 étudiants de choisir les boissons.

b) Calculer la probabilité de l'événement E_1 : les 2 étudiants ont choisi la même boisson.

c) Calculer la probabilité de l'événement E_2 : les 2 étudiants ont choisi des boissons différentes.

Sur le campus des berges du Rhône, après 18h, la cafétéria étant fermée, les distributeurs de boissons sont tous répartis dans les halls des 3 bâtiments Athena, Bélénos et Clio. Les probabilités que ces 2 étudiants prennent leur boisson dans l'un de ces 3 bâtiments sont respectivement de 4%, 6% et 8%.

d) Les deux étudiants ont pris des boissons, calculer la probabilité pour que ce soit dans le hall du bâtiment Athena.

*************** °°° ***************

Exercice 2 : Le bâtiment de l'UFR de Sciences Economiques et de Gestion de l'Université Lumière Lyon 2 est doté d'un système d'alarme qui se déclenche en principe lorsqu'un incendie se produit. Il peut arriver toutefois que le système soit mis en défaut.

Des études statistiques ont montré que sur une journée, la probabilité que :

- l'alarme se déclenche par erreur sans qu'il y ait d'incendie est de l'ordre de 1%,
- un incendie survienne sans que l'alarme ne se déclenche est égale à 0.1%,
- un incendie se produise est égale à 1.5%.

On pourra noter les événements : A - Alarme se déclenche et I - Incendie se produit.

a) Quelle est la probabilité qu'un jour, un incendie survienne et que l'alarme se déclenche ?

b) En déduire la probabilité de l'événement A.

c) Quelle est la probabilité que, sur une journée, le système d'alarme soit mis en défaut ?

d) L'alarme vient de se déclencher, quelle est la probabilité qu'il y ait réellement un incendie ?

e) Quelle est la probabilité que l'alarme se déclenche au cours de la journée alors que l'on sait qu'il n'y a pas d'incendie ?

*************** °°° ***************

Exercice 3 : Lors d'une alerte sécurité, la sirène se déclenche et on procède à l'évacuation de l'ensemble du personnel de l'usine. Ainsi, à l'instant $x = 0$, toutes les personnes ont évacué leur lieu de travail, l'usine est vide. Soit f la fonction définie par :

$$\mathrm{f(x)} = \begin{cases} k(e^{-x} - e^{-2x}) & si\, x \geq 0 \\ 0 & sinon. \end{cases}$$

a) Montrer « clairement » que $k = 2$ est l'unique valeur que l'on peut attribuer à la constante k pour que f soit la fonction densité de probabilité de la variable aléatoire réelle X associée au temps (en minutes) d'attente avant de regagner l'usine.

b) Quel est le temps d'attente moyen nécessaire pour regagner l'usine ?

c) Déterminer la fonction F de répartition associée au temps nécessaire pour regagner l'usine.

d) Quelle est la probabilité que les personnes attendent plus d'une minute pour regagner l'usine ? Entre 1 et 2 minutes ? Moins de 2 minutes sachant qu'ils ont attendu plus d'une minute ? Exactement 1.5 minute ?

e) Déterminer la fonction densité de probabilité g de la variable aléatoire réelle $Y = e^{-X}$.

*************** ooo ***************

Sujet de contrôle continu n°10

Exercice 1 : Un entraîneur de football doit constituer son équipe de 11 joueurs composée d'un gardien de but, de défenseurs, de milieux de terrain offensifs et défensifs et d'attaquants. Il dispose de 19 joueurs : 2 gardiens de but, 6 défenseurs, 5 milieux de terrain et 6 attaquants.

De combien de façons différentes peut-il constituer son équipe de football s'il opte pour le système de jeu :

a) le plus répandu 1-4-4-2 : 1 gardien de but, 4 défenseurs, 4 milieux de terrain et 2 attaquants ?

b) classique 1-4-2-4 : 1 gardien de but, 4 défenseurs, 2 milieux de terrain et 4 attaquants ?

c) L'entraîneur choisit le système 1-4-4-2. Pour des raisons de tactique de jeu, il doit éviter de placer dans la même équipe le défenseur D_1, le milieu de terrain M_1 et les deux attaquants A_1 et A_2. Entre combien d'équipes différemment constituées peut-il choisir ?

*************** °°° ***************

Exercice 2 : Faute de temps et de personnel, des douaniers doivent lors d'un contrôle de marchandises en transit, choisir au hasard un conteneur parmi les trois transportés par un cargo, puis sélectionner dans ce conteneur un lot de produits à contrôler.

Le conteneur A contient 200 lots de produits illicites et 800 lots de produits autorisés. Le conteneur B contient 300 lots de produits illicites et 700 lots de produits autorisés. Le conteneur C contient 400 lots de produits illicites et 600 lots de produits autorisés.

a) Quelle est la probabilité que les douaniers contrôlent le conteneur A ?

b) Quelles sont les probabilités conditionnelles de tomber sur un lot de produits illicites suivant que les douaniers aient décidé de contrôler le conteneur A ? le conteneur B ? Ou le conteneur C ?

c) Quelle est la probabilité de contrôler le conteneur A et de trouver un lot de produits illicites ?

d) Quelle est la probabilité de découvrir un lot de produits illicites lors de ce contrôle au hasard ?

e) Les douaniers ont découvert un lot de produits illicites, quelle est la probabilité qu'ils aient choisi de contrôler le conteneur A ?

*************** °°° ***************

Exercice 3 : D'après l'Agence Française de Sécurité (AFS), 30% des machines industrielles en France ne devraient pas fonctionner puisqu'elles ne satisfont pas aux normes de sécurité européenne. Pour un échantillon aléatoire de 12 machines d'une entreprise industrielle,

a) Quelle est la probabilité d'avoir 2 machines qui ne satisfont pas aux normes de sécurité ?

b) Déterminer le coefficient de variation du nombre de machines qui ne satisfont pas les normes de sécurité européenne.

c) Quelle est la probabilité d'observer plus du quart des machines qui ne respecte pas les normes de sécurité ?

d) Dans 95% des cas, quel nombre maximal de machines parmi l'échantillon de 12 machines peut-on classer comme ne respectant pas les normes de sécurité si on considère toujours que l'affirmation de AFS est vraie ?

*************** ooo ***************

Exercice 4 : Une grande surface alimentaire est approvisionnée une fois par semaine en eaux minérales naturelles gazeuses embouteillées d'une marque prestigieuse. Son volume de vente hebdomadaire exprimé en milliers de packs d'eau (6 bouteilles d'un litre) est une fonction définie par :

$$\mathrm{f(x)} = \begin{cases} k(1-x)^4 & si\ 0 < x < 1\ et\ k \in \mathbb{R} \\ 0 & ailleurs. \end{cases}$$

a) Quelle est l'unique valeur de la constante k pour que la fonction f soit une fonction densité de probabilité de la variable aléatoire réelle, notée X, associée au volume de vente hebdomadaire de packs d'eau.

b) Quel est le volume de vente hebdomadaire moyen d'eaux minérales de cette grande surface ?

c) Etablir la fonction F de répartition du volume de vente hebdomadaire de packs d'eau de cette grande surface. En déduire la valeur x_0 du volume de vente de telle sorte que $P(X \leq x_0) = P(X > x_0)$. Que représente x_0 ?

d) Calculer les probabilités suivantes :

$P(X > 0.2)$; $P(X < 0.5)$; $P(0.2 < X < 0.5)$ et $P_{(X>0.2)}(X < 0.5)$.

e) Quel doit être le volume de commande de packs d'eau de cette grande surface pour que la probabilité d'épuiser l'approvisionnement d'une semaine soit inférieure ou égale à 5% ?

*************** ooo ***************

Sujet de contrôle continu n°11

Exercice 1 : Une promotion d'étudiant(e)s de l'UFR de Sciences Economiques et de Gestion est répartie dans trois groupes A, B et C. Dans chaque groupe, les proportions d'étudiant(e)s ayant un baccalauréat Economique et Social (ES) sont respectivement 25% , 60% et 80%.

On choisit au hasard un groupe, puis un étudiant dans ce groupe.

a) Traduire les données des hypothèses en formalisant les événements concernés.

b) Déterminer la probabilité pour que l'étudiant choisi au hasard ait un baccalauréat ES.

c) Sachant que l'étudiant choisi possède un baccalauréat ES, calculer la probabilité pour qu'il appartienne au groupe C.

d) Sachant que l'étudiant choisi possède un baccalauréat ES, calculer la probabilité pour qu'il appartienne au groupe A ou au groupe B.

*************** ◦◦◦ ***************

Exercice 2 : Sur le campus des berges du Rhône, un distributeur de boissons propose sept boissons différentes. Un groupe de 3 étudiants décide de choisir chacun une boisson.

a) Dénombrer le nombre de façons différentes possibles pour ce groupe de choisir les boissons.

b) Calculer la probabilité de l'événement A : les 3 étudiants décident de choisir la même boisson.

c) Calculer la probabilité de l'événement B : les 3 étudiants décident de choisir des boissons différentes.

*************** ◦◦◦ ***************

Exercice 3 : Soit f la fonction densité de probabilité d'une variable aléatoire réelle notée X, définie par :

$$\mathrm{f(x)} = \begin{cases} k(x+\frac{1}{2}) & si\, 0 < x < 3 \quad et \quad k \in \mathbb{R} \\ 0 & ailleurs. \end{cases}$$

a) Déterminer la valeur de la constante k pour que f soit bien une densité de probabilité de X.

b) Sachant que $k = \frac{1}{6}$, déterminer la fonction de répartition F de X.

c) Calculer les probabilités suivantes :

$P(X \leq 2)$; $P(1 \leq X \leq 2)$; $P_{(X>1)}(X > 2)$.

d) Calculer l'espérance mathématique, la variance et l'écart-type de X.

*************** ◦◦◦ ***************

Exercice 4 : La proportion X de places occupées dans un amphithéâtre lors d'un cycle de conférences est une variable aléatoire réelle continue de fonction de répartition :

$$F(x) = P(X \leq x) = \begin{cases} 0 & si\, x \leq 0 \\ -x^2 + bx + c & si\, 0 < x < 1 \\ 1 & si\, x \geq 1. \end{cases}$$

a) Trouver l'univers $\Omega(X)$ des valeurs de X.

b) Etudier la continuité de la fonction de répartition F en 0 et en 1 afin de calculer les réels b et c.

c) Déterminer la densité de probabilité f de X.

d) Calculer la probabilité qu'il y ait entre 60% et 90% de places occupées.

*************** °°° ***************

Sujet de contrôle continu n°12

Exercice 1 : Une Unité de Formation et de Recherche (UFR) de l'université Lumière Lyon 2 compte 10 Professeurs dont 6 hommes ainsi que 6 femmes Maîtres de conférences.

Combien doit-il y avoir d'hommes Maîtres de conférences si l'on veut que le Genre et le Grade soient des facteurs indépendants lors du choix au hasard d'un enseignant de cette UFR ?

*************** ∘∘∘ ***************

Exercice 2 : Soit f la fonction densité de probabilité d'une variable aléatoire réelle X définie par :

$$f(x) = \begin{cases} a+bx^2 & si\, x \in [0\ ,\ 1] \\ 0 & sinon \end{cases}$$

a) Déterminer les valeurs des constantes a et b sachant que l'espérance mathématique de X, $E(X) = \frac{3}{5}$.

b) Etablir la fonction de répartition F de X.

c) Calculer la probabilité : $P(X \leq \frac{1}{2})$.

*************** ∘∘∘ ***************

Exercice 3 : Dans une entreprise, lors d'un temps de pause, la personne à l'accueil quitte momentanément son poste de travail. Ainsi, à x = 0, le poste de travail est vide. Soit f la fonction définie par :

$$f(x) = \begin{cases} k(e^{-x} - e^{-2x}) & si\, x \geq 0 \quad k \in \mathbb{R} \\ 0 & si\, x < 0. \end{cases}$$

a) Montrer clairement que $k = 2$ est l'unique valeur que l'on peut attribuer à la constante k pour que f soit la fonction densité de probabilité de la variable aléatoire réelle X associée au temps (mn) pour que la personne regagne son poste.

b) Quel est le temps moyen nécessaire à la personne pour regagner son poste de travail ?

c) Déterminer la fonction F de répartition associée au temps nécessaire pour regagner son poste.

d) Quelle est la probabilité que la personne mette plus de 2 minutes pour regagner son poste ?

e) Déterminer la fonction densité g de la variable aléatoire réelle $Y = e^{-X}$.

*************** ∘∘∘ ***************

Exercice 4 : Une compagnie d'assurance propose à ses adhérents trois types de risque de la vie quotidienne : Bas, Moyen et Haut risque.

Les statistiques indiquent selon le type de risque que la probabilité qu'un assuré soit impliqué dans un accident au cours d'une année est respectivement de $5\%, 15\%$ et 30%.

On estime que 20% de ses assurés sont à Bas risque, 50% à risque Moyen et le reste à Haut risque. On prélève au hasard le dossier d'un adhérent.

a) Quelle est la probabilité que se soit le dossier d'un assuré qui a eu un accident dans l'année et qu'il a une assurance à Haut risque ?

b) Quelle est la probabilité que se soit un assuré qui à eu un accident au cours de l'année ?

c) Quelle est la probabilité que se soit un assuré à Bas risque sachant qu'il a eu un accident dans l'année ?

d) Quelle est la probabilité que se soit un assuré à Bas risque sachant qu'il n'a pas eu d'accident dans l'année ?

e) Quelle est la probabilité que se soit un assuré à Bas ou Moyen risque sachant qu'il a eu un accident dans l'année ?

*************** °°° ***************

Sujet de contrôle continu n°13

Exercice 1 : Le responsable des ressources humaines (RH) d'une entreprise a sur microfiche les dossiers de 160 employés. Le dénombrement de ces dossiers en fonction de l'âge et du sexe est le suivant :

AGE	Masculin (M)	Féminin (F)	Total
Moins de 30 ans (A)	12	17	29
30 - 40 ans (B)	26	42	68
Plus de 40 ans (C)	40	23	63
Total	78	82	160

a) Le responsable RH sélectionne un dossier, quelle est la probabilité que ce soit :

- celui d'un employé de moins de 30 ans (A) ?
- celui d'un employé de moins de 30 ans (A), sachant que l'employé est de sexe féminin (F) ?
- un employé masculin (M) de plus de 40 ans (C) ?
- un employé féminin (F) ayant 40 ans ou moins ?
- le dossier d'un employé féminin (F) de plus de 40 ans (C), sachant que le dossier est celui d'un employé au-dessus de 40 ans (C) ?

b) Les 2 événements « employé de sexe masculin (M) » et « âgé de moins de 30 ans (A) » sont-ils indépendants ?

*************** ◦◦◦ ***************

Exercice 2 : Un installateur agréé de panneaux solaires photovoltaïques pour la production d'électricité, utilise deux types d'onduleurs Forsoleil et Sunpower. L'entreprise Forsoleil fournit 75% des besoins de l'entreprise, le pourcentage d'onduleurs défectueux provenant du fabricant Forsoleil est de l'ordre de 1%. Le fabricant Sunpower présente un pourcentage d'onduleurs défectueux de 2%.

L'installateur a prélevé au hasard un onduleur de la réserve.

a) Quelle est la probabilité que l'onduleur soit défectueux et qu'il soit de type Sunpower ?

b) Quelle est la probabilité que l'onduleur soit défectueux ou qu'il soit de type Sunpower ?

c) Il constate que l'onduleur est défectueux, quelle est la probabilité pour qu'il provienne du fabricant Sunpower ?

d) Dans le cas où l'onduleur est bon, quelle est la probabilité pour qu'il provienne du fabricant Forsoleil ?

e) L'installateur constate que l'onduleur prélevé est défectueux et affirme qu'il s'agit d'un onduleur de type Sunpower.

Cette affirmation vous semble-t-elle justifiée ?

*************** ◦◦◦ ***************

Exercice 3 : Loi de Paréto (économiste italien), aussi appelée loi des 80/20 : 80% de la richesse est concentrée parmi 20% de la population.

Soit la fonction f définie par :

$$f(x) = \begin{cases} 0 & si\ x < 1 \\ \frac{3k}{x^4} & si\, x \geq 1\ avec\ \ k \in \mathbb{R} \end{cases}$$

a) Quelle doit-être l'unique valeur de la constante k pour que f soit la fonction densité de probabilité de la variable aléatoire réelle X dite de Pareto.

b) Calculer l'espérance mathématique E(X) et la variance V(X) de X.

c) Déterminer la fonction F de répartition de X.

d) Calculer les probabilités suivantes : $P(X > 2)$ et $P(2 < X \leq 3)$.

e) Déterminer la valeur x_o telle que $P(X \leq x_o) = 5\%$.

f) Déterminer la fonction densité de probabilité de la variable aléatoire réelle $Y = lnX$.

*************** °°° ***************

Sujet de contrôle continu n°14

Exercice 1 : Deux sous-traitants d'une entreprise, notés A et B, produisent chacun 100 pièces d'un même modèle par jour. 2% des pièces produites par le sous-traitant A et 3% des pièces produites par le sous-traitant B sont défectueuses. Un jour donné, on choisit au hasard une pièce parmi les 200 pièces produites.

On considère les événements suivants :

A : la pièce choisie provient du sous-traitant A, B : la pièce choisie provient du sous-traitant B et D : la pièce choisie est défectueuse.

a) Compléter le tableau suivant :

Pièces produites par le sous-traitant	Nombre de pièces défectueuses	Nombre de pièces non défectueuses	Total
A			100
B			100
Total			200

b) Déterminer à l'aide du tableau précédent les probabilités suivantes :
$P(A)$, $P(D)$, $P(A \cap D)$, $P(A/D)$, $P(\overline{D})$, $P(B \cap \overline{D})$, $P(B/\overline{D})$.

c) Les événements A et D sont-ils compatibles ? Sont-ils indépendants ? Justifier votre réponse.

*************** ∘∘∘ ***************

Exercice 2 : Soit X la variable aléatoire réelle qui a pour densité de probabilité la fonction suivante :

$$\mathrm{f(x)} = \begin{cases} \frac{x}{6} + k & si\ 0 < x \leq 3\ avec\ k \in \mathbb{R} \\ 0 & ailleurs. \end{cases}$$

a) Pour quelle unique valeur de k, f est-elle effectivement une densité de probabilité ?

b) Déterminer la fonction F de répartition de X.

En déduire la probabilité $P(1 \leq X \leq 2)$.

c) Calculer l'espérance mathématique E(X) et la variance V(X) de X.

d) Déterminer la loi de probabilité de la variable aléatoire réelle $Y = \frac{X+1}{12}$.

*************** ∘∘∘ ***************

Exercice 3 : Interprétation de la représentation graphique d'une densité de probabilité : la variable aléatoire réelle X a pour densité de probabilité la fonction représentée ci-dessous :

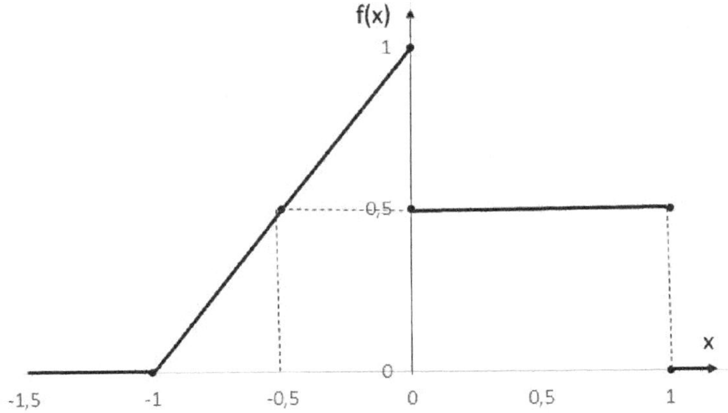

a) En exploitant les informations fournies par ce graphique, donner les valeurs des probabilités suivantes :

$$P(X \leq -1)\ ,\ P(X = \tfrac{1}{2})\ ,\ P(-1 < X \leq 0)\ ,\ P(X > \tfrac{1}{2})$$
$$P(X \leq -\tfrac{1}{2})\ ,\ P(-\tfrac{1}{2} < X \leq \tfrac{1}{2})\ ,\ ,\ P[(X \leq \tfrac{1}{2})/(X > -\tfrac{1}{2})].$$

b) Déterminer la fonction de répartition de X.

*************** °°° ***************

Sujet de contrôle continu n°15

Exercice 1 : Le service de réclamations d'une PME classe les problèmes soumis en deux catégories, A et B :

* les problèmes de la catégorie A concernent uniquement des réclamations liées à des événements précis et vérifiables,
* les problèmes de la catégorie B concernent les réclamations liées à des données ou à une appréciation contestables.

La catégorie A représente 70% des réclamations, celles-ci sont résolues 7 fois sur 10 par une simple correspondance, 2 fois sur 10 par le biais d'un rendez-vous et le reste des réclamations est transmis au service du contentieux.

Par ailleurs pour la catégorie B, la moitié des réclamations sont résolues par des rendez-vous, 30% par correspondance et le reste des réclamations finissent au Service du contentieux.

Quelle est la probabilité pour qu'une réclamation :

a) prise au hasard, soit résolue par un Rendez-vous ?

b) résolue par un Rendez-vous provienne de la catégorie A ?

c) réglée par Correspondance provienne de la catégorie B ?

d) réglée par un Rendez-vous ou par le Sercice des contentieux provienne de la Catégorie A ?

*************** ∘∘∘ ***************

Exercice 2 : Soit X une variable aléatoire réelle de fonction de répartition F définie par : *(Loi de Rayleigh de paramètre $a > 0$)*

$$F(x) = \begin{cases} 0 & si\, x < 0 \\ 1 - e^{-\frac{x^2}{2a^2}} & si\, x \geq 0 \end{cases}$$

a) Déterminer la fonction densité de probabilité f de X.

En utilisant un changement de variable et l'expression :

$$\int_{-\infty}^{+\infty} u^2 e^{-\frac{u^2}{2}} du = 2\int_0^{+\infty} u^2 e^{-\frac{u^2}{2}} = \sqrt{2\pi}$$

b) Calculer l'espérance mathématique E(X) de X.

c) Déterminer la médiane et le mode de X.

*************** ∘∘∘ ***************

Exercice 3 : Une urne X contient 2 jetons numérotés de 0 et 1, et une urne Y contient 3 jetons numérotés de 0, 1 et 2. On tire au hasard un jeton dans chaque urne. On note x le numéro du jeton de l'urne X et y celui de l'urne Y.

a) Déterminer l'ensemble fondamental Ω de tous les possibles.

b) Donner les éventualités constituant les trois événements suivants ainsi que leur probabilité :

$$A = \{(x\,,\,y) \in \Omega \,/\, y > x\}$$
$$B = \{(x\,,\,y) \in \Omega \,/\, x = y\}$$
$$C = \{(x\,,\,y) \in \Omega \,/\, 0 < xy < 2\}$$

c) Les événements A et C sont-ils incompatibles ? Indépendants ?

d) Calculer les probabilités suivantes :

$$P(A - B) \quad ; \quad P(A \triangle B) \quad ; \quad P[(\overline{A} \cap \overline{B})/\overline{C}]$$

e) Déterminer l'événement D tel que A, B et D forment un système complet ou une partition de l'ensemble fondamental Ω.

*************** ooo ***************

Exercice 4 : Soit f la fonction définie par :

$$f(x) = \begin{cases} 0 & si\, x < 2 \\ \frac{3k}{x^4} & si\, x \geq 2 \quad avec \quad k \in \mathbb{R} \end{cases}$$

a) Quelles sont les conditions requises pour que la fonction f soit une densité de probabilité d'une variable aléatoire réelle ? En déduire l'unique valeur de la constante k.

Soit X la variable aléatoire réelle admettant f pour densité de probabilité.

b) Calculer l'espérance mathématique E(X) et la variance V(X) de X.

c) Déterminer la fonction de répartition F de X

d) Calculer les probabilités suivantes :

$$P(X > 5) \; ; \; P(X = 2) \; ; \; P((X < 5)/(X > 2)).$$

*************** ooo ***************

Sujet de contrôle continu n°16

Exercice 1 : Une promotion de l'UFR de Sciences Economiques et de Gestion comporte n étudiant(e)s. On suppose que ces étudiant(e)s sont issus d'une population suffisamment importante pour que la probabilité qu'un étudiant(e) soit de sexe masculin (ou de sexe féminin) soit égale à $\frac{1}{2}$.

Soient les deux événements suivants : A - « la promotion comporte au plus un étudiant » et B - « la promotion comporte au moins un étudiant et au moins une étudiante ».

On note X (respectivement Y) la variable aléatoire réelle associée au nombre d'étudiants (respectivement d'étudiantes) dans la promotion.

a) Caractériser les lois de probabilité de X et de Y.

b) Écrire $\overline{B}$ l'événement complémentaire de B, puis calculer, en fonction de n, les probabilités suivantes : $P(B)$; $P(A)$ et $P(A \cap B)$.

c) Montrer que les événements A et B sont indépendants, si et seulement si n = 3.

Soit l'événement C - « la promotion comporte plus de deux étudiants ».

d) Déterminer, sans résoudre complètement l'inéquation, la valeur n_0 telle que pour $n \geq n_0$, $P(C) \geq 90\%$.

*************** ooo ***************

Exercice 2 : Un laboratoire indépendant a mis au point un nouveau alcootest dont les résultats sont tels que lorsqu'un conducteur,

∗ est en état d'ébriété, 96 fois sur 100, l'alcootest se révèle positif.

∗ n'est pas en état d'ébriété, dans 2% des cas, l'alcootest se révèle positif.

Cet alcootest a été expérimenté dans une région où 3% de conducteurs conduisent en état d'ébriété.

a) Traduire les hypothèses en formalisant les événements concernés.

b) Calculer la probabilité que le conducteur soit en état d'ébriété et que l'alcootest est positif.

c) Calculer la probabilité que le conducteur ne soit pas en état d'ébriété et que l'alcootest n'est pas positif.

d) Calculer la probabilité que l'alcootest soit positif.

e) Calculer la probabilité qu'un conducteur de cette région dont l'alcootest s'est révélé positif, ne soit pas en état d'ébriété. Quelle est votre conclusion ?

f) Calculer la probabilité que le conducteur soit en état d'ébriété sachant que l'alcootest nest pas positif.

*************** ooo ***************

Exercice 3 : Le temps requis exprimé en minutes (mn) pour parcourir en tramway le trajet entre la station Gare-SNCF de Caen et la station Université-Campus 1 est supposé suivre une loi uniforme sur l'intervalle [8 mn , 12 mn].

Rappel : fonction densité d'une loi uniforme sur [a , b] :

$$X \to U_{[a,b]}\ ;\ f(x) = \begin{cases} \frac{1}{b-a} & si\ \ x \in [a,b] \\ 0 & ailleurs \end{cases}$$

a) Déterminer la fonction de répartition de la variable aléatoire réelle X associée au temps requis pour parcourir le trajet entre les deux stations.

b) Quelle est la probabilité que le tramway effectue le trajet entre les deux stations en moins de 9 minutes et 30 secondes ? Quel est le temps de parcours maximal du tramway dans 95% des cas ?

Supposons que le tramway parte de la station Gare-SNCF à 9 h précises et qu'un usager arrive à la station Université Campus 1 à 9 h 11 mn.

c) En supposant que le temps d'arrêt du tramway est négligeable, quelles sont les chances sur 100 que l'usager manque ce tramway pour se rendre à la gare ?

Actuellement les deux stations sont reliées par une ligne de bus.

Soit Y la variable aléatoire réelle associée au temps requis par le bus, pour parcourir le trajet entre les deux stations.

d) Déterminer la fonction densité de probabilité de $Y = 2X - 4$. Quelle est sa loi de probabilité ?

*************** ooo ***************

Exercice 4 : Un vendredi 13, Monsieur Dupont a coché 6 numéros parmi les 49 d'une grille du loto national. La grille est validée pour les deux tirages du lendemain samedi. On note X la variable aléatoire réelle associée au nombre de bons numéros dans une grille du loto.

a) Etablir l'expression de la distribution de probabilité de X.

b) En déduire l'espérance mathématique E(X) et la variance mathématique V(X) de X.

c) Quelle est la probabilité que Monsieur Dupont n'ait aucun bon numéro au premier tirage ? 2 bons numéros au premier tirage et 3 bons numéros au second tirage ? Aucun bon numéro au premier ou au second tirage ?

*************** ooo ***************

Sujet de contrôle continu n°17

Exercice 1 : Un tournoi d'échecs a réuni les 6 meilleurs joueurs du monde.

a) Combien de parties d'échecs différentes peut-on former avec les 6 joueurs ?

b) Combien de classements possibles sur le podium (1er, 2ème et 3ème) peut-on constituer au total ?

Parmi les 6 joueurs, on compte 2 Russes, 2 Américains, 1 Anglais et 1 Français. Si dans le classement du tournoi, on ne peut lire que la liste des nationalités des joueurs, mais pas leur identité,

c) Combien de classements différents de nationalités peut-on dénombrer ?

d) Combien de podiums (1er, 2ème, 3ème) peut-on dénombrer sans le joueur français ?

e) Combien de podiums (1er, 2ème, 3ème) peut-on dénombrer avec le joueur français en première position ?

*************** ∘∘∘ ***************

Exercice 2 : Soit X une variable aléatoire réelle dont la fonction densité de probabilité est définie par :

$$f(x) = \begin{cases} \frac{k}{x} & si\, x \in]1\,;\,e] \text{ et } k \in \mathbb{R} \\ 0 & ailleurs \end{cases}$$

a) Déterminer la valeur unique de la constante k.

b) Etablir la fonction F de répartition de X.

c) Calculer l'espérance mathématique E(X) et la variance V(X) de X.

d) Calculer la probabilité $P(1 < X \leq 2)$ et déterminer la valeur x_0 telle que $P(X > x_0) = \frac{1}{2}$.

*************** ∘∘∘ ***************

Exercice 3 : Pour se rendre au Campus 1 de l'Université de Caen, un étudiant a le choix entre 4 moyens de locomotion : l'automobile, le bus, le vélo et le tramway. Les probabilités de choix sont les suivantes :

l'Automobile : $P(A) = \frac{1}{3}$, le Bus : $P(B) = \frac{1}{4}$, le Vélo : $P(V) = \frac{1}{12}$.

Avec ces trois moyens de locomotion A, B et V, les probabilités d'arriver en retard sont respectivement : $\frac{1}{20}$, $\frac{1}{10}$ et $\frac{1}{5}$. En prenant le tramway, il n'est jamais en retard.

a) Quelle est la probabilité que l'étudiant choisisse le tramway pour se rendre à l'Université ?

b) Quelle est la probabilité que l'étudiant ait choisi le bus pour se rendre à l'Université et qu'il est arrivé en retard ?

c) Quelle est la probabilité qu'il ait choisi le vélo et qu'il n'est pas arrivé en retard ?

d) Quelle est la probabilité que l'étudiant arrive en retard à l'Université ?

e) L'étudiant est arrivé en retard, quelle est la probabilité qu'il ait choisi le Vélo pour se rendre à l'Université ?

f) L'étudiant n'est pas arrivé en retard, quelle est la probabilité qu'il ait choisi le tramway pour se rendre à l'Université ?

*************** ooo ***************

Exercice 4 : Les deux systèmes de vidéosurveillance d'une usine fonctionnent indépendamment, l'un à l'intérieur, l'autre à l'extérieur. Ils sont sujets à un certain nombre de dysfonctionnements par mois. Les lois de probabilité du nombre de pannes mensuelles pour chaque système se présentent comme suit :

x_i	X - Système Intérieur $P(X = x_i)$
0	0.15
1	0.35
2	0.35
3	0.15

y_j	Y - Système Extérieur $P(Y = y_j)$
0	0.20
1	0.40
2	0.30
3	0.10

Calculer les probabilités suivantes :

a) le système de surveillance intérieur a au moins 2 pannes par mois.

b) le nombre de pannes par mois du système intérieur est inférieur à 2 et celui du système extérieur est supérieur à 2.

c) il se produit une seule panne par mois.

d) le système de surveillance intérieur a le même nombre de pannes par mois que le système extérieur.

e) l'équipe d'entretien de l'usine ne peut réparer qu'un maximum de 4 pannes par mois. Quelle est alors la probabilité qu'elle ne puisse pas réparer toutes les pannes d'un mois donné ?

*************** ooo ***************

Sujet de contrôle continu n°18

Exercice 1 : Deux sous-traitants industriels fabriquent la même pièce à un grand constructeur aéronautique européen. Le sous-traitant S_1 fabrique en une journée deux fois plus de pièces que le sous-traitant S_2. Le pourcentage de pièces défectueuses est de l'ordre de 3% pour le sous-traitant S_1 et de 4% pour le sous-traitant S_2. On note D, l'événement la pièce fabriquée est défectueuse. On prélève une pièce au hasard dans l'ensemble de la production d'une journée.

a) Donner les probabilités suivantes :

$$P(S_1)\ ,\ P(S_2)\ ,\ P(D/S_1)\ ,\ P(\overline{D}/S_1),\ P(D/S_2)\ ,\ P(\overline{D}/S_2).$$

b) Quelle est la probabilité de prélever une pièce défectueuse ?

c) Quelle est la probabilité que la pièce prélevée provienne du sous-traitant 1 et est défectueuse ? Du sous-traitant 1 sachant qu'elle est défectueuse ?

*************** °°° ***************

Exercice 2 : La demande hebdomadaire en fioul domestique d'une PME de transport, exprimée en milliers de litres (M.L.), est associée à une variable aléatoire réelle notée X, de fonction densité de probabilité définie par :

$$\text{f(x)} = \begin{cases} k(1-x)^4 & si\ 0 \le x \le 1\ et\ k \in \mathbb{R} \\ 0 & sinon \end{cases}$$

a) Montrer clairement en justifiant votre réponse, que la constante $k = 5$ est la seule et unique valeur possible pour que f soit la fonction densité de probabilité de X.

b) Calculer l'espérance E(X) et la variance V(X) mathématique de X.

c) Etablir la fonction de répartition de X.

d) Quelle est la probabilité que la demande hebdomadaire de cette PME soit moins de 0.6 M.L. ? Plus de 0.3 M.L. ? Entre 0.6 et 1 M.L. ? Plus de 0.6 M.L. sachant qu'elle est de plus de 0.3 M.L. ?

e) L'entreprise est réapprovisionnée chaque fin de semaine. Quelle doit être la capacité du réservoir de foul pour que la probabilité d'épuiser ce réservoir soit inférieure à 10^{-5} ?

Soit Y = 1 - X, la variable aléatoire réelle associée à la demande par semaine en carburant B7 pour les véhicules de transport de l'entreprise.

f) En déduire l'espérance E(Y) et la variance V(Y) mathématique de Y.

g) Déterminer les fonctions de répartition G et de densité g de Y.

h) Quelle doit être la capacité du réservoir de carburant B7 pour que la probabilité d'épuiser ce réservoir une semaine donnée soit inférieure à 10^{-5} ?

*************** °°° ***************

Exercice 3 : Soit f une fonction de $\mathbb{R}$ dans $\mathbb{R}$ dont la représentation graphique est présentée ci-dessous :

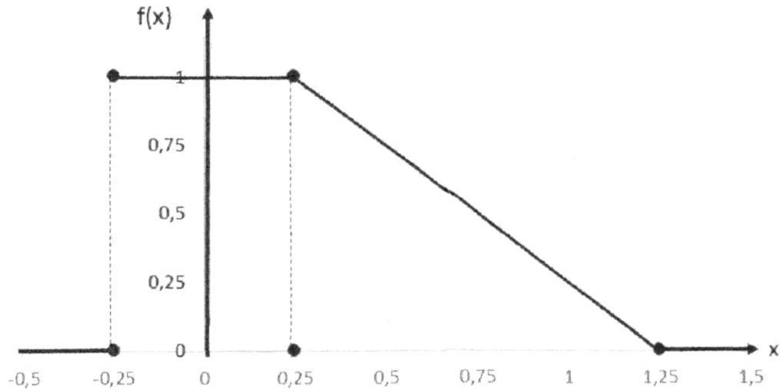

a) Peut-on considérer la fonction f représentée comme une fonction densité de probabilité d'une variable aléatoire réelle X ? Justifier votre réponse.

b) Donner à partir des informations du graphique de f les valeurs des probabilités suivantes :

$P(X > -\frac{1}{4})$, $P(-\frac{1}{4} < X \leq 0)$, $P(|X| > \frac{1}{4})$

c) Etablir sur tout $\mathbb{R}$, l'expression de la fonction densité de probabilité f de X, puis celle de sa fonction de répartition F.

N.B. : les trois questions sont indépendantes.

*************** ∘∘∘ ***************

Exercice 4 : Chaque véhicule sorti de la chaîne de montage subit deux types de contrôle de défauts. L'un visuel sur toute la Carrosserie du véhicule et l'autre plus technique relatif au Moteur du véhicule. On désigne par C l'événement : le véhicule a un défaut de carrosserie et par M l'événement : le véhicule a un défaut moteur. Une étude sur un grand nombre de véhicules sortis de cette chaîne de montage a montré que 10% des véhicules présente un défaut de carrosserie et 15% un défaut moteur.

La probabilité qu'un véhicule soit validé sans aucun des deux défauts pour la commercialisation est de l'ordre de 80%. On prélève au hasard un véhicule dans la production.

Quelle est la probabilité que ce véhicule présente un défaut,

a) pour au moins un des deux contrôles carrosserie ou moteur ?

b) pour les deux contrôles carrosserie et moteur ?

c) pour un seul des deux contrôles ?

d) de carrosserie sachant qu'il présente un défaut moteur ?

e) Les défauts carrosserie et moteur sont-ils incompatibles ? Indépendants en probabilité ?

*************** ∘∘∘ ***************

Chapitre 15.
Enoncés des examens terminaux

Sujet d'examen n°1

Exercice 1 : Une PME Eco-innovante fabrique des batteries en lithium-ion pour voitures électriques dont la durée de vie qui est au cœur du succès du développement des véhicules propres, suit une loi normale de moyenne 1200 cycles de décharge/recharge qui représentent une autonomie d'environ 72000 km avant le remplacement de la batterie, avec un écart-type de 200 cycles.

a) Quelle est la probabilité qu'une batterie choisie au hasard de la production soit hors d'usage au bout de 900 cycles de fonctionnement ?

b) Dans un lot de 10 000 batteries fabriquées par cette PME, combien seront hors d'usage entre 1100 et 1500 cycles ?

c) 10% des batteries de cette entreprise ont une durée de vie supérieure à combien de cycles ?

d) 5% des batteries électriques ont une durée de vie inférieure ou égale à combien de cycles ?

e) Entre quelles valeurs autour de la moyenne se situe la durée de vie des 95% des batteries électriques fabriquées par cette PME ?

f) En supposant que l'écart-type de la durée de vie de ces batteries reste inchangé, à quelle valeur doit être fixée la durée de vie moyenne de sorte que 5% des batteries auront une durée de vie inférieure à 1000 cycles ?

*************** °°° ***************

Exercice 2 : On veut transporter 2352 supporteurs de l'Olympique Lyonnais à Paris pour assister à un match de championnat de football.

Les 2352 voyageurs sont arrivés pratiquement en même temps à la Gare Perrache de Lyon. La SNCF a mis à leur disposition quatre trains identiques sans réservation. On suppose que chaque supporteur choisit au hasard l'un des quatre trains et qu'il n'a pas le temps d'en changer.

a) Etablir la loi de probabilité exacte du nombre de supporteurs qui voyagent dans un des quatre trains parmi les 2352 voyageurs ?

b) Par quelle loi de probabilité peut-on l'approximer ? Caractériser le ou les paramètre(s) de cette loi approchée. Justifier votre réponse.

c) Donner une valeur approchée de la probabilité qu'un train transporte le quart des supporteurs.

d) Combien faut-il prévoir de places assises dans chaque train si l'on veut que la probabilité pour que tous les voyageurs soient assis, soit supérieure ou égale à 99.50%?

e) Donner une valeur approchée de la probabilité de l'événement E : les 4 trains partent avec exactement le même nombre de voyageurs.

*************** ∘∘∘ ***************

Exercice 3 : Une compagnie d'assurance propose à ses clients deux types de biens totalement indépendants, l'assurance Auto et l'assurance Habitation. Selon le responsable du service statistique,

∗ le nombre de sinistres Autos par trimestre est distribué selon une loi de Poisson d'espérance mathématique égale à 16 autos/trimestre. Les sinistres des automobiles assurés par cette compagnie sont supposés indépendants.

a) Etablir la loi de probabilité suivie par le nombre de sinistres autos/an. Justifier votre réponse.

b) Donner une valeur approchée de la probabilité que cette compagnie enregistre moins de 60 sinistres autos au cours d'une année ? Justifier votre réponse.

∗ le nombre de sinistres Habitations annuel de cette compagnie suit une loi normale telle que la probabilité d'avoir plus de 14 sinistres est de l'ordre de 63% et la probabilité d'avoir au plus 22 sinistres est de l'ordre de 84%.

c) Quelle est la probabilité que cette compagnie enregistre moins de 10 sinistres habitations au cours d'une année ?

On s'intéresse au nombre total de sinistres (Automobiles et Habitations) que peut enregistrer cette compagnie au cours d'une année.

d) Donner une valeur approchée de la probabilité que cette compagnie enregistre 70 sinistres autos et plus de 20 sinistres habitations au cours d'une année. Justifier votre réponse.

e) Caractériser, en justifiant votre réponse, la loi de probabilité suivie par le nombre total de sinistres annuels de cette compagnie d'assurance.

f) Quelle est la probabilité que cette compagnie enregistre au total moins de 90 sinistres au cours d'une année ?

*************** ∘∘∘ ***************

Sujet d'examen n°2

Exercice 1 : Un fabricant de pièces de grande précision effectue un contrôle de qualité de ses pièces avant de les expédier par lots à différents magasins. Chaque lot est constitué de 100 pièces et comporte environ 1% de pièces défectueuses. Le plan de contrôle consiste à prélever au hasard un échantillon de 5 pièces d'un lot et si cet échantillon ne contient aucune pièce défectueuse, alors le lot est accepté, sinon le lot est refusé.

a) Quelle est la loi de probabilité exacte suivie par la variable aléatoire réelle notée X, associée au nombre de pièces défectueuses dans chaque échantillon prélevé ?

Justifier votre réponse et préciser ses paramètres.

b) Quelle est la probabilité qu'un lot soit accepté avec ce plan de contrôle ?

c) Par quelle loi de probabilité peut-on approcher la loi de X ?

Justifier votre réponse et préciser les paramètres de cette loi approchée.

En utilisant cette approximation, déterminer :

d) une valeur approchée de la probabilité qu'un lot soit accepté avec ce plan de contrôle.

e) combien de pièces faudrait-il prélever pour que la probabilité d'accepter le lot soit d'au moins 98% ?

*************** °°° ***************

Exercice 2 : Le système électronique d'une machine de production est sujet à un nombre de pannes par semestre qui est distribué selon une loi de Poisson bimodale, sachant que la probabilité d'avoir une panne par semestre est égale à la probabilité d'avoir deux pannes par semestre.

a) Quelle est la probabilité de n'avoir aucune panne par semestre ? Plus d'une panne par semestre ?

b) Quelle est la probabilité d'avoir au cours d'un semestre donné, un nombre de pannes compris entre l'espérance mathématique plus ou moins un écart-type ?

Cet équipement peut être acquis avec un contrat d'entretien dont le coût annuel est de 1200 €, auquel cas l'entreprise n'a aucun frais de réparation à subir. Le directeur de l'entreprise a évalué que, sans contrat d'entretien, il lui en coûtera des frais s'élevant à 260 € par panne.

c) A combien de pannes par an peut-on s'attendre en moyenne ?

d) Quelle est la probabilité d'observer au moins une panne par an ?

e) Quelle est la probabilité pour qu'en une année d'exploitation, l'entreprise réalise une économie d'au moins 700 € si l'équipement est acquis sans contrat d'entretien ?

*************** °°° ***************

Exercice 3 : Une agence de biens immobiliers réalise deux types de transactions par jour, des Ventes et des Locations. Selon le responsable de l'agence, ces deux types de transactions sont indépendants et normalement distribués.

- Le responsable de l'agence a constaté que la probabilité que le nombre de ventes par jour soit inférieur ou égal à 3 ventes est de l'ordre de 50% et que la probabilité qu'il soit supérieur à 4 ventes est égale à 30.85%.

a) Déterminer les paramètres, espérance mathématique et écart-type, de la variable aléatoire réelle associée au nombre de Ventes journalières réalisées par cette agence immobilière.

b) Quelle est la probabilité que cette agence réalise au moins une vente dans la journée ? Moins du quart des ventes journalières de cette agence sont supérieures à quelle valeur ?

- La variable aléatoire réelle associée au nombre de Locations par jour réalisées par cette agence, suit une loi normale d'espérance mathématique égale à 5 et d'écart-type égal à 1.

c) Quelle est la probabilité qu'un jour donné, cette agence réalise un nombre de locations compris entre 3 et 6 locations ? Plus du tiers des locations/jour de cette agence sont inférieures à quelle valeur ?

- Calculer les probabilités suivantes :

d) Probabilité que cette agence immobilière réalise plus d'une vente et moins de 6 locations dans la journée ?

e) Probabilité qu'un jour donné, cette agence réalise plus d'une vente sachant qu'elle a réalisé moins de 6 locations ?

f) Probabilité que cette agence réalise plus de 9 transactions dans la journée ? Justifier votre réponse.

*************** ooo ***************

Sujet d'examen n°3

Exercice 1 : Le montant des achats effectués par les clients d'un magasin est supposé normalement distribué d'espérance mathémaque 60 € et d'écart-type 20 €. On choisit un client au hasard :

a) Quelle est la probabilité que le montant des achats de ce magasin soit inférieur à 45 € ? Compris entre 50 € et 100 € ? Supérieur à 95 € ?

b) 20% des montants des achats sont inférieurs à quelle valeur ? Entre quelles valeurs, autour de la moyenne, sont compris 80% des montants des achats ?

Dans le cadre d'une campagne de promotions, une remise va être accordée aux clients dont le montant des achats est supérieur ou égal à 95 €.

c) Quelle est la loi de probabilité courante suivie par la variable aléatoire réelle associée au nombre de clients qui bénéficient de cette remise, parmi un échantillon de 100 clients ayant effectué des achats dans ce magasin ? Justifier votre réponse.

d) Calculer la probabilité qu'aucun client ne bénéficie de cette remise parmi cet échantillon ?

e) Par quelle loi de probabilité peut-on obtenir une approximation satisfaisante du nombre de clients qui bénéficient de cette remise ? Justifier votre réponse. En déduire le nombre le plus probable de clients qui bénéficient de cette remise.

*************** °°° ***************

Exercice 2 : Soit X une variable aléatoire réelle qui suit une loi de Paréto, aussi appelée loi des 80/20 : 80% de la richesse est concentrée parmi 20% de la population. Soit f sa fonction densité de probabilité définie par :

$$f(x) = \begin{cases} 0 & si\ x < 1 \\ \frac{\alpha a^{\alpha}}{x^{\alpha+1}} & si\ x \geq 1\ a \in \mathbb{R}\ et\ \alpha \in \mathbb{N}^* \end{cases}$$

a) Déterminer les paramètres a et α sachant que $E(X) = 2$.

b) Déterminer la fonction F de répartition de X.

c) Etablir la fonction de répartition de la variable aléatoire réelle $Y = lnX$. Quelle est la loi de probabilité courante suivie par Y ?

d) En déduire ou calculer l'espérance mathématique E(Y) de Y.

*************** °°° ***************

Exercice 3 : Les clients d'un hypermarché se répartissent de façon aléatoire entre les caisses pour régler leurs achats. On suppose que le nombre de clients arrivant à une caisse quelconque, au cours de la période de fermeture (un quart d'heure avant la fermeture du magasin), est une variable aléatoire qui obéit à une loi de Poisson de paramètre $\lambda = 3.2$.

L'hypermarché compte au total 20 caisses toutes ouvertes pendant cette période de fermeture. On suppose que les arrivées des clients à ces différentes caisses sont indépendantes.

a) Quelle est la probabilité qu'il n'arrive aucun client à une caisse quelconque pendant cette période de fermeture ?

b) Quelle est la probabilité d'avoir exactement 50 clients aux caisses de ce magasin pendant cette période de fermeture ? Justifier votre réponse.

c) Quel est le nombre moyen de clients qui arrivent aux caisses pendant cette période ?

d) Donner une valeur approchée de la probabilité qu'il arrive aux caisses entre plus de 50 clients et au plus 80 clients pendant cette période de fermeture.

*************** °°° ***************

Exercice 4 : On considère le stock d'un produit et on note X la quantité stockée au début d'une journée donnée, Y les entrées en stock au cours de la journée et Z les sorties du stock. X, Y et Z sont des variables aléatoires réelles supposées indépendantes qui suivent les lois suivantes :

$X \to P(20)$: loi de poisson de paramètre $\lambda = 20$,

$Y \to B(30, 0.60)$: loi binomiale de paramètres $n = 30$ et $p = 0.60$,

$Z \to N(25, 3^2)$: loi normale de moyenne $m = 25$ et d'écart-type $\sigma = 3$ unités.

a) Déterminer une valeur approchée de la probabilité d'avoir plus de 10 produits en stock en début de journée.

b) Déterminer une valeur approchée de la probabilité d'avoir au plus 15 produits en entrée de stock au cours d'une journée donnée.

Soit W la quantité restant en stock en fin de journée.

c) Quelle est la loi de probabilité approchée de W ? En déduire E(W) son espérance mathématique et V(W) sa variance.

d) Calculer la probabilité d'une rupture de stock.

*************** °°° ***************

Sujet d'examen n°4

Exercice 1 : A la sortie d'une chaîne de montage, on effectue un contrôle final des véhicules avant de les expédier à différents concessionnaires. Le plan de contrôle suivant est employé par le fabricant (chaque lot à expédier est constitué de 1200 véhicules). Le responsable prélève au hasard 100 véhicules et si aucun n'est défectueux dans l'échantillon, il expédie le lot. Sinon, le lot entier est vérifié.

En admettant qu'il y a 2% de véhicules défectueux dans le lot,

a) Quelle est la loi de probabilité exacte de la variable aléatoire réelle notée X, associée au nombre de véhicules défectueux dans l'échantillon prélevé ? Etablir l'expression de la probabilité qu'un lot soit accepté avec ce plan de contrôle.

b) Montrer que X peut être approchée par une loi de probabilité discrète. Justifier votre réponse. Donner une valeur approchée de la probabilité qu'un lot soit accepté avec ce plan de contrôle.

c) Quelle doit être la taille de l'échantillon de véhicules à contrôler pour que la probabilité d'acceptation d'un lot soit supérieure ou égale à 40% ?

d) Montrer que X peut également être approchée par une autre loi de probabilité dont on précisera le ou les paramètre(s). Justifier votre réponse.

Donner à nouveau une valeur approchée de la probabilité qu'un lot soit accepté avec ce plan de contrôle.

e) Quel est le nombre de véhicules défectueux le plus probable dans cet échantillon prélevé et calculer sa probabilité.

*************** °°° ***************

Exercice 2 : Une entreprise distribue un certain aliment dans un contenant dont le poids après remplissage est en moyenne $m = 340$ grammes. Toutefois, on peut ajuster le processus de remplissage pour obtenir une valeur moyenne désirée. Le poids est normalement distribué avec un écart-type $\sigma = 6$ g.

a) Quelle est la probabilité qu'un contenant d'aliments choisi au hasard de la production ait un poids supérieur à 346 g ?

b) Quelle est la probabilité qu'un contenant ait un poids qui diffère de la moyenne par plus ou moins 4 g ?

c) Sur une production de 1000 contenants d'aliments, combien auront un poids inférieur à 330 g ?

d) 98% des contenants produits auront un poids inférieur à quelle valeur ?

e) A quelle valeur m^* doit être fixé le niveau moyen de remplissage pour assurer que seulement 1% des contenants auront un poids inférieur à 340 g, l'écart-type $\sigma = 6$ g restant inchangé ?

*************** °°° ***************

Exercice 3 : Une étude effectuée sur l'affluence du site Internet de la Faculté de Sciences Economiques et de Gestion de l'Université Lumière Lyon 2, a permis d'établir que le nombre de connexions au cours d'un quart d'heure, est distribuée selon une loi de Poisson d'espérance mathématique égale à 0.5.

a) Quelle est la probabilité de n'observer aucune connexion au cours de 15 mn ?

b) Quelle est la probabilité que le nombre de connexions par quart d'heure soit compris entre son espérance mathématique plus ou moins un écart-type ?

En admettant que les variables correspondant à des quarts d'heure différents sont indépendantes,

c) quel est, en moyenne, le nombre de connexions au cours d'une journée ? Justifier votre réponse.

d) Montrer que le nombre de connexions au cours d'une journée peut être approché par une loi de probabilité dont on précisera le ou les paramètres. Justifier votre réponse.

e) Déterminer une valeur approchée de la probabilité d'avoir plus de 30 connexions au cours d'une journée.

*************** ◦◦◦ ***************

Exercice 4 : Une PME envisage de mettre sur le marché un nouveau produit. Toutefois, pour avoir une pénétration raisonnable, il faut que le marché cible soit constitué d'au moins 80% de ménages ayant un revenu annuel de 13 M.€. et plus. D'après la responsable du projet de l'entreprise, le revenu annuel des ménages dans la région Rhône-Alpes suit une loi normale. Elle précise également qu'il y a une probabilité de 2.27% pour qu'il soit supérieur à 19 M.€. et une probabilité de 93.32% d'être inférieur à 18 M.€..

a) Déterminer le revenu annuel moyen des ménages dans la région Rhône-Alpes ainsi que l'écart-type de ce revenu.

b) Est-ce que la région Rhône-Alpes correspond au marché visé ? Justifier votre réponse.

Il semble que 43% de la population des ménages de cette région soit en faveur de ce nouveau produit. Dans un échantillon de 200 ménages de cette région :

c) Donner une valeur approchée de la probabilité d'avoir exactement la moitié des ménages de cet échantillon en faveur du nouveau produit.

d) Donner une valeur approchée de la probabilité que dans cet échantillon, une majorité soit en faveur du nouveau produit.

*************** ◦◦◦ ***************

Sujet d'examen n°5

Exercice 1 : La compagnie aérienne LYON'AIR pratique « l'over-booking » afin d'améliorer le taux de remplissage de ses avions.

Pour limiter les pertes dues aux défections, la compagnie accepte, pour un vol, plus de réservations que de places disponibles dans l'avion, avec le risque d'avoir, le jour du départ, à indemniser des clients sans place.

Pour un vol long courrier pouvant transporter 367 passagers, la compagnie propose 400 places à la réservation. D'après la compagnie, la probabilité qu'un vol soit complet le jour du départ est de l'ordre de 90%. Soit X la variable aléatoire réelle associée au nombre de personnes ayant une réservation et se présentant au guichet de l'aéroport pour l'enregistrement le jour du départ.

a) Quelle est la loi de probabilité exacte de X ?

En déduire son espérance mathématique E(X) et sa variance V(X).

b) Donner une valeur approchée de la probabilité que toute personne ayant une réservation et se présentant au guichet pour l'enregistrement soit assurée d'une place pour ce vol.

c) Quelle est la probabilité qu'au moins une personne ayant une réservation et se présentant au guichet d'enregistrement se voit refuser l'embarquement ?

d) Quelle est la probabilité qu'un usager n'ayant aucune réservation puisse obtenir un siège en se présentant au guichet d'enregistrement à la dernière minute ?

*************** ∘∘∘ ***************

Exercice 2 : Actuellement le trafic aérien (nombre d'arrivées et de départs d'avions) d'une aérogare durant une heure de pointe suit une loi normale de paramètres m et σ inconnus. Le responsable des études statistiques de l'aérogare a constaté que pendant les heures de pointe, la probabilité que le trafic aérien soit supérieur à 40 avions est de l'ordre de 97.73% et que la probabilité qu'il soit inférieur à 55 avions est de l'ordre de 84.13%.

a) Déterminer les paramètres m et σ de la loi normale suivie par le trafic aérien de cet aéroport pendant une heure de pointe.

b) Si la capacité actuelle de la piste de l'aérogare est de 60 avions à l'heure, quelle est la probabilité que la piste soit congestionnée ou surchargée durant la période de pointe ?

c) D'après les prévisions de la direction, le niveau moyen du trafic aérien devrait augmenter linéairement au taux de 10% par an du niveau moyen actuel, tout en conservant le même coefficient de variation.

Si aucune autre aérogare n'est construite, quelle est la probabilité que la piste soit congestionnée durant la période de pointe dans 8 ans ?

d) Si les prévisions de la direction sur le trafic sont exactes, quelle devrait être la capacité de l'aérogare dans 8 ans pour que la probabilité de congestion durant l'heure de pointe soit inférieure ou égale à 2% ?

*************** ooo ***************

Exercice 3 : Un appareil servant à l'étiquetage de bouteilles est sujet à deux types de pannes possibles, soit une défaillance Electronique, soit une défaillance Mécanique. Les deux sources de pannes sont indépendantes.

- le nombre de pannes attribuables à une défaillance Electronique est distribué selon une loi de Poisson dont le taux moyen est de 2 pannes/trimestre,

- la probabilité que l'appareil tombe en panne pour une défaillance de type Mécanique est de l'ordre de $2,5\%$ par jour.

L'appareil est supposé enregistrer au maximum une panne mécanique par jour ; de plus, les pannes mécaniques d'une journée à l'autre sont supposées indépendantes.

a) On note E la variable aléatoire réelle associée au nombre de pannes électroniques enregistrées au cours d'un trimestre de fonctionnement. Quelle est la probabilité pour qu'au cours d'un trimestre de fonctionnement, il y ait au moins une défaillance électronique ?

b) On note M la variable aléatoire réelle associée au nombre de pannes mécaniques enregistrées/trimestre (80 jours ouvrables) de fonctionnement :

1) Quelle est la probabilité pour qu'au cours d'un trimestre de fonctionnement, il y ait au moins une défaillance mécanique ?

2) Combien faudrait-il de jours de fonctionnement pour avoir une probabilité d'au moins 78% de n'enregistrer aucune défaillance mécanique ?

c) Laquelle des deux distributions de pannes est la plus homogène ?

d) Quelle est la probabilité pour qu'au cours d'un trimestre de fonctionnement (80 jours ouvrables) :

1) il y ait une seule défaillance de l'appareil ?

2) il y ait une défaillance électronique et une défaillance mécanique ?

e) Approximations :

1) Par quelle loi peut-on obtenir une approximation satisfaisante du nombre de pannes mécaniques au cours d'un trimestre de fonctionnement ? Justifier votre réponse. En déduire une valeur approchée de la question b1).

2) Quelle est la loi de probabilité du nombre total de défaillances de l'appareil au cours d'un trimestre de fonctionnement ? Justifier votre réponse. En déduire une valeur approchée de la question d1).

*************** ooo ***************

Sujet d'examen n°6

Exercice 1 : Un fabricant de petites pièces de précision effectue un contrôle final sur ses pièces avant de les expédier par lots à différents dépositaires. Chaque lot à expédier est constitué d'environ 1000 pièces et comporte environ 2% de pièces défectueuses. Il prélève au hasard un échantillon de 50 pièces, si au plus 1 pièce est défectueuse, alors le lot est accepté.

a) Quelle est la loi de probabilité exacte du nombre de pièces défectueuses dans chaque échantillon prélevé ? Préciser ses paramètres.

b) Par quelle loi de probabilité peut-on approcher la loi du nombre de pièces défectueuses dans chaque échantillon prélevé ? Justifier votre réponse et préciser ses paramètres.

c) En utilisant cette approximation, donner une valeur approchée de la probabilité qu'un lot soit accepté avec ce plan de contrôle.

d) En moyenne, à combien de pièces défectueuses dans l'échantillon prélevé, ce fabricant peut-il s'attendre ?

e) Par quelle autre loi de probabilité peut-on encore approcher la loi du nombre de pièces défectueuses dans chaque échantillon prélevé ? Justifier votre réponse, puis donner à nouveau une valeur approchée de la probabilité qu'un lot soit accepté avec ce plan de contrôle.

*************** ∘∘∘ ***************

Exercice 2 : Un équipement électronique complexe est installé sur une machine de production pour tester une caractéristique importante d'un produit.

Toutefois cet équipement est sujet à des pannes qui se produisent selon une loi de Poisson au taux moyen de 1 panne par trimestre. Cet équipement peut être acquis avec un contrat d'entretien dont le coût annuel est de 1200 € auquel cas l'entreprise n'a aucun frais de réparation à subir.

Le directeur de l'entreprise a évalué que, sans aucun contrat d'entretien, il encourra par panne des frais s'élevant à 260 €.

a) Quelle est la probabilité d'observer exatement une panne par trimestre ?

b) Quelles sont les nombres de pannes/trimestre les plus probables ?

c) Quelle est la probabilité d'observer au moins une panne par an ?

d) Quelle est la probabilité, qu'en une année d'exploitation, l'entreprise réalise une économie d'au moins 700 € si l'équipement est acquis sans contrat dentretien ?

*************** ∘∘∘ ***************

Exercice 3 : Les ventes journalières d'un concessionnaire Lyon Central Autos sont de deux types, les voitures neuves et les voitures d'occasion. Ces deux types de ventes sont indépendants. Selon le responsable de la concession, le nombre de voitures neuves vendues par jour est normalement distribué et la probabilité de vendre une voiture d'occasion un jour donné est de l'ordre 35%.

1) On note N la variable aléatoire réelle associée au nombre de voitures neuves vendues par jour, qui est supposée suivre une loi normale de paramètres m et σ^2 inconnues :

a) Sachant les probabilités : $P(N \leq 3) = 50\%$ et $P(N > 4) = 30.85\%$, déterminer la moyenne m et la variance σ^2 de N.

b) Quelle est la probabilité que ce concessionnaire vende au moins une voiture neuve dans la journée ?

c) Moins de 25% des voitures neuves vendues sont supérieures à quelle valeur ?

2) On note O la variable aléatoire réelle associée au nombre de voitures d'occasion vendues par jour au cours des 48 derniers jours :

a) Quelle est la loi de probabilité exacte de O ? En moyenne, Lyon Central Autos peut s'attendre à combien de ventes de voitures d'occasion par jour ?

b) Combien de jours faudrait-il considérer pour avoir une probabilité de ne vendre aucune voiture d'occasion un jour donné, au plus égale à 5% ?

3) Approximations :

a) Par quelle loi de probabilité peut-on approximer le nombre de ventes par jour de voitures d'occasion de cette concession ? Justifier votre réponse.

b) Donner les valeurs approchées des probabilités suivantes :

- Probabilité que ce concessionnaire vende exactement 6 voitures d'occasion dans la journée.

- Probabilité que ce concessionnaire vende moins de 10 voitures d'occasion dans la journée.

c) Quelle est la loi de probabilité approchée du nombre total de voitures vendues par jour dans cette concession automobiles ? Justifier votre réponse.

d) Donner une valeur approchée de la probabilité que ce concessionnaire vende plus de 10 voitures dans la journée.

*************** °°° ***************

Sujet d'examen n°7

Exercice 1 : Soit f la fonction densité du couple (X , Y) de variables aléatoires réelles définie par :

$$f(x,y) = \begin{cases} \frac{3}{5}(x^2+xy) & si\ 0 \leq x \leq 1\ et\ 0 \leq y \leq 2 \\ 0 & ailleurs. \end{cases}$$

a) Déterminer les densités marginales de X et de Y.

b) Déterminer la densité de probabilité de Y sachant X.

c) Les variables X et Y sont-elles indépendantes en probabilité ?

d) Calculer E(XY), puis en déduire la covariance Cov(X , Y) entre X et Y.

e) Déterminer la fonction de répartition conjointe F de X et Y.

*************** ooo ***************

Exercice 2 : Deux restaurants se disputent la clientèle constituée par les 576 employés d'une entreprise. En supposant que chaque employé a autant de chances de choisir un restaurant que l'autre.

Combien de repas journaliers doit prévoir chacun des deux restaurants pour pouvoir satisfaire la demande dans au moins 98% des cas ?

*************** ooo ***************

Exercice 3 : Une usine produit un type d'outil métallique en très grand nombre. La probabilité pour qu'un outil fabriqué soit défectueux est égale à 10%.

On prélève 400 pièces successivement, une à une, avec remise.

Soit X la variable aléatoire réelle associée au nombre d'outils défectueux à mettre au rebut parmi cet échantillon prélevé dans la fabrication totale :

a) Quelle est la loi de probabilité de X ? Déterminer ses paramètres.

b) Quels sont l'espérance mathématique et l'écart-type de X ?

c) Calculer la probabilité qu'il y ait 35 outils défectueux dans l'échantillon.

d) Justifier ensuite une approximation de la loi de probabilité de X et préciser ses paramètres.

e) Quelle est la valeur approchée de la probabilité qu'il y ait au plus 25 pièces défectueuses ? Qu'il y ait strictement moins de 50 et strictement plus de 30 pièces défectueuses ?

*************** ooo ***************

Exercice 4 : Considérons la variable aléatoire réelle X associée à la durée de vie des ampoules exprimée en milliers d'heures, qui suit une loi exponentielle. Soit la fonction f définie par :

$$f(x) = \begin{cases} 0 & si\, x < 0 \\ ke^{-\frac{x}{20}} & si\, x \geq 0 \quad avec \quad k \in \mathbb{R} \end{cases}$$

a) Pour quelle valeur du nombre réel k la fonction f est-elle bien une densité de probabilité ?

b) Déterminer la fonction de répartition F de X.

c) Calculer les probabilités suivantes :

$P(15 < X < 25)$ et $P_{(X>20)}(X > 35)$ puis, interpréter le résultat.

*************** ooo ***************

Sujet d'examen n°8

Exercice 1 : Une compagnie de transport en commun pratique les tarifs suivants : le ticket donnant droit à un trajet en métro coûte 1,50 €, le montant de l'amende est fixé à 25 € pour chaque infraction constatée. La probabilité p pour un voyageur d'être contrôlé au cours d'un trajet est supposée constante et seule connue par la compagnie.

Un voyageur fraudeur décide de prendre systématiquement le métro sans payer jusqu'à la première amende et d'arrêter alors de frauder.

On note X la variable aléatoire réelle associée au nombre de trajets effectués jusqu'à la première amende.

a) Reconnaître la loi de probabilité de X, puis calculer en fonction de p la probabilité que le voyageur soit contrôlé au 3ème voyage.

b) Donner l'espérance mathématique E(X), la variance V(X) et l'écart-type $\sigma(X)$ de X exprimés en fonction de p.

On note B le bénéfice algébrique du voyageur après son premier contrôle. Il n'a payé aucun ticket de métro, mais il a dû régler l'amende de 25 €.

c) Exprimer B en fonction de X et en déduire le bénéfice algébrique moyen du voyageur, exprimé en fonction de p.

d) Quelle doit être la valeur de p pour que les contrôles effectués par la compagnie soient dissuasifs.

*************** °°° ***************

Exercice 2 : Une usine fabrique des cadres de vélo. Pour qu'une pièce soit terminée, il faut qu'elle passe par la chaîne A, puis par la chaîne B. Le temps de passage exprimé en minutes (mn) pour un objet sur la chaîne A est une variable aléatoire réelle, notée X, qui suit une loi exponentielle de paramètre $\lambda = 2$. Le temps de passage exprimé en minutes pour un objet sur la chaîne B est une variable aléatoire réelle, notée Y, qui suit une loi continue uniforme sur l'intervalle $[\frac{1}{2} ; \frac{3}{2}]$. Les variables X et Y sont supposées indépendantes.

a) Rappeler les expressions des fonctions de densité et de répartition de X.

b) Calculer les probabilités des événements : $(X < 3)$ et $(0.5 < X < 1.5)$

c) Quelles sont l'espérance E(X) et la variance mathématique V(X) de X.

d) Rappeler les expressions des fonctions de densité et de répartition de Y.

e) Calculer les probabilités des événements : $(0.7 < Y < 1)$ et $(Y > 0.8)$.

f) Quelles sont l'espérance E(Y) et la variance mathématique V(Y) de Y.

Soit S la variable aléatoire associée au temps total de fabrication d'une pièce.

g) Exprimer S en fonction de X et de Y, puis déterminer le temps moyen de fabrication d'une pièce.

h) Quelle est la variance mathématique V(S) de S ? Justifier votre réponse.

*************** °°° ***************

Exercice 3 : Une compagnie a un contrat d'entretien pour 300 ascenseurs. On admet que, chaque semaine, la probabilité de panne d'un ascenseur est de $\frac{1}{75}$. On suppose que les pannes d'un ascenseur et les pannes de deux ascenseurs différents sont indépendantes. Soit X la variable aléatoire réelle associée au nombre de pannes par semaine du parc complet des ascenseurs :

Partie A. Étude de X.

a) Quelle est la loi de probabilité exacte suivie par X et quels sont ses paramètres ?

b) Quelle est la probabilité pour que lors d'une semaine donnée, il y ait plus d'une panne ? Exactement 4 pannes ?

c) Quels sont l'espérance mathématique E(X), la variance V(X) et l'écart-type $\sigma(X)$ de X ?

Partie B. Approximation de la loi de probabilité de X.

d) Montrer que la loi de probabilité de X peut être approchée par une loi de Poisson. Préciser la valeur de son paramètre.

En utilisant cette approximation de Poisson, donner une valeur approchée de la probabilité que :

- la compagnie ait à intervenir exactement 6 fois durant une semaine.
- la compagnie ait à intervenir plus de 2 fois durant une semaine.

Partie C. Sécurité.

On note Y la variable aléatoire réelle associée au poids (kg) d'un adulte usager d'ascenseurs choisi au hasard. On suppose que Y suit une loi normale d'espérance mathématique 70 kg et d'écart-type 15 kg :

e) Quelle est la probabilité qu'un adulte usager pèse moins de 97 kg ? Entre 64 kg et 85 kg ?

Un ascenseur peut supporter 500 kg avant la surcharge. Les normes de sécurité spécifient que la probabilité de surcharge ne doit pas dépasser 0,01%.

f) Justifier que la variable aléatoire réelle S_n, associée au poids total de n usagers adultes dont les poids sont supposés indépendants, suit une loi normale dont on précisera les paramètres.

g) Calculer les probabilités de surcharge p_5 lorsqu'il y a 5 adultes dans l'ascenseur et p_6 lorsqu'il y a 6 adultes dans l'ascenseur. En déduire le nombre de personnes autorisées à emprunter l'ascenseur.

*************** ooo ***************

Sujet d'examen n°9

Exercice 1 : Un responsable du service technique du département Assurance Qualité doit prélever un échantillon de taille $n = 8$ d'un lot de 20 composants électroniques.

Un lot comporte habituellement 10% de composants défectueux.

a) Déterminer la probabilité de n'avoir aucun composant défectueux dans l'échantillon prélevé.

b) Calculer, puis interpréter le coefficient de variation de la distribution du nombre de composants défectueux dans l'échantillon.

c) On accepte le lot de composants si au plus un composant est défectueux dans l'échantillon, sinon, le lot est refusé. Quelle est la probabilité que le lot soit accepté avec ce plan de contrôle ?

d) Quelle doit être la taille de l'échantillon à prélever pour que la probabilité qu'aucun composant défectueux soit supérieure à 50% ?

*************** ∘∘∘ ***************

Exercice 2 : Un fabricant de petites pièces de précision effectue un contrôle final sur ses pièces avant de les expédier par lots à différents dépositaires. Chaque lot est constitué d'environ 1000 pièces et comporte environ 2% de pièces défectueuses. Il prélève au hasard un échantillon de 50 pièces et si au plus 1 pièce est défectueuse, alors le lot est accepté.

a) Quelle est la loi de probabilité exacte du nombre de pièces défectueuses dans chaque échantillon prélevé ? Préciser ses paramètres.

b) Par quelle loi de probabilité peut-on approcher la loi du nombre de pièces défectueuses dans chaque échantillon prélevé ? Justifier votre réponse et préciser ses paramètres.

c) En utilisant cette approximation, calculer la probabilité qu'un lot soit accepté avec ce plan de contrôle.

d) En moyenne, à combien de pièces défectueuses dans l'échantillon, ce fabricant peut-il s'attendre ?

e) Par quelle autre loi de probabilité peut-on encore approcher la loi du nombre de pièces défectueuses dans chaque échantillon prélevé ? Justifier votre réponse, puis calculer à nouveau la probabilité qu'un lot soit accepté avec ce plan de contrôle.

*************** ∘∘∘ ***************

Exercice 3 : Deux distributeurs automatiques de billets sont localisés l'un à l'extérieur l'autre à l'intérieur de la galerie marchande d'une grande surface.

On étudie le nombre aléatoire d'utilisateurs de ces distributeurs pendant une période d'un quart d'heure entre l'ouverture et la fermeture de la grande surface.

Un utilisateur sera compté s'il utilise un distributeur dans le quart d'heure considéré. On suppose que le nombre X d'utilisateurs du distributeur situé à l'extérieur suit une loi de poisson avec un taux moyen de 1 utilisateur par quart d'heure.

a) Quelle est la probabilité de n'avoir aucun utilisateur pendant le quart d'heure considéré devant le distributeur situé à l'extérieur ?

On suppose que le nombre Y d'utilisateurs du distributeur situé à l'intérieur suit une loi de poisson, on a pu établir que la probabilité qu'il y ait 4 utilisateurs en un quart d'heure est le double de la probabilité qu'il y en ait 5.

b) Montrer que l'espérance mathématique de Y est égale à 2.5.

c) Quelle est la probabilité d'avoir un seul utilisateur pendant le quart d'heure considéré devant le distributeur situé à l'intérieur ?

d) Quelle est la probabilité d'avoir plus d'un utilisateur pendant le quart d'heure considéré devant les deux distributeurs ?

*************** ∘∘∘ ***************

Exercice 4 : Une société d'autoroute fait une étude sur le temps qui s'écoule entre le passage de deux voitures au poste de péage, la nuit. Un seul employé travaille la nuit. On considère qu'entre 1 heure et 5 heures du matin, le temps d'attente (en minutes) de l'employé au poste de péage, entre le passage de deux voitures, est une variable aléatoire réelle T (en minutes) de fonction densité :

$$\text{f(t)} = \begin{cases} 0 & si\, t < 0 \\ \frac{1}{10}e^{-\frac{1}{10}t} & si\, t \geq 0 \end{cases}$$

a) Déterminer le temps moyen d'attente entre deux voitures à cette période.

b) Déterminer la fonction de répartition F de T, le temps d'attente entre le passage de deux voitures.

Il est 2 heures du matin. Une voiture vient de passer au poste de péage.

c) Déterminer la probabilité de chacun des événements suivants :

∗ avant le passage de la prochaine voiture, il va s'écouler moins de 15 mn.

∗ attendre plus de 3 minutes avant le passage de la prochaine voiture.

∗ la prochaine voiture passera très exactement dans 12 mn et 30 s.

d) Sachant que 12 minutes se sont déjà écoulées depuis le passage de la dernière voiture, calculer la probabilité qu'aucune voiture ne se présente au péage dans les 3 minutes qui suivent.

*************** ∘∘∘ ***************

Sujet d'examen n°10

Exercice 1 : Les microprocesseurs utilisés par une entreprise spécialisée dans le montage de micro-ordinateurs, proviennent d'un fournisseur et sont expédiés en lot de 20. Chaque lot est vérifié avec le plan de contrôle suivant :

On prélève un échantillon de 5 microprocesseurs du lot. Le lot est accepté si au plus un microprocesseur est défectueux dans l'échantillon ; sinon, le lot est refusé.

a) Déterminer la probabilité d'acceptation du lot s'il contient effectivement 2 microprocesseurs défectueux.

b) Quelles sont l'espérance et la variance mathématique du nombre de microprocesseurs défectueux dans l'échantillon ?

*************** ००० ***************

Exercice 2 : Soit f la fonction densité de probabilité d'une variable aléatoire réelle X, définie par :

$$f(x) = \begin{cases} \frac{1+3x^2}{4} & si\, x \in [-1\ ,\ +1] \\ 0 & ailleurs \end{cases}$$

a) Calculer l'espérance mathématique E(X) et la variance V(X) de X.

b) Déterminer la fonction de répartition F de X. En déduire la valeur x_0 de telle sorte que $P(X \leq x_0) = P(X > x_0)$. Que représente x_0 ?

c) Calculer la probabilité conditionnelle suivante : $P[(-\frac{1}{2} \leq X \leq \frac{1}{2})/(X > 0)]$.

d) Déterminer l'intervalle I centré sur 0 de longueur $2 \times a$ tel que :
$P(\mid X \mid \leq a) = 31.25\%$.

*************** ००० ***************

Exercice 3 : Une étude effectuée sur l'affluence d'accès au site web de l'UFR de sciences économiques et de gestion de l'Université de Caen Basse-Normandie, a permis d'établir que le nombre de connexions, au cours d'un intervalle de temps d'une minute (mn), est distribué selon une loi de Poisson de paramètre $\lambda = 0.2$.

a) Quelle est la probabilité de n'observer aucune connexion au cours d'une minute ?

b) Quel est le nombre moyen de connexions au cours d'un intervalle de cinq minutes ?

c) Quelle est le nombre de connexions par intervalle de cinq minutes le plus probable ?

d) Quelle est la probabilité d'observer au moins 2 connexions au site de l'UFR entre 10 h et 10 h 05 ?

*************** ००० ***************

Exercice 4 : A la sortie d'une chaîne de montage, on effectue un contrôle final des véhicules avant de les expédier à des concessionnaires automobiles. Chaque lot à expédier est constitué d'environ 1000 véhicules.

Le plan de contrôle suivant est employé par le fabricant :

Le responsable prélève au hasard dans un lot un échantillon de 50 véhicules et si aucun véhicule n'est défectueux dans l'échantillon, il expédie le lot. Sinon, le lot entier est vérifié.

En admettant qu'il y ait 10% de véhicules défectueux dans le lot,

a) Donner une valeur approchée de la probabilité qu'un lot de véhicules choisi au hasard soit accepté avec ce plan de contrôle ?

b) Quel doit être le nombre de véhicules à prélever pour que la probabilité d'acceptation d'un lot soit supérieure ou égale à 50% ?

c) Montrer que la variable aléatoire réelle associée au nombre de véhicules défectueux dans l'échantillon peut être approchée par une loi de probabilité continue dont on explicitera les paramètres.

d) Donner une valeur approchée de la probabilité qu'il y ait plus de 8 véhicules défectueux parmi les 50 prélevés.

e) Dans plus de 99% des cas, le nombre de véhicules défectueux dans un lot sera inférieur ou égal à combien de véhicules ?

*************** ∘∘∘ ***************

Sujet d'examen n°11

Exercice 1 : Une enquête réalisée auprès d'entreprises industrielles normandes indique que :

50% d'entre elles reçoivent la revue EG : Economie & Gestion.
56% d'entre elles reçoivent la revue IB : Informatique & Bureautique.
78% d'entre elles reçoivent au moins une des deux revues.

Quelle est la probabilité qu'une entreprise reçoive :

a) les deux revues ?
b) la revue EG mais pas la revue IB ?
c) seulement une des deux revues ?
d) aucune des deux revues ?
e) la revue EG sachant qu'elle ne reçoit pas la revue IB ?

f) Les événements EG et IB sont-ils indépendants en probabilité ? Sont-ils incompatibles ? Justifier votre réponse.

*************** °°° ***************

Exercice 2 : Les ampoules classiques sont de plus en plus remplacées par des ampoules LED - Light Emitting Diodes. Les consommateurs s'en réjouissent, mais pas les fabricants, car elles durent vraiment très longtemps. La durée de vie moyenne d'une ampoule LED est distribuée selon une loi normale de moyenne 25000 heures et d'écart-type de 2000 heures. Dans un lot de 1000 ampoules LED :

a) Combien peut-on en prévoir hors d'usage au bout de 20000 heures ?
b) Combien seront hors d'usage entre la 20000me et la 30000me heure ?
c) Au bout de quelle durée de vie, le quart du lot sera-t-il hors d'usage ?

*************** °°° ***************

Exercice 3 : D'après le responsable commercial d'une entreprise, les demandes mensuelles d'un produit sont indépendantes et suivent une loi normale.

Il précise aussi qu'il y a une probabilité de 27.40% pour que la demande mensuelle soit inférieure à 105 unités et une probabilité de 2.50% d'être supérieure à 169 unités.

a) Déterminer la demande mensuelle moyenne ainsi que l'écart-type de cette demande.

b) Quelle est la loi de probabilité suivie par la demande annuelle ? En déduire son espérance mathématique et son écart-type.

Les coûts fixes annuels de production sont de 20250 € alors que le coût unitaire est de 25 €. Le prix de vente du produit est de 40 €.

c) Quelle est la probabilité que le seuil de rentabilité annuel soit atteint ?

*************** °°° ***************

Exercice 4 : Deux radars automatiques mobiles ont été placés de chaque côté de l'autoroute $A13$ à hauteur de Dozulé.

- Dans le sens Paris $\rightarrow$ Caen :

On a choisi 3 véhicules au hasard parmi les 40 véhicules verbalisés, soit 12 camions et 28 voitures. Soit X la variable aléatoire réelle associée au nombre de camions verbalisés dans l'échantillon.

a) Quelle est l'expression générale de la loi de probabilité de X ?

b) Calculer la probabilité qu'il y ait au moins un camion parmi les trois véhicules choisis.

- Dans le sens Caen $\rightarrow$ Paris :

Sur cet axe routier, la proportion de camions verbalisés représente 30% de l'ensemble des véhicules verbalisés. On note Y la variable aléatoire réelle associée au nombre de camions verbalisés.

Parmi les 7 véhicules vérbalisés choisis au hasard :

c) Quelle est la probabilité qu'il y ait au moins un camion ?

d) Combien de véhicules faudrait-il verbaliser pour que la probabilité qu'il y ait au moins un camion, soit au plus égale à 66.84% ?

- Dans les deux sens Caen $\leftrightarrow$ Paris :

e) Parmi les véhicules verbalisés, quel est l'axe de l'autoroute A13 qui présente pour les camions le plus grand risque ? Justifier votre réponse.

f) Calculer la probabilité qu'aucun camion ne soit verbalisé.

- Approximations :

g) Par quelle loi de probabilité peut-on approximer la loi de X ? Justifier votre réponse. En déduire une valeur approchée de la question b).

h) Quelle est la loi de probabilité approchée de la variable aléatoire réelle, notée Z, associée au nombre total de camions parmi les véhicules verbalisés dans les deux sens : Caen $\leftrightarrow$ Paris ? Justifier votre réponse. En déduire la probabilité que parmi les véhicules verbalisés, il n'y ait aucun camion.

*************** ∘∘∘ ***************

Sujet d'examen n°12

Exercice 1 : Soit un couple de variables aléatoires (X , Y) de fonction densité f définie par :

$$f(x\ ,\ y) = \begin{cases} 2e^{-(x+2y)} & si\ x \geq 0\ \ et\ \ y \geq 0 \\ 0 & ailleurs \end{cases}$$

a) Déterminer les densités marginales de X et de Y.

b) Les variables X et Y sont-elles indépendantes en probabilité ?

c) Déterminer la fonction de répartition F du couple (X , Y).

d) Calculer la covariance Cov(X , Y) et les probabilités :
$P[(X > 1) \cap (Y \leq 1)]$; $P(X < Y)$.

*************** ooo ***************

Exercice 2 : La décision de prendre un mode de transport est déterminée par le coût généralisé, ce coût étant le prix du billet auquel il convient d'ajouter un prix implicite du temps.

Par exemple, sur un trajet Paris → Caen, si le prix du billet de train est de 150 €, que la durée du trajet est de 2 h et que vous estimez votre heure à 50 €, le coût généralisé sera alors de 150 € + 2 × 50 € = 250 €.

Sachant que le prix associé au temps est normalement distribué de moyenne m = 75 € et d'écart-type $\sigma = 20$ €.

a) Déterminer la proportion de voyageurs qui estiment la valeur de leur temps de transport entre 55 € et 95 € de l'heure.

b) Quel est la valeur maximale du temps des 25% de voyageurs qui ont la valeur du temps la plus faible ?

Une entreprise de transport de rail envisage la création d'une ligne nouvelle avec un train à grande vitesse qui desservirait deux grandes villes distantes de 900 km. Actuellement ces villes sont desservies uniquement par le rail (train à faible vitesse : prix du billet 550 € - temps de parcours 7 h) et par l'avion (prix du billet 950 € - temps de parcours 2 h).

c) Déterminer le prix limite du temps entre le choix du rail et de l'avion.

d) Déterminer le pourcentage d'individus qui prendront l'avion.

L'adoption du projet « train à grande vitesse » hausserait le prix du billet à 650 € et diminuerait le temps de parcours à 5 h. Le train à grande vitesse se substituerait au train à faible vitesse actuellement existant. La compagnie aérienne ne modifierait ni ses horaires ni ses tarifs.

e) Quel serait alors l'augmentation de la part de marché du rail ?

*************** ooo ***************

Exercice 3 : Une fabrication artisanale du bocage normand conditionne son camembert au lait cru dans des boîtes en bois dont le poids net à l'emballage est de 250 g. Cependant, du fait des fluctuations de fabrication, la variable aléatoire réelle notée X, associée au poids d'une boîte est supposée suivre une loi normale de moyenne m = 250 g et d'écart-type $\sigma = 9.8$ g.

On contrôle un échantillon de 1024 boîtes fabriquées, correspondant à une heure de production.

a) Quelle est la probabilité que le poids net d'une boîte soit compris entre 245 g et 255 g ?

b) Le quart des boîtes produites aura un poids inférieur à quelle valeur ?

Le service de contrôle estime qu'une boîte est invendable si son poids est inférieur à 235 g.

c) Calculer la probabilité que le poids d'une boîte soit inférieur à 235 g.

d) Quelle est la loi de probabilité suivie par le nombre de boîtes invendables dans la production d'une heure ?

e) Déterminer l'espérance mathématique et la variance du nombre de boîtes invendables dans la production d'une heure.

f) A l'aide du théorème central-limite, déterminer la probabilité pour qu'au cours d'une heure de production, il y ait au plus 5% de boîtes produites invendables.

Le profit de l'entreprise sur une boîte de camembert vendue est de 3 €, la perte sur une boîte invendable est de 1 €.

g) Quel est en moyenne le profit de l'entreprise sur 1 h de production ?

*************** °°° ***************

Exercice 4 : On note M_0 le prix donné aujourd'hui à un titre de valeur mobilière et M_n le prix du titre après n mois additionnels, $n \geq 1$. Un modèle couramment utilisé pour évaluer les prix du titre consiste à considérer les rapports des prix mensuels $R_n = \frac{M_n}{M_{n-1}}$, $n \geq 1$, qui sont supposés indépendants et identiquement distribués selon une loi log-normale de paramètres $\mu = 0.02$ et $\sigma^2 = 0.08^2$.

a) Quelle est la probabilité que le prix croisse dans chacun des 2 mois suivants ?

b) Quelle est la probabilité que le prix soit plus élevé après 2 mois qu'aujourd'hui ?

*************** °°° ***************

Sujet d'examen n°13

Exercice 1 : Lors d'un examen oral de rattrapage, les candidats prélèvent au hasard 3 sujets parmi les 10 sujets disponibles, puis choisissent le sujet à traiter parmi ces trois sujets tirés.

Un candidat se présente à l'examen en ayant révisé 6 sujets sur les 10 sujets proposés.

a) Quelle est la probabilité que le candidat ait révisé les trois sujets tirés ? Deux sujets sur les trois tirés ? Aucun des trois sujets tirés ?

b) Définir la loi de probabilité de la variable aléatoire réelle que l'on peut associer à ce processus du choix du sujet à traiter lors de l'examen. En déduire son espérance mathématique.

c) Calculer la probabilité d'avoir 1 sujet révisé parmi les 3 sujets tirés.

*************** °°° ***************

Exercice 2 : Une PME bas-normande fabrique des composants électroniques dont la durée de vie est supposée suivre une loi normale de durée de vie moyenne de 1200 heures avec un écart-type de 200 heures.

a) Quelle est la probabilité qu'un composant électronique choisi au hasard de la production soit hors d'usage au bout de 900 heures de fonctionnement ?

b) Dans un lot de 10 000 composants fabriqués par cette PME, combien seront hors d'usage entre la 1100me et la 1500me heure ?

c) 10% des composants de cette entreprise a une durée de vie supérieure à quelle valeur ?

d) 5% des composants de cette PME a une durée de vie inférieure ou égale à quelle valeur ?

e) Entre quelles valeurs autour de la moyenne se situe la durée de vie des 95% des composants ?

f) En supposant que l'écart-type de la durée de vie de ces composants reste inchangé, à quelle valeur doit être fixée la durée de vie moyenne de sorte que 5% des composants auront une durée de vie inférieure à 1000 heures ?

*************** °°° ***************

Exercice 3 : Une compagnie d'assurance propose à ses sociétaires deux types de contrats d'assurance totalement indépendants. Une Assurance-Vie (AV) et une Assurance Prévoyance (AP). Selon les statistiques de la compagnie :

- Le nombre de contrats d'assurance-vie de cette compagnie enregistrés par trimestre est distribué selon une loi de Poisson d'espérance mathématique égale à 1.75 AV/trimestre. Les contrats trimestriels enregistrés par cette compagnie sont supposés indépendants.

a) Etablir la loi de probabilité suivie par le nombre de contrats d'assurance-vie enregistrés par cette compagnie par an. Justifier votre réponse.

- Le nombre de contrats annuels d'Assurance Prévoyance (AP) enregistrés par cette compagnie suit une loi normale telle que la probabilité d'avoir plus de 14 contrats est de l'ordre de 63% et la probabilité d'avoir au plus 22 contrats est de l'ordre de 84%.

b) Déterminer les paramètres de la loi normale suivie par le nombre de contrats d'assurance prévoyance enregistrés par cette compagnie au cours d'une année.

c) Quelle est la probabilité que cette compagnie enregistre 8 contrats d'assurance-vie et plus de 20 contrats d'assurance prévoyance au cours d'une année ? Justifier votre réponse.

************** ooo **************

Exercice 4 : La direction générale d'une entreprise spécialisée dans la vente par correspondance a décidé de faire des économies sur les tarifs d'affranchissement des courriers envoyés à ses clients. Pour cela, elle décide d'affranchir au hasard, 3 lettres sur 5 au tarif réduit, les autres au tarif normal.

a) Etablir la loi de probabilité suivie par le nombre de lettres affranchies au tarif réduit parmi les six lettres envoyées par la direction.

b) Calculer les probabilités des événements suivants :

A : Au moins une lettre parmi les six envoyées est affranchie au tarif réduit.

B : Exactement 2 lettres parmi les six sont affranchies au tarif réduit.

Le responsable commercial a contrôlé l'affranchissement de nombreuses lettres publicitaires envoyées à sa clientèle ciblée pour une offre promotionnelle.

c) Quelle est la probabilité pour que la 4ème lettre publicitaire contrôlée s'avère la première lettre affranchie au tarif réduit ?

d) En moyenne, combien de lettres publicitaires faudrait-il contrôler pour obtenir la première lettre affranchie au tarif réduit ?

************** ooo **************

Sujet d'examen n°14

Exercice 1 : Les parties 1, 2 et 3 sont indépendantes.

Une centrale automobile lyonnaise vend 3 types de véhicules, des véhicules particuliers de tourisme, des utilitaires et des Camping-cars. Ces 3 types de vente sont complètement indépendants. Une étude de la direction de la centrale a révélé les indications suivantes :

Partie 1 - Véhicules particuliers :

La variable aléatoire réelle notée X, associée au nombre de véhicules particuliers vendus par an par la centrale, est normalement distribuée de paramètres $m_X = 900$ et de variance $\sigma_X^2 = 15^2$.

a) Quelle est la probabilité que la centrale automobile vende plus de 880 véhicules particuliers par an ?

b) Quelle est la probabilité que la centrale automobile vende entre 890 et 910 véhicules particuliers par an ?

c) Déterminer le nombre de ventes de véhicules particuliers de tourisme x_0 tel que $P(X > x_0) < 25\%$.

Partie 2 - Véhicules utilitaires :

Chaque année, 400 véhicules utilitaires sont mis en vente. La probabilité que la centrale vende un véhicule utilitaire est de l'ordre de 20%. On note Y la variable aléatoire réelle associée au nombre de véhicules utilitaires vendus par an.

d) Donner l'expression de la distribution de probabilité de Y puis calculer la probabilité que la centrale vende exactement 80 utilitaires par an ?

e) Déterminer puis interpréter le coefficient de variation de la loi de probabilité de Y.

f) Donner une valeur approchée de la probabilité de vendre plus de 60 et au plus 100 véhicules utilitaires par an. Justifier votre réponse.

Partie 3 - Camping-cars :

La varable aléatoire réelle Z associée au nombre de ventes de camping-cars par an est distribuée selon une loi de Poisson bimodale de paramètre $\lambda > 0$.

g) Déterminer la valeur de λ sachant que $P(Z = 24) = P(Z = 25)$.

h) Quelle est la probabilité de vendre exactement 30 camping-cars une année donnée ?

i) Donner une valeur approchée de la probabilité d'avoir au plus 36 ventes de camping-cars en une année. Justifier votre réponse.

Partie 4 :

Calculer les probabilités suivantes en justifiant clairement votre réponse.

j) Quelle est la probabilité que cette centrale vende une année donnée, plus de 880 véhicules particuliers, 80 véhicules utilitaires et 30 camping-car ?

On note $S = X + Y + Z$ la variable aléatoire réelle associée au nombre total de vente par an de véhicules de tout type. Les lois de probabilité des variables Y et Z sont les lois approchées justifiées dans les questions f) et i).

k) Déterminer l'espérance mathématique E(S) et la variance V(S) de S.

l) Quelle est la loi de probabilité de S et préciser ses paramètres.

m) Déterminer la probabilité que cette centrale automobile vende plus de 1020 véhicules de tout type par an.

*************** ∘∘∘ ***************

Exercice 2 : Le cours en €uros de l'action Accor groupe hôtelier français coté en bourse CAC All-Tradable (ex - SBF 250), est supposé suivre une loi log-normale de paramètres $\mu = 3.50$ et d'écart-type $\sigma = 0.25$.

a) Quelle est la probabilité que le cours de l'action Accor soit inférieur à 21.79 € ? Compris entre 21.79 et 25.50 € ? Supérieur à 25 € ?

b) Déterminer les valeurs des quartiles du cours du titre Accor.

c) Quels sont le cours moyen et la volatilité du cours du titre Accor ?

d) Quel est le mode du cours du titre Accor ?

*************** ∘∘∘ ***************

Sujet d'examen n°15

Exercice 1 : D'après les résultats d'une étude marketing sur le comportement du consommateur, il semble que 2 consommateurs sur 5 soient influencés par la marque du produit lors d'un achat.

Le responsable marketing d'un grand magasin interroge 20 consommateurs choisis au hasard afin de connaître leur comportement sur ce sujet.

a) Donner l'expression générale de la distribution de probabilité régissant le comportement du consommateur sur ce sujet. Justifier votre réponse.

b) Parmi les vingt consommateurs interrogés, combien, en moyenne, se déclareront influencés par la marque du produit et avec quelle variabilité, si l'étude qui a été effectuée représente bien l'ensemble des consommateurs ?

c) Quelle est la probabilité que le quart des consommateurs se déclarent influencés par la marque du produit ?

d) Quelle doit-être la taille de l'échantillon de consommateurs à interroger de telle sorte que la probabilité qu'aucun consommateur n'est influencé par la marque, soit supérieure à 2% ?

*************** °°° ***************

Exercice 2 : Soit X une variable aléatoire réelle qui suit une loi uniforme sur l'intervalle $[0;1]$.

a) Déterminer les probabilités suivantes :

$$P(\frac{1}{2} \leq X \leq \frac{3}{2}) \quad , \quad P[(X \leq \frac{1}{2})/(X > \frac{1}{3})].$$

On définit la variable aléatoire réelle Y en fonction de X par :

$$Y = -\frac{1}{2}ln(1-X).$$

b) Reconnaître la loi de probabilité usuelle suivie par Y, on précisera son ou ses paramètre(s).

c) En déduire l'espérance mathématique E(Y) et la variance V(Y) de Y.

*************** °°° ***************

Exercice 3 : La durée de vie des composants électroniques de la PME Elect-Lyon suit une loi exponentielle dont la durée de vie moyenne est de l'ordre de 5 000 heures.

a) Caractériser la loi de probabilité de la durée de vie des composants. Que représente le paramètre de cette loi dans ce contexte ?

Sur un lot de 10 000 composants :

b) Combien peut-on en prévoir hors d'usage au bout de 4500 heures ?

c) Combien de composants seront hors d'usage entre la 4000ème et la 6000ème heure ?

d) Au bout de quelle durée de vie, 25% des composants seront hors d'usage ?

*************** °°° ***************

Exercice 4 : Un groupe de députés de l'Assemblée Nationale est composé de 10 personnes élues dont 4 femmes.

a) On veut choisir un groupe de 3 député(e)s, sans ordre particulier, dans le cadre d'une commission d'enquête.

1. Combien y a-t-il de groupes possibles ?
2. Combien y a-t-il de groupes constitués de députés du même sexe ?
3. Combien y a-t-il de groupes constitués d'une députée et de trois députés ?

Les députés sont classés selon leur suffrage (on suppose qu'il n'y a pas d'ex-æquo).

b) Combien y a-t-il de façons d'établir une liste qui présente le classement des députés, puis celui des députées ?

On a besoin de députés volontaires pour participer à 4 séances noctures supplémentaires de l'Assemblée. Un(e) même député(e) peut éventuellement assister à plusieurs séances.

c) Combien y a-t-il de façons de choisir ces volontaires ?

*************** °°° ***************

Chapitre 16.
Corrigés des contrôles continus

Sujet de contrôle continu n°1

Exercice 1 :

On s'intéresse au nombre de podiums possibles de $p = 2$ places (Champion et Vice-champion) parmi les $n = 16$ équipes différentes dont 2 équipes françaises PSG et OL.

a) Nombre de podiums possibles :
On tient compte de l'ordre : pour le premier, on a 16 choix possibles et pour le second 15. Le nombre de podiums possibles est donc égal :

$A_{16}^2 = \frac{16!}{14!} = 15 \times 16 = 240$ podiums différents possibles.

b) Nombre de podiums possibles où l'OL est premier - champion : La première place est pour l'OL et les autres places, il y a 15 choix possibles ; Le nombre de podiums ainsi constitués :

$A_1^1 A_{15}^1 = \frac{15!}{14!} = 15$ podiums différents.

c) Nombre de podiums possibles dont le PSG fait partie : Il y a deux choix possibles pour le PSG (1ère ou 2ème place). Une fois ce choix fixé, il y a 15 choix possibles pour la première des deux autres places, puis 14 choix possibles pour la seconde place. Le nombre de podiums vérifiant ces conditions est donc :

$2 \times A_{15}^1 = 2 \times \frac{15!}{14!} = 2 \times 15 = 30$ podiums différents avec le PSG en finale.

On s'intéresse au nombre de listes possibles de $p = 8$ équipes qualifiées pour les quarts de finale parmi les $n = 16$ équipes dont 2 équipes françaises le PSG et l'OL.

d) Nombre de groupes possibles de 8 équipes avec le PSG et l'OL : Dans ce cas, on ne tient plus compte de l'ordre, on a 2 équipes et on cherche le nombre de choix des 6 autres équipes parmi 14, c'est-à-dire :

$C_2^2 C_{14}^6 = \frac{14!}{8!6!} = \frac{14 \times 15 \times 16}{6} = 3003$ groupes différents possibles pour les quarts de finale avec les 2 équipes françaises.

e) Nombre de groupes possibles de 8 équipes sans le PSG et sans l'OL : Dans ce cas, on ne tient plus compte de l'ordre, on ne doit pas avoir d'équipe française, le nombre de choix des 8 équipes parmi 14 :

$C_2^0 C_{14}^8 = \frac{14!}{8!6!} = \frac{14\times15\times16}{6} = 3003$ groupes différents possibles sans les 2 équipes françaises.

*************** ∘∘∘ ***************

Exercice 2 :

Soit la fonction f définie sur $\mathbb{R}$ par :

$$f(x) = \begin{cases} \frac{k}{x\sqrt{x}} = kx^{-\frac{3}{2}} & si\ x \geq 1 \quad \text{avec} \quad k \in \mathbb{R} \\ 0 & ailleurs \end{cases}$$

a) Valeur de k pour que f soit une fonction densité de probabilité :

Les conditions :

1) $\forall x \in \mathbb{R},\ f(x) \geq 0$ si $x \geq 1 \Rightarrow \frac{k}{x\sqrt{x}} \geq 0 \Rightarrow k \geq 0$

2) $\int_{-\infty}^{+\infty} f(x)dx = 1 \Rightarrow k\int_1^{+\infty} \frac{1}{x\sqrt{x}}dx = k\int_1^{+\infty} \frac{1}{x^{\frac{3}{2}}}dx = k\int_1^{+\infty} x^{-\frac{3}{2}}dx = 1$

$\Rightarrow k[-2x^{-\frac{1}{2}}]_1^{+\infty} = k[0-(-2)] = 2k = 1 \Rightarrow k = \frac{1}{2}$

$$f(x) = \begin{cases} \frac{1}{2x\sqrt{x}} & si\ x \geq 1 \\ 0 & ailleurs \end{cases}$$

b) Fonction de répartition F associée à X :

$$F(x) = \int_{-\infty}^{x} f(x)dx = \begin{cases} \int_1^x \frac{1}{2t\sqrt{t}}dt = [\frac{-1}{\sqrt{t}}]_1^x = 1 - \frac{1}{\sqrt{x}} & si\ x \geq 1 \\ 0 & si\, x < 1 \end{cases}$$

$$F(x) = \begin{cases} 1 - \frac{1}{\sqrt{x}} & si\, x \geq 1 \\ 0 & si\, x < 1 \end{cases}$$

c) Calculer les probabilités suivantes :

- $P(0 < X \leq 2) = F(2) - F(0) = F(2) = 1 - \frac{1}{\sqrt{2}} = 29.29\%$
- $P(X = 2) \simeq 0$
- $P_{(X\leq 2)}(X > 3) = P[(X > 3)/(X \leq 2)] = \frac{P[(X>3)\cap(X\leq 2)]}{P(X\leq 2)} = \frac{P(\phi)}{F(2)} = 0$
- $P[(X > 3) - (X \leq 2)] = P(X > 3) - P[(X > 3) \cap (X \leq 2)] = 1 - P(X \leq 3)$
  $= 1 - F(3) = \frac{1}{\sqrt{3}} = 57.74\%$

d) X admet-elle une espérance mathématique ?

X admet une espérance mathématique $E(X) = \int_{-\infty}^{+\infty} xf(x)dx$ si cette intégrale converge.

$$E(X) = \int_{-\infty}^{+\infty} xf(x)dx = \int_1^{+\infty} x\frac{1}{2x\sqrt{x}}dx = \frac{1}{2}\int_1^{+\infty} x^{\frac{-1}{2}}dx = [x^{\frac{1}{2}}]_1^{+\infty} \to +\infty$$

Intégrale de Riemann : divergence au voisinage de l'infini, X n'admet donc pas d'espérance mathématique.

*************** ◦◦◦ ***************

Exercice 3 :

On note les événements suivants :

- S : le courriel est un SPAM et $\overline{S}$: le courriel n'est pas un SPAM.
- E : le courriel est éliminé.
- $P(S) = \frac{1}{3}$ et $P(\overline{S}) = \frac{2}{3}$. Les ensembles S et $\overline{S}$ forment une partion de Ω.
- $P(E/S) = p$ et $P(E/\overline{S}) = q$ avec la relation $q = (\frac{p}{4})^2$.

a) Probabilité qu'un courriel soit automatiquement Eliminé par ce logiciel :

$$P(E) = P(E \cap S) + P(E \cap \overline{S}) = P(E/S)P(S) + P(E/\overline{S})P(\overline{S}) = \frac{p}{3} + \frac{2q}{3}$$
$$= \frac{p}{3}[p + 2(\frac{p}{4})^2)] = \frac{p}{3}[p + \frac{p^2}{8}] = \frac{p(p+8)}{24}$$

b) Probabilité qu'un courriel Eliminé par ce logiciel soit un SPAM :

Les ensembles S et $\overline{S}$ forment une partion (système complet) de Ω, on peut appliquer la formule de Bayes :

$$P(S/E) = \frac{P(S \cap E)}{P(E)} = \frac{P(E/S)P(S)}{P(E/S)P(S) + P(E/\overline{S})P(\overline{S})} = \frac{\frac{p}{3}}{\frac{p(p+8)}{24}} = \frac{8}{p+8}$$

c) Valeur de p de telle sorte que la probabilité qu'un courriel Eliminé par ce logiciel qui n'est pas un SPAM soit égale à 4% :

$$P(\overline{S}/E) = 1 - P(S/E) = 4\% \Rightarrow P(S/E) = \frac{8}{p+8} = 0.96$$
$$\Rightarrow p = \frac{32}{96} = \frac{1}{3} = 33.33\%.$$

*************** ◦◦◦ ***************

Exercice 4 :

F la fonction de répartition de X associée au temps de passage en caisse :

$$F(x) = \begin{cases} 0 & si\, x < 0 \\ 1-(1+\frac{x}{2})e^{-\frac{x}{2}} & si\, x \geq 0 \end{cases}$$

a) Calcul de probabilités :

$$P(X > 2) = 1 - P(X \leq 2) = 1 - F(2) = 2e^{-1} = 73.58\%$$

$$P(2 < X \leq 4) = F(4) - F(2) = 2e^{-1} - 3e^{-2} = 32.98\%$$

$$P[(X \geq 2)/(X \leq 4)] = \frac{P(2 \leq X \leq 4)}{F(4)} = \frac{2e^{-1}-3e^{-2}}{1-3e^{-2}} = \frac{0.3298}{0.5940} = 55.51\%$$

$$P[(X \geq 2) \cup (X \leq 4)] = P[-\infty < X < +\infty] = 100\%$$

b) Fonction densité de probabilité de X :

Pour $x < 0$ la dérivée de F est nulle : $f(x) = 0$

$x \geq 0$ la dérivée de F : $f(x) = (1-(1+\frac{x}{2})e^{-\frac{x}{2}})' = (1-e^{-\frac{x}{2}} - \frac{x}{2}e^{-\frac{x}{2}})'$

$$= \frac{1}{2}e^{-\frac{x}{2}} - \frac{1}{2}e^{-\frac{x}{2}} - \frac{x}{2}(-\frac{1}{2})e^{-\frac{x}{2}} = \frac{x}{4}e^{-\frac{x}{2}}$$

$$f(x) = \begin{cases} 0 & si\, x < 0 \\ \frac{x}{4}e^{-\frac{x}{2}} & si\, x \geq 0 \end{cases}$$

c) Ecart-type de X :

Variance mathématique : $V(X) = E(X^2) - E(X)^2$ avec $E(X) = 4$ mn.

$$E(X^2) = \int_{-\infty}^{+\infty} x^2 f(x)dx = \frac{1}{4}\int_0^{+\infty} x^3 e^{-\frac{x}{2}}dx$$

Intégration par parties $\begin{cases} u = x^3 & \Rightarrow u' = 3x^2 \\ v' = e^{-\frac{x}{2}} & \Leftarrow v = -2e^{-\frac{x}{2}} \end{cases}$

$$E(X^2) = \frac{1}{4}[-2x^3e^{-\frac{x}{2}}]_0^{+\infty} + \frac{1}{4}\int_0^{+\infty} 6x^2e^{-\frac{x}{2}}dx = 6\int_0^{+\infty}\frac{x^2}{4}e^{-\frac{x}{2}}dx$$

Comme on sait que : $E(X) = \int_{-\infty}^{+\infty} x^2 f(x)dx = \int_0^{+\infty}\frac{x^2}{4}e^{-\frac{x}{2}}dx = 4$, alors :

$$E(X^2) = 6\int_0^{+\infty}\frac{x^2}{4}e^{-\frac{x}{2}}dx = 6 \times E(X) = 24$$

$$\Rightarrow V(X) = E(X^2) - E(X)^2 = 24 - 4^2 = 8$$

$$\Rightarrow \sigma(X) = \sqrt{V(X)} = 2\sqrt{2} = 2.83 \text{ mn}$$

d) Loi de probabilité de $Y = e^{-\frac{X}{2}}$:

Soit G la fonction de répartition de Y :

$$G(y) = P(Y \leq y) = P(e^{-\frac{X}{2}} \leq y)$$

$$= \begin{cases} 0 & si\, y \leq 0 \\ P(-\frac{X}{2} \leq lny) & si\, y > 0 \end{cases}$$

$$G(y) = \begin{cases} 0 & si\, y \leq 0 \\ 1 - P(X \leq -2lny) = P(X \geq -2lny) & si\, y > 0 \end{cases}$$

$$G(y) = P(Y \leq y) = \begin{cases} 0 & si\, y \leq 0 \\ 1 - F(-2lny) & si\, y > 0 \end{cases}$$

Sachant que : $F(x) = P(X \leq x) = \begin{cases} 0 & si\, x < 0 \\ 1 - (1 + \frac{x}{2})e^{-\frac{x}{2}} & si\, x \geq 0 \end{cases}$

Si $y > 0$: $G(y) = 1 - F(-2lny)$

Si $0 < y < 1 \Rightarrow -2lny > 0 \Rightarrow F(-2lny) = 1 - y(1 - lny)$

$\Rightarrow G(y) = 1 - F(-2lny) = y(1 - lny)$

Si $y \geq 1 \Rightarrow -2lny < 0 \Rightarrow F(-2lny) = 0 \Rightarrow G(y) = 1 - F(-2lny) = 1$

$$G(y) = \begin{cases} 0 & si\ y \leq 0 \\ y(1 - lny) & si\ 0 < y < 1 \\ 1 & si\ y \geq 1 \end{cases}$$

*************** ooo ***************

Sujet de contrôle continu n°2

Exercice 1 :

a) Loi de probabilité de la variable aléatoire réelle X :

X : Nombre de lampes défectueuses dans l'échantillon de taille n = 2, prélevé (sans remise) par le responsable dans la population (boîte) de taille N = 16.

$p = \frac{a}{N} = 12.5\%$ la probabilité qu'une lampe soit défectueuse.
$a = 0.125 \times N = 2$ lampes défectueuses dans la boîte de 16 lampes.
$b = N - a = 14$ lampes non défectueuses dans la boîte.

X suit une loi hypergéométrique de paramètres :

$X \to H(N = 16\ ,\ n = 2\ ,\ p = 12.5\%)$ ou $X \to H(N = 16\ ,\ n = 2\ ,\ a = 2)$

$$P(X = k) = \frac{C_2^k C_{14}^{2-k}}{C_{16}^2} \quad \text{pour } k = 0, 1, a = 2.$$

b) Caractéristiques :

Si X suit une loi hypergéométrique : $X \to H(N = 16\ ,\ n = 2\ ,\ a = 2)$ alors,
$E(X) = np = 0.25$ lampe et $V(X) = npq\frac{(N-n)}{(N-1)} = 0.204$.

c) Probabilité que le responsable retourne au sous-sol pour se procurer d'autres lampes :

X suit une loi hypergéométrique : $X \to H(N = 16\ ,\ n = 2\ ,\ a = 2)$

$$P[(X = 1) \cup (X = 2)] = P(X = 1) + P(X = 2) = \frac{C_2^1 C_{14}^1}{C^2 16} + \frac{C_2^2 C_{14}^0}{C^2 16} = \frac{29}{120} = 24.17\%$$

ou encore, $$= 1 - P(X = 0) = 1 - \frac{C_2^0 C^2 14}{C^2 16} = 1 - \frac{91}{120} = 24.17\%.$$

*************** ooo ***************

Exercice 2 :

Soit f la fonction définie par :

$$f(x) = \begin{cases} 0 & si\, x > 0 \\ \frac{k}{(x+1)^2} & si\, x \geq 0\ ;\ k \in \mathbb{R}. \end{cases}$$

a) Valeur de la constante k pour que f soit la fonction densité de la variable aléatoire réelle X :

On vérifie que pour tout $x \in \mathbb{R}$ $f(x) \geq 0$ et $\int_{-\infty}^{+\infty} f(x)dx = 1$.

1) $x \in R^+$, $f(x) = \frac{k}{(x+1)^2} \Rightarrow k \geq 0$

2) $\int_{-\infty}^{+\infty} f(x)dx = 1 \Rightarrow \int_0^{+\infty} \frac{k}{(x+1)^2}dx = k[-\frac{1}{1+x}]_0^{+\infty} = k \Rightarrow k = 1.$

$$f(x) = \begin{cases} 0 & ailleurs \\ \frac{1}{(x+1)^2} & si\, x \geq 0. \end{cases}$$

b) Fonction de répartition F de X :

$$F(x) = \int_{-\infty}^{x} f(x)dx = \begin{cases} 0 & si\, x < 0 \\ \frac{1}{(x+1)^2} = [-\frac{1}{1+x}]_0^x = \frac{x}{1+x} & si\, x \geq 0. \end{cases}$$

c) Valeur x_0 de telle sorte que $P(X \leq x_0) = P(X > x_0)$:

$$P(X \leq x_0) = P(X > x_0) \Rightarrow F(x_0) = 1 - F(x_0)$$
$$\Rightarrow F(x_0) = \frac{1}{2} = \frac{x_0}{1+x_0} \Rightarrow x_0 = 1.$$

x_0 représente la médiane de X.

d) Variable aléatoire réelle $Y = \frac{1}{X}$ qui suit la même loi de probabilité que X :

Soit G la fonction de répartition de Y.

$$G(y) = P(Y \leq y) = P(\frac{1}{y} \leq X)$$

$$G(y) = \begin{cases} 0 & si\, y < 0 \\ 1 - P(X \leq \frac{1}{y}) = 1 - F(\frac{1}{y}) & \\ 1 - \frac{\frac{1}{y}}{(1+\frac{1}{y})} = 1 - (\frac{1}{1+y}) = \frac{y}{1+y} & si\, y \geq 0 \end{cases}$$

$$G(y) = \begin{cases} 0 & si\, y < 0 \\ \frac{y}{1+y}. & si\, y \geq 0 \end{cases}$$

X et Y ont la même fonction de répartition ; elles suivent donc la même loi de probabilité.

e) E(X) - Espérance mathématique de X :

$$E(X) = \int_{-\infty}^{+\infty} x f(x)dx = \int_0^{+\infty} \frac{x}{(x+1)^2}dx$$

Intégration par parties : on pose $\begin{cases} u = x & \Rightarrow u' = 1 \\ v' = \frac{1}{(1+x)^2} & \Leftarrow v = \frac{-1}{1+x} \end{cases}$

$$E(X) = [-\frac{x}{1+x}]_0^{+\infty} + \int_0^{+\infty} \frac{1}{x+1}dx = -1 + [ln(1+x)]_0^{+\infty} \rightarrow +\infty$$

Cette intégrale diverge (n'admet pas de limite finie) donc l'espérance mathématique n'existe pas.

*************** °°° ***************

Exercice 3 :

Lot de N = 1000 pièces, n = 50 pièces prélevées et $p = 10\%$ de pièces défectueuses dans chaque lot.

Soit X la variable aléatoire réelle associée au nombre de pièces défectueuses dans l'échantillon prélevé (sans remise). X suit une loi hypergéométrique :

$$X \to H(N = 1000 \ , \ n = 50 \ , \ p = 0.1).$$

Le taux de sondage $t = \frac{n}{N} = 5\%(< 10\%)$. La loi de X peut être alors approximée par une loi binomiale $B(n = 50 \ ; \ p = 0.1)$.

a) Probabilité qu'un lot soit accepté avec ce plan de contrôle :

$$P(X = 0) \approx C_{50}^{0} \, 0.10^{0} \, 0.90^{50} = 0.9^{50} = 0.51\%$$

b) Taille de l'échantillon de pièces à contrôler pour que la probabilité d'acceptation d'un lot soit supérieure ou égale à 50% :

On cherche n^* tel que $P(X = 0) \approx C_{n^*}^{0} \, 0.1^{0} \, 0.9^{n^*} = 0.9^{n^*} \geq 0.5$

$\Rightarrow \ n^* ln(0.9) \leq ln(0.5) \ \Rightarrow \ n^* \leq \frac{ln 0.5}{ln 0.9} = 6.58$ donc au plus 6 pièces.

c) Probabilité qu'il y ait exactement 5 pièces défectueuses parmi les 50 pièces prélevées :

$$P(X = 5) \approx C_{50}^{5} \, 0.10^{5} \, 0.90^{45} = 18.49\%.$$

*************** ooo ***************

Exercice 4 :

a) Fonction densité de probabilité de T :

$$f(t) = \begin{cases} \lambda e^{-\lambda t} & si\, t > 0 \\ 0 & sinon \end{cases} \quad \Rightarrow \quad F(t) = \begin{cases} 1 - e^{-\lambda t} & si\, t > 0 \\ 0 & sinon \end{cases}$$

fonction taux de panne : $\lambda(t) = \frac{f(t)}{(1 - F(t))} = \frac{\lambda e^{-\lambda t}}{[1 - (1 - e^{-\lambda t})]} = \lambda$ fonction constante. C'est la raison pour laquelle le paramètre λ est souvent appelé le taux d'une distribution exponentielle.

b) Médiane de la variable aléatoire réelle T :

$$P(T \leq t_0) = P(T > t_0) = F(t_0) = 1 - e^{-\lambda t_0} = 0.5 \ \Rightarrow \ e^{-\lambda t_0} = 0.5$$

$$\Rightarrow \ -\lambda t_0 = ln(\tfrac{1}{2}) \ \Rightarrow \ t_0 = \frac{ln(2)}{\lambda}.$$

c) H la fonction de répartition de la variable aléatoire réelle $Z = \frac{(Y-1)}{2}$:

$$H(z) = P(Z \leq z) = P(\frac{(Y-1)}{2} \leq z) = P(Y \leq 2z+1) = G(2z+1).$$

$$H(z) = G(2z+1) = \begin{cases} 1-e^{-z} & si\, 2z+1 > 1 \Rightarrow z > 0 \\ 0 & si\, 2z+1 \leq 1 \Rightarrow z \leq 0 \end{cases}$$

d) Loi de probabilité suivie par Z :

L'expression de la fonction de répartition de Z est celle d'une distribution exponentielle de paramètre $\lambda = 1$.

On en déduit : $E(Z) = \frac{1}{\lambda} = 1$ et $V(Z) = \frac{1}{\lambda^2} = 1$.

*************** °°° ***************

Sujet de contrôle continu n°3

Exercice 1 :

a) X est la variable aléatoire réelle associée au nombre de contrats signés au cours d'une journée :

Le nombre de clients potentiels par jour est : $n = 6$ et la probabilité d'accepter le contrat est : $p = \frac{1}{10} = 10\% \Rightarrow q = \frac{9}{10} = 90\%$.

On a deux résultats possibles, une personne signe ou pas le contrat proposé, les signatures sont indépendantes. X suit une loi binomiale.

$X \to B(n=6\,;\,p=10\%)$; $P(X=k) = \frac{6!}{k!(6-k)!}0.1^k\,0.9^{6-k}$ pour $k = 0, 1, \cdots, 6$.

$$E(X) = np = 6 \times 0.1 = 0.6 \text{ et } V(X) = npq = 6 \times 0.1 \times 0.9 = 0.735^2$$

$$P(X = 2) = \frac{6!0.1^2\,0.9^4}{2!4!} = 9.84\%$$

$$P(X \geq 1) = 1 - P(X < 1) = 1 - P(X \leq 0) = 1 - P(X = 0) = 1 - 0.9^6 = 46.86\%$$

b) Somme de lois binomiales B(n ; p) :

Soit X_i : Nombre de contrats signés au cours d'une journée
et Y : Nombre de contrats signés au cours d'une semaine de 5 jours

$$\begin{cases} X_i \to B(n_i = 6; p = 0.1) \; ; \; \text{i} = 1{,}5 \quad \text{jours} \\ \text{X}_i \text{ et } X_j \text{ sont indépendantes les contrats signés sont indépendants} \\ E(X_i) = 0.6 \; ; \; V(X_i) = 0.54 \end{cases}$$

$$\Rightarrow \begin{cases} Y = \Sigma_{i=1}^5 X_i \\ Y \to B(n = \Sigma_{i=1}^5 n_i = 30\,;\, p = 0.1) \\ E(Y) = E(\Sigma_{i=1}^5 X_i) = \Sigma_{i=1}^5 E(X_i)) = 3 \\ V(Y) = V(\Sigma_{i=1}^5 X_i) = \Sigma_{i=1}^5 V(X_i)) = 2.7 \end{cases} \Rightarrow Y \to B(n = 30\,;\, p = 0.1)$$

Probabilité que le courtier obtienne 10 contrats signés/semaine :

$$P(Y = 10) = \frac{30!0.1^{10}\,0.9^{20}}{10!20!} = 0.036\%$$

c) Espérance mathématique et écart-type de son revenu net par semaine :

$Y \to B(n = 30\,;\, p = 0.1)$ alors,
$E(Y) = np = 3$ contrats et $V(Y) = npq = 2.7 = 1.64^2$

Soit $R = 100 \times Y - 20$ la variable aléatoire réelle associée au revenu hebdomadaire du courtier.

$E(R) = E(100 \times Y - 20) = 100 \times E(Y) - 20 = 280$ €
$\text{V(R)} = \text{V}(100 \times Y - 20) = 100^2 \times V(Y) = 27000 \Rightarrow \sigma(R) = 164.32$ €.

*************** °°° ***************

Exercice 2 :

Soit X la variable aléatoire réelle associée au nombre de moteurs qui sont envoyés à l'atelier M au cours d'une semaine.

$$X \to P(\lambda = 6) \quad ; \quad P(X = k) = e^{-6}\frac{6^k}{k!} \ \forall k = 0, 1, \cdots, +\infty$$

a) Probabilité qu'une semaine donnée, le nombre de moteurs envoyés en réparation à l'atelier M soit égal à 5 :

$$P(X = 5) = e^{-6}\frac{6^5}{5!} = 16.06\%.$$

b) Probabilité que 2 moteurs soient adressés au service électricité une semaine donnée où 5 moteurs sont admis en réparation dans l'atelier de mécanique M :

On s'intéresse ici aux semaines au cours desquelles 5 moteurs sont envoyés à l'atelier M. Pour un moteur à réparer donné, la probabilité qu'il soit adressé au service E est de 40%.

Soit $Y/(X = 5)$: la variable aléatoire réelle associée au nombre de moteurs adressés au service électricité E une semaine donnée sachant que 5 moteurs sont admis en réparation dans l'atelier M.

Le nombre de moteurs adressés au service électricité E à l'issue des n = 5 épreuves suit une loi binomiale de paramètres $n = 5$ et $p = 40\%$.

$$P[Y = 2/(X = 5)] = \frac{5! 0.4^2\, 0.6^3}{2!3!} = 34.56\%.$$

Attention : la probabilité calculée dans cette question n'est pas P(Y = 2) puisque l'on a considéré une semaine où 5 moteurs sont envoyés à l'atelier M, c'est-à-dire une semaine où l'on sait que l'événement (X = 5) est réalisé. La probabilité calculée correspond donc à $P(Y = 2/X = 5)$, la probabilité conditionnelle.

c) Probabilité qu'au cours d'une semaine 5 moteurs entrent en réparation dans l'atelier M et que 2 d'entre eux soient adressés à l'atelier électricité E :

On note les événements : $A = (X = 5)$ et $B = (Y = 2)$ On a,

$$\begin{aligned} P(A \cap B) &= P(B/A) \times P(A) = P[(X = 5) \cap (Y = 2)] \\ &= P[(Y = 2)/(X = 5)] \times P(X = 5) = 0.3456 \times 0.1606 = 5.55\%. \end{aligned}$$

*************** ooo ***************

Exercice 3 :

Soit X la variable aléatoire réelle associée au nombre de VAE dans le lot prélevé.

La probabilité d'avoir un VAE est $p = a/N = \frac{a}{120} = 5\% \Rightarrow a = 6$ VAE.

On note, $N = a+b = 120$ vélos en stock avec $a = 6$ VAE et $b = 114$ vélos classiques.

a) Distribution de probabilité de X :

L'expérience consiste à prélever un échantillon de taille $n = 5$ vélos (tirages sans remise). X suit une loi hypergéométrique :

$$X \to H(N = a+b = 120\ ,\ n = 5\ ,\ p = a/N = \frac{6}{120} = 5\%)$$

L'expression de la distribution de probabilité d'avoir k VAE dans le lot prélevé :

$$P(X = k) = \frac{C_a^k C_b^{n-k}}{C_N^n} \quad \forall k = 0, 1, \cdots, n = a = 5$$

Les moments de X : $E(X) = np = 0.25$ et $V(X) = npq\frac{(N-n)}{(N-1)} = 0.23$.

b) Probabilité qu'il y ait exactement 1 VAE dans le lot expédié :

$$P(X = 1) = \frac{C_6^1 C_{114}^4}{C_{120}^5} = 21.01\%.$$

c) Approximation de la loi de probabilité de X :

Condition d'approximation d'une loi Hypegéométrique par une loi binomiale :

Le taux de sondage $t = \frac{n}{N} = \frac{5}{120} = 4.17\%$ est inférieur à 10%, la condition est donc vérifiée.

$$X \to H(N = 120\ ,\ n = 5\ ,\ p = 5\%) \approx B(n = 5\ ,\ p = 5\%)$$

Valeur approchée de la probabilité qu'il y'ait 2 VAE et plus dans le lot expédié :

$$P(X \geq 2) = 1 - P(X < 2) = P(X \leq 1) = 1 - (P(X = 0) + P(X = 1))$$
$$\simeq 1 - (C_5^0 0.5^0 0.95^5 + C_5^1 0.5^1 0.95^4) = 2.26\%$$

*************** ooo ***************

Exercice 4 :

a) F fonction de répartition de T :

$$\text{F(t)} = \int_{-\infty}^{t} f(t)dt = \begin{cases} 1 - e^{-\lambda t} & si\, t > 0 \\ 0 & si\, t \leq 0 \end{cases}$$

Médiane de la variable aléatoire réelle X :

$$P(T \leq t_0) = P(T > t_0) = F(t_O) = 1 - e^{-\lambda t_0} = 0.5$$
$$\Rightarrow e^{-\lambda t_0} = 0.5 \Rightarrow -\lambda t_0 = ln(\tfrac{1}{2}) \Rightarrow t_0 = \frac{ln(2)}{\lambda}.$$

b) Calcul de la probabilité :

$$P[(0 \leq T \leq 1)/(T > \tfrac{1}{2})] = \frac{P[(0\leq T\leq 1)\cap(T>\frac{1}{2})]}{P(T>\frac{1}{2})} = \frac{P(\frac{1}{2}<T\leq 1)}{1-P(T\leq\frac{1}{2})} = \frac{F(1)-F(\frac{1}{2})}{1-F(\frac{1}{2})}$$
$$= \frac{(1-e^{-\lambda})-(1-e^{-\frac{\lambda}{2}})}{(1-e^{-\frac{\lambda}{2}})} = 1-e^{-\frac{\lambda}{2}}.$$

c) Fonction taux de panne : $\lambda(t) = \frac{f(t)}{[1-F(t)]} = \frac{\lambda e^{-\lambda t}}{[1-(1-e^{-\lambda t})]} = \lambda$ une fonction constante. C'est la raison pour laquelle le paramètre λ est souvent appelé le taux d'une distribution exponentielle.

d) Propriété de non-vieillissement (la loi exponentielle est une loi de probabilité sans mémoire) :

$$\forall t > 0 \text{ et } h > 0 : \; P(T > t+h/T > t) = P(T > h)$$

$$P(T > t+h/T > t) = \frac{P[(T>t+h)\cap(T>t)]}{P(T>t)} = \frac{P(T>t+h)}{P(T>t)}$$
$$= \frac{(1-F(t+h))}{(1-F(t))} = \frac{(1-(1-e^{-\lambda(t+h)}))}{(1-(1-e^{-\lambda t}))}$$
$$= \frac{e^{-\lambda(t+h)}}{e^{-\lambda t}} = e^{-\lambda(t+h)+\lambda t} = e^{-\lambda h}.$$

$$P(T > h) = 1-P(T \leq h) = 1-F(h) = 1-(1-e^{-\lambda h}) = e^{-\lambda h}.$$

*************** ooo ***************

Sujet de contrôle continu n°4

Exercice 1 :

a) Tableau de contingence :

Structure de la pièce	Nombre de pièces défectueuses	Nombre de pièces non défectueuses	Total
A	2	48	50
T	3	97	100
Total	5	145	150

b) Calcul des probabilités :

$P(A) = \frac{50}{150} = 33.33\%$, $P(D) = \frac{5}{150} = \frac{1}{30} = 3.33\%$, $P(A \cap D) = \frac{2}{150} = 1.33\%$

$P(A/D) = \frac{P(A\cap D)}{P(D)} = \frac{2}{5} = 40\%$, $P(\overline{D}) = 1 - P(D) = \frac{29}{30} = 96.67\%$

$P(\overline{A}/D) = 1 - P(A/D) = \frac{3}{5} = 60\%$, $P(T \cap \overline{D}) = \frac{97}{150} = 64.67\%$

$P(T/\overline{D}) = \frac{97}{145} = 66.90\%$.

c) Les événements $(A \cap D)$ et $(T \cap \overline{D})$:

Les 2 événements sont incompatibles ou disjoints car :

$(A \cap D) \cap (T \cap \overline{D}) = A \cap T \cap D \cap \overline{D} = \emptyset$

Les 2 événements ne sont pas indépendants en probabilité car :

$P[(A \cap D) \cap (T \cap \overline{D}] = P(\emptyset) = 0 \neq P(A \cap D)P(T \cap \overline{D}) = \frac{2}{150} \times \frac{97}{150} = 0.86\%$.

*************** ooo ***************

Exercice 2 :

$$F(x) = \begin{cases} 0 & si\, x \lesssim 0 \\ 1 - (1-x)^4 & si\, 0 < x < 1 \\ 1 & si\, x \gtrsim 1. \end{cases}$$

a) Calcul des probabilités :

$P(X > 0.2) = 1 - P(X \leq 0.2) = 1 - F(0.2) = (1 - 0.2)^4 = 0.4096 = 40.96\%$.

$P(X < 0.5) = P(X \leq 0.5) = F(0.5) = 1 - (1 - 0.5)^4$
$= 1 - 0.5^4 = 0.9375 = 93.75\%$.

$P(0.2 < X < 0.5) = F(0.5) - F(0.2) = 0.9375 - 0.5904 = 0.3471 = 34.71\%$

$P_{(X>0.2)}(X < 0.5) = P[(X < 0.5)/(X > 0.2)] = \frac{P[(X<0.5)\cap(X>0,2)]}{P((X>0.2)}$
$= \frac{P(0.2<X<0.5)}{(1-P(X\leq 0.2)} = \frac{F(0.5)-F(0.2)}{1-F(0.2)}$
$= \frac{0.3461}{0.4096} = 0.8450 = 84.50\%$.

$P(X = 0.2) \approx 0\%$.

b) La consommation hebdomadaire médiane de fioul :

On cherche x_0 la consommation médiane telle que :

$$\begin{aligned} P(X \leq x_0) = 0.5 &\Rightarrow F(x_0) = 1-(1-x_0)^4 = 0.5 \\ &\Rightarrow (1-x_0)^4 = 0.50 \Rightarrow x_0 = 1-\sqrt[4]{0.5} \\ &\Rightarrow x_0 = 0.159103 = 1591.03 \text{ litres.} \end{aligned}$$

c) Fonction densité de probabilité de la consommation hebdomaire :

$$\mathrm{F(x)} = \begin{cases} 0 & si\, x \leq 0 \\ 1-(1-x)^4 & si\, 0 < x < 1 \\ 1 & si\, x \geq 1. \end{cases} \Rightarrow \mathrm{f(x)} = \begin{cases} 0 & si\, x \leq 0 \\ 4(1-x)^3 & si\, 0 < x < 1 \\ 0 & si\, x \geq 1. \end{cases}$$

$$\mathrm{f(x)} = \begin{cases} 4(1-x)^3 & si\, 0 < x < 1 \\ 0 & ailleurs. \end{cases}$$

d) Consommation hebdomadaire moyenne de fioul :

$$E(X) = \int_{-\infty}^{+\infty} xf(x)dx = 4\int_0^1 x(1-x)^3 dx$$

Intégration par parties - On pose : $u = x \Rightarrow u' = 1$

$v' = (1-x)^3 \Leftarrow v = -\frac{(1-x)^4}{4}$

$$E(X) = 4[-\tfrac{x(1-x)^4}{4}]_0^1 + 4\int_0^1 \tfrac{(1-x)^4}{4}dx = [-\tfrac{(1-x)^5}{5}]_0^1 = \tfrac{1}{5} = 2000 \text{ litres.}$$

e) Capacité de la cuve pour que la probabilité d'épuiser l'approvisionnement mensuel soit inférieure ou égale à 5% :

Soit x_0 la capacité du réservoir :

$$\begin{aligned} P(X > x_0) \leq 0.05 &\Rightarrow 1 - P(X \leq x_0) \leq 0.05 \Rightarrow P(X \leq x_0) = F(x) \geq 0.95 \\ &\Rightarrow F(x_0) = 1-(1-x_0)^4 \geq 0.95 \\ &\Rightarrow (1-x_0)^4 \leq 0.05 \Rightarrow x_0 \geq 1-\sqrt[4]{0.05} \\ &\Rightarrow x_0 \geq 0.52713 = 5271.30 \text{ litres.} \end{aligned}$$

*************** ooo ***************

Exercice 3 :

$$f(x) = \begin{cases} 0 & ailleurs \\ ke^{-kx} & si\, x \geq 0 \quad k \in \mathbb{R}^+ \end{cases}$$

a) Valeur de k sachant que E(X) = 2 ans.

Espérance mathématique : $E(X) = \int_{-\infty}^{+\infty} xf(x)dx = k\int_0^{+\infty} xe^{-kx}dx$

Intégration par parties : $u = x \Rightarrow u' = 1$

$v' = e^{-kx} \Leftarrow v = -\frac{1}{k}e^{-kx}$

$$\begin{aligned} E(X) &= k[-\tfrac{x}{k}e^{-kx}]_0^{+\infty} + k\tfrac{1}{k}\int_0^{+\infty} e^{-kx}dx = \tfrac{1}{k} \times \int_0^{+\infty} ke^{-kx}dx \\ &= \tfrac{1}{k} \times 1 = 2 \text{ ans} \Rightarrow k = \tfrac{1}{2}. \end{aligned}$$

$\int_0^{+\infty} ke^{-kx}dx = \int_{-\infty}^{+\infty} f(x)dx = 1$, car f est une fonction densité de probabilité.

$$f(x) = \begin{cases} \frac{1}{2}e^{-\frac{x}{2}} & si\, x \geq 0 \\ 0 & ailleurs \end{cases}$$

b) Ecart-type de la durée de fonctionnement de ce téléphone :

Variance mathématique : $V(X) = E(X^2) - E(X)^2$ avec,

$$E(X^2) = \int_{-\infty}^{+\infty} x^2 f(x)dx = \int_0^{+\infty} \frac{1}{2}x^2 e^{-\frac{x}{2}}dx$$

Intégration par parties : $u = x^2 \quad \Rightarrow u' = 2x$

$$v' = e^{-x} \Leftarrow v = -2e^{-x}$$

$$E(X^2) = \frac{1}{2}[-2x^2e^{-x}]_0^{+\infty} + \frac{1}{2}\int_0^{+\infty} 4xe^{-x}dx = 4 \times \frac{1}{2}\int_0^{+\infty} xe^{-\frac{x}{2}}dx$$
$$= 4 \times E(X) = 8, \text{ car } \frac{1}{2}\int_0^{+\infty} xe^{-\frac{x}{2}}dx = E(X) = 2.$$

d'où, $V(X) = E(X^2) - E(X)^2 = 8 - 2^2 = 4 \Rightarrow \sigma(X) = \sqrt{4} = 2.$

L'écart-type de la durée de fonctionnement de ce téléphone mobile est de 2 ans.

c) Fonction de répartition F de X

$$F(x) = \int_{-\infty}^{x} f(x)dx = \begin{cases} \int_0^x \frac{1}{2}e^{-\frac{t}{2}}\,dt = \frac{1}{2}[-2e^{-\frac{t}{2}}]_0^x & si\ x \geq 0 \\ 0 & ailleurs \end{cases}$$

$$F(x) = \begin{cases} \frac{1}{2}(-2e^{-\frac{x}{2}} + 2e^0) = 1 - e^{-\frac{x}{2}} & si\, x \geq 0 \\ 0 & ailleurs \end{cases}$$

d) Probabilité qu'un téléphone fonctionne encore après 6 ans d'utilisation :

$$P(X > 6) = 1 - P(X \leq 6) = 1 - F(6) = e^{-\frac{6}{2}} = e^{-3} = 0.0497 = 4.97\%$$

e) Durée de la garantie commerciale du téléphone :

On cherche x_0 tel que : $P(X \leq x_0) \leq 0.3935 \Rightarrow F(x_0) = 1 - e^{-\frac{x_0}{2}} \leq 0.3935$

$$\Rightarrow -\frac{x_0}{2} \geq ln(0.06065) \Rightarrow x_0 \leq -2ln(0.6065) = 1.0001$$

La durée de garantie de ce téléphone est d'une année.

f) Fonction densité de probabilité de $Y = \frac{1}{2}e^{-\frac{X}{2}}$:

Soit G la fonction de répartition de $Y = \frac{1}{2}e^{-\frac{X}{2}}$:

$$G(y) = P(Y \leq y) = P(\tfrac{1}{2}e^{-\frac{X}{2}} \leq y)$$

$$\text{G(y)} = \begin{cases} 0 & si\, y < 0 \\ P(e^{-\frac{X}{2}} \leq 2y) = P(-X \leq 2ln2y) = 1 - P(X \leq -2ln2y) & si\, y \geq 0 \end{cases}$$

$$G(y) = \begin{cases} 0 & si\ y < 0 \\ 1 - F(-2ln2y) & si\ y \geq 0 \end{cases}$$

$$G(y) = \begin{cases} 0 & si\ y < 0 \\ 1 - (1 - e^{-\frac{-2ln2y}{2}}) & si\ -2ln2y \geq 0 \\ 1 - 0 & si\ -2ln2y \leq 0. \end{cases}$$

$$G(y) = \begin{cases} 0 & si\ y < 0 \\ 1 - (1 - e^{-\frac{-2ln2y}{2}}) & si\ ln2y \leq 0 \Rightarrow 0 \leq 2y \leq 1 \Rightarrow 0 \leq y \leq \frac{1}{2} \\ 1 - 0 & si\ ln2y \geq 0 \Rightarrow 2y \geq 1 \Rightarrow y \geq \frac{1}{2}. \end{cases}$$

$$G(y) = \begin{cases} 0 & si\ y < 0 \\ 2y & si\ 0 \leq y \leq \frac{1}{2} \\ 1 & si\ y > \frac{1}{2}. \end{cases} \quad \Rightarrow \quad g(y) = G'(y) = \begin{cases} 2 & si\ 0 \leq y \leq \frac{1}{2} \\ 0 & ailleurs. \end{cases}$$

La fonction densité de probabilité g de Y est une fonction constante sur l'intervalle $[0; \frac{1}{2}]$. Elle caractérise la loi de probabilité dite uniforme $Y \to U_{[0;\frac{1}{2}]}$ sur l'intervalle $[0; \frac{1}{2}]$.

*************** ooo ***************

Exercice 4 :

Evénements : V - test Virologique positif, $\overline{V}$ - test Virologique négatif
S - test Sérologique positif, $\overline{S}$ - test Sérologique négatif
$P(V) = 60\% \Rightarrow P(\overline{V}) = 40\%$; $P(S) = 65\% \Rightarrow P(\overline{S}) = 35\%$; $P(S/V) = 99.5\%$

a) **Probabilité d'avoir les deux tests positifs en même temps :**

$$P(V \cap S) = P(S/V)P(V) = 0.995 \times 0.60 = 59.70\%$$

b) **Probabilité d'avoir au moins un des deux tests négatif :**

$$P(\overline{V} \cup \overline{S}) = P(\overline{V \cap S}) = 1 - P(V \cap S) = 1 - 0.5970 = 40.30\%$$

c) **Probabilité d'avoir les deux tests négatifs en même temps :**

$$P(\overline{V} \cap \overline{S}) = P(\overline{V \cup S}) = 1 - P(V \cup S) = 1 - P(V) - P(S) + P(V \cap S)$$
$$= 1 - 0.60 - 0.65 + 0.5970 = 34.70\%$$

d) **Probabilité d'avoir le test V positif sachant que le test S est positif :**

$$P(V/S) = \frac{P(V \cap S)}{P(S)} = \frac{0.5970}{0.65} = 0.91846 = 91.85\%$$

e) **Probabilité d'avoir le test V positif sachant que le test S est négatif :**

$$P(V/\overline{S}) = \frac{P(V \cap \overline{S})}{P(\overline{S})} = \frac{P(\overline{S}/V)P(V)}{P(\overline{S})} = \frac{(1 - P(S/V))P(V)}{P(\overline{S})} = \frac{0.005 \times 0.60}{0.35} = 0.857\%$$

*************** ooo ***************

Sujet de contrôle continu n°5

Exercice 1 :

Le digicode est composé de 12 touches : 2 lettres et les 10 chiffres de zéro à neuf. Le code d'entrée doit comporter une lettre suivie d'un nombre de 4 chiffres.

a) Dénombrer les dispositions suivantes :

Chaque code est composé d'une lettre parmi 2 lettres possibles et de 4 chiffres parmi 10. Il y a affectation d'une lettre ou d'un chiffre à chaque touche, on doit donc tenir compte de l'ordre. Pour les chiffres, on peut choisir au plus 4 fois le même chiffre, il y a donc répétitions d'éléments : $\mathscr{A}_{n=10}^{p=4}$ Arrangements Avec Répétition de 4 chiffres parmi 10.

1) Nombre de codes d'entrée différents :

$$A_2^1\mathscr{A}_{10}^4 = \frac{2!}{1!} \times 10^4 = 20000 \text{ codes différents possibles}$$

2) Nombre de codes d'entrée différents sans le chiffre « 0 » :

$$A_2^1\mathscr{A}_9^4 = \frac{2!}{1!} \times 9^4 = 13122 \text{ codes.}$$

3) Nombre de codes comportant au moins une fois le chiffre « 0 » : c'est le nombre total de codes possibles sans les codes sans le chiffre « 0 » :

$$A_2^1\mathscr{A}_{10}^4 - A_2^1\mathscr{A}_9^4 = 20000 - 13122 = 6878 \text{ codes.}$$

4) Codes comportant des chiffres distincts : Chaque code est composé d'une lettre parmi 2 lettres et de 4 chiffres parmi 10. Il y a affectation d'une lettre ou d'un chiffre à chaque touche, on doit donc tenir compte de l'ordre. Comme on veut des chiffres distincts, il n'y a donc pas de répétitions possibles des chiffres : Arrangements Sans Répétition de 4 chiffres parmi 10 :

$$A_2^1A_{10}^4 = \frac{2!}{1!} \times \frac{10!}{6!} = 10080 \text{ codes.}$$

5) Codes comportant au moins un chiffre identique : Nombre total de codes auquel on soustrait le nombre de codes comportant des chiffres distincts :

$$A_2^1\mathscr{A}_{10}^4 - A_2^1A_{10}^4 = 20000 - 10080 = 9920 \text{ codes.}$$

b) Probabilité que le code soit composé de la lettre A suivie de 2 chiffres pairs puis de 2 chiffres impairs :

Soit l'événement E : Code comportant la lettre A suivie de 2 chiffres pairs et de 2 chiffres impairs. On a, une lettre parmi une, 2 chiffres pairs parmi 5 chiffres pairs et 2 chiffres impairs parmi 5 chiffres impairs (avec répétition de chiffre).

D'après 1), le nombre de codes possibles : $A_2^1\mathscr{A}_{10}^4 = 20000$ codes équiprobables, chaque code a la même probabilité, une chance sur 20000 ($\frac{1}{20000}$) d'être le bon code d'entrée de l'immeuble. Le nombre de cas favorables de l'événement E :

$$A_1^1\mathscr{A}_5^2\mathscr{A}_5^2 = \frac{1!}{1!} \times 5^2 \times 5^2 = 625 \text{ codes}$$
$$\Rightarrow \quad P(E) = \frac{Nombre\,de\,cas\,favorables}{Nombre\,de\,cas\,possibles} = \frac{625}{20000} = 3.125\%.$$

*************** °°° ***************

Exercice 2 :

Temps de passage en caisse. Soit f la fonction densité de probabilité de X :

$$\text{f(x)} = \begin{cases} \frac{x}{4}e^{-\frac{x}{2}} & si\, x \geq 0 \\ 0 & ailleurs \end{cases}$$

a) Temps moyen attendu de passage en caisse d'un client :

Espérance mathématique : $E(X) = \int_{-\infty}^{+\infty} xf(x)dx = \frac{1}{2}\int_0^{+\infty} \frac{x^2}{2}e^{-\frac{x}{2}}dx$

Intégration par parties $\begin{cases} u = \frac{x^2}{2} & \Rightarrow u' = x \\ v' = e^{-\frac{x}{2}} & \Leftarrow v = -2e^{-\frac{x}{2}} \end{cases}$

$$E(X) = \frac{1}{2}([-x^2e^{-\frac{x}{2}}]_0^{+\infty} + 2\int_0^{+\infty} xe^{-\frac{x}{2}}dx) = \int_0^{+\infty} xe^{-\frac{x}{2}}dx = 4mn.$$

Comme f est une fonction densité, alors :

$$\int_{-\infty}^{+\infty} f(x)dx = 1 = \frac{1}{4}\int_0^{+\infty} xe^{-\frac{x}{2}}dx \Rightarrow \int_0^{+\infty} xe^{-\frac{x}{2}}dx = 4.$$

b) Variabilité du temps de passage en caisse d'un client :

Variance mathématique : $V(X) = E(X^2) - E(X)^2$

$$E(X^2) = \int_{-\infty}^{+\infty} x^2f(x)dx = \frac{1}{2}\int_0^{+\infty} \frac{x^3}{2}e^{-\frac{x}{2}}dx$$

Intégration par parties $\begin{cases} u = \frac{x^3}{2} & \Rightarrow u' = \frac{3x^2}{2} \\ v' = e^{-\frac{x}{2}} & \Leftarrow v = -2e^{-\frac{x}{2}} \end{cases}$

$$E(X^2) = \frac{1}{2}[-x^32e^{-\frac{x}{2}}]_0^{+\infty} + \frac{1}{2}\int_0^{+\infty} \frac{6}{2}x^2e^{-\frac{x}{2}}dx = 6\int_0^{+\infty} \frac{x^2}{4}e^{-\frac{x}{2}}dx = 6E(X) = 24.$$
$$V(X) = E(X^2) - E(X)^2 = 24 - 4^2 = 8.$$

c) Mode associé à la variable aléatoire réelle X :

Le mode de X est la valeur x_0 telle que : $f(x_0) = max f(x)_{x\in R}$. Il représente la valeur la plus probable : la plus représentée dans la densité de probabilité.

$$\text{f(x)} = \begin{cases} \frac{x}{4}e^{-\frac{x}{2}} & si\, x \geq 0 \\ 0 & ailleurs \end{cases}$$

Pour $x \geq 0$ la dérivée de f : $f'(x) = (\frac{x}{4}e^{-\frac{x}{2}})' = \frac{1}{4}e^{-\frac{x}{2}} - \frac{x}{8}e^{-\frac{x}{2}} = \frac{1}{4}e^{-\frac{x}{2}}(1-\frac{x}{2})$
Le mode x_0 est la valeur qui annule la dérivée :

$$f'(x_0) = 0 = \frac{1}{4}e^{-\frac{x_0}{2}}(1-\frac{x_0}{2}) = 0 \Rightarrow 1-\frac{x_0}{2} = 0 \Rightarrow x_0 = 2 \text{ mn}.$$

C'est le temps de passage le plus probable.

d) Fonction de répartition du temps de passage en caisse d'un client :

$$\mathrm{F(x)} = \mathrm{P}(\mathrm{X} \leq x) = \int_{-\infty}^{x} f(x)dx = \begin{cases} 0 & si\, x < 0 \\ \frac{1}{2}\int_0^x \frac{x}{2}e^{-\frac{x}{2}}dx & si\, x \geq 0 \end{cases}$$

Intégration par parties $\begin{cases} u = \frac{x}{2} & \Rightarrow u' = \frac{1}{2} \\ v' = e^{-\frac{x}{2}} & \Leftarrow v = -2e^{-\frac{x}{2}} \end{cases}$

$$\frac{1}{2}\int_0^x \frac{x}{2}e^{-\frac{x}{2}}dx = \frac{1}{2}([-xe^{-\frac{x}{2}}]_0^x + \int_0^x e^{-\frac{x}{2}}dx) = \frac{1}{2}([-xe^{-\frac{x}{2}}]_0^x + \frac{1}{2}[-2e^{-\frac{x}{2}}]_0^x)$$
$$= -\frac{x}{2}e^{-\frac{x}{2}} + 1 - e^{-\frac{x}{2}}.$$

$$\mathrm{F(x)} = \begin{cases} 0 & si\, x < 0 \\ 1-(1+\frac{x}{2})e^{-\frac{x}{2}} & si\, x \geq 0 \end{cases}$$

e) Calcul des probabilités :

1) $P(X < 2) = F(2) = 1 - 2e^{-1} \approx 26.42\%$

2) $P(1 < X \leq 2) = F(2) - F(1) \approx (1-2e^{-1}) - (1-\frac{3}{2}e^{-\frac{1}{2}})$
$= \frac{3}{2}e^{-\frac{1}{2}} - 2e^{-1} \approx 17.40\%$

3) $P_{(X>1)}(X<2) = P[(X \leq 2)/(X > 1)] = \frac{P[(X\leq 2)\cap(X>1)]}{P(X>1)} = \frac{P[(1<X\leq 2)\cdot}{1-P(X\leq 1)}$
$= \frac{F(2)-F(1)}{1-F(1)} = \frac{0.1740}{0.9098} = 19.13\%$

f) Temps d'attente du client C :

On note Y_C la variable aléatoire réelle associée au temps d'attente du client C. X_A et X_B les variables aléatoires associées aux temps de passage en caisse des clients A et des clients B.

$$\mathrm{Y}_C = min(X_A, X_B) \Rightarrow \forall t,\ t > 0,$$
$$P(Y_C > t) = P[(X_A > t) \cap (X_B > t)] = P(X_A > t) \times P(X_B > t)$$

les temps de passage en caisse X_A et X_B sont indépendants et de même loi X.

$P(Y_C > 2) = P[(X_A > 2) \cap (X_B > 2)]$
$= P(X_A > 2) \times P(X_B > 2)$ les temps de passage sont indépendants.
$= (1-P(X_A \leq 2)) \times (1-P(X_A \leq 2)) = (1-F(2))^2 = (2e^{-1})^2 = 54.13\%$

************** ∘∘∘ **************

Exercice 3 :

a) Système complet ou partition de Ω : les trois conditions sont vérifiées :

Système complet d'événements

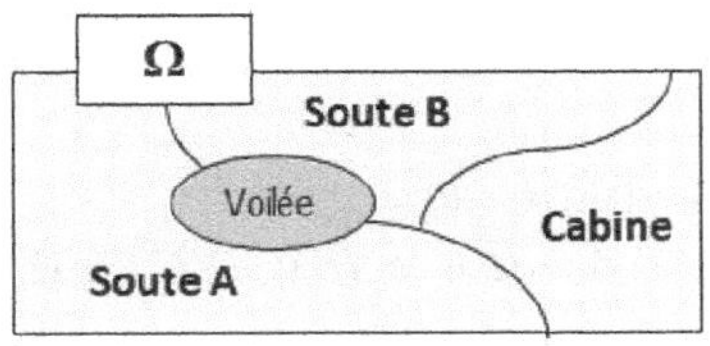

Soient les événements ou sous-ensembles suivants :
C : Cabine ; S : Soute ; S_A : Soute A ; S_B : Soute B avec $S = S_A \cup S_B$.

1) Ensembles non vides : $C \neq \emptyset$; $S_A \neq \emptyset$ et $S_B \neq \emptyset$

2) 2 à 2 disjoints : $C \cap S_A = \emptyset$; $C \cap S_B = \emptyset$ et $S_A \cap S_B = \emptyset$

3) l'Union : $C \cup S_A \cup S_B = \Omega$.

Les événements C, S_A et S_B forment une partition de $\Omega = C \cup S_A \cup S_B$.

b) Calcul des probabilités :

$$P(C) = 40\% \ ; \ P(S_A) = P(S_B) = \frac{P(S)}{2} = \frac{0.6}{2} = 30\%$$
$$P(V/C) = 0\% \ ; \ P(V/S_A) = 60\% \ \text{ et } \ P(V/S_B) = 25\%$$

1) Probabilité de choisir une pellicule Voilée :

$$\begin{aligned} P(V) &= P(V/C)P(C) + P(V/S_A)P(S_A) + P(V/S_B)P(S_B) \\ &= 0 + 0.6 \times 0.3 + 0.25 \times 0.3 = 25.50\%. \end{aligned}$$

2) La pellicule choisie est voilée, probabilité qu'elle ait voyagé en S_A :

Les événements en Soute S_A, S_B, C forment une partition de Ω, on applique la formule de Bayes :

$$\mathrm{P}(\mathrm{S}_A/V) = \frac{P(S_A \cap V)}{P(V)} = \frac{P(V/S_A)P(S_A)}{P(V/C)P(C)+P(V/S_A)P(S_A)+P(V/S_B)P(S_B)} = \frac{0.6\times 0.3}{0.255} = 70.59\%$$

3) Probabilité de choisir une pellicule non voilée qui a voyagé dans la Soute à bagages :

$$\begin{aligned} P(S \cap \overline{V}) &= P[\overline{V} \cap (S_A \cup S_B)] = P[(\overline{V} \cap S_A) \cup (\overline{V} \cap S_B)] \\ &= P(\overline{V} \cap S_A) + P(\overline{V} \cap S_B) \\ &= P(\overline{V}/S_A)P(S_A) + P(\overline{V}/S_B)P(S_B) \\ &= (1 - P(V/S_A))P(S_A) + (1 - P(V/S_B))P(S_B) \\ &= 0.4 \times 0.3 + 0.75 \times 0.3 = 34.50\% \end{aligned}$$

4) La pellicule choisie n'est pas voilée, la probabilité qu'elle ait voyagé dans la Soute A ou en Cabine :

$$P[(S_A \cup C)/\overline{V}) = \frac{P[(S_A \cup C) \cap \overline{V}]}{P(\overline{V})} = \frac{P[(S_A \cap \overline{V}) \cup (C \cap \overline{V})]}{1-P(V)} = \frac{P(S_A \cap \overline{V}) + P(C \cap \overline{V})}{1-P(V)}$$
$$= \frac{P(\overline{V}/S_A)P(S_A) + P(\overline{V}/C)P(C)}{1-P(V)} = \frac{0.4 \times 0.3 + 1 \times 0.4}{0.745} = 69.80\%$$

c) Les événements V et C :

- Ils sont dépendants en probabilité car :
$P(V \cap C) = P(V/C)P(C) = 0 \times 0.4 = 0\% \neq P(V)P(C) = 0.255 \times 0.4 = 10.20\%$.
- Ils sont incompatibles ou disjoints car :
$V \cap C = \emptyset$. On a $P(V \cap C) = 0 = P(\emptyset)$.

*************** ooo ***************

Exercice 4 :

Soit F la fonction de répartition de X : $\quad F(x) = \begin{cases} e^x & si\ x \leq 0 \\ 1 & si\ x > 0 \end{cases}$

a) Fonction densité de probabilité f de X :

Fonction densité de X : $\quad f(x) = \begin{cases} e^x & si\ x \leq 0 \\ 0 & si\ x > 0 \end{cases}$

b) Espérance et variance mathématique de X :

Espérance mathématique de X : $E(X) = \int_{-\infty}^{+\infty} x f(x)\, dx = \int_{-\infty}^{0} x e^x\, dx$.

Intégration par parties $\begin{cases} u = x & \Rightarrow u' = 1 \\ v' = e^x & \Leftarrow v = e^x \end{cases}$

$$E(X) = [xe^x]_{-\infty}^0 - \int_{-\infty}^0 e^x dx) = -[e^x]_{-\infty}^0 = -e^0 = -1.$$

Variance mathématique de X : $V(X) = E(X^2) - E(X)^2$

$E(X^2) = \int_{-\infty}^{+\infty} x^2 f(x)\, dx = \int_{-\infty}^{0} x^2 e^x\, dx$.

Intégration par parties $\begin{cases} u = x^2 & \Rightarrow u' = 2x \\ v' = e^x & \Leftarrow v = e^x \end{cases}$

$$E(X^2) = [x^2 e^x]_{-\infty}^0 - 2\int_{-\infty}^0 x e^x dx = -2E(X) = 2$$

$$V(X) = E(X^2) - E(X)^2 = 2 - (-1)^2 = 1.$$

c) Valeur x_0 telle que $P(X \leq x_0) = P(X > x_0)$:

$P(X \leq x_0) = P(X > x_0) \Rightarrow F(x_0) = 1 - F(x_0) \Rightarrow F(x_0) = \frac{1}{2}$
Pour $x < 0$, $F(x_0) = e^{x_0} = 0.5 \Rightarrow x_0 = ln(0.5) = -0.6931$ la médiane de X.

d) Calcul des probabilités :

$P(X > -2) = 1 - P(X \leq -2) = 1 - F(-2) = 1 - e^{-2} = 86.47\%$

$P((X > -2)/(X \leq -1)) = \frac{P((X>-2)\cap(X\leq-1))}{P(X\leq-1)} = \frac{P(-2<X\leq-1)}{F(-1)} = \frac{F(-1)-F(-2)}{F(-1)}$
$= \frac{e^{-1}-e^{-2}}{e^{-1}} = 1 - \frac{e^{-2}}{e^{-1}} = 1 - e^{-1} = 63.21\%$

$P[(X < -2) \cup (X \geq -1)] = P(-2 < X \leq -1) = F(-1) - F(-2)$
$= e^{-1} - e^{-2} = 23.25\%$

$P[(X \leq -1) - (X > -2)] = P[(X \leq -1) \cap (X \leq -2)] = P(X \leq -2)$
$= F(2) = e^{-2} = 13.53\%.$

$P[(X = -2) \cup (X > -1)] = P(X = -2) + P(X > -1) - P[(X = -2) \cap (X > -1)]$
$= P((X > -1)) = 1 - P(X \leq -1) = 1 - F(-1)$
$= 1 - e^{-1} = 63.21\%$

avec $P((X = -2) \approx 0$ et $P((X = -2) \cap (X > -1) = P(\phi) = 0.$

e) Fonction densité de probabilité de $Y = -X$:

Soient G et g respectivement la fonction de répartition et la fonction densité de probabilité de $Y = -X$.

$$G(y) = P(Y \leq y) = P(-X \leq y) = P(X \geq -y) = 1 - P(X < -y)$$
$$= 1 - F(-y) = \begin{cases} 1 - e^{-y} & si\ -y \leq 0 \Rightarrow y \geq 0 \\ 1 - 1 = 0 & si\ -y > 0 \Rightarrow y < 0 \end{cases}$$

$$\text{G(y)} = \begin{cases} 0 & si\ y < 0 \\ 1 - e^{-y} & si\ y \geq 0 \end{cases} \qquad g(y) = \begin{cases} 0 & si\ y < 0 \\ e^{-y} & si\ y \geq 0 \end{cases}$$

Remarque : Il s'agit là d'une loi de probabilité courante des lois de probabilité usuelles. On reconnaît les expressions des fonctions de répartition et de densité d'une variable aléatoire réelle Y qui suit une loi exponentielle de paramètre $\beta = 1$: $Y \to Exp(\beta = 1)$, d'espérance mathématique $E(Y) = \frac{1}{\beta} = 1$ et de variance $V(Y) = \frac{1}{\beta^2} = 1$.

f) Espérance et variance mathématique de Y :

Espérance mathématique de Y : $E(Y) = \int_{-\infty}^{+\infty} yg(y)dy = \int_0^{+\infty} ye^{-y}dy$

$$\text{Intégration par parties} \begin{cases} u = y & \Rightarrow u' = 1 \\ v' = e^{-y} & \Leftarrow v = -e^{-y} \end{cases}$$

$$E(Y) = [-ye^{-y}]_0^{+\infty} + \int_0^{+\infty} e^{-y}dy) = [-e^{-y}]_0^{+\infty} = e^0 = 1.$$

Variance mathématique de Y : $V(Y)=E(Y^2)-E(Y)^2$

$E(Y^2)=\int_{-\infty}^{+\infty} y^2 g(y)dy=\int_0^{+\infty} y^2 e^{-y}dy$

Intégration par parties $\begin{cases} u=y^2 & \Rightarrow u'=2y \\ v'=e^{-y} & \Leftarrow v=-e^{-y} \end{cases}$

$E(Y^2)=[-y^2e^{-y}]_0^{+\infty}+2\int_0^{+\infty} ye^{-y}dy=2E(Y)=2$

$V(Y)=E(Y^2)-E(Y)^2=2E(Y)-E(Y)^2=1.$

g) $T=\lambda Y$, la variable aléatoire réelle associée à la durée (en heures) entre deux précipitations de pluie sur la ville de Lyon au mois de mars. Valeur de la constante positive λ :

$P(T>6)=P(\lambda Y>6)=P(Y>\frac{6}{\lambda})=1-P(Y\leq\frac{6}{\lambda})=1-G(\frac{6}{\lambda})=e^{-\frac{6}{\lambda}}=0.1353$

$\Rightarrow \lambda=-\frac{6}{ln(0.1353)}=3$

h) Espérance mathématique et Ecart-type de T, la durée entre deux averses :

$E(T)=E(\lambda Y)=\lambda E(Y)=3\times 1=3$ h.

$V(T)=\mathrm{V}(\lambda Y)=\lambda^2V(Y)=3^2\times 1=9\Rightarrow \sigma(T)=\sqrt{V(T)}=3h.$

i) Il est midi à Lyon, la probabilité qu'il pleuve avant 14 h :

$P(T\leq 2)=P(3Y\leq 2)=P(Y\leq\frac{2}{3})=G(\frac{2}{3})=1-e^{-\frac{2}{3}}=48.66\%$

*************** ooo ***************

Sujet de contrôle continu n°6

Exercice 1 :

Deux fournisseurs approvisionnent en tubes de verre une entreprise.
Le fournisseur A : $P(A) = 75\%$ et $P(D/A) = 1\%$
Le fournisseur B : $P(B) = 25\%$ et $P(D/B) = 2\%$.

On note les deux événements complémentaires : D : le tube de verre est défectueux, $\overline{D}$: le tube de verre est bon.

a) Probabilité que le tube soit défectueux et provienne du fournisseur B :

$P(D \cap B) = P(D/B)P(B) = 0.02 \times 0.25 = 0.5\%$

b) Probabilité que le tube soit défectueux ou provienne du fournisseur B :

$P(D \cup B) = P(D) + P(B) - P(D \cap B) = 0.0125 + 0.25 - 0.005 = 25.75\%$

c) Sachant qu'un tube de verre est défectueux, la probabilité pour qu'il provienne du fournisseur B :

A et B forment un système complet de Ω :
A et B $\neq \emptyset$; $A \cup B = \Omega$; $A \cap B = \emptyset$

Formule des probabilités totales - Dénominateur de la formule de Bayes :

$$\begin{aligned} P(D) &= P[(A \cap D) \cup (B \cap D)] = P(A \cap D) + P(B \cap D) \\ &= P(D/A)P(A) + P(D/B)P(B) \\ &= 0.01 \times 0.75 + 0.02 \times 0.25 = 1.25\% \text{ et } P(\overline{D}) = 1 - P(D) = 98.75\% \end{aligned}$$

Formule de Bayes :

$$P(B/D) = P(B \cap D)/P(D) = (0.02 \times 0.25)/0.0125 = 0.4 = 40\%.$$

d) Probabilité qu'un bon tube provienne du fournisseur A :

$$\begin{aligned} P(A/\overline{D}) &= P(A \cap \overline{D})/P(\overline{D}) = P(\overline{D}/A)P(A)/P(\overline{D}) \\ &= [1 - P(D/A)]P(A)/[1 - P(D)] = (1 - 0.01) \times 0.75/0,9875 = 75.19\%. \end{aligned}$$

e) La remarque du technicien vous semble-t-elle justifiée ?

$$\begin{aligned} P(A/D) &= \frac{P(A \cap D)}{P(D)} = [\frac{P(D/A)P(A)}{P(D/A)P(A) + P(D/B)P(B)}] \text{ formule de Bayes} \\ &= [\frac{0.01 \times 0.75}{(0.01 \times 0.75 + 0.02 \times 0.25)}] = 0.6 = 60\% = 1 - P(B/D). \end{aligned}$$

Conclusion : cette remarque n'est pas justifiée car sachant que le tube de verre est défectueux, la probabilité qu'il provienne du fournisseur A est bien plus grande que celle qu'il provienne du fournisseur B. $P(A/D) = 1.5 \times P(B/D)$. En effet, $P(B/D) = 40\%$ et $P(A/D) = 60\%$.

*************** °°° ***************

Exercice 2 :

Demande (en unités) : x_i	10	20	30	40	50
Probabilité : $P(X=x_i)$	0,10	0,25	0,35	0,20	0,10
$F(x_i)$	0,10	0,35	0,70	0,90	1

a) E(X) et V(X) de X : la demande de ce nouveau logiciel :

$E(X) = 10\times 0.1 + 20\times 0.25 + \cdots + 50\times 0.1 = 29.5$ logiciels

$E(X^2) = 10^2\times 0.1 + 20^2\times 0.25 + \cdots + 50^2\times 0.1 = 995$

$V(X) = E(X^2) - E(X)^2 = 995 - 29.5^2 = 124,75 = 11,17^2.$

b) Interprétation du coefficient de variation :

$CV(X) = |\frac{\sigma(X)}{E(X)}| = \frac{11.17}{29.5} = 37.86\%$

La distribution de la demande de ce logiciel est plutôt homogène.

c) Probabilité d'avoir une demande :

Moins de 20 unités : $P(X<20) = P(X=10) = F(10) = 10\%$.

Supérieure à 20 unités et au plus égale à 40 unités :
$P(20 < X \leq 40) = F(40) - F(20) = 55\%$.

Plus de 30 unités : $P(X>30) = 1 - P(X\leq 30) = 1 - F(30) = 30\%$.

Exactement 15 unités : $P(X=15) \approx 0\%$.

d) Profit espéré avec la mise en marché de ce nouveau logiciel :

Profit $= 0.8\times E(X) - 15 = 8.6$ M.€.

*************** ooo ***************

Exercice 3 :

$$\text{f(x)} = \begin{cases} k(2x-x^2) & si\ 0<x<1\ et\ k\in\mathbb{R} \\ 0 & ailleurs \end{cases}$$

a) Conditions :

1) $\forall x \in IR\ f(x)\geq 0 : pour\ ;\ x \in]0,1[\ ,\ kx.(2x)\geq 0 \Rightarrow k\geq 0$

2) $\int_{-\infty}^{+\infty} f(x)dx = 1 \Rightarrow k\int_0^1 (2x-x^2)dx = k[x^2 - \frac{x^3}{3}]_0^1 = 1$

$\Rightarrow k[(1-\frac{1}{3}) - 0] = \frac{2k}{3} = 1 \Rightarrow k = \frac{3}{2}.$

$$\text{f(x)} = \begin{cases} \frac{3}{2}(2x-x^2) & si\ 0<x<1\ \ et\ \ k\in\mathbb{R} \\ 0 & ailleurs \end{cases}$$

b) Volume de vente hebdomadaire moyen - Espérance mathématique :

$$E(X) = \int_{-\infty}^{+\infty} xf(x)dx = \frac{3}{2}\int_0^1 (2x^2 - x^3)dx = \frac{3}{2}[\frac{2x^3}{3} - \frac{x^4}{4}]_0^1 = \frac{5}{8} = 0.625 \text{ ML}$$

c) Variance du volume de vente hebdomadaire - V(X) :

$$V(X) = E(X^2) - E(X)^2 = E(X^2) - 0.625^2$$

$$E(X^2) = \int_{-\infty}^{+\infty} x^2 f(x)dx = \frac{3}{2}\int_0^1 (2x^3 - x^4)dx = \frac{3}{2}[\frac{x^4}{2} - \frac{x^5}{5}]_0^1 = \frac{9}{20} = 0.45$$

$$V(X) = E(X^2) - E(X)^2 = 0.45 - 0.625^2 = 0.06\, ML^2$$

d) Fonction F de répartition du volume de vente hebdomadaire :

$$\text{F(x)} = \text{P(X} \leq x) = \int_{-\infty}^{x} f(x)dx = \begin{cases} 0 & si\ x \leq 0 \\ \frac{3}{2}\int_0^x (2x - x^2)dx & si\ 0 < x < 1 \\ 1 & si\ x \geq 1 \end{cases}$$

$$\text{F(x)} = \begin{cases} 0 & si\ x \leq 0 \\ \frac{3}{2}[\frac{x^2}{2} - \frac{x^3}{3}]_0^x & si\ 0 < x < 1 \\ 1 & si\ x \geq 1 \end{cases}$$

$$\text{F(x)} = \begin{cases} 0 & si\ x \leq 0 \\ \frac{x^2(3-x)}{2} & si\ 0 < x < 1 \\ 1 & si\ x \geq 1 \end{cases}$$

e) Probabilité que cette station vende :

Moins de 0.2 ML par semaine : $P(X < 0.2) = F(0.2) = \frac{0.2^2(3-0.2)}{2} = 5.60\%$.

Plus de 0.5 ML par semaine :

$$P(X > 0.5) = 1 - P(X \leq 0.5) = 1 - F(0.5) = 1 - 0.5^2\frac{(3-0.5)}{2} = 68.75\%.$$

Plus de 0.8 ML et moins de 1.2 ML par semaine :

$$P(0.8 < X < 1.2) = F(1.2) - F(0.8) = 1 - F(0.8)$$
$$= 1 - \frac{0.8^2(3-0.8)}{2} = 1 - 0.7040 = 29.60\%.$$

plus de 0,8 ML sachant qu'elle a déjà vendu plus de 0.5 ML par semaine :

$$P[(X > 0.8)/(X > 0.5)] = \frac{P[(X>0.8)\cap(X>0.5)]}{P(X>0.5)} = \frac{P(X>0.8)}{P(X>0.5)}$$
$$= \frac{1-F(0.8)}{1-F(0.5)} = 0.2960/0.6875 = 43.05\%.$$

f) Capacité du réservoir pour que la probabilité d'épuiser l'approvisionnement d'une semaine soit inférieure ou égale à 5% :

Soit x_0 la capacité du réservoir :

$$\begin{aligned} P(X > x_0) \leq 0.05 &\Rightarrow 1 - F(X \leq x_0) \leq 0.05 \\ &\Rightarrow F(X \leq x_0) = F(x_0) \geq 0.95 \\ &\Rightarrow F(x_0) = \tfrac{x_0^2(3-x_0)}{2} \geq 0.95 \Rightarrow 3x_0^2 - x_0^3 - 1.9 \geq 0 \\ &\Rightarrow x_0 \geq 0,8115 \text{ ML, sachant que } x_0 \in]0,1[. \end{aligned}$$

*************** ooo ***************

Exercice 4 :

a) Valeur x_0 de telle sorte que $P(X = x_0) = P(X > x_0)$:

$$\begin{aligned} P(X = x_0) = P(X > x_0) &\Rightarrow F(x_0) = 1 - F(x_0) \\ &\Rightarrow F(x_0) = 1/2 = x_0/(1+x_0) \Rightarrow x_0 = 1. \end{aligned}$$

x_0 : représente la médiane de X.

b) Fonction f densité de probabilité de X :

$$\mathrm{F(x) = P(X \leq} x) = \begin{cases} \frac{x}{(1+x)} & si\, x \geq 0 \\ 0 & si\, x < 0 \end{cases}$$

Pour $x < 0$, $f(x) = F'(x) = 0$.

Pour $x \geq 0$, $f(x) = F'(x) = (\frac{x}{(1+x)})' = \frac{(1+x)x}{(1+x)^2} = \frac{1}{(1+x)}$.

$$\mathrm{f(x)} = \begin{cases} \frac{1}{(1+x)^2} & si\, x \geq 0 \\ 0 & si\, x < 0 \end{cases}$$

c) Calcul des probabilités :

$$\begin{aligned} &P(-2 < X \leq 1) = F(1) - F(-2) = F(1) = \tfrac{1}{2} = 50\%. \\ &P[(X < 1)/(X > 2)] = \tfrac{P[(X<1)\cap(X>2)]}{P(X>2)} = \tfrac{P(\emptyset)}{P(X>2)} = 0\%. \\ &P[(X < 1) \cup (X > 2)] = P(X < 1) + P(X > 2) = F(1) + 1 - F(2) \\ &\qquad = \tfrac{1}{2} + 1 - \tfrac{2}{3} = \tfrac{5}{6} = 83.33\%. \\ &P[(X < 1) - (X > 2)] = P(X < 1) - P[(X < 1) \cap (X > 2)] \\ &\qquad = P(X < 1) = P(X \leq 1) = F(1) = 50\%. \end{aligned}$$

d) Fonction densité de probabilité g de $Y = \frac{1}{X}$:

Soit G la fonction de répartition de Y : $G(y) = P(Y \leq y) = P(\frac{1}{X} \leq y)$

$$\mathrm{G(y)} = \begin{cases} 0 & si\, y \leq 0 \\ P(\frac{1}{y} \leq X) = 1 - P(X \leq \frac{1}{y}) & si\, y > 0 \end{cases}$$

$$G(y) = \begin{cases} 0 & si\ y \leq 0 \\ 1 - F(\frac{1}{y}) & si\ y > 0 \end{cases}$$

$$G(y) = \begin{cases} 0 & si\ y \leq 0 \\ 1 - \frac{\frac{1}{y}}{1+\frac{1}{y}} = 1 - \frac{1}{(1+y)} = \frac{y}{(1+y)} & si\ y > 0 \end{cases}$$

$$G(y) = \begin{cases} 0 & si\ y \leq 0 \\ \frac{y}{(1+y)} & si\ y > 0 \end{cases} \Rightarrow g(y) = \begin{cases} 0 & si\ y \leq 0 \\ \frac{y}{(1+y)2} & si\ y > 0 \end{cases}$$

Conclusion : les variables X et Y ont la même fonction de répartition (densité de probabilité), elles suivent donc la même loi de probabilité.

*************** ooo ***************

Sujet de contrôle continu n°7

Exercice 1 :

Données : $P(A) = \frac{1}{3}$; $P(B) = \frac{2}{3}$; $P(D/A) = 2\%$ et $P(D/B) = 3\%$

a) Probabilité qu'elle soit du sous-traitant A et défectueuse :

$$P(A \cap D) = P(D/A)P(A) = \frac{\frac{2}{100}}{\frac{1}{3}} = \frac{1}{150} = 0.0067 = 0.67\%.$$

b) Probabilité qu'elle soit du sous-traitant A ou défectueuse :

$$P(A \cup D) = P(A) + P(D) - P(A \cap D) = \frac{2}{75} + \frac{1}{3} - \frac{1}{150} = 35.33\%.$$

c) Probabilité qu'elle soit défectueuse :

$$P(D) = P[(A \cap D) \cup (B \cap D)] = P(A \cap D) + P(B \cap D) = P(D/A)P(A) + P(D/B)P(B)$$
$$= \frac{1}{150} + \frac{3}{100}\frac{2}{3} = \frac{2}{75} = 0.0267 = 2.67\%.$$

d) Probabilité que la pièce provienne du sous-traitant A sachant qu'elle est défectueuse :

Formule de Bayes : A et B forment un système complet de Ω

$$P(A/D) = P(A \cap D)/P(D) = \frac{P(D/A)P(A)}{P(D/A)P(A) + P(D/B)P(B)}$$
$$= \frac{\frac{1}{150}}{\frac{2}{75}} = \frac{75}{300} = 0.25 = 25\%.$$

e) Probabilité qu'elle ne soit pas défectueuse :

$$P(\overline{D}) = 1 - P(D) = 1 - \frac{2}{75} = 0.9733 = 97.33\%.$$

f) Probabilité que la pièce provienne du sous-traitant B et qu'elle ne soit pas défectueuse :

$$P(B \cap \overline{D}) = P(\overline{D}/B)P(B) = [1 - P(D/B)]P(B) = \frac{97}{100} \times \frac{2}{3} = \frac{97}{150} = 64.67\%.$$

g) Probabilité qu'elle provienne du sous-traitant B sachant qu'elle n'est pas défectueuse :

$$P(B/\overline{D}) = P(B \cap \overline{D})/P(\overline{D}) = (97/150)/(73/75) = 97/146 = 66.44\%.$$

*************** ooo ***************

Exercice 2 :

a) Fonction f densité de probabilité de X :

Conditions à vérifier :

1) $\forall x \in IR\ f(x) \geq 0$: fonction positive ou nulle, courbe au-dessus de l'axe des abscisses.

2) $\int_{-\infty}^{+\infty} f(x)dx = 1$: l'aire sous la courbe est égale à $1 = \frac{3}{4} + \frac{1}{4}$, la somme des aires des triangles rectangles en C : BCA et ACD.

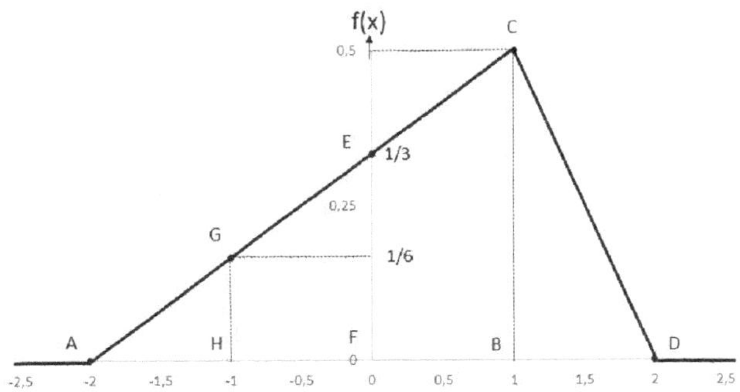

b) Calcul des probabilités :

$P(X \leq -2) = F(-2) = 0$, F étant la fonction de répartition de X.

$P(X = -1) \simeq 0$ X est continue, la probabilité en un point est presque nulle.

$P(-2 < X \leq 0) = F(0) - F(-2) = F(0) = \frac{\frac{1}{3}\times 2}{2} = \frac{1}{3}$, aire du triangle.

$P(X > 1) = \frac{1\times\frac{1}{2}}{2} = \frac{1}{4}$, aire du triangle.

$P(X > 2) = 1 - P(X \leq 2) = 1 - F(2) = 0$, avec $F(2) = 1$

$P(X \leq -1) = F(-1) = \frac{1\times\frac{1}{6}}{2} = \frac{1}{12}$, aire du triangle.

$$\begin{aligned} P(\mid X \mid > 1) &= 1 - P(\mid X \mid \leq 1) = 1 - P(-1 \leq X \leq 1) \\ &= 1 - [F(1) - F(-1)] \text{ avec } F(1) = 1 - P(X > 1) = 1 - \tfrac{1}{4} = \tfrac{3}{4}. \\ &= 1 - (\tfrac{3}{4} - \tfrac{1}{12}) = \tfrac{1}{3}. \end{aligned}$$

$$\begin{aligned} P_{(X=1)}(X > 0) &= P[(X > 0)/(X = 1)] = P[(X > 0) \cap (X = 1)]/P(X = 1) \\ &= \frac{P(0<X\leq 1)}{P(X\leq 1)} = \frac{F(1)-F(0)}{F(1)} = 1 - \frac{F(0)}{F(1)} = 1 - \frac{4}{9} = \frac{5}{9}. \end{aligned}$$

c) fonction densité de X :

$$f(x) = \begin{cases} 0 & si\, x \leq -2 \\ \frac{x}{6}+\frac{1}{3} & si\, -2 \leq x \leq 1 \\ -\frac{x}{2}+1 & si\, 1 \leq x \leq 2 \\ 0 & si\, x > 2 \end{cases}$$

On en déduit la fonction de répartition de X :

$$F(x) = \begin{cases} 0 & si\, x \leq -2 \\ \frac{x^2}{12}+\frac{x}{3}+\frac{1}{3} & si\, -2 \leq x \leq 1 \\ -\frac{x^2}{4}+1 & si\, 1 \leq x \leq 2 \\ 1 & si\, x > 2 \end{cases}$$

*************** ooo ***************

Exercice 3 :

Soit X la variable aléatoire réelle associée à la durée de vie de l'appareil (en années) de fonction de répartition :

$$F(x) = \begin{cases} 0 & si\, x < 0 \\ 1-e^{-x/5} & si\, x \geq 0 \end{cases}$$

a) Probabilité que l'appareil soit encore en état de marche au bout de 5 ans de fonctionnement :

$$P(X > 5) = 1 - P(X \leq 5) = 1 - F(5) = 1 - (1 - e^{-1}) = e^{-1} = 36.79\%$$

b) Temps de fonctionnement sans défaillance de 50% des appareils :

x_0 = médiane tel que : $P(X \leq x_0) = F(x_0) = 0.5$

$\Rightarrow F(x_0) = 1 - e^{-\frac{x_0}{5}} = 0.5 \Rightarrow -\frac{x_0}{5} = ln(0.5)$

$\Rightarrow x_0 = -5ln(0.5) = 3.47$ ans $\approx$ 3 ans, 5 mois et 20 jours.

50% des appareils fabriqués auront une durée de vie inférieure à 3.47 ans.

c) Fonction densité de probabilité f :

$$f(x) = \begin{cases} 0 & si\, x < 0 \\ \frac{1}{5}e^{-\frac{x}{5}} & si\, x \geq 0 \end{cases}$$

On vérifie bien que pour tout $x \in \mathbb{R}$, $f(x) \geq 0$ et $\int_{-\infty}^{+\infty} f(x)dx = 1$.

d) Durée de la vie moyenne de fonctionnement sans défaillance :

$E(X) = \int_{-\infty}^{+\infty} xf(x)dx = \int_0^{+\infty} \frac{x}{5}e^{-\frac{x}{5}}dx$

Intégration par parties : $u = x \quad \Rightarrow u' = 1$

$v' = e^{-\frac{x}{5}} \Leftarrow v = -5e^{-\frac{x}{5}}$

$E(X) = \frac{1}{5}[-5xe^{-\frac{x}{5}}]_0^{+\infty} - \frac{1}{5}\int_0^{+\infty} -5e^{\frac{-x}{5}}dx = \frac{1}{5} \times 0 + [-5e^{\frac{-x}{5}}]_0^{+\infty} = 5$ ans.

e) Nombre d'appareils défaillants sur 1000 au cours des 5 premières années :

$P(X \leq 5) = F(5) = 1 - e^{-1} = 63.21\%$

Sur 1000 appareils fabriqués, 633 seront défaillants.

f) Garantie :

On cherche x_0 tel que : $P(X \leq x_0) \leq 0.33 \Rightarrow F(x_0) = 1 - e^{-\frac{x_0}{5}} \leq 0.33$
$\Rightarrow -\frac{x_0}{5} \geq ln(0.67) \Rightarrow x_0 \leq -5ln(0.67) = 2.0024$ ans.

La durée de garantie de cet appareil est dans ce cas de 2 ans.

g) Fonction de répartition G de $Y = e^{\frac{-X}{5}}$:

$$G(y) = P(Y \leq y) = P(e^{\frac{-X}{5}} \leq y)$$

$$\mathrm{G(y)} = \begin{cases} 0 & si\, y < 0 \\ P(\frac{-X}{5} \leq lny) = P(X \geq -5lny) & si\, y \geq 0 \end{cases}$$

$$\mathrm{G(y)} = \begin{cases} 0 & si\, y < 0 \\ 1 - P(X \leq -5lny) = 1 - F(-5lny) & si\, y \geq 0 \end{cases}$$

$$G(y) = \begin{cases} 0 & si\, y < 0 \\ 1 - (1 - e^{\frac{5lny}{5}}) & si\, -5lny \geq 0 \Rightarrow lny \leq 0 \Rightarrow y \leq 1 \\ 1 - 0 & si\, -5lny < 0 \Rightarrow lny > 0 \Rightarrow y > 1. \end{cases}$$

$$\mathrm{G(y)} = \begin{cases} 0 & si\ y < 0 \\ y & si\ 0 \leq y \leq 1 \\ 1 & si\ y > 1. \end{cases}$$

On en déduit g la fonction densité de probabilité de Y :

$$\mathrm{g(y)} = \mathrm{G'(y)} = \begin{cases} 1 & si\ 0 \leq y \leq 1 \\ 0 & ailleurs. \end{cases}$$

*************** ∘∘∘ ***************

Sujet de contrôle continu n°8

Exercice 1 :

AGE SEXE	Masculin (M)	Féminin (F)	Total
$\leq 30ans\ (A)$	35	15	50
$]30ans - 40ans]\ (B)$	160	40	200
$> 40ans\ (C)$	85	15	100
Total	280	70	350

a) Calcul des probabilités :

$P(A) = \frac{50}{350} = 14.29\%$.

$P(M \cap C) = \frac{85}{350} = 24.29\%$

$P[F \cap (B \cup C)] = P[(F \cap B) \cup (F \cap C)]$

$= P(F \cap B) + P(F \cap C) = \frac{(40+15)}{350} = 15.71\%$

$P_F(A) = P(A/F) = \frac{P(A \cap F)}{P(F)} = \frac{\frac{15}{350}}{\frac{70}{350}} = \frac{15}{70} = 21.43\%$.

$P[F \cap (A \cup B)] = P[(F \cap A) \cup (F \cap B)]$

$= P(F \cap A) + P(F \cap B)$, $(F \cap A)$ et $(F \cap B)$ sont disjoints.

$= \frac{15}{350} + \frac{40}{350} = 15.71\%$.

$P_{(B \cup C)}(F \cap C) = P[(F \cap C)/(B \cup C)] = P[\frac{(F \cap C) \cap (B \cup C)}{P(B \cup C)}]$

$= P(\frac{(F \cap C)}{P(B \cup C)} = \frac{\frac{15}{350}}{\frac{(200+100)}{350}} = \frac{15}{300} = 5\%$.

b) Incompatibilité et Indépendance en probabilité des événements B et M :

$*$ Les événements M et B sont incompatibles $\Leftrightarrow M \cap B = \emptyset$

$P(M \cap B) = \frac{160}{350} = 45.71\% \neq 0$ alors $M \cap B \neq \emptyset$, les événements M et B ne sont pas incompatibles.

$*$ Les événements M et B sont indépendants en probabilité

$\Leftrightarrow P(M \cap B) = P(M) \times P(B)$ ou $P(M/B) = P(M)$ ou $P(B/M) = P(B)$.

$P(M \cap B) = \frac{160}{350} = 45.71\%$ et $P(M)P(B) = \frac{280}{350}\frac{200}{350} = \frac{160}{350} = 45.71\%$

Par conséquent, $P(M \cap B) = P(M) \times P(A)$, les événements M et B sont donc indépendants en probabilité.

*************** ooo ***************

Exercice 2 :

Une équipe de 12 personnes : 5 femmes et 7 hommes.

a) Echantillon de 5 personnes, sans ordre particulier, dans le cadre d'une enquête.

1) Nombre d'échantillons possibles :
Un échantillon est une combinaison sans répétition de 5 personnes pris parmi les 12 personnes : $C_{12}^{5} = 792$ échantillons possibles.

2) Echantillons constitués de personnes du même sexe :
On dénombre les échantillons qui comportent 5 femmes ou 5 hommes (réunion disjointe) : $C_5^5 + C_7^5 = 22$ échantillons possibles.

3) Echantillons constitués de 2 femmes et de 3 hommes :

On doit choisir 2 femmes parmi 5 et pour chacun de ces choix, 3 hommes parmi 7 : $C_5^2 \times C_7^3 = 350$ échantillons possibles.

b) Nombre de listes qui présentent le classement des femmes, puis le classement des hommes :

Le classement des femmes est une permutation sans répétition des 5 femmes. De même pour le classement des 7 hommes : $P_5 \times P_7 = 604800$ listes possibles.

c) Nombre de volontaires pour les 4 séminaires :

Le recrutement des 4 volontaires est une combinaison avec répétition de 4 éléments parmi 12 : $\mathscr{C}_{12}^{4} = C_{15}^{4} = 1365$ volontaires possibles.

d) Nombre de façons d'attribuer ces responsabilités avec un bureau composé d'une femme et de deux hommes :

Pour constituer le groupe, on doit choisir une femme parmi 5 (5 choix possibles), puis lui attribuer un des trois postes (3 choix). Enfin, il faut choisir deux hommes à affecter sur les deux postes restants, c'est-à-dire un arrangement sans répétition de deux éléments pris parmi 7 : $5 \times 3 \times A_7^2 = 630$ bureaux différents.

Remarque : on peut aussi choisir sans ordre une femme et deux hommes, puis affecter ces trois personnes sur les trois postes à pourvoir soit :

$C_5^1 \times C_7^2 \times P_3 = 630$ bureaux différents.

************** ooo **************

Exercice 3 :

a) Valeur de la constante k :

Soit f une fonction définie par :

$$f(x) = \begin{cases} ke^{-\frac{(x-1)}{2}} & si\ x > 1\ k \in \mathbb{R} \\ 0 & sinon. \end{cases}$$

1) $\forall x \in \mathbb{R}\ f(x) \geq 0 \Rightarrow ke^{-\frac{(x-1)}{2}} \geq 0 \Rightarrow k \geq 0$ car $e^{-\frac{(x-1)}{2}} \geq 0$ pour $x \geq 1$.

2) $\int_{-\infty}^{+\infty} f(x)dx = k\int_1^{+\infty} e^{-\frac{(x-1)}{2}}dx = 1$

$$\Rightarrow k([-2e^{-\frac{(x-1)}{2}}]_1^{+\infty} = k(0+2) = 2k = 1 \Rightarrow k = \frac{1}{2}.$$

$$f(x) = \begin{cases} \frac{1}{2}e^{-\frac{(x-1)}{2}} & si\,x > 1 \\ 0 & sinon. \end{cases}$$

b) Fonction de répartition de X :

si $x \leq 1 : F(x) = P(X \leq x) = \int_{-\infty}^{x} f(x)dx = \int_{-\infty}^{x} 0dx = 0$

si $x > 1 : F(x) = P(X \leq x) = \int_{-\infty}^{x} f(x)dx = \int_{-\infty}^{x} 0dx + \frac{1}{2}\int_1^x e^{-\frac{(x-1)}{2}}dx$

$$= \frac{1}{2}[-2e^{-\frac{(x-1)}{2}}]_1^x = \frac{1}{2}(-2e^{-\frac{(x-1)}{2}} + 2) = 1 - e^{-\frac{(x-1)}{2}}$$

$$F(x) = \begin{cases} 1 - e^{-\frac{(x-1)}{2}} & si\,x > 1 \\ 0 & sinon. \end{cases}$$

c) Calcul des probabilités :

$P(X > 2) = 1 - P(X \leq 2) = 1 - F(2) = 1 - (1 - e^{-\frac{1}{2}}) = e^{-\frac{1}{2}} = 60.65\%.$
$P(1 < X \leq 2) = F(2) - F(1) = 1 - e^{-\frac{1}{2}} = 39.35\%.$

$$\begin{aligned} P[(X \leq 1)\,ou\,(X > 2)] &= P(X \leq 1) + P(X > 2) - P[(X \leq 1) \cap (X > 2)] \\ &= P(X \leq 1) + P(X > 2) - P(\emptyset) = F(1) + 1 - F(2) \\ &= 0 + 1 - (1 - e^{-\frac{1}{2}} = e^{-\frac{1}{2}} = 60.65\%. \end{aligned}$$

$$\begin{aligned} P_{(X\geq 2)}(X \leq 2) &= P[(X \leq 2)/(X \geq 2)] = \frac{P[(X\leq 2)\cap(X\geq 2)]}{P(X\geq 2)} \\ &= \frac{P(X=2)}{(1-P(X\leq 1))} = \frac{P(X=2)}{(1-F(1))} = P(X = 2) \approx 0\%. \end{aligned}$$

d) Valeur de x_0 telle que $P(X \leq x_0) = 50\%$:

$$\begin{aligned} & P(X \leq x_0) = 0.5 \Rightarrow F(x_0) = 0.5 \Rightarrow F(x_0) = 1 - e^{-\frac{(x_0-1)}{2}} = 0.5 \\ & \Rightarrow e^{-\frac{(x_0-1)}{2}} = 0.5 \Rightarrow -\frac{(x_0-1)}{2} = ln0.5 \\ & \Rightarrow x_0 = 1 - 2ln0.5 = 2.39 \ \text{représente la médiane de X.} \end{aligned}$$

e) Espérance mathématique E(X), Variance V(X) et écart-type $\sigma(X)$ de X :

$E(X) = \int_{-\infty}^{+\infty} xf(x)dx = \frac{1}{2}\int_{1}^{+\infty} xe^{-\frac{(x-1)}{2}}dx$

Intégration par parties : On pose $u = x \quad \Rightarrow u' = 1$

$v' = \frac{1}{2}e^{-\frac{(x-1)}{2}} \quad \Leftarrow v = -e^{-\frac{(x-1)}{2}}$

$E(X) = [-xe^{-\frac{(x-1)}{2}}]_1^{+\infty} + \int_1^{+\infty} e^{-\frac{(x-1)}{2}}dx = (0+1) + [-2e^{-\frac{(x-1)}{2}}]_1^{+\infty} = 1+2 = 3.$

$E(X^2) = \int_{-\infty}^{+\infty} x^2 f(x)dx = \frac{1}{2}\int_1^{+\infty} x^2 e^{-\frac{(x-1)}{2}}dx$

Intégration par parties : On pose $u = x^2 \quad \Rightarrow u' = 2x$

$v' = \frac{1}{2}e^{-\frac{(x-1)}{2}} \quad \Leftarrow \quad v = -e^{-\frac{(x-1)}{2}}$

$E(X^2) = [-x^2e^{-\frac{(x-1)}{2}}]_1^{+\infty} + 2\int_1^{+\infty} xe^{-\frac{(x-1)}{2}}dx = 1 + 4\times E(X) = 1+12 = 13$

$V(X) = E(X^2) - E(X)^2 = 13 - 3^2 = 4 = 2^2 \Rightarrow \sigma(X) = 2$

f) Espérance et variance mathématiques de $Y = \frac{X-1}{2}$:

$E(Y) = E[\frac{(X-1)}{2}] = \frac{1}{2}E(X) - \frac{1}{2} = \frac{3}{2} - \frac{1}{2} = 1$

$V(Y) = V[\frac{(X-1)}{2}] = \frac{1}{4}V(X) = \frac{4}{4} = 1$

g) Fonction de répartition G de $Y = \frac{X-1}{2}$:

$G(y) = P(Y \leq y) = P(\frac{(X-1)}{2} \leq y) = P(X \leq 2y+1) = F(2y+1)$

$$\mathrm{G(y) = F(2y + 1)} = \begin{cases} 0 & si\ 2y+1 \leq 1 \Rightarrow y \leq 0 \\ 1-e^{-y} & si\ 2y+1 > 1 \Rightarrow y > 0 \end{cases}$$

En déduire g la fonction densité de probabilité de Y :

$$\mathrm{g(y)} = \begin{cases} e^{-y} & si\ y > 0 \\ 0 & sinon. \end{cases}$$

On peut ainsi reconnaitre l'expression caractéristique de la fonction densité de probabilité d'une variable aléatoire réelle qui suit une loi exponentielle de paramètre $\lambda = 1 : Y \to Exp(\lambda = 1)$.

*************** °°° ***************

Exercice 4 :

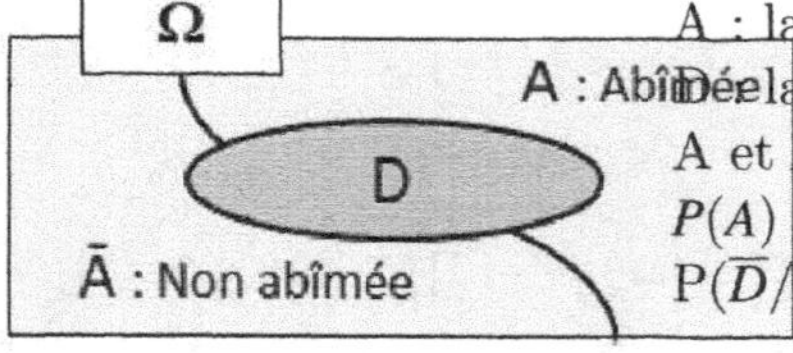

A : la boîte est abîmée
D : la boîte contient au moins un masque défectueux
A et $\overline{A}$ forment une partition de Ω.
$P(A) = 5\% \Rightarrow P(\overline{A}) = 95\%$
$P(\overline{D}/\overline{A}) = 98\%$; $P(D/A) = 60\%$

a) Calcul des probabilités :

$$P(D/\overline{A}) = 1 - P(\overline{D}/\overline{A}) = 1 - 0.98 = 2\%$$
$$P(\overline{D}/A) = 1 - P(D/\overline{A}) = 1 - 0.60 = 40\%$$

b) Probababilité que la boîte achetée soit abîmée et contienne au moins un masque défectueux :

$$P(A \cap D) = P(D/A)P(A) = 0.60 \times 0.05 = 3\%$$

c) Probababilité que la boîte achetée contienne au moins un masque défectueux :

$$P(D) = P(D \cap A) \cup (D \cap \overline{A}) = P(D \cap A) + P(D \cap \overline{A})$$
$$= P(D/A)P(A) + P(D/\overline{A})P(\overline{A}) = 0.60 \times 0.05 + 0.02 \times 0.95 = 4.9\%$$

d) Probababilité que la boîte achetée soit abîmée ou contienne au moins un masque défectueux :

$$P(D \cup A) = P(D) + P(A) - P(D \cap A) = 0.049 + 0.05 - 0.03 = 0.069 = 6.9\%$$

e) Probabilité pour qu'il ait acheté une boîte abîmée sachant qu'un des masques achetés est défectueux :

$$P(A/D) = \frac{P(A \cap D)}{P(D)} = \frac{P(D/A)P(A)}{P(D)} \approx \frac{0.60 \times 0.05}{0.049} = 61.22\%$$
$$= \frac{P(D/A)P(A)}{P(D/A)P(A) + P(D/\overline{A})P(\overline{A})} \text{ Formule de Bayes.}$$

f) Probabilité pour qu'il ait acheté une boîte abîmée sachant qu'elle ne contient aucun masque défectueux :

$$P(A/\overline{D}) = \frac{P(A \cap \overline{D})}{P(\overline{D})} = \frac{P(\overline{D}/A)P(A)}{1 - P(D)} \approx \frac{0.40 \times 0.05}{1 - 0.049} = 2.10\%$$

************** ∘∘∘ **************

Sujet de contrôle continu n°9

Exercice 1 :

a) Nombre de façons différentes de choisir les boissons :

Chaque étudiant choisit une boisson parmi les 5 boissons proposées. Il y a affectation de la boisson à l'étudiant, il y a donc un ordre. Comme les étudiants peuvent choisir la même boisson, il y a répétitions possibles : AAR - Arrangement Avec Répétition de 2 boissons parmi 5. Le nombre de façons différentes pour ces 2 étudiants de choisir les boissons est :

$$\mathbb{A}_5^2 = 5^2 = 25.$$

b) Probabilité de choisir la même boisson :

Les cas possibles sont équiprobables car, par principe, les arrangements le sont. Il y a donc 25 cas possibles équiprobables (théorème de l'équiprobabilité). Lorsque les 2 étudiants décident de choisir la même boisson, il y a autant de choix du groupe que de types de boissons soit 5.

$$P(E_1) = \frac{Nombre\,de\,cas\,favorables}{Nbre\,de\,cas\,possibles} = \frac{5}{25} = 20\%.$$

c) Probabilité de choisir des boissons différentes :

Nous pouvons utiliser le théorème de l'équiprobabilité. Il faut choisir les 2 boissons différentes parmi 5 avec affectation personnelle aux 2 étudiants (ordre mais pas de répétition ASR) :

$$P(E_2) = \frac{Nombre\,de\,cas\,favorables}{Nbre\,de\,cas\,possibles} = \frac{A_5^2}{25} = \frac{4\times5}{25} = 80\%.$$

d) Probabilité pour que ce soit dans le hall du bâtiment Athena :

Soit E l'événement « les 2 étudiants ont pris des boissons ».
On note : A - Athena ; B - Bélénos et C - Clio.
$P(A) = P(B) = P(C) = \frac{1}{3}$ et $P(E/A) = 4\%$; $P(E/B) = 6\%$; $P(E/C) = 8\%$

Les bâtiments A, B et C forment un système complet de Ω.
On peut donc appliquer la formule de Bayes :

$$\begin{aligned}P(A/E) &= \frac{P(E\cap A)}{P(E)}\\ &= \frac{P(E/A)P(A)}{[P(E/A)P(A)+P(E/B)P(B)+P(E/C)P(C)]}\\ &= \frac{0.04\times\frac{1}{3}}{[0.04\times\frac{1}{3}+0.06\times\frac{1}{3}+0.08\times\frac{1}{3}]} = \frac{0.0133}{0.06} = 22.22\%.\end{aligned}$$

*************** ooo ***************

Exercice 2 :

$P(A\cap\bar{I}) = 1\%$, la probabilité que l'alarme se déclenche par erreur (sans qu'il y ait d'incendie).

$P(\bar{A}\cap I) = 0.1\%$, la probabilité qu'un incendie survienne sans que l'alarme ne se déclenche.

$P(I) = 1.5\%$, la probabilité qu'un incendie se produise.

a) Probabilité qu'un incendie survienne et que l'alarme se déclenche :

$$\begin{aligned}\mathrm{P}(\mathrm{I}\cap A) &= P(A/I)P(I) = [1-P(\bar{A}/I)]P(I) = P(I) - P(\bar{A}\cap I)\\ &= 0.015 - 0.001 = 1.4\%.\end{aligned}$$

b) Probabilité de l'événement A :

$$\begin{aligned}P(A) &= P(A\cap\Omega) = P[A\cap(I\cup\bar{I}] = P[(A\cap I)\cup(A\cap\bar{I})]\\ &= P(A\cap I) + P(A\cap\bar{I}) \quad \text{les 2 événements sont incompatibles (disjoints)}\\ &= 0.014 + 0.01 = 2.4\%.\end{aligned}$$

c) Défaut - D. Le système d'alarme est mis en défaut si « l'alarme se déclenche sans incendie » ou « s'il y a un incendie sans déclenchement de l'alarme » :

$$\begin{aligned}P(D) &= P[(I\cap\bar{A})\cup(\bar{I}\cap A)] = P(I\cap\bar{A}) + P(\bar{I}\cap A)\\ &= 0.001 + 0.01 = 1.1\% \quad \text{les 2 événements sont incompatibles.}\end{aligned}$$

d) L'alarme vient de se déclencher, la probabilité qu'il y ait réellement un incendie est :

$$P(I/A) = P(I\cap A)/P(A) = \tfrac{0.014}{0.024} = 58.33\%.$$

Remarque : la probabilité qu'il y ait un incendie sachant que l'alarme retentit est relativement faible ! On peut se demander si l'alarme est fiable.

e) Probabilité que l'alarme se déclenche au cours de la journée alors que l'on sait qu'il n'y a pas d'incendie :

$$P(A/\bar{I}) = P(\bar{I}\cap A)/P(\bar{I}) = P(\bar{I}\cap A)/[1-P(I)] = \tfrac{0.01}{0.985} = 1.01\%.$$

*************** °°° ***************

Exercice 3 :

a) Valeur de la constante k :

X est la variable aléatoire réelle associée au temps d'attente avant de regagner l'usine.

$*\forall x \in R\ f(x) \geq 0 \Rightarrow k(e^{-x} - e^{-2x}) \geq 0$
$\Rightarrow k \geq 0$ car $(e^{-x} - e^{-2x}) \geq 0$ pour $x \geq 0$.

$* \int_{-\infty}^{+\infty} f(x)dx = k\int_0^{+\infty} (e^{-x} - e^{-2x})dx = 1 \Rightarrow k([-e^{-x}]_0^{+\infty} - [-\frac{1}{2}e^{-2x}]_0^{+\infty}) = 1$
$= k(1 - \frac{1}{2}) = 1 \Rightarrow k = 2.$

$$\text{f(x)} \begin{cases} 0 & si\, x < 0 \\ 2(e^{-x} - e^{-2x}) & si\, x \geq 0. \end{cases}$$

b) Temps d'attente moyen espéré - Espérance mathématique E(X) :

$$\begin{aligned} E(X) &= \int_{-\infty}^{+\infty} xf(x)dx = 2\int_0^{+\infty} x(e^{-x} - e^{-2x})dx \\ &= 2(\int_0^{+\infty} xe^{-x}dx - \int_0^{+\infty} xe^{-2x}dx) \\ &= 2 \times (A - B) \end{aligned}$$

Intégration par parties A :
on pose $u = x \Rightarrow u' = 1$ et $v' = e^{-x} \Leftarrow v = -e^{-x}$
$A = \int_0^{+\infty} xe^{-x}dx = [-xe^{-x}]_0^{+\infty} + \int_0^{+\infty} e^{-x}dx = [-e^{-x}]_0^{+\infty} = 1$

Intégration par parties B :
on pose $u = x \Rightarrow u = 1$ et $v' = e^{-2x} \Leftarrow v = -\frac{1}{2}e^{-2x}$
$B = \int_0^{+\infty} xe^{-2x}dx = [-\frac{x}{2}e^{-2x}]_0^{+\infty} + \int_0^{+\infty}(\frac{1}{2}e^{-x}dx = [-\frac{1}{4}e - 2x]_0^{+\infty} = \frac{1}{4}.$

$E(X) = 2 \times (A - B) = 2 \times (1 - \frac{1}{4}) = \frac{3}{2}.$

c) Fonction F de répartition de X :

$$\text{F(x)} = \begin{cases} 0 & si\, x < 0 \\ 2\int_0^x (e^{-x} - e^{-2x})dx = 2([-e^{-x}]_0^x - [-\frac{1}{2}e^{-2x}]_0^x) & si\, x \geq 0 \end{cases}$$

$$\text{F(x)} = \text{P}(\text{X} \leq x) = \int_{-\infty}^{x} f(x)dx = \begin{cases} 0 & si\, x < 0 \\ 1 + e^{-2x} - 2e^{-x} & si\, x \geq 0 \end{cases}$$

d) Probabilité que les personnes attendent plus d'une minute avant de regagner l'usine :

$P(X > 1) = 1 - P(X \leq 1) = 1 - F(1) = 1 - (1 + e^{-2} - 2^{e-1}) = 60.04\%.$

Entre 1 et 2 mn :
$P(1 < X \leq 2) = F(2) - F(1) = (1 + e^{-4} - 2e^{-2}) - (1 + e^{-2} - 2e^{-1})$
$= 0.7476 - 0.3996 = 34.81\%$

Moins de 2 mn sachant qu'elles ont attendu plus de 1 mn :

$$P_{(X>1)}(X<2) = P[(X<2)/(X>1)] = P[(X<2)\cap(X>1)]/P(X>1)$$
$$= P(1<X\leq 2)/[1-P(X\leq 1)]$$
$$= \frac{(F(2)-F(1))}{(1-F(1))} = \frac{0.3481}{(10.3996)} = 57.97\%$$

Exactement 1.5 minute : $P(X=1.5) \simeq 0\%$.

e) Fonction de répartition G de $Y = e^{-X}$:

$$G(y) = P(Y\leq y) = P(e^{-X}\leq y)$$

$$\mathrm{G(y)} = \begin{cases} 0 & si\; y<0 \\ P(-X\leq lny) = P(X\geq -lny) = 1-P(X\leq -lny) & si\; y\geq 0 \end{cases}$$

$$\mathrm{G(y)} = \begin{cases} 0 & si\; y<0 \\ 1-(1+e^{2lny}-2e^{lny}) & si\; -lny\geq 0 \Rightarrow lny\leq 0 \Rightarrow y\leq 1 \\ 1 & si\; -lny<0 \Rightarrow lny>0 \Rightarrow y>1 \end{cases}$$

$$G(y) = \begin{cases} 0 & si\;\; y<0 \\ -y^2+2y & si\;\; y\leq 1 \\ 1 & si\;\; y>1 \end{cases}$$

$$\mathrm{G(y)} = \begin{cases} 0 & si\;\; y<0 \\ y(2-y) & si\;\; 0\leq y\leq 1 \\ 1 & si\;\; y>1. \end{cases}$$

On en déduit g la fonction densité de probabilité de Y :

$$\mathrm{g(y)} = \mathrm{G'(y)} = \begin{cases} 2(1-y) & si\;\; 0\leq y\leq 1 \\ 0 & ailleurs. \end{cases}$$

*************** °°° ***************

Sujet de contrôle continu n°10

Exercice 1 :

Equipe de 11 joueurs constituée d'un gardien de but, de défenseurs, de milieux de terrain et d'attaquants. Il dispose de 19 joueurs : 2 gardiens de but, 6 défenseurs, 5 milieux de terrain et 6 attaquants.

a) Système 1-4-4-2 - Nombre de façons différentes de constituer l'équipe :

Equipes constituées d'un gardien de but, de 4 défenseurs, de 4 milieux de terrain et de 2 attaquants.

$$C_2^1\, C_6^4\, C_5^4\, C_6^2 = \frac{2!}{1!1!}\frac{6!}{4!2!}\frac{5!}{4!1!}\frac{6!}{4!2!} = 2250 \text{ équipes différentes.}$$

b) Système 1-4-2-4 - Nombre de façons différentes de constituer l'équipe :

Equipes constituées d'un gardien de but, de 4 défenseurs, de 2 milieux de terrain et de 4 attaquants.

$$C_2^1\, C_6^4\, C_5^2\, C_6^4 = \frac{2!}{1!1!}\frac{6!}{4!2!}\frac{5!}{2!3!}\frac{6!}{4!2!} = 4500 \text{ équipes différentes.}$$

c) Système 1-4-4-2 - Nombre de façons différentes de constituer cette équipe, sans le défenseur D_1, le milieu de terrain M_1 et les deux attaquants A_1 et A_2 :

Equipes constituées d'un gardien de but, de 4 défenseurs, de 4 milieux de terrain et de 2 attaquants.

Nombre d'équipes avec les joueurs (D_1, M_1, A_1, A_2) :

$$C_2^1\, C_5^3\, C_4^3\, C_4^0 = \frac{2!}{1!1!}\frac{5!}{3!2!}\frac{4!}{3!1!}\frac{4!}{4!0!} = 80 \text{ équipes différentes.}$$

Nombre d'équipes différentes sans les joueurs (D_1, M_1, A_1, A_2) :

$2250 - 80 = 2170$ équipes.

*************** ∘∘∘ ***************

Exercice 2 :

Les données : on note l'événement I : Produits Illicites.

Conteneur	Lots de produits illicites	Lots de produits autorisés
A	200	800
B	300	700
C	400	600

a) Probabilité que les douaniers contrôlent le conteneur A :

$$P(A) = \frac{C_1^1}{C_3^1} = \frac{1}{3} = P(B) = P(C)$$

b) Probabilités de tomber sur un lot de produits illicites sachant que les douaniers ont décidé de contrôler le conteneur A, B ou C :

$$P(I/A) = \frac{200}{1000} = \frac{1}{5}\ ;\ P(I/B) = \frac{300}{1000} = \frac{3}{10}\ ;\ P(I/C) = \frac{400}{1000} = \frac{2}{5}$$

c) Probabilité de contrôler le conteneur A et de tomber sur un lot de produits illicites :

$$P(I \cap A) = P(I/A)P(A) = \frac{1}{5}\frac{1}{3} = \frac{1}{15}$$

d) Probabilité de découvrir un lot de produits illicites lors de ce contrôle au hasard :

$$P(I) = P(I/A)P(A) + P(I/B)P(B) + P(I/C)P(C) = \frac{1}{5} + \frac{3}{10} + \frac{2}{5} = \frac{3}{10}$$

e) Les douaniers ont découvert un lot de produits illicites. Probabilité qu'ils aient choisi le conteneur A :

Formule de Bayes - Les événements A, B et C forment une partition de l'ensemble fondamental Ω :

$$P(A/I) = P(A \cap I)/P(I) = P(I/A)P(A)/P(I) = \frac{\frac{1}{5}\frac{1}{3}}{\frac{3}{10}} = \frac{2}{9}$$

************** ooo **************

Exercice 3 :

Soit X la variable aléatoire réelle associée au nombre de machines de cette entreprise qui ne satisfont pas aux normes de sécurité européenne :

12 expériences (contrôles) indépendantes à 2 résultats possibles : satisfait ou ne satisfait pas les normes européennes.

La distribution de probabilité de X est binomiale : $X \to B(n = 12\ ;\ p = 0.3)$

a) Probabilité d'avoir 2 machines de cette entreprise qui ne satisfont pas aux normes de sécurité :

$$P(X = 2) = C_{12}^2\, 0.3^2\, 0.7^{10} = 16.78\%.$$

b) Coefficient de variation :

$$CV = \left|\frac{\sigma_X}{E(X)}\right| = \left|\frac{\sqrt{npq}}{np}\right| = \left|\frac{\sqrt{2.52}}{3.6}\right| = 44.10\%.$$

c) Probabilité d'observer plus du quart des machines ne respectant pas les normes de sécurité :

$$\begin{aligned} P(X > \tfrac{12}{4} = 3) &= 1 - P(X \leq 3) = 1 - F(3) \\ &= 1 - [P(X = 0) + P(X = 1) + P(X = 2) + P(X = 3)] \\ &= 1 - (0.01384 + 0.07118 + 0.16779 + 0.2397) = 50.75\%. \end{aligned}$$

d) Le nombre maximal de machines parmi l'échantillon ne respectant pas les normes de sécurité :

On cherche le nombre de machines x_0 tel que $P(X \leq x_0) = F(x_0) \leq 0.95$

$$\begin{cases} F(4) = 72.37\%(< 95\%) \\ F(5) = 88.22\%(< 95\%) \\ F(6) = 96.14\%(> 95\%) \end{cases} \Rightarrow x_0 = 5 \text{ machines}$$

*************** °°° ***************

Exercice 4 :

$$\text{f(x)} = \begin{cases} k(1-x)^4 & si\ 0 < x < 1 \quad k \in \mathbb{R} \\ 0 & ailleurs. \end{cases}$$

a) Valeur de la constante k :

$* \forall x \in R\ \ f(x) \geq 0\, k(1-x)^4 \geq 0 \Rightarrow k \geq 0$ car $(1-x)^4 \geq 0$ si $0 < x < 1$

$* \int_{-\infty}^{+\infty} f(x)dx = 1 \Rightarrow k\int_0^1 (1-x)^4 dx = 1 \Rightarrow k[-\frac{(1-x)^5}{5}]_0^1 = \frac{k}{5} = 1 \Rightarrow k = 5.$

$$\text{f(x)} = \begin{cases} 5(1-x)^4 & si\ 0 < x < 1 \\ 0 & ailleurs. \end{cases}$$

b) Volume de vente hebdomadaire moyen - Espérance mathématique E(X) :

$E(X) = \int_{-\infty}^{+\infty} xf(x)dx = 5\int_0^1 x(1-x)^4 dx$

Intégration par parties : $u = x \qquad \Rightarrow u' = 1$

$v' = (1-x)^4 \Leftarrow v = -\frac{(1-x)^5}{5}$

$E(X) = 5[-\frac{x(1-x)^5}{5}]_0^1 + 5\int_0^1 \frac{(1x)^5}{5} dx = [-\frac{(1-x)^6}{6}]_0^1 = \frac{1}{6}.$

c) Fonction F de répartition du volume de vente hebdomadaire :

$$\text{F(x)} = \int_{-\infty}^{x} f(x)dx = \begin{cases} 0 & si\, x < 0 \\ 5\int_0^1 (1-x)^4 dx = [-(1-x)^5]_0^x & si\, 0 < x < 1 \\ 1 & si\, x \geq 1. \end{cases}$$

$$\text{F(x)} = \begin{cases} 0 & si\, x < 0 \\ 1-(1-x)^5 & si\, 0 < x < 1 \\ 1 & si\, x \geq 1. \end{cases}$$

Valeur x_0 de telle sorte que $P(X \leq x_0) = P(X > x_0)$

$P(X \leq x_0) = P(X > x_0) \Rightarrow F(x_0) = 1 - F(x_0) \Rightarrow F(x_0) = \frac{1}{2} = 50\%.$

$\Rightarrow 1-(1-x_0)^5 = \frac{1}{2} \Rightarrow (1-x_0)^5 = \frac{1}{2} \Rightarrow (1-x_0) = 0.5^{\frac{1}{5}}$

$\Rightarrow x_0 = 1 - 0.5^{\frac{1}{5}} = 0,1294$ ML. x_0 représente la médiane de X.

d) Calcul des probabilités :

$P(X > 0.2) = 1 - P(X \leq 0.2) = 1 - F(0.2) = (1-0.2)^5 = 0.32768 = 32.77\%.$

$P(X < 0.5) = P(X \leq 0.5) = F(0.5) = 1 - 0.5^5 = 0.96875 = 96.87\%.$

$P(0.2 < X < 0.5) = F(0.5) - F(0.2) = 0.85 - 0.55 = 0.29643 = 29.64\%$

$$P_{(X>0.2)}(X < 0.5) = P[(X < 0.5)/(X > 0.2)] = \frac{P[(X<0.5)\cap(X>0,2)]}{P((X>0.2)}$$
$$= \frac{P(0.2<X<0.5)}{(1-P(X\leq 0.2)} = \frac{F(0.5)-F(0.2)}{1-F(0.2)} = \frac{0.29643}{0.32768} = 90.46\%.$$

e) Volume de la commande hebdomadaire pour que la probabilité d'épuiser le stock soit inférieure ou égale à 5% :

Soit x_0 le volume de la commande hebdomadaire de la grande surface :

$$P(X > x_0) \leq 0.05 \Rightarrow 1 - P(X \leq x_0) \leq 0.05 \Rightarrow P(X \leq x_0) = F(x) \geq 0.95$$
$$\Rightarrow F(x_0) = 1 - (1-x_0)^5 \geq 0.95$$
$$\Rightarrow (1-x_0)^5 \leq 0.05 \Rightarrow x_0 \geq 1 - \sqrt[5]{0.05}$$
$$\Rightarrow x_0 \geq 0.4507 \text{ Milliers de packs.}$$

Commande hebdomadaire d'environ $450.7 \times 6 = 2705$ bouteilles d'un litre d'eau minérale gazeuse.

*************** ooo ***************

Sujet de contrôle continu n°11

Exercice 1 :

a) Traduction des hypothèses en formalisant les événements :

Les événements - groupes : A, B et C choisis,
E : l'étudiant choisi possède un bac ES. On a donc :
$P_A(E) = 25\%$; $P_B(E) = 60\%$; $P_C(E) = 80\%$.

Un groupe est choisi au hasard, il y a donc équiprobabilité :
$P(A) = P(B) = P(C) = \frac{1}{3}$.

Le choix au hasard d'un étudiant ne peut appartenir qu'à un groupe unique. Les groupes A, B et C forment donc un système complet ou une partition de l'ensemble fondamental Ω.

b) Probabilité pour que l'étudiant choisi ait un bac ES :

Formule des probabilités totales dans le système complet de Ω :
$P(E) = P(A) \times P_A(E) + P(B) \times P_B(E) + P(C) \times P_C(E) = \frac{0.25+0.60+0.80}{3} = 55\%$.
Il y a 55% de chances pour qu'un étudiant choisi au hasard ait un bac ES.

c) Probabilité pour que l'étudiant appartienne au groupe C sachant qu'il a un bac ES :

Formule de Bayes dans le système complet Ω :

$$P(C/E) = P_E(C) = \frac{P(E \cap C)}{P(E)} = \frac{P(C)P_C(E)}{P(A) \times P_A(E) + P(B) \times P_B(E) + P(C) \times P_C(E)} = \frac{\frac{0.8}{3}}{0.55} = 48.48\%.$$

Il y a 48.48% de chances pour qu'un étudiant choisi au hasard ayant un bac ES appartienne au groupe C.

d) Sachant que l'étudiant choisi possède un baccalauréat ES, calculer la probabilité pour qu'il appartienne au groupe A ou au groupe B :

$$P[(A \cup B)/E) = P_E(A \cup B) = \frac{P(A \cup B) \cap E)}{P(E)} = \frac{(P(A \cap E) \cup (B \cap E))}{P(E)} = \frac{P(A \cap E)}{P(E)} + \frac{P(B \cap E)}{P(E)}$$
$$= \frac{P(A)P(E/A)}{P(E)} + \frac{P(B)P(E/B)}{P(E)} = \frac{\frac{1}{3} \times 0.25 + \frac{1}{3} \times 0.60}{0.55} = 51.52\%.$$

*************** ooo ***************

Exercice 2 :

Un distributeur de boissons propose sept types différents de boissons. Un groupe de 3 étudiants décide de choisir chacun une boisson.

a) Nombre de façons différentes pour ce groupe de choisir les boissons :

Chaque étudiant choisit une boisson parmi sept types de boissons. Une boisson est affectée à chaque étudiant, on doit donc tenir compte de l'ordre. Il y a répétion d'élément puisque les étudiants peuvent choisir les mêmes boissons. Il s'agit là d'un arrangement de 3 boissons parmi 7 :

$$\mathbb{A}_7^3 = 7^3 = 343 \text{ possibilités différentes.}$$

b) Probabilité que les 3 étudiants décident de choisir la même boisson :

Les étudiants décident de choisir la même boisson, il y a autant de choix du groupe que de types de boissons 7. Les 343 cas possibles sont équiprobables :

$$P(A) = \frac{Nombre\ de\ cas\ favorables}{Nombre\ de\ cas\ possibles} = \frac{7}{343} = \frac{1}{49} \approx 2\%.$$

c) Probabilité que les 3 étudiants choisissent des boissons différentes :

Il faut choisir les 3 types de boissons différentes parmi les 7 avec une affectation personnelle aux 3 étudiants (ordre sans répétition).

Le nombre de cas favorables : $A_7^3 = \frac{7!}{4!} = 210$. Les 343 cas possibles sont équiprobables :

$$P(B) = \frac{Nombre\ de\ cas\ favorables}{Nombre\ de\ cas\ possibles} = \frac{210}{343} = \frac{30}{49} \approx 61.20\%.$$

*************** °°° ***************

Exercice 3 :

a) Valeur de la constante k pour que f soit une densité de probabilité de X :

$$\text{f(x)} = \begin{cases} k(x+\frac{1}{2}) & si\ 0 < x < 3\ \ et\ \ k \in \mathbb{R} \\ 0 & ailleurs. \end{cases}$$

Conditions :

1) $\forall x \in \mathbb{R}\ f(x) \geq 0 \Rightarrow$ pour $0 < x < 3$, $k(x+\frac{1}{2}) \geq 0 \Rightarrow k \geq 0$

2) $\int_{-\infty}^{+\infty} f(x)dx = 1 \Rightarrow k\int_0^3 (x+\frac{1}{2})dx = k[\frac{x^2}{2} + \frac{x}{2}]_0^3 = 1$

$$\Rightarrow k[(\frac{3^2}{2} + \frac{3}{2}) - 0] = \frac{12k}{2} = 1 \Rightarrow k = \frac{1}{6}.$$

$$\text{f(x)} = \begin{cases} \frac{1}{6}(x+\frac{1}{2}) & si\ 0 < x < 3 \\ 0 & ailleurs. \end{cases}$$

b) Fonction de répartition F de X :

$$F(x)=P(X\leq x)=\int_{-\infty}^{x}f(x)dx\begin{cases}0 & si\ x\leq 0\\ \frac{1}{6}\int_0^x(x+\frac{1}{2})dx=\frac{1}{6}[\frac{x^2}{2}+\frac{x}{2}]_0^x & si\ 0<x<3\\ 1 & si\ x\geq 1\end{cases}$$

$$F(x)=P(X\leq x)=\int_{-\infty}^{x}f(x)dx\begin{cases}0 & si\ x\leq 0\\ \frac{x}{12}(x+1) & si\ 0<x<3\\ 1 & si\ x\geq 3\end{cases}$$

c) Calcul des probabilités :

$P(X\leq 2)=F(2)=\frac{2}{12}(2+1)=\frac{1}{2}=50\%$

$P(1\leq X\leq 2)=F(2)-F(1)=\frac{1}{2}-\frac{1}{12}(1+1)=\frac{1}{3}=33.33\%$

$P_{(X>1)}(X>2)=\frac{P[(X>1)\cap(X>2)]}{P(X>1}=\frac{P(X>2)}{P(X>1}=\frac{1-F(2)}{1-F(1)}=\frac{\frac{1}{2}}{\frac{5}{6}}=\frac{3}{5}=60\%.$

d) Espérance mathématique, variance et écart-type de X :

$E(X)=\int_{-\infty}^{+\infty}xf(x)dx=\frac{1}{6}\int_0^3(x^2+\frac{x}{2})dx=\frac{1}{6}[\frac{x^3}{3}+\frac{x^2}{4}]_0^3=\frac{1}{6}[\frac{3^3}{3}+\frac{3^2}{4}]=\frac{15}{8}=1.875.$

$V(X)=E(X^2)-E(X)^2=E(X^2)-1.875^2$

$\mathrm{E}(\mathrm{X}^2)=\int_{-\infty}^{+\infty}x^2f(x)dx=\frac{1}{6}\int_0^3(x^3+\frac{x^2}{2})dx=\frac{1}{6}[\frac{x^4}{4}+\frac{x^3}{6}]_0^3=\frac{33}{8}=4.125$

$V(X)=E(X^2)-E(X)^2=4.125-1.875^2=0.61=0.78^2\ \Rightarrow\ \sigma(X)=0.78.$

*************** ◦◦◦ ***************

Exercice 4 :

a) L'univers $\Omega(X)$ des valeurs de X : $\Omega(X)=]0\,;\,1[$

$$\mathrm{F(x)}=\mathrm{P}(\mathrm{X}\leq x)=\begin{cases}0 & si\ x\leq 0\\ -x^2+bx+c & si\ 0<x<1\\ 1 & si\ x\geq 1\end{cases}$$

b) Continuité de la fonction de répartition F :

Par définition de la continuité de F en 0 et en 1 :

$$\mathrm{F(x)}=\mathrm{P}(\mathrm{X}\leq x)=\begin{cases}F(0)=lim_{x\to 0-}F(x)=lim_{x\to 0+}F(x)\\ F(1)=lim_{x\to 1-}F(x)=lim_{x\to 1+}F(x)\end{cases}$$

$$\Leftrightarrow\begin{cases}0=lim_{x\to 0-}=lim_{x\to 0+}(-x^2+bx+c)\\ 1=lim_{x\to 1-}(-x^2+bx+c)=lim_{x\to 1+}1\end{cases}\Leftrightarrow\begin{cases}c=0\\ -1+b+c=1\end{cases}$$

$$\Leftrightarrow\begin{cases}c=0\\ b=2\end{cases}\qquad F(x)=P(X\leq x)=\begin{cases}0 & si\ x\leq 0\\ -x^2+2x & si\ 0<x<1\\ 1 & si\ x\geq 1\end{cases}$$

c) Densité de probabilité f de X :

$$f(x) = F'(x) = \begin{cases} 0 & si\ x \leq 0 \\ -2x+2 & si\ 0 < x < 1 \\ 0 & si\ x \geq 1. \end{cases}$$

$$\Leftrightarrow f(x) = \begin{cases} -2x+2 & si\ 0 < x < 1 \\ 0 & sinon. \end{cases}$$

d) Probabilité qu'il y ait entre 60% et 90% de places occupées :

$$P(0.60 < X < 0.9) = F(0.9) - F(0.6) = 15\%$$

Il y a 15% de chances pour qu'il y ait entre 60% et 90% de places occupées dans l'amphithéâtre.

************** °°° **************

Sujet de contrôle continu n°12

Exercice 1 :

Tableau de contingence - Tableau des effectifs observés
Répartition en effectif selon le Grade (PR , MCF) et Sexe (H , F) :

	H	F	Total
PR	6	4	10
MCF	x	6	$x+6$
Total	6+ x	10	$16+x$

2 événements sont indépendants en probabilité
$\Leftrightarrow P_{ij} = P_{i.}P_{.j}$; $\forall(i,j) \in \{PR\,,\,MCF\} \times \{H\,,\,F\}$.

On note x le nombre d'hommes Maîtres de Conférences, ainsi, par exemple,
$P(H \cap MCF) = \frac{x}{(16+x)}$; $P(H) = \frac{(6+x)}{(16+x)}$; $P(MCF) = \frac{(6+x)}{(16+x)}$.

Les événements H et MCF sont indépendants en probabilité
$\Leftrightarrow P(H \cap MCF) = P(H) \times P(MCF)$:
$P(H \cap MCF) = \frac{x}{(16+x)} = \frac{(6+x)^2}{(16+x)} = P(H) \times P(MCF)$
$\Rightarrow x(16+x) = (6+x)^2 \Rightarrow 4x = 36$
$\Rightarrow x = 9$ hommes maîtres de conférences.

*************** °°° ***************

Exercice 2 :

$$\text{f(x)} = \begin{cases} a+bx^2 & si\ x \in [0\,,\,1] \\ 0 & sinon. \end{cases}$$

a) les valeurs des constantes a et b :

∗ f est une fonction densité donc :
$\int_{-\infty}^{+\infty} f(x)dx = 1 = \int_0^1 (a+bx^2)dx = a[x]_0^1 + b[\frac{x^3}{3}]_0^1 = 1 \Rightarrow a + \frac{b}{3} = 1$

∗ E(X) $= \int_{-\infty}^{+\infty} xf(x)dx = 3/5 = \int_0^1 x(a+bx^2)dx = a[\frac{x^2}{2}]_0^1 + b[\frac{x^4}{4}]_0^1 = \frac{3}{5}$
$\Rightarrow \frac{a}{2} + \frac{b}{4} = \frac{3}{5}$

Résoudre le système : $\begin{cases} a + \frac{b}{3} = 1 \\ \frac{a}{2} + \frac{b}{4} = \frac{3}{5} \end{cases} \Rightarrow \begin{cases} a = \frac{3}{5} \\ b = \frac{6}{5} \end{cases}$

$$\text{f(x)} = \begin{cases} \frac{3}{5} + \frac{6}{5}x^2 & si\ x \in [0\,,\,1] \\ 0 & sinon. \end{cases}$$

b) Fonction de répartition de X :

$$F(x) = \int_{-\infty}^{x} f(x)dx = \begin{cases} 0 & si\ x < 0 \\ \int_0^x (\frac{3}{5} + \frac{6}{5}x^2)dx & si\ x \in [0\ ,\ 1] \\ 1 & si\ x > 1 \end{cases}$$

$$\text{F(x)} = \begin{cases} 0 & si\ x < 0 \\ \frac{3}{5}[x]_0^x + \frac{2}{5}[x^3]_0^x = \frac{x}{5}(2x^2+3) & si\ x \in [0\ ,\ 1] \\ 1 & si\ x > 1 \end{cases}$$

c) Calcul de probabilités :

$$P(X \leq \frac{1}{2}) = F(\frac{1}{2})) = \frac{1}{10}(\frac{1}{2}+3) = \frac{7}{20} = 35\%.$$

*************** ∘∘∘ ***************

Exercice 3 :

a) Valeur de la constante k :

$$\text{f(x)} = \begin{cases} k(e^{-x} - e^{-2x}) & si\, x \geq 0 \quad k \in R \\ 0 & si\, x < 0. \end{cases}$$

1) $\forall x \in R\ f(x) \geq 0 \Rightarrow k(e^{-x} - e^{-2x}) \geq 0 \Rightarrow k \geq 0$ car e^{-x} et $e^{-2x} \geq 0$.

2) $\int_{-\infty}^{+\infty} f(x)dx = 1 \Rightarrow k\int_0^{+\infty}(e^{-x} - e^{-2x})dx = 1$

$\Rightarrow k([-e^{-x}]_0^{+\infty} - [-\frac{1}{2}e^{-2x}]_0^{+\infty}) = 1 \Rightarrow k(1-\frac{1}{2}) = 1 \Rightarrow k = 2.$

$$f(x) = \begin{cases} 2(e^{-x} - e^{-2x}) & si\, x \geq 0 \\ 0 & si\, x < 0. \end{cases}$$

b) Temps moyen - Espérance mathématique E(X) :

$$E(X) = \int_{-\infty}^{+\infty} xf(x)dx = 2\int_0^{+\infty} x(e^{-x} - e^{-2x})dx$$
$$= 2\int_0^{+\infty} xe^{-x}dx - 2\int_0^{+\infty} xe^{-2x}dx = 2 \times (A - B).$$

Intégration par parties A : $\begin{cases} u = x & \Rightarrow u' = 1 \\ v' = e^{-x} & \Leftarrow v = -e^{-x} \end{cases}$

$$A = \int_0^{+\infty} xe^{-x}dx = [-xe^{-x}]_0^{+\infty} + \int_0^{+\infty} e^{-x}dx = [-e^{-x}]_0^{+\infty} = 1.$$

Intégration par parties B : $\begin{cases} u = x & \Rightarrow u' = 1 \\ v' = e^{-2x} & \Leftarrow v = -\frac{1}{2}e^{-2x} \end{cases}$

$$B = \int_0^{+\infty} xe^{-2x}dx = [-\frac{x}{2}e^{-2x}]_0^{+\infty} + \int_0^{+\infty} \frac{1}{2}e^{-x}dx = [-\frac{1}{4}e^{-2x}]_0^{+\infty} = \frac{1}{4}.$$

$$E(X) = 2 \times (A - B) = 2(1 - \frac{1}{4}) = \frac{3}{2}.$$

c) Fonction F de répartition de X :

$$F(x) = \int_{-\infty}^{x} f(x)dx = \begin{cases} 2\int_0^x (e^{-x} - e^{-2x})dx & si\ x \geq 0 \\ 0 & si\ x < 0. \end{cases}$$

$$F(x) = \int_{-\infty}^{x} f(x)dx = \begin{cases} 2([-e^{-x}]_0^x - [-\frac{1}{2}e^{-2x}]_0^x) & si\ x \geq 0 \\ 0 & si\ x < 0. \end{cases}$$

$$F(x) = \int_{-\infty}^{x} f(x)dx = \begin{cases} 1 + e^{-2x} - 2e^{-x} & si\ x \geq 0 \\ 0 & si\ x < 0. \end{cases}$$

d) Probabilité que la personne mette plus de 2 mn pour regagner son poste de travail :

$$P(X > 2) = 1 - P(X \leq 2) = 1 - F(2) = 1 - (1 + e^{-4} - 2e^{-2}) = 25.24\%.$$

e) Fonction de répartition G de la variable aléatoire réelle $Y = e^{-x}$:

$$G(y) = P(Y \leq y) = P(e^{-X} \leq y)$$

$$G(y) = \begin{cases} 0 & si\ y < 0 \\ P(-X \leq lny) = P(X > -lny) & si\ y \geq 0 \end{cases}$$

$$G(y) = \begin{cases} 0 & si\ y < 0 \\ 1 - P(X \leq -lny) = 1 - F(-lny) & si\ y \geq 0 \end{cases}$$

$$G(y) = \begin{cases} 0 & si\ y < 0 \\ 0 & si\ -lny < 0 \Rightarrow lny > 0 \\ 1 - (1 + e^{2lny} - 2e^{lny}) & si\ -lny \geq 0 \Rightarrow lny \leq 0 \end{cases}$$

$$G(y) = \begin{cases} 0 & si\ y < 0 \\ 0 & si\ y > 1 \\ -y^2 + 2y & si\ 0 \leq y \leq 1 \end{cases}$$

On en déduit g la fonction densité de probabilité de Y :

$$g(y) = \begin{cases} -2y + 2 & si\ 0 \leq y \leq 1 \\ 0 & ailleurs. \end{cases}$$

*************** ooo ***************

Exercice 4 :

On note les événements suivants :

A - Avoir un accident au cours de l'année et $\overline{A}$ l'événement contraire.

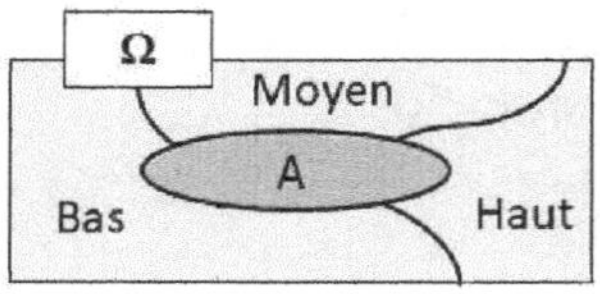

Les données :
B - Risque Bas ; P(A / B) = 5% ; P(B) = 20%
M - Risque Moyen ; P(A / M) = 15% ; P(M) = 50%
H - Haut risque ; P(A / H) = 30% ; P(H) = 30%

a) Probabilité que se soit le dossier d'un assuré qui a eu un accident dans l'année et qu'il a une assurance à Haut risque :

$$P(A \cap H) = P[(A/H)P(H) = 0.3 \times 0.3 = 9\%$$

b) Probabilité que se soit un assuré qui à eu un accident au cours de l'année :

$$\begin{aligned} P(A) &= P[(A \cap B) \cup (A \cap M) \cup (A \cap H)] \\ &= P(A \cap B) + P(A \cap M) + P(A \cap H) \text{ événements 2 à 2 disjoints.} \\ &= P(A/B)P(B) + P(A/M)P(M) + P(A/H)P(H) \\ &= 0.05 \times 0.2 + 0.15 \times 0.5 + 0.3 \times 0.3 = 17.50\% \end{aligned}$$

c) Probabilité que se soit un assuré à Bas risque sachant qu'il a eu un accident dans l'année :

$$P(B/A) = \frac{P[(B \cap A)}{P(A)} = \frac{P(A/B)P(B)}{P(A)} = \frac{0.05 \times 0.2}{0.1750} = 5.71\%.$$

d) Probabilité que se soit un assuré à Bas risque sachant qu'il n'a pas eu d'accident dans l'année :

$$P(B/\overline{A}) = \frac{P[(B \cap \overline{A})}{P(\overline{A})} = \frac{P(\overline{A}/B)P(B)}{P(\overline{A})} = \frac{(1-P(A/B))P(B)}{1-P(A)} = \frac{0.95 \times 0.2}{0.825} = 23.03\%.$$

$$\text{Avec } \begin{cases} P(\overline{A}) = 1 - P(A) = 1 - 0.1750 = 82.50\% \\ P(\overline{A}/B) = 1 - P(A/B) = 1 - 0.05 = 0.95\% \end{cases}$$

e) Probabilité que se soit un assuré à Bas ou Moyen risque sachant qu'il a eu un accident dans l'année :

$$\begin{aligned} P[(B \cup M)/A) &= \frac{P[(B \cup M) \cap A]}{P(A)} = \frac{P[(B \cap A) \cup (M \cap A)]}{P(A)} = \frac{P(B \cap A) + P(M \cap A)}{P(A)} \\ &= P(B/A) + P(M/A) = 0.0571 + 0.4286 = 48.57\%. \end{aligned}$$

$$\text{Avec } \begin{cases} P(B/A) = 5.71\% \\ P(M/A) = \frac{P(M \cap A)}{P(A)} = \frac{P(A/M)P(M)}{P(A)} = \frac{0.15 \times 0.5}{0.1750} = 42.86\% \end{cases}$$

*************** ooo ***************

Sujet de contrôle continu n°13

Exercice 1 :

Tableau de contingence - Dénombrement des dossiers en fonction de l'âge et du sexe des employés :

AGE	Masculin (M)	Féminin (F)	Total
Moins de 30 ans (A)	12	17	29
30 - 40 ans (B)	26	42	68
Plus de 40 ans (C)	40	23	63
Total	78	82	160

a) Probabilités :

$P(A) = \frac{29}{160} = 18.13\%$

$P(A/F) = P(A \cap F)/P(F) = \frac{\frac{17}{160}}{\frac{82}{160}} = 20.73\%$

$P(M \cap C) = \frac{40}{160} = 25\%.$

$P[F \cap (A \cup B)] = P[(F \cap A) \cup (F \cap B)] = P(F \cap A) + P(F \cap B)$

$= \frac{17}{160} + \frac{42}{160} = 36.88\%,$ $(F \cap A)$ et $(F \cap B)$ sont disjoints.

$P[(F \cap C)/C] = P[(F \cap C)/P(C) = \frac{23}{160} + \frac{63}{160} = 36.51\%.$

b) Les événements M et A sont-ils indépendants ?

Les événements M et A sont indépendants en probabilité

$\Leftrightarrow P(M/A) = P(M)$ ou $P(M \cap A) = P(M)P(A).$

$P(M \cap A) = \frac{12}{160} = 0.075$ et $P(M)P(A) = \frac{78}{160}\frac{29}{160} = 0.0883.$

$P(M \cap A) \neq P(M)P(A)$, par conséquent, les événements M et A ne sont pas indépendants pour la probabilité choisie.

*************** °°° ***************

Exercice 2 :

On note les événements suivants :

D - « l'onduleur est défectueux » et $\overline{D}$ - « l'onduleur est bon »

Fabricant Forsoleil - F : $P(F) = 75\%$; $P(D/F) = 1\%$

Fabricant Sunpower - S : $P(S) = 25\%$; $P(D/S) = 2\%$.

Formule de Bayes, les événements F et S forment un système complet - partition de Ω :

$P(D) = P(D/F)P(F) + P(D/S)P(S) = 0.01 \times 0.75 + 0.02 \times 0.25 = 1.25\%$

$P(\overline{D}) = 1 - P(D) = 98.75\%.$

a) Probabilité que l'onduleur soit défectueux et qu'il soit de type Sunpower :

$$P(D\cap S) = P(D/S)P(S) = 0.02\times 0.25 = 0.0050 = 0.50\%.$$

b) Probabilité que l'onduleur soit défectueux ou qu'il soit de type Sunpower :

$$P(D\cup S) = P(D)+P(S)-P(D\cap S) = 0.0125+0.25-0.0050 = 25.75\%.$$

c) Probabilité pour qu'un onduleur choisi provienne du fabricant S sachant qu'il est défectueux :

$$P(S/D) = \frac{P(S\cap D)}{P(D)} = \frac{P(D/S)P(S)}{P(D/F)P(F)+P(D/S)P(S)} \text{ formule de Bayes}$$
$$= \frac{0.02\times 0.25}{(0.01\times 0.75+0.02\times 0.25)} = 0.4 = 40\%.$$

d) Probabilité qu'un bon onduleur provienne du fabricant F :

$$P(F/\overline{D}) = P(F\cap\overline{D})/P(\overline{D}) = P(\overline{D}/F)P(F)/P(\overline{D})$$
$$= [1-P(D/F)]P(F)/[1-P(D)] = \frac{(1-0.01)\times 0.75}{0.9875} = 75.19\%.$$

e) L'affirmation est-elle justifiée ?

Formule de Bayes :

$$P(F/D) = P(F\cap D)/P(D) = \frac{P(D/F)P(F)}{P(D/F)P(F)+P(D/S)P(S)}$$
$$= \frac{0.01\times 0.75}{0.01\times 0.75+0.02\times 0.25} = 0.6 = 60\% = 1-P(S/D).$$

Conclusion : l'affirmation de l'installateur n'est pas justifiée car sachant que l'onduleur est défectueux, la probabilité qu'il provienne du fabricant Forsoleil est plus grande que celle qu'il provienne du fournisseur Sunpower.

En effet, $P(F/D) = 60\% > P(S/D) = 40\%$.

*************** ooo ***************

Exercice 3 :

a) Valeur de la constante k :

Soit f la fonction définie par : $\quad f(x) = \begin{cases} 0 & si\, x<1 \\ \frac{3k}{x^4} & si\, x\geq 1 \; avec\; k\in\mathbb{R} \end{cases}$

On vérifie que $\forall x\in\mathbb{R}\;\; f(x)\geq 0$ et $\int_{-\infty}^{+\infty} f(x)dx = 1$.

$* \;\forall x\in\mathbb{R}^+ ,\; f(x) = \frac{3k}{x^4}\geq 0 \Rightarrow k\geq 0$ car $x\geq 1$.

$* \;\int_{-\infty}^{+\infty} f(x)dx = \int_1^{+\infty}\frac{3k}{x^4}dx = 3k[\frac{-1}{3x^3}]_1^{+\infty} = 3k[0+\frac{1}{3}] = k \Rightarrow k=1.$

$$f(x) = \begin{cases} 0 & si\, x<1 \\ \frac{3}{x^4} & si\, x\geq 1 \end{cases}$$

b) Espérance mathématique E(X) et variance V(X) de X :

$E(X) = \int_{-\infty}^{+\infty} x f(x) dx = 3\int_1^{+\infty} \frac{1}{x^3} dx = 3[-\frac{1}{2x^2}]_1^{+\infty} = 3[0+\frac{1}{2}] = \frac{3}{2}.$
$E(X^2) = \int_{-\infty}^{+\infty} x^2 f(x) dx = 3\int_1^{+\infty} x^2(\frac{1}{x^4}) dx = 3\int_1^{+\infty} \frac{1}{x^2} dx$
$= 3[-\frac{1}{x}]_1^{+\infty} = 3(0+1) = 3.$
$V(X) = E(X^2) - E(X)^2 = 3 - (\frac{3}{2})^2 = \frac{3}{4}.$

c) Fonction de répartition F de X :

$$\mathrm{F(x)} = \int_{-\infty}^{x} f(x)dx = \begin{cases} 0 & si\, x < 1 \\ 1 - \frac{1}{x^3} & si\, x \geq 1 \end{cases}$$

d) Calcul des probabilités :

$P(X > 2) = 1 - P(X \leq 2) = 1 - F(2) = 1 - (1 - \frac{1}{2^3}) = \frac{1}{8} = 12.50\%.$
$P(2 < X \leq 3) = F(3) - F(2) = (1 - \frac{1}{3^3}) - (1 - \frac{1}{2^3}) = -\frac{1}{3^3} + \frac{1}{2^3} = 8.80\%.$

e) Valeur de x_0 telle que $P(X \leq x_0) = 5\%$:

$P(X \leq x_0) = 0.05 \Rightarrow F(x_0) = 0.05 \Rightarrow F(x_0) = 1 - \frac{1}{x_0^3} = 0.05$
$\Rightarrow \frac{1}{x_0^3} = 0.95 \Rightarrow x_0^3 = \frac{1}{0.95} = 1.053 \Rightarrow x_0 = \sqrt[3]{1.053} = 1.017.$

f) Fonction densité de probabilité de Y = ln X :

$G(y) = P(Y \leq y) = P(lnX \leq y)$

$$G(y) = \begin{cases} 0 & si\, e^y < 1 \Rightarrow y < 0 \\ P(X \leq e^y) = F(e^y) = 1 - [(\frac{1}{(e^y)^3}] & si\, e^y \geq 1 \Rightarrow y \geq 0 \end{cases}$$

Fonction de répartition :

$$G(y) = \begin{cases} 0 & si\, y < 0 \\ 1 - e^{-3y} & si\, y \geq 0 \end{cases}$$

Fonction densité :

$$\mathrm{g(y)} = \begin{cases} 0 & si\, y < 0 \\ 3e^{-3y} & si\, y \geq 0 \end{cases}$$

Conclusion : La variable aléatoire réelle Y = lnX suit une loi exponentielle de paramètre $\lambda = 3$, lien entre la loi de Paréto et la loi exponentielle.

Remarque : la loi de probabilité de Pareto de paramètres $(a = 1\,,\, \alpha = 3)$:
fonction densité de probabilité :

$$f(x,\alpha,a) = \begin{cases} \frac{\alpha}{a}(\frac{a}{x})^{\alpha+1} & si\, x \geq a \ avec\ \alpha\ entier\ positif \\ 0 & si\, x < a \end{cases}$$

Caractéristiques :

$E(X) = \frac{a \times \alpha}{\alpha - 1}$: X n'admet une espérance mathématique que si $\alpha > 1$.
$V(X) = E(X^2) - E(X)^2 = \frac{a^2 \times \alpha}{(\alpha-2)} - \frac{a^2 \times \alpha^2}{(\alpha-1)^2}$
X n'admet une variance mathématique que si $\alpha > 2$.
$X \to$ Pareto $(a = 1, \alpha = 3) \Rightarrow Y = lnX \to Exp(\lambda = \alpha = 3)$

*************** °°° ***************

Sujet de contrôle continu n°14

Exercice 1 :

a) Tableau de contingence :

Pièces produites par le sous-traitant	Nombre de pièces défectueuses	Nombre de pièces non défectueuses	Total
A	2	98	100
B	3	97	100
Total	5	195	200

b) Calcul des probabilités :

$P(A) = \frac{100}{200} = \frac{1}{2}$, $P(D) = \frac{5}{200} = \frac{1}{40}$, $P(A \cap D) = \frac{2}{200} = \frac{1}{100}$, $P(A/D) = \frac{P(A \cap D)}{P(D)} = \frac{2}{5}$
$P(\overline{D}) = 1P(D) = \frac{195}{200}$, $P(B \cap \overline{D}) = \frac{97}{200}$, $P(B/\overline{D}) = \frac{97}{195}$.

c) Les événements A et D :

A et B sont compatibles : $P(A \cap D) = \frac{1}{100} \Rightarrow A \cap D \neq \phi$
A et B sont dépendants en probabilité :

$$P(A \cap D) = \frac{1}{100} \neq P(A)P(D) = \frac{1}{2} \times \frac{5}{200} = \frac{1}{80}.$$

*************** ooo ***************

Exercice 2 :

a) Valeur de la constante k :

1) $\forall x \in R\ f(x) \geq 0 \Rightarrow \frac{x}{6} + k \geq 0 \Rightarrow k \geq -\frac{x}{6}$.
2) $\int_{-\infty}^{+\infty} f(x)dx = 1 \Rightarrow \int_0^3 (\frac{x}{6} + k)dx = 1$

$$\Rightarrow [\frac{x^2}{12} + kx]_0^3 = \frac{9}{12} + 3k = 1 \Rightarrow k = \frac{(1-\frac{9}{12})}{3} = \frac{1}{12}$$

$$\text{f(x)} = \begin{cases} \frac{x}{6} + \frac{1}{12} & si\ 0 < x \leq 3 \\ 0 & sinon. \end{cases}$$

b) Fonction F de répartition de X :

$$\text{F(x)} = \int_{-\infty}^{x} f(x)dx = \begin{cases} 0 & si\, x \leq 0 \\ \int_0^x (\frac{x}{6} + \frac{1}{12})dx = [\frac{x^2}{12} + \frac{x}{12}]_0^x = \frac{x(x+1)}{12} & si\, 0 < x \leq 3 \\ 1 & si\, x > 3. \end{cases}$$

On en déduit la probabilité : $P(1 \leq X \leq 2) = F(2) - F(1) = \frac{1}{2} - \frac{1}{6} = \frac{1}{3}$.

c) Espérance mathématique E(X) et variance V(X) de X :

$E(X) = \int_{-\infty}^{+\infty} xf(x)dx = \int_0^3 (\frac{x^2}{6} + \frac{x}{12})dx = [\frac{x^3}{18} + \frac{x^2}{24}]_0^3 = \frac{27}{18} + \frac{9}{24} = \frac{405}{216} = 1.875$

$E(X^2) = \int_{-\infty}^{+\infty} x^2 f(x)dx = \int_0^3 (\frac{x^3}{6} + \frac{x^2}{12})dx = [\frac{x^4}{24} + \frac{x^3}{36}]_0^3 = \frac{81}{24} + \frac{27}{36} = \frac{3564}{864} = 4.125$

$V(X) = E(X^2) - E(X)^2 = 0.61$

d) Fonction de répartition G de $Y = \frac{X+1}{2}$:

$G(y) = P(Y \leq y) = P(\frac{(X+1)}{12} \leq y) = P(X \leq 12y - 1)$

$$\mathrm{G(y)} = \begin{cases} 0 & si\ 12y-1 \leq 0 \Rightarrow y \leq \frac{1}{12} \\ (12y-1)(\frac{12y}{12} = y(y-1) & si\ 0 < 12y-1 \leq 3 \Rightarrow \frac{1}{12} < y \leq \frac{1}{3} \\ 1 & si\ 12y-1 > 3 \Rightarrow y > \frac{1}{3}. \end{cases}$$

$$\mathrm{G(y)} = \begin{cases} 0 & si\ y \leq \frac{1}{12} \\ y(y-1) & si\ \frac{1}{12} < y \leq \frac{1}{3} \\ 1 & si\ y > \frac{1}{3}. \end{cases}$$

On en déduit g la fonction densité de probabilité de Y :

$$\mathrm{g(y)} = \mathrm{G'(y)} = \begin{cases} 2y-1 & si\ \frac{1}{12} < y \leq \frac{1}{3} \\ 0 & ailleurs. \end{cases}$$

*************** ooo ***************

Exercice 3 :

a) Calcul des probabilités :

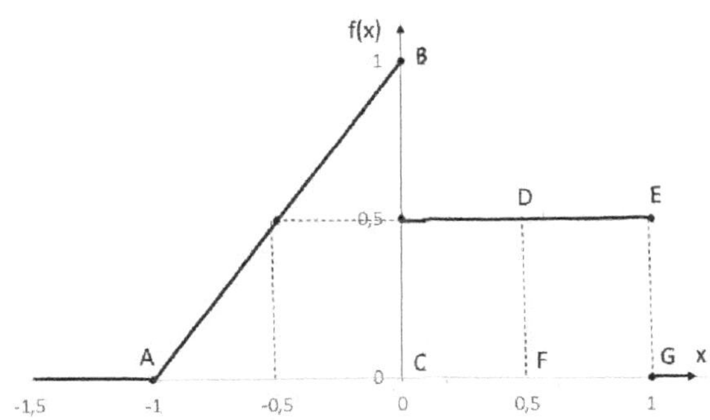

$P(X \leq -1) = F(-1) = 0$, F étant la fonction de répartition de X.

$P(X = \frac{1}{2}) \approx 0$, la probabilité en un point est presque nulle.

$P(-1 < X \leq 0) = F(0) - F(-1) = F(0) = \frac{1}{2}$, aire du triangle ABC.

$P(X > \frac{1}{2}) = 1 - P(X \leq \frac{1}{2}) = 1 - F(\frac{1}{2}) = \frac{1}{4}$, aire du carré FDEG.

$P(X \leq -\frac{1}{2}) = F(-\frac{1}{2}) = \frac{1}{8}$

$P(-\frac{1}{2} < X \leq \frac{1}{2}) = F(\frac{1}{2}) - F(-\frac{1}{2}) = \frac{3}{4} - \frac{1}{8} = \frac{5}{8}$

$P[(X \leq \frac{1}{2})/(X > -\frac{1}{2})] = \frac{P(-\frac{1}{2}<X\leq\frac{1}{2})}{P(X>-\frac{1}{2})} = \frac{F(\frac{1}{2})-F(-\frac{1}{2})}{1-F(-\frac{1}{2})} = \frac{5}{7}.$

b) fonctions densité de probabilité et de répartition de X :

$$\text{f(x)} = \begin{cases} 0 & si\, x < -1 \\ x+1 & si\ -1 \leq x < 0 \\ \frac{1}{2} & si\, 0 \leq x < 1 \\ 0 & si\, x \geq 1. \end{cases}$$

$$\text{F(x)} = \begin{cases} 0 & si\, x < -1 \\ \frac{x^2}{2} + x + \frac{1}{2} & si\ -1 \leq x < 0 \\ \frac{x}{2} + \frac{1}{2} & si\, 0 \leq x < 1 \\ 1 & si\, x \geq 1. \end{cases}$$

*************** °°° ***************

Sujet de contrôle continu n°15

Exercice 1 :

On note les événements : R - réclamation résolue par Rendez-vous, C - réclamation résolue par Correspondance et S - réclamation transmise au Service des contentieux.

Catégorie A : $P(A) = 70\%$; $P(C/A) = 70\%$; $P(R/A) = 20\%$; $P(S/A) = 10\%$
Catégorie B : $P(B) = 30\%$; $P(R/B) = 50\%$; $P(C/B) = 30\%$; $P(S/B) = 20\%$

a) Probabilité pour qu'une réclamation prise au hasard soit résolue par un Rendez-vous :

$$\begin{aligned} P(R) &= P[(A\cap R)\cup(B\cap R)] \\ &= P(A\cap R)+P(B\cap R) \text{ les événements } A\cap R \text{ et } B\cap R \text{ sont disjoints.} \\ &= P(R/A)P(A)+P(R/B)P(B) = 0.2\times 0.7+0.5\times 0.30 = 29\%. \end{aligned}$$

b) Probabilité pour qu'un dossier réglé par un Rendez-vous provienne de la Catégorie A :

$$P(A/R) = \frac{P(A\cap R)}{P(R)} = \frac{P(R/A)P(A)}{P(R)} = \frac{0.2\times 0.7}{0.29} = 48.27\%.$$

c) Probabilité pour qu'un dossier réglé par Correspondance provienne de la Catégorie B :

$$P(B/C) = \frac{P(B\cap C)}{P(C)} = \frac{0.09}{0.58} = 15.52\%.$$

Sachant que :

$$\begin{aligned} \cdot\, P(B) &= P[(B\cap C)\cup(B\cap R)\cup(B\cap S)] \\ &= P(B\cap C)+P(B\cap R)+P(B\cap S) \text{ Evénements 2 à 2 disjoints.} \end{aligned}$$

$$\cdot\, P(B\cap C) = P(B)-[P(B\cap R)+P(B\cap S)] = 0.3-(0.15+\tfrac{0.2}{0.3}) = 0.09 = 9\%.$$

$$\begin{aligned} \cdot\, P(C) &= P[(A\cap C)\cup(B\cap C)] \\ &= P(A\cap C)+P(B\cap C) \text{ les événements } A\cap C \text{ et } B\cap C \text{ sont disjoints.} \\ &= P(C/A)P(A)+P(B\cap C) = 0.7\times 0.7+0.09 = 58\%. \end{aligned}$$

d) Probabilité pour qu'un dossier réglé par Rendez-vous ou par le Sercice des contentieux provienne de la Catégorie A :

$$\begin{aligned} P(A/(R\cup S)) &= \frac{P[A\cap(R\cup S)]}{P(R\cup S)} = \frac{P[(A\cap R)\cup(A\cap S)]}{P(R\cup S)} = \frac{P(A\cap R)+P(A\cap S)}{P(R\cup S)} \\ &= \frac{P(R/A)P(A)+P(S/A)P(A)}{P(R\cup S)} = \frac{0.2\times 0.7+0.1\times 0.7}{0.42} = 50\%. \end{aligned}$$

Sachant que :

$\cdot\, P(S) = P[(A\cap S)\cup(B\cap S)] = P(A\cap S)+P(B\cap S)$
$= P(S/A)P(A)+P(S/B)P(B)$
$= 0.1\times 0.7+0.2\times 0.30 = 13\%.$

$\cdot\, P(R\cap S) = P(\phi) = 0.$

$\cdot\, P(R\cup S) = P(R)+P(S)-P(R\cap S) = 0.29+0.13 = 0.42 = 42\%.$

************** ooo **************

Exercice 2 :

Soit X une variable aléatoire réelle de fonction de répartition F *(Loi de Rayleigh de paramètre $a>0$)* définie par :

$$F(x) = \begin{cases} 0 & si\, x<0 \\ 1-e^{-\frac{x^2}{2a^2}} & si\, x\geq 0 \end{cases}$$

a) Déterminer la fonction densité de probabilité f de X :

$$f(x) = \begin{cases} 0 & si\, x<0 \\ \frac{x}{a^2}e^{-\frac{x^2}{2a^2}} & si\, x\geq 0 \end{cases}$$

b) calculer l'espérance mathématique E(X) de X :

$$E(X) = \int_{-\infty}^{+\infty} xf(x)dx = \int_0^{+\infty} x\frac{x}{a^2}e^{-\frac{x^2}{2a^2}}dx = \int_0^{+\infty}(\frac{x}{a})^2 e^{-\frac{x^2}{2a^2}}dx$$

Changement de variable : on pose $u=\frac{x}{a} \Rightarrow dx = adu$

$$E(X) = a\int_0^{+\infty}u^2e^{-\frac{u^2}{2}}du = a\sqrt{\frac{\pi}{2}} \quad \text{sachant que : } \int_0^{+\infty}u^2e^{-\frac{u^2}{2}} = \sqrt{\frac{\pi}{2}}.$$

c) Médiane et Mode de X :

On note x_0 la valeur de la médiane de X telle que $P(X\leq x_0) = F(x_0) = 0.5$.

$$F(x_0) = \begin{cases} 0 & si\, x_0<0 \\ 1-e^{-\frac{x_0^2}{2a^2}} & si\, x_0\geq 0 \end{cases}$$

$$1-e^{-\frac{x_0^2}{2a^2}} = 0.5 \Rightarrow e^{-\frac{x_0^2}{2a^2}} = 0.5 \Rightarrow x_0^2 = 2a^2ln2 \Rightarrow x_O = a\sqrt{2ln2}.$$

On note x_1 la valeur du mode de X, valeur pour laquelle f(x) atteint son maximum : étude de la fonction densité - dérivée :

$$\text{f(x)} = \begin{cases} 0 & si\, x<0 \\ \frac{x}{a^2}e^{-\frac{x^2}{2a^2}} & si\, x\geq 0 \end{cases} \Rightarrow f'(x) = \begin{cases} 0 & si\, x<0 \\ \frac{1}{a^2}(1-\frac{x^2}{a^2})e^{-\frac{x^2}{2a^2}} & si\, x\geq 0\ a>0 \end{cases}$$

La densité de probabilité f est strictement croissante sur $[0\,,\,a]$ et strictement décroissante sur $[a\,,\,+\infty[$. $f'(x)=0$ pour x = a. La fonction densité f possède donc un maximum en $x_1 = a$ qui est le mode de X.

************** ooo **************

Exercice 3 :

a) Conditions requises pour que f soit une densité de probabilité :

La fonction f est une fonction densité de probabilité si et seulement si :

$$\begin{cases} \forall x \in R\; f(x) \geq 0 \Rightarrow \frac{3k}{x^4} \geq 0 \Rightarrow k \geq 0 \; si\, x \geq 2 \\ \int_{-\infty}^{+\infty} f(x)dx = 1 \end{cases}$$

On cherche k positif tel que :

$$\int_{-\infty}^{+\infty} f(x)dx = \int_2^{+\infty} \frac{3k}{x^4}dx = k\int_2^{+\infty} \frac{3}{x^4}dx = k[-\frac{1}{x^3}]_2^{+\infty} = \frac{k}{8} = 1 \Rightarrow k = 8.$$

d'où : $\quad \text{f(x)} = \begin{cases} 0 & si\, x < 2 \\ \frac{24}{x^4} & si\, x \geq 2 \end{cases}$

b) Espérance mathématique et variance de X :

$$E(X) = \int_{-\infty}^{+\infty} xf(x)dx = \int_2^{+\infty} \frac{24}{x^4}dx = \int_2^{+\infty} \frac{24}{x^3}dx = -12[\frac{1}{x^2}]_2^{+\infty} = 3.$$
$$E(X^2) = \int_{-\infty}^{+\infty} x^2 f(x)dx = \int_2^{+\infty} x^2\frac{24}{x^4}dx = \int_2^{+\infty} \frac{24}{x^2}dx = -24[\frac{1}{x}]_2^{+\infty} = 12.$$
$$V(X) = E(X^2) - E(X)^2 = 12 - 3^2 = 3.$$

c) Fonction de répartition F de X :

Pour $x < 2$: $F(x) = P(X \leq x) = \int_{-\infty}^{x} f(x)dx = 0 \;\; car f(x) = 0 \; pour\, x < 2.$

Pour $x \geq 2$: $F(x) = P(X \leq x) = \int_{-\infty}^{x} f(x)dx = \int_2^x \frac{24}{x^4}dx = 8\int_2^x \frac{3}{x^4}dx$

$$= 8[-\frac{1}{x^3}]_2^x = 1 - \frac{8}{x^3}.$$

On a alors, $\quad \text{F(x)} = \begin{cases} 0 & si\, x < 2 \\ 1 - \frac{8}{x^3} & si\, x \geq 2 \end{cases}$

d) Calcul des probabilités :

$$P(X > 5) = 1 - P(X \leq 5) = 1 - F(5) = 1 - (1 - \frac{8}{5^3}) = \frac{8}{125} = 6.40\%.$$

$P(X = 2) \approx 0$ la probabilité en un point est pratiquement nulle.

$$P((X < 5)/(X > 2)) = \frac{P((X<5)\cap(X>2))}{P(X>2)} = \frac{P(2<X<5)}{1-P(X\leq 2)}$$
$$= \frac{F(5)-F(2)}{1-F(2))} = F(5) = \frac{8}{5^3} \text{ car } F(2) = 0.$$

*************** ooo ***************

Exercice 4 :

a) Ensemble fondamental Ω de tous les possibles :

$$\Omega = \{\ (x\ ,\ y) \in N^2\ /\ 0 \leq x \leq 1\ et\ 0 \leq y \leq 2\}$$
$$= \{(0,0);(0,1);(0,2);(1,0);(1,1);(1,2)\}\ ;\ card(\Omega) = 6.$$

b) Eventualités constituant les trois événements ainsi que leur probabilité :

$$A = \{(x\ ,\ y) \in \Omega\ /\ y > x\} = \{(0,1);(0,2);(1,2)\}\ ;\ card(A) = 3\ ;\ P(A) = \tfrac{3}{6} = \tfrac{1}{2}$$
$$B = \{(x\ ,\ y) \in \Omega\ /\ x = y\} = \{(0,0);(1,1)\}\ ;\ card(B) = 2\ ;\ P(B) = \tfrac{2}{6} = \tfrac{1}{3}.$$
$$C = \{(x\ ,\ y) \in \Omega\ /\ 0 < xy < 2\} = \{(1,1)\}\ ;\ card(C) = 1\ ;\ P(C) = \tfrac{1}{6}.$$

c) Les événements A et C sont-ils incompatibles ? indépendants ?

$$A \cap C = \{(x,y) \in \Omega\ /\ (x,y) \in A\ et\ (x,y) \in C = \phi$$

Les événements A et C sont incompatibles car :

$$card(A \cap C) = 0\ ;\ P(A \cap C) = P(\phi) = 0.$$

Les événements A et C sont dépendants car :

$$P(A) \times P(C) = \tfrac{1}{2}\tfrac{1}{6} = \tfrac{1}{12} \neq P(A \cap C) = 0$$

d) Calcul des probabilités :

$$P(A - B) = P(A \cap \overline{B}) = P(A) - P(A \cap B) = P(A) - P(\phi) = P(A) = \tfrac{1}{2}$$
$$P(A \triangle B) = P(A) + P(B) - 2 \times P(A \cap B) = P(A) - P(B) - 2 \times P(\phi) = \tfrac{1}{2} + \tfrac{1}{3} = \tfrac{5}{6}.$$
$$P[(\overline{A} \cap \overline{B})/\overline{C}] = \frac{P(\overline{A} \cap \overline{B} \cap \overline{C})}{P(\overline{C})} = \frac{P(\overline{A \cup B \cup C})}{1 - P(C)} = \frac{1 - P(A \cup B \cup C)}{1 - P(C)} = \frac{1 - \frac{5}{6}}{1 - \frac{1}{6}} = \frac{1}{5}.$$

e) Evénement D tel que A, B et D forment une partition de Ω :

Soit $D = \{(x,y) \in \Omega\ /\ y < x\} = \{(1,0)\}$; $card(D) = 1$; $P(D) = \frac{1}{6}$

Le système (A, B, D) vérifie bien les conditions d'un système complet - partition de Ω :

$$\begin{cases} A \neq \phi\ ,\ B \neq \phi\ ,\ D \neq \phi & \text{: événements non vides} \\ A \cap B \neq \phi\ ,\ A \cap D \neq \phi\ ,\ B \cap D \neq \phi & \text{: événements 2 à 2 disjoints} \\ A \cup B \cup D = \Omega & \text{l'union des 3 événements est l'ensemble des possibles } \Omega \end{cases}$$

*************** ooo ***************

Sujet de contrôle continu n°16

Exercice 1 :

a) Caractériser les lois de probabilité de X et de Y :

Soient X la variable aléatoire réelle associée au nombre d'étudiants dans la promotion : $X \to B(n\ ,\ p = \frac{1}{2})$ et Y la variable aléatoire réelle associée au nombre d'étudiantes dans la promotion : $Y \to B(n\ ,\ q = \frac{1}{2})$

Lois binomiales : $P(X = k) = C_n^k\, p^k\, q^{n-k} = P(Y = n - k)$; $k = 0, 1, ..., n$

b) Calcul de probabilités :

$$\overline{B} = \overline{(X \geq 1) \cap (Y \geq 1)} = \overline{(X \geq 1)} \cup \overline{(Y \geq 1)}$$
$$= (X = 0) \cap (Y = 0) \text{ loi de Morgan.}$$

A : la promotion comporte au plus un étudiant et B : la promotion comporte au moins un étudiant et au moins une étudiante.

$$P(B) = 1 - P(\overline{B}) = 1 - P[(X = 0) \cap (Y = 0)] = 1 - [P(X = 0) + P(Y = 0)]$$
$$= 1 - [C_n^0\, (\tfrac{1}{2})^0\, (\tfrac{1}{2})^n + C_n^0\, (\tfrac{1}{2})^0\, (\tfrac{1}{2})^n] = 1 - (\tfrac{1}{2})^{n-1}$$

$$P(A) = P(X \leq 1) = P(X = 0) + P(Y = 1) = C_n^0\, (\tfrac{1}{2})^0\, (\tfrac{1}{2})^n + C_n^1\, (\tfrac{1}{2})^1\, (\tfrac{1}{2})^{n-1}$$
$$= (\tfrac{1}{2})^n + n(\tfrac{1}{2})^n = (n+1)(\tfrac{1}{2})^n$$

L'événement $(A \cap B)$: la promotion comporte exactement 1 étudiant et (n-1) étudiantes.

$$P(A \cap B) = P[(X = 1) \cap (Y = n - 1)] = C_n^1(\tfrac{1}{2})^1(\tfrac{1}{2})^{n-1} = n(\tfrac{1}{2})^n.$$

c) A et B sont indépendants si et seulement si n = 3 :

A et B sont indépendants $\Leftrightarrow P(A \cap B) = P(A) \times P(B)$

$$\Leftrightarrow n(\tfrac{1}{2})^n = (n+1)(\tfrac{1}{2})^n[1 - (\tfrac{1}{2})^{n-1}]$$
$$\Leftrightarrow 1 + n = 2^{n-1}$$

La solution $n = 3$ est la seule valeur possible pour que les événements A et B soient indépendants. Dans ce cas, la promotion sera composée d'un étudiant et de deux étudiantes. Les événements A et B sont dépendants pour $n \neq 3$.

d) Valeur n_0 telle que pour $n \geq n_0$, $P(C) \geq 90\%$:

L'événement C : la promotion comporte plus de deux étudiants.

$$P(C) = P[(X > 2) = 1 - P(X \leq 2) = 1 - [P(X=0) + P(X=1) + P(X=2)]$$
$$= 1 - [C_n^0 \, (\tfrac{1}{2})^0 \, (\tfrac{1}{2})^n + C_n^1 \, (\tfrac{1}{2})^1 \, (\tfrac{1}{2})^{n-1} + C_n^2 \, (\tfrac{1}{2})^2 \, (\tfrac{1}{2})^{n-2}]$$
$$= 1 - (\tfrac{1}{2})^n (1 - \tfrac{n^2}{2})$$

$$P(C) = 1 - (\tfrac{1}{2})^n (1 - \tfrac{n^2}{2}) \geq 90\% \Leftrightarrow (\tfrac{1}{2})^n (1 - \tfrac{n^2}{2}) \leq 0.10 \Leftrightarrow \tfrac{n^2+n+2}{2n+1} \leq 0.10$$

$$\begin{cases} Pour\ n = 8 : \ P(C) = 0.180 > 0.1 \\ Pour\ n = 9 : \ P(C) = 0.090 \leq 0.1 \\ Pour\ n = 10 : \ P(C) = 0.055 \leq 0.1 \end{cases} \Rightarrow P(C) \geq 90\% \Leftrightarrow n \geq n_0 = 9\,.$$

*************** ooo ***************

Exercice 2 :

a) Traduire les hypothèses en formalisant les événements :

On note les événements :

E : le conducteur est en état d'ébriété, $\overline{E}$: le conducteur n'est pas en état d'ébriété, N : l'alcootest est négatif et $\overline{N}$: l'alcootest est positif.

Les données :

$P(E) = 3\%$; $P(\overline{N}/E) = 96\%$; $P(\overline{N}/\overline{E}) = 2\%$ avec $P(\overline{E}) = 1 - P(E) = 97\%$.

b) Probabilité que le conducteur soit en état d'ébriété et que l'alcootest est positif :

$$P(E \cap \overline{N}) = P(N/E)P(E) = 0.96 \times 0.03 = 2.88\%$$

c) Probabilité que le conducteur ne soit pas en état débriété et que lalcootest n'est pas positif :

$$P(\overline{E} \cap N) = P(N/\overline{E})P(\overline{E}) = (1 - P(\overline{N}/\overline{E}))P(\overline{E}) = 0.98 \times 0.97 = 95.06\%$$

d) Probabilité que lalcootest soit positif :

$$P(\overline{N}) = P(\overline{N} \cap E) + P(\overline{N} \cap \overline{E}) = P(\overline{N}/E)P(E) + P(\overline{N}/\overline{E})P(\overline{E})$$
$$= 0.96 \times 0.03 + 0.02 \times 0.97 = 4.82\%$$

e) Probabilité qu'un conducteur dont l'alcootest est positif ne soit pas en état d'ébriété :

Formule de Bayes : E et $\overline{E}$ forment un système complet de Ω.

$$P(\overline{E}/\overline{N}) = \frac{P(\overline{E} \cap \overline{N})}{P(\overline{N})} = \frac{P(\overline{N}/\overline{E})P(\overline{E})}{P(\overline{N}/E)P(E) + P(\overline{N}/\overline{E})P(\overline{E})} = \frac{0.02 \times 0.97}{0.96 \times 0.03 + 0.02 \times 0.97} = 40.25\%$$

Conclusion : $P(E/\overline{N}) = 1 - P(\overline{E}/\overline{N}) = 59.75\%$, l'alcootest n'est pas très efficace.

f) Probabilité que le conducteur soit en état débriété sachant que lalcootest nest pas positif :

$$P(E/N) = \frac{P(E \cap N)}{P(N)} = \frac{P(N/E)P(E)}{P(N)} = \frac{P(N/E)P(E)}{1-P(\overline{N})} = \frac{0.04 \times 0.03}{1-0.0482} = 0.13\%$$

*************** ooo ***************

Exercice 3 :

a) Fonction de répartition de X associée au temps requis par le tramway pour parcourir le trajet entre les deux stations :

$$X \to U_{[8,12]} \; ; \; f(x) = \begin{cases} \frac{1}{4} & si \;\; x \in [8,12] \\ 0 & ailleurs \end{cases}$$

$$F(x) = \int_{-\infty}^{x} f(x)dx = \begin{cases} 0 & si\, x < 8 \\ \int_{-\infty}^{x} \frac{1}{4}dx = \int_{8}^{x} \frac{1}{4}dx = \frac{(x-8)}{4} & si\, x \in [8,12] \\ 1 & si\, x > 12 \end{cases}$$

b) Calcul des probabilités :

$$P(X < 9.5) = P(X \leq 9.5) = F(9.5) = \frac{(9.5-8)}{4} = 37.50\%.$$

Temps de parcours maximal du tramway dans 95% des cas :

$P(X \leq x) = F(x) = 0.95 \Rightarrow \frac{(x-8)}{4} = 0.95 \Rightarrow x = 11.80$ mn = 11 mn et 48 s.

c) Probabilité que l'usager manque le tramway pour se rendre à la gare :

Station de Départ :		Station d'Arrivée :
Gare-SNCF	$\rightarrow$	Université-Campus 1
9h		Arrivée probable du tramway entre : 9h 08mn et 9h 12mn
		Arrivée probable de l'usager : 9h 11mn

L'usager manque le tramway si le retour à la Station Gare-SNCF se fait entre 9 h 08 et juste avant 9 h 11mn :

$$P(8 \leq X \leq 11) = F(11) - F(8) = \frac{(11-8)}{4} = \frac{3}{4} = 75\%$$

L'usager a donc 75 chances sur 100 de manquer le tramway s'il se présente à la station Université-Campus 1 à 9h 11mn.

d) Densité de probabilité de $Y = 2X - 4$:

Ligne de Bus : soit Y la variable aléatoire réelle associée au temps requis par le bus pour parcourir le trajet entre les deux stations. Soit G la fonction de répartition de Y :

$$G(y) = P(Y \leq y) = P(2X - 4 \leq y) = P(X \leq \tfrac{y+4}{2}) = F(\tfrac{y+4}{2}).$$

$$G(y) = F(\tfrac{y+4}{2}) = \begin{cases} 0 & si\ \frac{y+4}{2} < 8 \\ \frac{[\frac{(y+4)}{2} - 8]}{4} & si\ 8 \leq \frac{y+4}{2} \leq 12 \\ 1 & si\ \frac{y+4}{2} > 12 \end{cases}$$

$$G(y) = \begin{cases} 0 & si\ y < 12 \\ \frac{y-12}{8} & si\ \ 12 \leq y \leq 20 \\ 1 & si\ y > 20 \end{cases}$$

Soit g la fonction densité de probabilité de Y :

$$g(y) = \begin{cases} \frac{1}{8} & si\ \ 12 \leq y \leq 20 \\ 0 & ailleurs \end{cases}$$

On reconnaît l'expression de la fonction densité de probabilité d'une loi uniforme sur l'intervalle $[12, 20]$: $Y \to U_{[12,20]}$

************** ooo **************

Exercice 4 :

a) Expression de la distribution de probabilité de X :

Soit X la variable aléatoire réelle associée au nombre de bons numéros dans une grille de loto.

On note $N = a + b = 49$ numéros avec $a = 6$ bons numéros et $b = 43$ mauvais numéros lors d'un tirage du loto. La probabilité d'avoir un bon numéro lors d'un tirage est $p = \frac{a}{N} = \frac{6}{49}$.

L'expérience consiste à cocher 6 numéros d'une grille : $n = 6$. Les tirages sont **sans remise** avec deux issues possibles, bon ou mauvais numéro.

X suit une loi hypergéométrique $X \to H(N = 49\ ,\ n = 6\ ,\ p = \frac{a}{N} = \frac{6}{49})$

Distribution de probabilité : $P(X = k) = \frac{C_a^k C_b^{n-k}}{C_N^n}$ pour $k = 0, 1, \cdots, n = a = 6$

b) Espérance mathématique et Variance de X :

On en déduit que $E(X) = np = 6 \times \frac{6}{49} = 0.7347$

et $V(X) = npq\frac{N-n}{N-1} = 6 \times \frac{6}{49}\frac{43}{49}\frac{43}{48} = 0.5776.$

c) Calcul de probabilités :

On note X_1 (respectivement X_2) la variable aléatoire réelle associée au nombre de bons numéros obtenu au premier (respectivement au second) tirage. Ces variables sont indépendantes et identiquement distribuées selon une loi hypergéométrique : X_1 et $X_2 \to H(N=49\,,\, n=6\,,\, p=\frac{6}{49})$.

Probabilité de n'avoir aucun bon numéro au premier tirage :

$$P(X_1 = 0) = \frac{C_6^0\, C_{43}^6}{C_{49}^6} = 43.60\%.$$

Probabilité d'avoir 2 bons numéros au premier tirage et 3 bons numéros au second tirage :

$$\begin{aligned} P[(X_1=2)\cap(X_2=3)] &= P(X_1=2)\times P(X_2=3) \quad X_1 \text{ et } X_2 \text{ indépendantes.} \\ &= \frac{C_6^2\, C_{43}^4}{C_{49}^6} \times \frac{C_6^3\, C_{43}^3}{C_{49}^6} = 0.23\%. \end{aligned}$$

Probabilité de n'avoir aucun bon numéro au premier ou au second tirage :

$$\begin{aligned} P[(X_1=0)\cup(X_2=0)] &= P(X_1=0)+P(X_2=0)-P[(X_1=0)\cap(X_2=0)] \\ &= P(X_1=0)+P(X_2=0)-P(X_1=0)\times P(X_2=0) \end{aligned}$$

Comme les variables X_1 et X_2 sont indépendantes et identiquement distribuées, on a : $P(X_1=0) = P(X_2=0) = 43.60\%$.

$$\begin{aligned} P[(X_1=0)\cup(X_2=0)] &= P(X_1=0)(2-P(X_1=0)) \\ &= 0.4360(2-0.4360) = 68.19\% \end{aligned}$$

*************** °°° ***************

Sujet de contrôle continu n°17

Exercice 1 :

a) Nombre de parties d'échecs différentes avec ces 6 joueurs :

On ne tient pas compte de l'ordre. Combinaisons sans répétition :
$C_6^2 = \frac{6!}{2!4!} = 15$ parties différentes.

b) Nombre de classements possibles sur le podium ($1^{er}, 2^{ème}, 3^{ème}$) :

On tient compte de l'ordre. Arrangements sans répétition d'éléments :
$A_6^3 = \frac{6!}{3!} = 120$ podiums différents.

c) Nombre de classements individuels différents avec nationalités :

6 personnes selon la répartition des nationalités : (2 Russes, 2 Américains, 1 Anglais et 1 Français). Permutations avec répétition d'éléments :
$\mathscr{P}_{6;(2,2,1,1)} = \frac{6!}{2!2!1!1!} = 180$ classements de nationalités différents.

d) Nombre de podium sans le joueur de nationalité française :

On tient compte de l'ordre. Arrangements sans répétition d'éléments :
$A_5^3 = \frac{5!}{2!} = 60$ podiums différents sans le joueur français.

e) Nombre de podium avec le joueur français en première position :

On tient compte de l'ordre. Arrangements sans répétition d'éléments :
$A_1^1 A_5^2 = \frac{5!}{3!} = 20$ podiums différents avec le joueur français en première position.

*************** °°° ***************

Exercice 2 :

a) Valeur de la constante k.

$$\mathrm{f(x)} = \begin{cases} \frac{k}{x} & si\ x \in]1\ ;\ e]\ et\ k \in R \\ 0 & ailleurs \end{cases}$$

Conditions :

$* \ \forall x \in R\ f(x) \geq 0 : pour\ \ x \in]1\ ;\ e]\ ,\ \frac{k}{x} \geq 0 \Rightarrow k \geq 0$

$* \ \int_{-\infty}^{+\infty} f(x)dx = 1 \Rightarrow k\int_1^e \frac{1}{x}dx = k[lnx]_1^e = 1 \Rightarrow k[1-0] = k = 1.$

$$\mathrm{f(x)} = \begin{cases} \frac{1}{x} & si\ x \in]1\ ;\ e] \\ 0 & ailleurs \end{cases}$$

b) Fonction F de répartition de X :

$$F(x) = P(X \leq x) = \begin{cases} 0 & si\ x \leq 1 \\ \int_1^x \frac{1}{x}dx = [lnx]_1^x = lnx - ln1 & si\ 1 < x \leq e \\ 1 & si\ x > e \end{cases}$$

$$F(x) = \begin{cases} 0 & si\, x \leq 1 \\ lnx & si\, x \in]1\ ;\ e] \\ 1 & si\, x > e \end{cases}$$

c) Caractéristiques E(X) et V(X) de X :

$$E(X) = \int_{-\infty}^{+\infty} xf(x)dx = \int_1^e x\frac{1}{x}dx = [x]_1^e = e^1 - 1 = 1.718$$

$$V(X) = E(X^2) - E(X)^2 = E(X^2) - 1.718^2$$

$$E(X^2) = \int_{-\infty}^{+\infty} x^2 f(x)dx = \int_1^e x^2\frac{1}{x}dx = \int_1^e xdx = [\frac{x^2}{2}]_1^e = \frac{(e^2-1)}{2} = 3.1945$$

$$V(X) = E(X^2) - E(X)^2 = 3.1945 - 1.718^2 = 0.2420$$

d) Calcul des probabilités :

$P(1 < X \leq 2) = F(2) - F(1) = F(2) = ln2 = 69.31\%$

On cherche x_0 tel que $P(X > x_0) = \frac{1}{2} \Rightarrow P(X \leq x_0) = F(x_0) = \frac{1}{2}$

$\Rightarrow lnx_0 = \frac{1}{2} \Rightarrow x_0 = e^{\frac{1}{2}} = 1.6487$ Ce point x_0 représente la médiane de X.

*************** °°° ***************

Exercice 3 :

a) Probabilité que l'étudiant choisisse le tramway :

A, B, V et T forment un système complet d'événements : non vides, deux à deux disjoints et l'union est égale à tout l'ensemble fondamental Ω.

$$P(\Omega) = 1 = P(A \cup B \cup V \cup T) = P(A) + P(B) + P(V) + P(T)$$

$$\Rightarrow P(T) = 1 - (P(A) + P(B) + P(V)) = 1 - \frac{8}{12} = \frac{1}{3}$$

b) Probabilité que l'étudiant ait choisi le Bus pour se rendre à l'Université et qu'il est arrivé en retard :

$$P(B \cap R) = P(R/B)P(B) = \frac{1}{10}\frac{1}{4} = \frac{1}{40} = 2.5\%$$

c) Probabilité qu'il ait choisi le Vélo et qu'il n'est pas arrivé en retard :

$$P(V \cap \overline{R}) = P(\overline{R}/V)P(V) = \frac{5}{4}\frac{1}{12} = \frac{1}{15} = 6.67\%$$

d) Probabilité que l'étudiant arrive en retard à l'Université :

$$\begin{aligned} P(R) &= P[(R\cap A)\cup(R\cap B)\cup(R\cap V)\cup(R\cap T)] \\ &= P(R\cap A)+P(R\cap B)+P(R\cap V)+P(R\cap T) \\ &= P(R/A)P(A)+P(R/B)P(B)+P(R/V)P(V)+P(R/T)P(T) \\ &= \tfrac{1}{20}\tfrac{1}{3}+\tfrac{1}{10}\tfrac{1}{4}+\tfrac{1}{5}\tfrac{1}{12}+0=\tfrac{7}{120}=5.83\% \end{aligned}$$

e) L'étudiant arrive en retard. Probabilité qu'il ait choisi le Vélo :

On applique la formule de Bayes dans un système complet d'événements. On note R l'événement "« arriver en retard » :

$$\begin{aligned} P(V/R) &= \tfrac{P(V\cap R)}{P(R)} = \tfrac{P(R/V)P(V)}{P(R/A)P(A)+P(R/B)P(B)+P(R/V)P(V)+P(R/T)P(T)} \\ &= \tfrac{\frac{1}{5}\frac{1}{12}}{\frac{1}{20}\frac{1}{3}+\frac{1}{10}\frac{1}{4}+\frac{1}{5}\frac{1}{12}+\frac{1}{3}\times 0} = \tfrac{2}{7} \text{ avec } P(R/T)=0. \end{aligned}$$

f) L'étudiant n'est pas arrivé en retard, probabilité qu'il ait choisi le tramway pour se rendre à l'Université :

$$P(T/\overline{R}) = \tfrac{P(T\cap\overline{R})}{P(\overline{R})} = \tfrac{P(\overline{R}/T)P(T)}{P(\overline{R})} = \tfrac{1-P(R/T)P(T)}{P(\overline{R})} = \tfrac{P(T)}{P(\overline{R})} = \tfrac{P(T)}{1-P(R)} = \tfrac{\frac{1}{3}}{\frac{113}{120}} = 35.40\%$$

*************** ooo ***************

Exercice 4 :

x_i	X - Système Intérieur $P(X=x_i)$
0	0.15
1	0.35
2	0.35
3	0.15

y_j	Y - Système Extérieur $P(Y=y_j)$
0	0.20
1	0.40
2	0.30
3	0.10

a) Le système de surveillance intérieur a au moins 2 pannes par mois :

$$P(X\geq 2)=P(X=2)+P(X=3)=50\%$$

b) Le nombre de pannes par mois du système intérieur est moins de 2 et celui du système extérieur est plus de 2 :

$$\begin{aligned} P[(X<2)\cap(Y>2)] &= P(X<2)\times P(Y>2) \text{ car X et Y sont indépendantes} \\ &= (P(X=0)+P(X=1))\times P(Y=3) \\ &= 0.5\times 0.1 = 5\% \end{aligned}$$

c) Il se produit une seule panne par mois :

$$\begin{aligned}P[(X=1)\cup(Y=1)] &= P(X=1)+P(Y=1)-P[(X=1)\cap(Y=1)]\\&= P(X=1)+P(Y=1)-P(X=1)\times P(Y=1)\\&= 0.35+0.40-0.35\times 0.40\\&= 61\%,\ \text{X et Y sont indépendantes.}\end{aligned}$$

d) Le système de surveillance intérieur a le même nombre de pannes par mois que le système extérieur :

$$\begin{aligned}P[\cup_{i=0}^{3}(X=i)\cap(Y=i)] &= \textstyle\sum_{i=0}^{3} P[(X=i)\cap(Y=i)]\\&= \textstyle\sum_{i=0}^{3} P(X=i)\times P(Y=i)\\&= P(X=0)\times P(Y=0)+\cdots+P(X=3)\times P(Y=3)\\&= 0.15\times 0.20+\cdots+0.15\times 0.10 = 29\%.\end{aligned}$$

e) Probabilité que l'équipe d'entretien ne puisse pas réparer toutes les pannes d'un mois donné :

On note la variable aléatoire réelle S = X + Y.

$$\begin{aligned}P(S>4) &= P(X+Y>4)\\&= P[((X=2)\cap(Y=3))\cup((X=3)\cap(Y=2))\cup((X=3)\cap(Y=3))\\&= P[(X=2)\cap(Y=3)]+P[(X=3)\cap(Y=2)]+P[(X=3)\cap(Y=3)]\\&= P(X=2)\times P(Y=3)+P(X=3)\times P(Y=2)+P(X=3)\times P(Y=3)\\&= 0.35\times 0.10+0.15\times 0.30+0.15\times 0.10 = 9.5\%.\end{aligned}$$

*************** ooo ***************

Sujet de contrôle continu n°18

Exercice 1 :

a) Probabilités données :

$P(S_1) = 2P(S_2) \Rightarrow P(S_1) = \frac{2}{3}$ et $P(S_2) = P(\overline{S_1}) = 1 - P(S_1) = \frac{1}{3}$.

$P_{S_1}(D) = P(D/S_1) = 3\% \Rightarrow P_{S_1}(\overline{D}) = 1 - P(D/S_1) = 97\%$

$P_{S_2}(D) = P(D/S_2) = 4\% \Rightarrow P(\overline{D}/\overline{S_1}) = P(\overline{D}/S_2) = 1 - P(D/S_2) = 96\%$.

b) Probabilité de l'événement D :

Les événements S_1 et S_2 forment un système complet de l'ensemble fondamental Ω : $S_1 \neq \phi$, $S_2 \neq \phi$; $S_1 \cap S_2 = \phi$; $S_1 \cup S_2 = \Omega$

$$\begin{aligned} P(D) &= P(D \cap \Omega) = P(D \cap (S_1 \cup S_2) = P[(D \cap S_1) \cup (D \cap S_2)] \\ &= P(D \cap S_1) + P(D \cap S_2) = P(D/S_1) \times P(S_1) + P(D/S_2) \times P(S_2) \\ &= \frac{0.03 \times 2}{3} + \frac{0.04 \times 1}{3} = \frac{1}{30} = 3.33\% \end{aligned}$$

c) Probabilité que la pièce provienne du sous-traitant 1 et est défectueuse :

$P(S_1 \cap D) = P(D/S_1) \times P(S_1) = 0.03 \times \frac{2}{3} = 2\%$

Probabilité que la pièce provienne du sous-traitant 1 sachant qu'elle est défectueuse :

Les événements S_1 et S_2 forment une partition de l'ensemble fondamental Ω. On applique la formule de Bayes :

$$P_D(S_1) = P(S_1/D) = \frac{P(S_1 \cap D)}{P(D)} = \frac{P(D/S_1) \times P(S_1)}{P(D/S_1) \times P(S_1) + P(D/S_2) \times P(S_2)} = \frac{0.02}{\frac{1}{30}} = \frac{3}{5} = 60\%$$

*************** ooo ***************

Exercice 2 :

$$f(x) = \begin{cases} k(1-x)^4 & si\ 0 \le x \le 1\ \ et\ \ k \in R \\ 0 & sinon \end{cases}$$

a) Conditions :

$* \ \forall x \in IR \ \ f(x) \ge 0 \ , \ \forall x \in [0,1] \ \ k(1-x)^4 \ge 0 \Rightarrow k \ge 0.$

$* \ \int_{-\infty}^{+\infty} f(x)dx = 1 \Rightarrow k\int_0^1 (1-x)^4 dx = k[-\frac{(1-x)^5}{5}]_0^1 = 1$

$\Rightarrow k(0-(-\frac{1}{5})) = \frac{k}{5} = 1 \Rightarrow k = 5.$

$$f(x) = \begin{cases} 5(1-x)^4 & si\ 0 \le x \le 1 \\ 0 & sinon \end{cases}$$

b) Demande hebdomadaire moyenne - Espérance mathématique :

$E(X) = \int_{-\infty}^{+\infty} xf(x)dx = 5\int_0^1 x(1-x)^4 dx$

Intégration par parties : on pose $u = x \ \Rightarrow \ u' = 1$

$v' = (1-x)^4 \Rightarrow v = -\frac{(1-x)^5}{5}$

$E(X) = 5[-x\frac{(1-x)^5}{5}]_0^1 + 5\int_0^1 \frac{(1-x)^5}{5}dx = [-\frac{(1-x)^6}{6}]_0^1 = \frac{1}{6} = 0.1667$ M.L.

Variance de la demande hebdomadaire - V(X) :

$V(X) = E(X^2) - E(X)^2 = E(X^2) - (\frac{1}{6})^2$

$E(X^2) = \int_{-\infty}^{+\infty} x^2 f(x)dx = 5\int_0^1 x^2(1-x)^4 dx$

Intégration par parties : on pose $u = x^2 \ \Rightarrow \ u' = 2x$

$v' = (1-x)^4 \Rightarrow v = -\frac{(1-x)^5}{5}$

$E(X^2) = 5[-x^2\frac{(1-x)^5}{5}]_0^1 + 2\int_0^1 (1-x)^5 dx = 2[-\frac{(1-x)^6}{6}]_0^1 = \frac{2}{6} = \frac{1}{3}.$

$V(X) = E(X^2) - E(X)^2 = \frac{1}{3} - (\frac{1}{6})^2 = \frac{11}{36} = 0.3056$ M.L.^{2}

c) Fonction F de répartition de la demande hebdomadaire de fioul :

$F(x) = P(X \le x) = \int_{-\infty}^{x} f(x)dx$

$$F(x) = \begin{cases} 0 & si\ x < 0 \\ 5\int_0^x (1-x)^4 dx = [-(1-x)^5]_0^x & si\ 0 \le x \le 1 \\ 1 & si\ x > 1 \end{cases}$$

$$F(x) = \begin{cases} 0 & si\ x < 0 \\ 1-(1-x)^5 & si\ 0 \le x \le 1 \\ 1 & si\ x > 1 \end{cases}$$

d) Probabilité que la demande hebdomadaire cette station soit :

Moins de 0.6 M.L. par semaine :

$$P(X \leq 0.6) = F(0.6) = 1 - (10.6)^5 = 98.98\%.$$

Plus de 0.3 M.L. par semaine :

$$\begin{aligned} P(X > 0.3) &= 1 - P(X \leq 0.3) = 1 - F(0.3) = 1 - (1 - (10.3)^5) \\ &= 0.7^5 = 16.81\%. \end{aligned}$$

Plus de 0.6 M.L. et moins de 1 M.L. par semaine :

$$\begin{aligned} P(0.6 < X < 1) &= F(1) - F(0.6) = 1 - F(0.6) \\ &= 1 - (1 - (1 - 0.6)^5 = 0.4^5 = 1.02\% \end{aligned}$$

Plus de 0,6 M.L. sachant qu'elle est de plus de 0.3 M.L. par semaine :

$$\begin{aligned} P[(X > 0.6)/(X > 0.3)] &= \frac{P[(X>0.6)\cap(X>0.3)]}{P(X>0.3)} = \frac{P(X>0.6)}{P(X>0.3)} \\ &= \frac{1-F(0.6)}{1-F(0.3)} = 6.09\% \end{aligned}$$

e) Capacité du réservoir de fioul domestique :

Soit x_0 la capacité du réservoir :

$$\begin{aligned} P(X > x_0) \leq 10^{-5} &\Rightarrow 1 - F(X \leq x_0) \leq 10^{-5} \\ &\Rightarrow F(X \leq x_0) = F(x_0) \geq 1 - 10^{-5} \\ &\Rightarrow F(x_0) = 1 - (1 - x_0)^5 \geq 1 - 10^{-5} \Rightarrow 10^{-5} \geq (1 - x_0)^5 \\ &\Rightarrow 10^{-1} \geq 1 - x_0 \Rightarrow x_0 \geq 1 - 10^{-1} = 0.9 \text{ M.L.} = 900 \text{ litres.} \end{aligned}$$

f) Espérance E(Y) et variance V(Y) mathématique de la demande hebdomadaire de carburant B7 pour les véhicules de transport Y = 1 - X :

$$E(Y) = E(1 - X) = 1 - E(X) = 1 - \tfrac{1}{6} = \tfrac{5}{6}$$
$$V(Y) = V(1 - X) = V(-X) = (-1)^2 V(X) = V(X) = \tfrac{11}{36}.$$

g) Fonctions de répartition G et de densité g de Y = 1 - X :

$$\begin{aligned} G(y) &= P(Y \leq y) = P(1 - X \leq y) = P(-X \leq y - 1) = P(X \geq 1 - y) \\ &= 1 - P(X \leq 1 - y) = 1 - F(1 - y) \end{aligned}$$

$$\text{G(y)} = \begin{cases} 1 & si\ 1 - y < 0 \\ 1 - (1 - (1 - (1 - y))^5) & si\ 0 \leq 1 - y \leq 1 \\ 0 & si\ 1 - y > 1 \end{cases}$$

$$\text{G(y)} = \begin{cases} 0 & si\ y < 0 \\ y^5 & si\ 0 \leq y \leq 1 \\ 1 & si\ y > 1 \end{cases} \qquad g(y) = \begin{cases} 5y^4 & si\ 0 \leq y \leq 1 \\ 0 & ailleurs \end{cases}$$

h) Capacité du réservoir de carburant B7 :

Soit y_0 la capacité du réservoir :

$$P(Y > y_0) \leq 10^{-5} \Rightarrow 1 - G(Y \leq y_0) \leq 10^{-5}$$
$$\Rightarrow G(Y \leq y_0) = G(y_0) \geq 1 - 10^{-5}$$
$$\Rightarrow G(y_0) = y_0^5 \geq 1 - 10^{-5} \Rightarrow y_0 \geq (1 - 10^{-5})^{\frac{1}{5}}$$
$$\Rightarrow y_0 \geq 0.9999 \text{ M.L.} \approx 1000 \text{ litres.}$$

*************** °°° ***************

Exercice 3 :

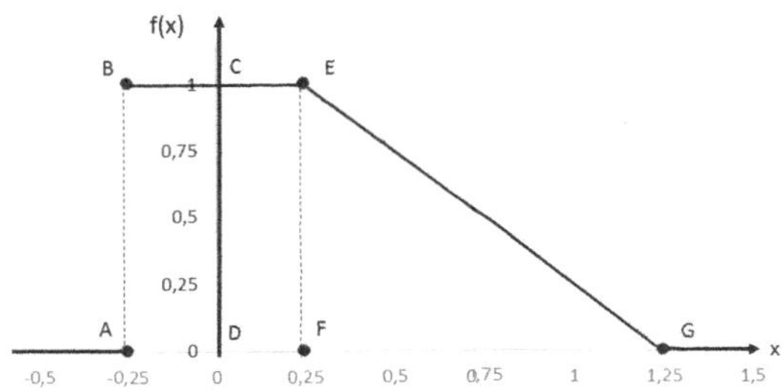

a) Fonction f densité de probabilité de X :

Conditions à vérifier :

$*\forall x \in IR\, f(x) \geq 0$: fonction positive ou nulle, courbe au-dessus de l'axe des abscisses.

$*\int_{-\infty}^{+\infty} f(x)dx = 1$: l'aire sous la courbe est égale à $1 = \frac{1}{2} + \frac{1}{2}$, la somme des aires du rectangle ABEF et du triangle EFG.

b) Calcul des probabilités :

On note F la fonction de répartition de X.

$P(X > -\frac{1}{4}) = 1 - P(X \leq -\frac{1}{4}) = 1 - F(-\frac{1}{4}) = 1$, car $F(-\frac{1}{4}) = 0$.

$P(-\frac{1}{4} < X \leq 0) = F(0) - F(-\frac{1}{4}) = 1 \times \frac{1}{4} = \frac{1}{4}$, aire du rectangle ABCD.

$P(|X| > \frac{1}{4}) = 1 - P(|X| \leq \frac{1}{4}) = 1 - P(-\frac{1}{4} \leq X \leq \frac{1}{4})$

$= 1 - [F(\frac{1}{4}) - F(-\frac{1}{4})] = \frac{1}{2}$, l'aire complémentaire du rectangle ABEF.

c) fonctions densité de probabilité et de répartition de X :

$$\text{f(x)} = \begin{cases} 0 & si\ x < -\frac{1}{4} \\ 1 & si\ -\frac{1}{4} \leq x \leq \frac{1}{4} \\ -x + \frac{5}{4} & si\ \frac{1}{4} \leq x \leq \frac{5}{4} \\ 0 & si\ x > \frac{5}{4}. \end{cases} \qquad F(x) = \begin{cases} 0 & si\ x < -\frac{1}{4} \\ x + \frac{1}{4} & si\ -\frac{1}{4} \leq x \leq \frac{1}{4} \\ -\frac{x^2}{2} + \frac{5x}{4} - \frac{7}{32} & si\ \frac{1}{4} \leq x \leq \frac{5}{4} \\ 1 & si\ x > \frac{5}{4}. \end{cases}$$

*************** °°° ***************

Exercice 4 :

Evénements : C - le véhicule a un défaut de carrosserie et M - le véhicule a un défaut moteur.

$P(C) = 10\%$; $P(M) = 15\%$; $P(\overline{C} \cap \overline{M}) = P(\overline{C \cup M}) = 80\%$

a) Probabilité que le véhicule présente un défaut pour au moins un des deux contrôles carrosserie ou moteur :

$$P(C \cup M) = 1 - P(\overline{C \cup M}) = 1 - 0.80 = 20\%$$

b) Probabilité que le véhicule présente un défaut pour les deux contrôles carrosserie et moteur :

$$P(C \cap M) = P(C) + P(M) - P(C \cup M) = 0.10 + 0.15 - 0.20 = 5\%$$

c) Probabilité que le véhicule présente un défaut pour un seul des deux contrôles :

$$P[(C \cap \overline{M}) \cup (M \cap \overline{C})] = P(C \cap \overline{M}) + P(M \cap \overline{C})$$

les 2 événements sont disjoints.

$$= P(C) - P(C \cap M) + P(M) - P(C \cap M)$$
$$= 0.10 + 0.15 - 2 \times 0.05 = 15\%$$

d) Probabilité que le véhicule présente un défaut pour le contrôle carrosserie sachant qu'il présente un défaut pour le contrôle moteur :

$$P_M(C) = P(C/M) = \frac{P(M \cap C)}{P(C)} = \frac{0.05}{0.15} = 33.33\%$$

e) Incompatibilité et indépendance en probabilité :

Incompatibilité - Disjoints $\Leftrightarrow C \cap M = \phi$

$-P(M \cap C) = 5\% \Rightarrow M \cap C \neq \phi$, les événements sont donc compatibles.

Indépendance en probabilité $\Leftrightarrow P(M \cap C) = P(M) \times P(C)$

$-P(M \cap C) = 5\% \neq P(M) \times P(C) = 0.10 \times 0.15 = 1.5\%$, les événements sont donc dépendants en probabilité.

*************** ooo ***************

d) Nombre de places assises dans chaque train - Probabilité que tous les voyageurs assis soit supérieure ou égale à 99.50% :

$$P(X \leq x_0) \geq 0.995 \Rightarrow P(X \leq x_0) \approx c.c.P(Y \leq x_0 + 0.5)$$
$$\Leftrightarrow P(U \leq \tfrac{x_0+0.5-588}{21}) > 0.995$$
$$\Leftrightarrow \Phi(\tfrac{(x_0-587.5)}{21}) \geq 0.995 \Leftrightarrow u_0 = \tfrac{x_0-587.5}{21} \geq 2.575$$
$$\Rightarrow x_0 \geq 587.5 + 21 \times 2.575 = 641.575 \approx 642 \text{ places assises.}$$

cf. table N(0,1) $\Phi(u_0 = 2.575) = 99.50\%$.

e) Valeur approchée de la probabilité de l'événement E - les 4 trains partent avec exatement le même nombre de voyageurs :

$$P(E) = P[(X_1 = \tfrac{2352}{4} = 588) \cap (X_2 = 588) \cap (X_3 = 588) \cap (X_4 = 588)]$$
$$= \textstyle\prod_{i=1}^{4} P(X_i = 588) = [P(X = 588)]^4 \text{ événements indépendants.}$$
$$P(X = 588) \approx_{c.c.} P(587.5 \leq Y \leq 588.5) = P(\tfrac{587.5-588}{21} \leq U \leq \tfrac{588.5-588}{21})$$
$$= \Phi(0.0238) - \Phi(-0.0238) = 2\Phi(0.0238) - 1 = 1.90\%$$
$$\Rightarrow [P(X = 588)]^4 = 0.019^4 \approx 0.$$

*************** ooo ***************

Exercice 3 :

Assurances Auto et Habitation, deux types de biens totalement indépendants. Soit X la variable aléatoire réelle associée au nombre de sinistres automobiles par trimestre :

$$X \rightarrow P(\lambda = E(X) = 16)$$

a) Loi de probabilité suivie par le nombre de sinistres Autos/an :

Soit A la variable aléatoire réelle associée au nombre de sinistres Automobiles par an : 4 trimestres.

$$\begin{cases} X_i \rightarrow P(\lambda_i = 16)\ ;\ i = 1,4 \\ \text{X}_i \text{ et } X_j \text{ sont indépendantes} \\ \textit{les sinistres sont indpendants} \end{cases} \hookrightarrow \begin{cases} \textit{A suit une loi Poisson} \\ A = \Sigma_{i=1}^{4} X_i \rightarrow P(\beta = \Sigma_{i=1}^{4} \lambda_i = 64) \\ E(A) = V(A) = 64 \end{cases}$$

b) Valeur approchée de la probabilité d'enregistrer moins de 60 sinistres Auto par an :

Conditions d'approximation d'une loi de Poisson $P(\beta)$ par une loi normale $N(m = \beta\ ;\ \sigma^2 = (\sqrt{\beta})^2)$:

$$\begin{cases} \textit{A suit une loi de Poisson} \\ \text{A} \rightarrow P(\beta = 64) \\ \text{E(A)} = \text{P}(\beta) = V(A) = 64 \end{cases} \hookrightarrow \begin{cases} \textit{A suit une loi normale} \\ \beta = 64 (> 20) \\ \text{A} \rightarrow N(m = 64\ ;\ \sigma^2 = 8^2) \\ \Leftrightarrow U = \frac{(A-64)}{8} \rightarrow N(0\ ;\ 1) \end{cases}$$

$$P(A<60) \approx c.c.P(A<59.5) = P(U \leq \tfrac{59.5-64}{8}) = \Phi(-0.5625) = 1-\Phi(0.5625)$$
$$= 1-0.7131 = 28.69\%$$
cf. Table N(0,1), $\Phi(0.5625) = 0.7131$.

c) Probabilité d'enregistrer moins de 10 sinistres Habitation/an :

Soit H la variable aléatoire réelle associée au nombre de sinistres Habitation/an enregistrés par cette compagnie : $H \to N(m\,;\,\sigma^2)$

$$\begin{cases} P(X>14) = 0.63 \\ P(X \leq 22) = 0.84 \end{cases} \Rightarrow \begin{cases} 1-P(U \leq \frac{(14-m)}{\sigma}) = 0.63 \\ P(U \leq \frac{(22-m)}{\sigma}) = 0.84 \end{cases}$$

$$\begin{cases} \Phi[\frac{(14-m)}{\sigma}] = 0.37 \\ \Phi[\frac{(22-m)}{\sigma}] = 0.84 \end{cases} \Rightarrow \begin{cases} -\frac{(14-m)}{\sigma} = 0.335 \\ \frac{(22-m)}{\sigma} = 0.995 \end{cases}$$

$$\begin{cases} m-0.335\sigma = 14 \\ m+0.995\sigma = 22 \end{cases} \Rightarrow \begin{cases} m = 16 \\ \sigma = 6 \end{cases}$$

Le nombre annuel de sinistres habitation : $H \to N(m=16\,;\,\sigma^2 = 6^2)$

$$P(H<10) = P(U \leq \tfrac{10-16}{6}) = \Phi(-1) = 1-\Phi(1)$$
$$= 1-0.8413 = 15.87\%$$ Cf. Table N(0,1), $\Phi(1) = 0.8413$.

d) Valeur approchée de la probabilité que cette compagnie enregistre 70 sinistres auto et plus de 20 sinistres habitation au cours d'une année :

Les sinistres sont indépendants :

$$\begin{aligned} P[(A=70)\cap(H>20)] &= P(A=70)\times P(H>20) \\ &\approx c.c.P(69.5<A<70.5)\times(1-\Phi(\tfrac{20-16}{6})) \\ &\approx (\Phi(\tfrac{70.5-64}{8})-\Phi(\tfrac{69.5-64}{8}))\times(1-\Phi(\tfrac{20-16}{6})) \\ &\approx (\Phi(0.8125)-\Phi(0.6875))\times(1-\Phi(0.667) \\ &\approx (0.7917-0.7541)\times(1-0.7475) \\ &= 0.95\%, \text{ cf. Table N(0,1).} \end{aligned}$$

e) Loi de probabilité suivie par le nombre total de sinistres annuels de cette compagnie :

Soit $S = A+H$ la variable aléatoire réelle associée au nombre total de sinistres (Auto et Habitation) qu'enregistre cette compagnie au cours d'une année.

$$\begin{cases} \text{A} \to N(m_A = 64\,;\,\sigma_A^2 = 8^2) \\ \text{H} \to N(m_H = 16\,;\,\sigma_H^2 = 6^2) \\ \text{A et H sont indépendantes} \end{cases}$$

$$\Rightarrow \begin{cases} S = A + H \to N(m = m_A + m_H \ ; \ \sigma^2 = (\sqrt{\sigma_A^2 + \sigma_H^2})^2) \\ S \to N(m = 80 \ ; \ \sigma^2 = 10^2) \\ \Leftrightarrow U = \frac{(S-80)}{10} \to N(0,1) \end{cases}$$

f) Probabilité que cette compagnie enregistre au total moins de 90 sinistres au cours d'une année :

$P(S < 90) = P(U \leq \frac{90-80}{10}) = \Phi(1) = 84.14\%$ Cf. Table N(0,1), $\Phi(1) = 0.8413$.

*************** ooo ***************

Sujet d'examen n°2

Exercice 1 :

a) Loi de probabilité exacte :

Soit X la variable aléatoire réelle associée au nombre de pièces défectueuses dans chaque échantillon prélevé.

Lot de N = 100 pièces avec n = 5 et p = 1% la probabilité d'avoir une pièce défectueuse. Il y a 2 issues ou résultats possibles (défectueuse ou non défectueuse) avec des tirages sans remise. La variable aléatoire réelle X suit une loi hypergéométrique :

$$X \rightarrow H(N=100\ ,\ n=5\ ,\ p=0.01).$$

Avec, $N=a+b=100$, $p=\frac{a}{N}=0.01 \Rightarrow a=100\times 0.01=1$ pièce défectueuse et $b=99$ pièces non défectueuses : $P(X=k) = C_1^k C_{99}^{5-k} \ / \ C_{100}^5 \quad k=0,\ a=1.$

b) Probabilité qu'un lot soit accepté avec ce plan de contrôle :

$$P(X=0)=C_1^0 C_{99}^5 / C_{100}^5 = \frac{95}{100} = 95.00\%.$$

c) Approximation de la loi de X :

Loi de probabilité approchée de X : nombre de pièces défectueuses dans chaque échantillon prélevé. Le taux de sondage : $t=n/N=5/100=0.05<10\%$, condition d'approximation d'une loi hypergéométrique par une loi binomiale (on peut donc considérer que le tirage est avec remise vu que la taille de l'échantillon prélevé est petite par rapport à celle de la population). X suit approximativement une loi binomiale.

$$X \rightarrow B(n=5, p=0.01) : \quad P(X=k)=C_5^k\, 0.01^k\, 0.99^{5-k} \text{ pour } k=0,1,\cdots,5.$$

d) Valeur approchée de la probabilité qu'un lot soit accepté avec ce plan de contrôle :

$$P(X=0)=C_5^0\, 0.01^0\, 0.99^5 = 0.99^5 = 95.10\%.$$

e) Nombre de pièces n^* à prélever :

$$P(X=0)\geq 98\% \Rightarrow C_{n^*}^0 0.01^0 0.99^{n^*} = 0.99^{n^*} \geq 0.98 \Rightarrow n^* \leq \frac{ln(0.98)}{ln(0.99)} = 2.01$$
$$\Rightarrow n^* \leq 2 \text{ pièces.}$$

*************** ००० ***************

Exercice 2 :

On note X la variable aléatoire réelle associée au nombre de pannes par semestre. $X \to P(\lambda)$ bimodale avec $P(X=1) = P(X=2)$

$\Rightarrow mode^1 = 1 = \lambda - 1$ et $mode^2 = 2 = \lambda$.

Ou encore, $P(X=1) = P(X=2) \Rightarrow e^{-\lambda}\frac{\lambda^1}{1!} = e^{-\lambda}\frac{\lambda^2}{2!} \Rightarrow 1 = \frac{\lambda}{2} \Rightarrow \lambda = 2$

$$X \to P(\lambda = 2); \qquad P(X=k) = e^{-2}\frac{2^k}{k!} \qquad \text{pour tout } k = 0, 1, \cdots, +\infty.$$

a) Probabilité de n'avoir aucune panne par semestre :

$$P(X=0) = e^{-2}\frac{2^0}{0!} = e^{-2} = 13.53\%.$$

Probabilité d'observer plus d'une panne par semestre :

$$P(X > 1) = 1 - P(X \leq 1) = 1 - (P(X=0) + P(X=1)) = 1 - (e^{-2}\frac{2^0}{0!} + e^{-2}\frac{2^1}{1!})$$
$$= 1 - 3 \times e^{-2} = 59.40\%.$$

b) Un nombre de pannes par semestre compris entre le taux moyen plus ou moins un écart-type :

$$X \to P(\lambda = 2) \text{ ; E(X) = V(X) } = \lambda = 2 \Rightarrow \sigma(X) = \sqrt{2} = 1.41$$
$$P[E(X) - \sigma(X) < X < E(X) + \sigma(X)] = P[2 - 1.41 < X < 2 + 1.41]$$
$$= P(0.59 < X < 3.41)$$
$$= P(X=1) + P(X=2) + P(X=3)$$
$$= 2 \times 2e^{-2} + \frac{4e^{-2}}{3} = \frac{16e^{-2}}{3} = 72.18\%$$

c) Espérance mathématique du nombre de pannes par an :

Soit Y la variable aléatoire réelle associée au nombre de pannes par an.

$$\begin{cases} X_{i,\ i=1,2} \to P(\lambda = 2) \\ E(X_i) = V(X_i) = \lambda = 2 \\ X_i \; et \; X_j \; indpendantes \end{cases} \Rightarrow \begin{cases} Y = \sum_{i=1}^{2} X_i \\ Y \to P(\beta = 2 \times \lambda = 4) \\ E(Y) = V(Y) = \beta = 4 \end{cases}$$

$$Y \to P(\beta = 4) \quad ; \quad P(Y=k) = e^{-4}\frac{4^k}{k!} \quad \text{pour tout } k = 0, 1, \cdots, +\infty.$$
$$E(Y) = \beta = 4 \text{ pannes/an.}$$

d) Probabilité d'observer au moins une panne par an :

$$Y \to P(\beta = 4); \qquad P(Y=k) = e^{-4}\frac{4^k}{k!} \qquad \text{pour tout } k = 0, 1, \cdots, +\infty.$$
$$P(Y \geq 1) = 1 - P(Y < 1) = 1 - P(Y=0) = 1 - (e^{-4}\frac{4^0}{0!}) = 1 - e^{-4} = 98.17\%.$$

e) Probabilité qu'en une année, elle réalise une économie d'au moins 500 € :

Le contrat d'entretien annuel est de 1200 € et le coût d'une panne annuelle est de 260 €. Soit Z la variable aléatoire réelle associée au coût des frais de pannes annuelles.

$$\begin{aligned} P(Z \leq 1200-700=500) &= P(260Y \leq 500) = P(Y \leq 1.92) \\ &= P(Y \leq 1) = P(Y=0)+P(Y=1) \\ &= e^{-4}+4e^{-4} = 5e^{-4} = 9.16\%. \end{aligned}$$

*************** ooo ***************

Exercice 3 :

Les transactions (Ventes et Locations) journalières de biens immobiliers de cette agence sont indépendantes.

a) Paramètres m_X et σ_X : résoudre le système d'équations :

X : Nombre de ventes journalières, $X \to N(m_X\,;\,\sigma_X^2)$

$$\begin{cases} P(X \leq 3) = 0,5 \\ P(X > 4) = 0,3085 \end{cases} \Rightarrow \begin{cases} P(X \leq 3) = 0,5 \Rightarrow m_X = 3 \\ P(X \leq 4) = P[U \leq \frac{(4-3)}{\sigma_X}] = 0,6915 \end{cases}$$

$$\begin{cases} m_X = 3 \\ P[U \leq \frac{(4-3)}{\sigma_X}] = \Phi(\frac{1}{\sigma_X}) = 0,6915 \end{cases} \Rightarrow \begin{cases} m_X = 3 \\ \frac{1}{\sigma_X} = 0,5 \Rightarrow \sigma_X = 2 \end{cases}$$

$$X \to N(m_X = 3\,;\,\sigma_X^2 = 2^2)$$

b) Probabilité que cette agence réalise au moins une vente dans la journée :

$$\begin{aligned} P(X \geq 1) &= 1-P(X<1) = 1-P[U < \tfrac{(1-3)}{2}] \\ &= 1-\Phi(-1) = \Phi(1) = 84.13\% \quad \text{cf. table N(0;1)} \end{aligned}$$

Moins de 25% des ventes de cette agence sont supérieures à quelle valeur ?
On cherche x tel que $P(X > x) < 0.25$

$$\Rightarrow P(X \leq x) = P(U \leq \tfrac{(x-3)}{2}) > 0.75 \Rightarrow \tfrac{(x-3)}{2} > 0.675 \text{ cf. table N(0;1)}$$
$$\Rightarrow x > 2 \times 0.675 + 3 = 4.35 \Rightarrow x \geq 5 \text{ ventes.}$$

c) Probabilité d'avoir entre 3 et 6 locations un jour donné :

On note Y la variable aléatoire réelle associée au nombre de locations journalières réalisées par cette agence : $Y \to N(m_Y = 5\,;\, \sigma_Y^2 = 1^2)$.

$$\begin{aligned} P(3 \leq Y \leq 6) &= P(\tfrac{3-5}{1} \leq U \leq \tfrac{6-5}{1}) = P(-2 \leq U \leq 1) = \Phi(1) - \Phi(-2) \\ &= \Phi(1) - 1 + \Phi(2) \\ &= 81.86\% \text{ cf. table N(0,1), } \Phi(1) = 0.8413 \text{ et } \Phi(2) = 0.9773. \end{aligned}$$

Plus du tiers des locations par jour sont inférieures à quelle valeur ?

On cherche y tel que $P(Y < y) > 0.3333$

$$\Rightarrow P(Y < y) = P(U \leq \tfrac{(y-5)}{1}) = \Phi(y-5) > 0.3333 \Rightarrow \Phi(5-y) < 0.6667$$
$$\Rightarrow 5 - y < 0.435 \text{ cf. table N(0;1) } \Rightarrow y > 4.565 \Rightarrow y \geq 5 \text{ locations.}$$

d) Probabilité qu'un jour donné, cette agence réalise plus d'une vente et moins de 6 locations :

$P[(X > 1) \cap (Y < 6)] = P(X > 1) \times P(Y < 6)$ les transactions sont indépendantes.

$$\begin{aligned} &= (1 - P(X \leq 1)) \times P(Y < 6) \\ &= (1 - P(U \leq -1)) \times P(U < 1) \\ &= (1 - \Phi(-1)) \times \Phi(1) = \Phi(1)^2 \\ &= 0.8413^2 = 70.79\% \text{ cf. table N(0,1), } \Phi(1) = 0.8413. \end{aligned}$$

e) Probabilité de réaliser plus d'une vente sachant qu'elle a réalisé moins de 6 locations :

$P[(X > 1)/(Y < 6)] = P(X > 1)$ les transactions X et Y sont indépendantes.

En effet, $P[(X > 1)/(Y < 6)] = \frac{P[(X>1)\cap(Y<6)]}{P(Y<6)} = \frac{P(X>1)\times P(Y<6)}{P(Y<6)}$

$$\begin{aligned} &= P(X > 1) = 1 - P(X \leq 1) = 1 - P(U \leq -1) \\ &= 1 - \Phi(-1) = \Phi(1) = 84.13\% \text{ cf. table N(0,1).} \end{aligned}$$

f) Probabilité de réaliser plus de 9 transactions dans la journée :

On note Z = X + Y la variable aléatoire réelle associée au nombre total de transactions journalières. Loi de probabilité de Z :

$$\left\{\begin{array}{l} X \to N(m_X = 3\,;\, \sigma_X^2 = 2^2) \\ Y \to N(m_Y = 5\,;\, \sigma_Y^2 = 1^2) \\ X \text{ et } Y \text{ sont indpendantes} \end{array}\right. \Rightarrow \left\{\begin{array}{c} Z \to N(m_Z\,;\, \sigma_Z^2) \\ m_Z = m_X + m_Y\,;\, \sigma_Z^2 = (\sqrt{\sigma_X^2 + \sigma_Y^2})^2 \\ Z \to N(m_Z = 8\,;\, \sigma_Z^2 = (\sqrt{5})^2) \end{array}\right.$$

$$\begin{aligned} P(Z > 9) &= 1 - P(Z \leq 9) = 1 - P(U \leq \tfrac{9-8}{\sqrt{5}}) = 1 - P(U \leq \tfrac{1}{\sqrt{5}}) = 1 - \Phi(\tfrac{1}{\sqrt{5}}) \\ &= 1 - \Phi(0.4472) = 32.64\% \text{ cf. table N(0,1), } \Phi(0.4472) = 0.6736. \end{aligned}$$

*************** ooo ***************

Sujet d'examen n°3

Exercice 1 :

Soit X la variable aléatoire réelle associée au montant des achats effectués par les clients d'un magasin : $X \to N(m = 60 \,,\, \sigma^2 = 20^2)$

a) Calcul de pobabilités :

$$P(X < 45) = P(U < \tfrac{(45-60)}{20}) = P(U < -0.75) = P(U = -0.75) = \Phi(-0.75)$$
$$= 1 - \Phi(0.75) = 1 - 0,77337 = 22.66\% \text{ cf. table N(0,1)}$$
$$P(50 < X < 100) = P(\tfrac{(50-60)}{20} < U < \tfrac{(100-60)}{20}) = P(-0.5 < U < 2)$$
$$= \Phi(2) - \Phi(-0.5) = \Phi(2) - (1 - \Phi(0.5))$$
$$= \Phi(2) + \Phi(0.5) - 1$$
$$= 0.97725 + 0,69146 - 1 = 66.87\% \text{ cf table N(0,1).}$$
$$P(X > 95) = 1 - P(X = 95) = 1 - P(U = (\tfrac{(95-60)}{20})) = 1 - P(U = 1.75)$$
$$= 1 - \Phi(1.75) = 1 - 0.95994 = 4.01\% \text{ cf. table N(0,1).}$$

b) Calcul des fractiles :

20% des montants des achats sont inférieurs à quelle valeur ?

On cherche le montant x_0 tel que $P(X \leq x_0) = 0.20$

$$P(X \leq x_0) = 0,20 \Rightarrow P[U \leq \tfrac{(x_0-60)}{20}] = \Phi(\tfrac{(x_0-60)}{20}) = 0.20$$
$$\Rightarrow \Phi(-\tfrac{(x_0-60)}{20}) = 0.80$$
$$\Rightarrow u_0 = 0.845 = \tfrac{(-x_0+60)}{20}$$
$$\Rightarrow x_0 = 43.10 \text{ €} \quad \text{cf. table N(0,1)}$$

Valeurs, autour de la moyenne, des 80% des montants des achats :

$$P(|X| \leq x_0) = P(-x_0 \leq X \leq x_0) = 0.80 = P(-\tfrac{(x_0-60)}{20} \leq U \leq \tfrac{(x_0-60)}{20})$$
$$= 2\Phi(\tfrac{(x_0-60)}{20})1 = 0.80$$
$$\Rightarrow \Phi(\tfrac{(x_0-60)}{20}) = 0.90 \Rightarrow u_0 = \tfrac{(x_0-60)}{20} = 1.285 \text{ cf. table N(0,1).}$$
$$\Rightarrow x_0 = 60 + 20 \times 1.285 = 85.70 \text{ €}$$
$$\text{et } -x_0 = 60 - 20 \times 1.285 = 34.30 \text{ €.}$$

80% des montants des achats sont donc compris entre 34.30 € et 85.70 €.

c) Loi de probabilité de X :

On note X la variable aléatoire réelle associée au nombre de clients qui bénéficient de la remise parmi les 100 clients ayant effectué des achats dans ce magasin.

On a 2 résultats possibles (un client bénéficie ou ne bénéficie pas de la remise). On réalise n = 100 tirages identiques indépendants.

On s'intéresse à l'événement succès : le client bénéficie de la remise, dont la probabilité p :

$p = P(X \geq 95) = 1 - P(U < \frac{(95-60)}{20}) = 1 - \Phi(1.75) = 1 - 0.9599 = 4\%$
avec $\Phi(1.75) = 95.99\%$ cf. table N(0,1).
$Y \to B(n = 100\ ,\ p = 0.04)$; $P(Y = k) = C_n^k\, 0.04^k\, 0.96^{n-k}\ \ k = 0, \cdots, n = 100.$

d) Probabilité qu'aucun client ne bénéficie de cette remise, parmi les 100 clients ayant effectué des achats dans ce magasin :

$$P(Y = 0) = C_{100}^0\, 0.04^0\, 0.96^{100} = 0.96100 = 1.69\%.$$

e) Approximation de la loi de probabilité du nombre de clients qui bénéficient de cette remise :

Conditions d'approximation d'une loi binomiale par une loi de Poisson :

$$\begin{cases} Y \to B(n = 100\ ,\ p = 0.04) \\ E(Y) = np = 4 \\ V(Y) = npq = 3.84 \end{cases} \Rightarrow \begin{cases} n = 100\ (> 30)\ et\ np = 4\ (< 5) \\ Y \to P(\lambda = np = 4) \\ E(Y) = \lambda = V(Y) \end{cases}$$

Le nombre le plus probable de clients qui bénéficient de cette remise est le mode de Y.

$Y \to P(\lambda = 4)$, le paramètre $\lambda = 4$ est un entier, il y a donc 2 modes. $\lambda - 1 = 3$ et $\lambda = 4$ sont les nombres les plus probables de clients qui bénéficient de la remise avec une probabilité $P(Y = 3) = P(Y = 4) = 19.54\%$.

*************** ooo ***************

Exercice 2 :

$$f(x) = \begin{cases} 0 & si\, x < 1 \\ \frac{\alpha a^\alpha}{x^{\alpha+1}} & si\, x \geq 1 \quad a \in \mathbb{R}\ \ et\ \ \alpha \in \mathbb{N}^* \end{cases}$$

a) Déterminer les paramètres a et α sachant que $E(X) = 2$.

- $\int_{-\infty}^{+\infty} f(x)dx = \alpha a^\alpha \int_1^{+\infty} \frac{1}{x^{a+1}} dx = 1 \Rightarrow = \alpha a^\alpha [\frac{-1}{a^a}]_1^{+\infty} = \alpha a^\alpha [0(\frac{-1}{\alpha})] = a^\alpha = 1.$

- $E(X) = \int_{-\infty}^{+\infty} x f(x)dx = \alpha a^\alpha \int_1^{+\infty} x(\frac{1}{x^{a+1}})dx = \alpha a^\alpha \int_1^{+\infty} \frac{x}{x^\alpha} dx$
$= \alpha a^\alpha [\frac{-1}{(\alpha-1)x^{(\alpha-1)}}]_1^{+\infty} = \alpha a^\alpha [0 - (\frac{-1}{(\alpha-1)}] = \frac{\alpha a^\alpha}{(\alpha-1)} = 2.$

Résoudre le système : $a^\alpha = 1$ et $\frac{\alpha a^\alpha}{(\alpha-1)} = 2 \Rightarrow a = 1$ et $\alpha = 2$.

$$f(x) = \begin{cases} 0 & si\, x < 1 \\ \frac{2}{x^3} & si\, x \geq 1 \end{cases}$$

b) Fonction de répartition de X.

$$F(x) = \int_{-\infty}^{x} f(x)dx = \begin{cases} 0 & si\, x < 1 \\ 2\int_1^x \frac{1}{x^3}dx = [\frac{-1}{x^2}]_1^x = \frac{-1}{x^2} + 1 & si\, x \geq 1 \end{cases}$$

$$F(x) = \int_{-\infty}^{x} f(x)dx = \begin{cases} 0 & si\, x < 1 \\ 1 - \frac{1}{x^2} & si\, x \geq 1 \end{cases}$$

c) Fonction de répartition de la variable aléatoire réelle $Y = lnX$.

Soit G la fonction de répartition de Y.

$G(y) = P(Y \leq y) = P(lnX \leq y) = P(X \leq e^y)$

$$G(y) = \begin{cases} 0 & si\, y < 0 \\ F(e^y) & si\, y \geq 0 \end{cases} \Rightarrow \begin{cases} 0 & si\, y < 0 \\ 0 & si\, e^y < 1 \Rightarrow y < 0 \\ 1 - [(\frac{1}{(e^y)^2}] & si\, e^y \geq 1 \Rightarrow y \geq 0 \end{cases}$$

Loi de probabilité courante suivie par Y :

$$G(y) = \begin{cases} 0 & si\, y < 0 \\ 1 - e^{-2y} & si\, y \geq 0 \end{cases} \qquad g(y) = \begin{cases} 0 & si\, y < 0 \\ 2e^{-2y} & si\, y \geq 0 \end{cases}$$

Conclusion : La variable aléatoire réelle Y = lnX suit une loi exponentielle de paramètre $\lambda = 2$ (lien entre la loi de Paréto et la loi exponentielle).

Quelques remarques générales : loi de Pareto de paramètres $(a = 1\,,\ \alpha = 2)$:

- Fonction densité de probabilité : f(x, a, α) = $\begin{cases} 0 & si\, x < a \\ \frac{\alpha}{a}(\frac{a}{x})^{\alpha+1} & si\, x \geq a \quad \alpha \in \mathbb{N}^* \end{cases}$

- $E(X) = \frac{a \times \alpha}{(\alpha - 1)}$: X admet une espérance mathématique que si $\alpha > 1$.
- $V(X) = E(X^2) - E(X)^2 = \frac{a^2 \times \alpha}{(\alpha-2)} - \frac{a^2 \times \alpha^2}{(\alpha-1)^2}$

  $\Rightarrow$ X admet une variance que si $\alpha > 2$.
- $X \rightarrow$ Pareto $(a = 1\,,\ \alpha = 2)$

  $\Rightarrow Y = lnX \rightarrow$ Exponentielle$(\lambda = \alpha = 2)$.

d) En déduire ou calculer l'espérance mathématique E(Y) de Y.

Caractéristiques de la loi exponentielle :

Si $Y \rightarrow Exponentielle(\lambda = 2)$ alors $E(Y) = \int_{-\infty}^{+\infty} yg(y)dy = \frac{1}{\lambda} = \frac{1}{2}$.

*************** °°° ***************

Exercice 3 :

a) Probabilité qu'il n'arrive aucun client à une caisse pendant cette période de fermeture :

Soit X la variable aléatoire réelle associée au nombre de clients qui arrivent à une caisse pendant la période de fermeture :

$$X \to P(\lambda = 3.2) \;;\; P(X = k) = e^{-3.2}\frac{3.2^k}{k!} \text{ pour tout } k = 0, 1, \cdots, +\infty$$

$$P(X = 0) = e^{-3.2}\frac{3.2^0}{0!} = 0.04076 = 4.08\%.$$

b) Probabilité que 50 clients arrivent aux caisses lors de la fermeture :

$$P(X = 50) = e^{-64}\,\frac{64^{50}}{50!} = 0.01074 = 1.07\%.$$

c) Nombre moyen de clients qui arrivent aux caisses pendant cette période de fermeture :

Soit X_i la variable aléatoire réelle associée au nombre de clients qui arrivent à la $i^{ème}$ caisse pendant la période de fermeture et Y la variable aléatoire réelle associée au nombre de clients qui arrivent aux 20 caisses pendant cette période de fermeture.

$$\begin{cases} X_i \to P(\lambda = 3.2) \\ E(X_i) = V(X_i) = \lambda = 3.2 \\ X_i \; et \; X_j \; indpendantes \end{cases} \Rightarrow \begin{cases} Y = \Sigma_{i=1}^{20} X_i \\ Y \to P(\beta = \Sigma_{i=1}^{20}\lambda_i = 64) \\ E(Y) = V(Y) = \beta = 64 \end{cases}$$

$$P(Y = k) = e^{-64}\,\frac{64^k}{k!} \text{ pour tout } \; k = 0, 1, +\infty.$$

$$Y \to P(\beta = 64) \;;\; E(Y) = \beta = 64 \text{ clients/période.}$$

64 clients en moyenne arrivent aux caisses pendant cette période.

d) Valeur approchée de la probabilité qu'il arrive aux caisses entre 50 clients et plus et au plus 80 clients pendant cette période de fermeture :

Conditions d'approximation d'une loi de Poisson par une loi normale :

$$\begin{cases} Y \to P(\beta = 64) \\ E(Y) = V(Y) = \beta = 64 = 8^2 \end{cases} \Rightarrow \begin{cases} \beta \geq 20 \\ Y \to N(m = 64 \,;\, \sigma^2 = 8^2) \\ \Leftrightarrow U = \frac{(Y-64)}{8} \to N(0\,,\,1) \end{cases}$$

$$\begin{aligned} P(50 < Y = 80) &\approx c.c.P(50.5 \leq Y \leq 80.5) = P(-1.6875 \leq U \leq 2.0625) \\ &\approx \Phi(2.0625) - \Phi(-1.6875) \\ &= \Phi(2.0625) + \Phi(1.6875) - 1 = 93.48\% \end{aligned}$$

cf. table N(0,1) : $\Phi(2.06) = 0.9803$ et $\Phi(1.69) = 0.9545$.

*************** °°° ***************

Exercice 4 :

a) Valeur approchée de la probabilité d'avoir plus de 10 produits en stock en début de journée :

On considère le stock d'un produit et on note les variables aléatoires réelles X, Y et Z, qui suivent les lois suivantes :

X : Quantité stockée au début d'une journée donnée : $X \to P(\lambda = 20)$
Y : Entrées en stock au cours de la journée : $Y \to B(n = 30\,;\, p = 0.60)$
Z : Sorties du stock au cours de la journée : $Z \to N(m = 25\,;\, \sigma^2 = 3^2)$
Ces trois variables sont supposées indépendantes.

Conditions d'approximation d'une loi de Poisson par une loi normale :

$$\begin{cases} X \to P(\lambda = 20) \\ E(X) = V(X) = \lambda = 20 \end{cases} \Rightarrow \begin{cases} \beta \geq 20 \\ X \to N(m = 20\,;\, \sigma^2 = 4.472^2) \\ \Leftrightarrow U = \frac{(X-20)}{4.472} \to N(0\,,\,1) \end{cases}$$

$$\begin{aligned} P(X > 10) &\approx c.c.P(X > 10.5) = 1 - P(X \leq 10{,}5) = 1 - P(U \leq \tfrac{(10.5-20)}{4.472}) \\ &\approx 1 - P(U \leq -2.12) = 1 - \Phi(-2.12) = \Phi(2.12) \\ &= 0.9830 = 98.30\% \text{ cf. table N(0,1)} \end{aligned}$$

b) Valeur approchée de la probabilité d'avoir au plus 15 produits en entrée de stock au cours d'une journée donnée :

Conditions d'approximation d'une loi binomiale par une loi normale :

$$\begin{cases} Y \to B(n = 30\,;\, p = 0.6) \\ E(Y) = np = 18 \\ V(Y) = npq = 7.2 = 2.683^2 \end{cases} \Rightarrow \begin{cases} n = 30\ (\geq 30)\,;\, np = 18\ (\geq 15) \\ Y \to N(m = 18\,;\, \sigma^2 = 2.683^2) \\ \Leftrightarrow U = \frac{(Y-18)}{2.683} \to N(0,1) \end{cases}$$

$$\begin{aligned} P(Y \leq 15) &\approx c.c.P(Y \leq 15.5) = P(U \leq \tfrac{(15.5-18)}{2.683}) = \Phi(-0.932) \\ &= 1 - \Phi(0.932) = 1 - 0.8245 = 17.55\% \text{ cf. table N(0,1).} \end{aligned}$$

c) Loi approchée de W : Quantité restant en stock en fin de journée :

$W = X + Y - Z$ suit une loi normale (somme de variables aléatoires réelles normales indépendantes).

Espérance mathématique :

$$\begin{aligned} E(W) &= E(X + Y - Z) = E(X) + E(Y) - E(Z) \\ &= 20 + 18 - 25 = 13 \text{ unités.} \end{aligned}$$

Variance mathématique :

$$\begin{aligned} V(W) &= V(X + Y - Z) = V(X) + V(Y) + V(Z) \\ &= 20 + 7.2 + 9 = 36.2 = 6.017^2 \end{aligned}$$

les variables X, Y et Z sont indépendantes.

d) Probabilité d'une rupture de stock :

$$W = X + Y - Z \rightarrow N(m = 13\,;\ \sigma^2 = 6.017^2)$$

$$P(W \leq 0) = P(U \leq \tfrac{(0-13)}{6.017}) = \Phi(-2,16)$$
$$= 1 - \Phi(2,16) = 10.9846 = 1.54\% \text{ cf. table N}(0\,;\,1).$$

*************** ooo ***************

Sujet d'examen n°4

Exercice 1 :

a) Loi de probabilité exacte :

X : nombre de véhicules défectueux dans l'échantillon de taille $n = 100$ prélevé sans remise d'une population de taille $N = 1200$ véhicules.

X suit une loi Hypergéométrique : $X \rightarrow H(N = 1200\,;\, n = 100\,;\, p = 2\%)$

$N = a + b$ avec $a = 24$ défectueux et $b = 1176$ non défectueux :

$$P(X = k) = \frac{C_{24}^{k}\, C_{1176}^{100-k}}{C_{1200}^{100}} \quad k = 0, 1, \cdots, 24$$

Expression de la probabilité qu'un lot soit accepté avec ce plan de contrôle :

$$P(X = 0) = \frac{C_{24}^{0}\, C^{100}}{C_{1200}^{100}} = 12.13\%$$

b) Approximation de X par une loi de probabilité discrète finie :

Condition d'approximation : le taux de sondage $t = \frac{n}{N} = 8.33\% < 10\%$.

$$X \rightarrow H(N = 1200\,;\, n = 100\,;\, p = 2\%) \approx X \hookrightarrow B(n = 100\,;\, p = 2\%).$$

$$P(X = k) \approx C_{100}^{k}\, 0.02^{k}\, 0.98^{n-k} \quad \text{avec } k = 0, 1, \cdots, n = 100$$

Probabilité approchée qu'un lot soit accepté avec ce plan de contrôle :

$$P(X = 0) \approx C_{100}^{0}\, 0.02^{0}\, 0.98^{100} = 0.98^{100} = 13.26\%.$$

c) Taille de l'échantillon de véhicules à contrôler pour que la probabilité d'acceptation d'un lot soit supérieure ou égale à 40% :

On cherche n^* tel que : $P(X = 0) > 40\%$

$$\Rightarrow C_{0}^{n^*}\, 0.02^{0}\, 0.98^{n^*} > 0.40 \Rightarrow 0.98^{n^*} > 0.40$$

$$\Rightarrow n^* ln 0.98 > ln 0.4 \Rightarrow n^* < \frac{ln 0.4}{ln 0.98} = 45.35.$$

Il faudrait prélever un échantillon de taille $n^* = 45$ véhicules.

d) Approximation de X par une loi de probabilité discrète infinie :

$$X \rightarrow H(N = 1200\,;\, n = 100\,;\, p = 2\%) \approx B(n = 100\,;\, p = 2\%) \approx P(\lambda = np = 2).$$

Conditions d'approximation vérifiées :

$$n = 100\,(> 30)\,,\ p = 2\%\ (< 10\%) \text{ et } np = 2\,(< 5).$$

$$X \hookrightarrow P(\lambda = np = 2)\,;\, P(X = k) \approx e^{-2}\frac{2^k}{k!} \quad \text{avec } k = 0, 1, +\infty$$

Probabilité approchée qu'un lot soit accepté avec ce plan de contrôle :

$$P(X = 0) \approx e^{-2}\frac{2^0}{0!} = e^{-2} = 13.53\%.$$

e) Nombre de véhicules défectueux le plus probable dans cet échantillon :

$X \to P(\lambda = 2)$: La distribution est bimodale car $\lambda = 2$ est un entier, les deux modes sont $M_1 = \lambda - 1 = 1$ et $M_2 = \lambda = 2$ véhicules défectueux les plus probables. $P(X = 1) = P(X = 2) = 2e^{-2} = 27.07\%$.

*************** ooo ***************

Exercice 2 :

Soit X la variable aléatoire réelle X associée au poids du contenant après remplissage qui est distribuée selon une loi normale :

$$X \to N(m = 340\,;\, \sigma^2 = 6^2) \Leftrightarrow U = \tfrac{(X-340)}{6} \to N(0\,;\,1)$$

a) Probabilité qu'un contenant choisi au hasard ait un poids supérieur à 346 grammes :

$$\begin{aligned} P(X > 346) &= 1 - P[U \leq \tfrac{(346-340)}{6} \leq 1] = 1 - \Phi(1) \\ &= 1 - 0.8413 = 15.87\%. \text{ cf. table N(0,1) : } \Phi(1) = 0.8413 \end{aligned}$$

b) Probabilité qu'un contenant ait un poids qui diffère de la moyenne par plus ou moins 4 g :

$$\begin{aligned} P(|X - m| \leq 4) &= P(-4 \leq X - m \leq 4) = P(-0.67 \leq U \leq 0.67) \\ &= \Phi(0.67) - \Phi(-0.67) = 2\Phi(0.67) - 1 = 2 \times 0.7486 - 1 \\ &= 49.72\%. \text{ cf. table N(0,1) : } \Phi(0.67) = 0.7486. \end{aligned}$$

49.72% des contenants auront un poids compris entre 336 et 344 grammes.

c) Nombre de contenants sur une production de 1000 ayant un poids inférieur à 330 g :

$$\begin{aligned} P(X \leq 330) &= P[U \leq \tfrac{(330-340)}{6}] = \Phi(-\tfrac{10}{6}) = \Phi(-1.67) = 1 - \Phi(1.67) \\ &= 1 - 0.9525 = 0.0475 = 4.75\%. \end{aligned}$$

Sur une production de 1000 contenants, 48 auront un poids inférieur à 330 g.

d) 98% des contenants auront un poids supérieur à :

On cherche x tel que : $P(X < x) = 0.98 \Rightarrow P[U \leq \frac{(x-340)}{6}] = \Phi(\frac{(x-340)}{6}) = 0.98$

$\Rightarrow u = \frac{(x-340)}{6} = 2.055$ cf. table N(0,1) $\Rightarrow x = 352.33$ g.

e) Niveau moyen de remplissage :

On cherche m^* tel que : $P(X \leq 340) = 1\% = P[U \leq \frac{(340-m^*)}{6}] = \Phi(\frac{(340-m^*)}{6})$

$\Rightarrow \Phi(\frac{(340-m^*)}{6}) = 0.99 \Rightarrow u = \frac{(m^*-340)}{6} = 2.325$ cf. table N(0,1)

$\Rightarrow m^* = 353.95$ grammes.

*************** ooo ***************

Exercice 3 :

Soit X La variable aléatoire réelle associée au nombre de connexions au cours d'un quart d'heure.

$X \to P(\lambda)$ d'espérance mathématique $E(X) = 0.5 \Rightarrow \lambda = E(X) = V(X) = 0.5$.

$X \to P(\lambda = 0.5)$; $P(X = k) = e^{-}0.5\ \frac{0.5^k}{k!}$ pour tout $k = 0, 1, \cdots, +\infty$

a) Probabilité de n'observer aucune connexion sur le site de l'UFR au cours d'un quart d'heure :

$$P(X = 0) = e^{-0.5}\ \frac{0.5^0}{0!} = e^{-0.5} = 60.65\%.$$

b) Probabilité que le nombre de connexions par quart d'heure soit compris entre sa moyenne ± un écart-type :

$$\begin{aligned} \mathrm{P}(\lambda - \sqrt{\lambda} < X < \lambda + \sqrt{\lambda}) &= P(-0.21 < X < 1.21) \\ &= P(X = 0) + P(X = 1) \\ &= 0.6065 + \frac{e^{-0.5} 0.5^1}{1!} = 90.98\%. \end{aligned}$$

c) Nombre moyen de connexions au cours d'une journée :

Soient X_i : la variable aléatoire réelle associée au nombre de connexions par quart d'heure et Y la variable aléatoire réelle associée au nombre de connexions au cours d'une journée (96 quarts d'heure).

$$\left\{ \begin{array}{l} X_i \to P(\lambda_i = 0.5) \\ X_i\, et\, X_j\, indpendantes \\ E(X_i) = V(X_i) = \lambda_i = 0.5 \end{array} \right. \Rightarrow \left\{ \begin{array}{l} Y = \Sigma_{i=1}^{96} X_i \\ Y \to P(\beta = \Sigma\lambda_i = 48) \\ E(Y) = V(Y) = \beta = 48 \end{array} \right.$$

Donc le nombre moyen de connexions sur le site de l'UFR au cours d'une journée est de l'ordre de $E(Y) = \beta = 48$ connexions / jour.

d) Loi de probabilité exacte de Y (Poisson - discrète) :

$Y \to P(\beta = 48)$; $P(Y = k) = \frac{e^{-\beta}\, \beta^k}{k!} = \frac{e^{-48}\, 48^k}{k!}$ avec $k = 0, 1, \cdots, +\infty$

Conditions d'approximation d'une loi de Poisson (discrète) par une loi normale (continue) vérifiées : $\beta = 48 (> 20) \hookrightarrow Y \to N(m = 48\ ;\ \sigma^2 = 6.93^2)$

$$\left\{ \begin{array}{l} Loi\ de\ Poisson \\ Y \to P(\beta = 48) \\ E(Y) = V(Y) = \beta = 48 \end{array} \right. \Rightarrow \left\{ \begin{array}{l} Loi\ normale \\ Y \hookrightarrow N(m = 48\ ;\ \sigma^2 = 6.93^2) \\ \Leftrightarrow U = \frac{(Y-48)}{6.93} \to N(0,1) \end{array} \right.$$

e) Valeur approchée de la probabilité $P(Y > 30)$:

$$\begin{aligned} P(Y>30) &= 1-P(Y\leq 30) \approx_{C.C.} 1-P(Y\leq 30.5) = 1-P[U\leq \tfrac{(30.5-48)}{6.93}] \\ &= 1-P(U\leq -2.525) = 1-\Phi(-2.525) \\ &= \Phi(2.525) = 99.42\%. \text{ cf. table N(0,1) : } \Phi(2.525)=99.42\%. \end{aligned}$$

Il y a 99.42% de chances d'avoir un jour donné, plus de 30 connexions sur le site de l'UFR de Sciences Economiques et de Gestion de l'Université Lumière Lyon 2.

*************** ooo ***************

Exercice 4 :

La variable aléatoire réelle X associée au revenu annuel des ménages dans la région Rhône-Alpes, est normalement distribuée de moyenne m et d'écart-type σ inconnus.

a) Revenu annuel moyen m = E(X) - Ecart-type du revenu σ :

Résoudre le système d'équations à 2 inconnues : $X \to N(m\,;\,\sigma^2)$

$$\begin{cases} P(X>19)=0.0227 \\ P(X<18)=0.9332 \end{cases} \Rightarrow \begin{cases} 1-P(U\leq \frac{(19-m)}{\sigma})=0.0227 \\ P(U\leq \frac{(18-m)}{\sigma})=0.9332 \end{cases}$$

$$\begin{cases} \Phi[\frac{(19-m)}{\sigma}]=0.9772 \\ \Phi[\frac{(18-m)}{\sigma}]=0.9332 \end{cases} \Rightarrow \begin{cases} \frac{(19-m)}{\sigma}=2 \\ \frac{(18-m)}{\sigma}=1.5 \end{cases}$$

$$\begin{cases} m+2\sigma=19 \\ m+1.5\sigma=18 \end{cases} \Rightarrow \begin{cases} m=15 \\ \sigma=2 \end{cases}$$

le revenu annuel des ménages : $X \to N(m=15\,;\,\sigma^2=2^2)$

b) Probabilité que X soit supérieur ou égal à 13 M.€ :

$$\begin{aligned} P(X\geq 13) &= 1-P(X<13) = 1-P(X\leq 13) = 1-P(U\leq \tfrac{(13-15)}{2}) \\ &= 1-\Phi(-1)=\Phi(1)=84.13\%. \text{ cf. table N(0,1), } \Phi(1)=0.8413 \end{aligned}$$

La région Rhône-Alpes correspond bien au marché visé vu que :

$$P(X\geq 13)=84.13\% \geq 80\%.$$

Soit Y la variable aléatoire réelle associée au nombre de ménages qui sont en faveur du nouveau produit parmi les 200 ménages de la région Rhône-Alpes.

La loi de probabilité exacte de Y est une loi binomiale de paramètres $n=200$ et $p=0.43$: $Y \to B(n=200\,;\,p=43\%)$

$$P(Y=k)=C_{200}^{k}\,0.43^{k}\,0.57^{200-k} \quad \text{pour } k=0,1,\cdots,200.$$

Les conditions d'approximation d'une loi binomiale par une loi normale sont vérifiées : $n = 200\ (> 30)$ et $np = 86\ (> 15)$ et $nq = 114\ (> 15)$

$$\begin{cases} \textit{Loi binomiale} \\ Y \rightarrow B(n = 200\,;\, p = 0.43) \\ E(Y) = np = 86\ V(Y) = npq = 49 = 7^2 \end{cases} \Rightarrow \begin{cases} \textit{Loi normale} \\ Y \hookrightarrow N(m = 86\,;\, \sigma^2 = 7^2) \\ \Leftrightarrow U = \frac{(Y-86)}{7} \rightarrow N(0,1) \end{cases}$$

c) Valeur approchée de la probabilité d'avoir exactement la moitié des ménages en faveur du nouveau produit :

$$\begin{aligned} P(Y = 100) &\approx_{C.C.} P(99.5 \leq Y \leq 100.5) = P[\tfrac{(99.5-86)}{7} \leq U \leq \tfrac{(100.5-86)}{7}] \\ &= P(1.93 \leq U \leq 2.07) \approx \Phi(2,07) - \Phi(1.93) = 0.9808 - 0.9732 \\ &= 0.0076 = 0.76\%.\ \text{cf. table N(0,1).} \end{aligned}$$

Pour information, la valeur exacte $P(Y = 100) = C_{200}^{100}\, 0.43^{100}\, 0.57^{100} = 0.77\%$.

d) Valeur approchée de la probabilité qu'une majorité soit en faveur du nouveau produit :

$$\begin{aligned} P(Y > 100) &= 1 - P(Y \leq 100) \approx_{C.C.} 1 - P(Y \leq 100.5) = 1 - P[U \leq \tfrac{(100.5-86)}{7}] \\ &= 1 - P(U \leq 2.071) = 1 - \Phi(2.07) \\ &= 1 - 0.9808 = 1.92\%\ \text{ cf. table N(0,1), } \Phi(2.07) = 98.08\%. \end{aligned}$$

Pour information, la valeur exacte $P(Y > 100) = 1 - P(Y \leq 100) = 1.96\%$.

************** °°° **************

Sujet d'examen n°5

Exercice 1 :

On note X la variable aléatoire réelle associée au nombre d'usagers ayant réservé et se présentant au guichet d'enregistrement de l'aéroport.

$n = 367 \times 109\% = 400$ réservations pour 367 places. Le pourcentage de non défection est $p = 90\%$. Deux issues possibles, la personne ayant une réservation se présente ou ne se présente pas au guichet d'enregistrement le jour du départ, expériences répétées de façons indépendantes. La variabble X suit une loi binomiale de paramètres $n = 400$ et $p = 0.9$.

a) Loi de probabilité de X :

$X \to B(400\,;\,0.9)$; $P(X = k) = C_{400}^{k} 0.9^{k}\, 0.1^{400-k}$ pour $k = 0, 1, \cdots, 400$.
Avec $E(X) = np = 400 \times 0.9 = 360$ et $V(X) = npq = 360 \times 0.1 = 36 = 6^2$.

b) Approximation d'une loi binomiale par une loi normale :

Conditions d'approximation vérifiées :

$$n = 400(> 30) \text{ et } np = 360(> 15) \text{ et } nq = 40(> 15)$$

$$\begin{cases} X \to B(n = 400, p = 0.9) \\ E(Y) = np = 360 \\ V(Y) = npq = 36 = 6^2 \end{cases} \Rightarrow \begin{cases} X \to N(m = 360\,;\,\sigma^2 = 6^2) \\ U = \frac{(X-86)}{7} \to N(0\,;\,1) \end{cases}$$

$$\begin{aligned} P(X \leq 367) &= F(367) = \Sigma_{k=0}^{367} P(X = k) \approx_{C.C.} P(X \leq 367 + 0.5) \\ &= P[\tfrac{(X-360)}{6} \leq \tfrac{(367.5-360)}{6}] \\ &= P(U \leq 1.25) = \Phi(1.25) = 89.44\% \text{ . cf. table N(0,1).} \end{aligned}$$

Il y a 89.44% de chances que toute personne ayant une réservation et se présentant au guichet pour l'enregistrement soit assurée d'un siège pour ce vol.

c) Probabilité qu'au moins une personne ayant une réservation et se présentant au guichet pour l'enregistrement se voit refuser l'embarquement :

$P(X > 367) = 1 - P(X \leq 367) = 1 - 0,8944 = 0,1056 = 10.56\%$.

d) Probabilité qu'un usager n'ayant aucune réservation puisse obtenir un siège en se présentant au guichet d'enregistrement à la dernière minute :

$$P(X < 367) \approx_{C.C.} P(X < 367 - 0.5) = P[\frac{(X-360)}{6} < \frac{(366.5-360)}{6}]$$
$$= P(U \leq 1.08) = \Phi(1.08) = 85.89\% \text{ cf. table N(0,1).}$$

*************** °°° ***************

Exercice 2 :

On note X la variable aléatoire réelle associée au trafic aérien (le nombre d'arrivées et de départs) durant une heure de pointe. X est normalement distribuée de moyenne m et d'écart-type σ inconnus.

a) Résoudre le système d'équations à 2 inconnues m et σ :

$X \to N(m\,;\,\sigma^2)$

$$\begin{cases} P(X > 40) = 0.9773 \\ P(X < 55) = 0.8413 \end{cases} \Rightarrow \begin{cases} 1 - P(U \leq \frac{(40-m)}{\sigma}) = 0.0227 \\ P(U \leq \frac{(55m)}{\sigma}) = 0.8413 \end{cases}$$

$$\Rightarrow \begin{cases} \Phi[\frac{(40-m)}{\sigma}] = 0.0227 \\ \Phi[\frac{(55-m)}{\sigma}] = 0.8413 \end{cases} \Rightarrow \begin{cases} \frac{(40-m)}{\sigma} = 2 \\ \frac{(55-m)}{\sigma} = 1 \end{cases}$$

$$\Rightarrow \begin{cases} m - 2\sigma = 40 \\ m + \sigma = 55 \end{cases} \Rightarrow \begin{cases} m = 50 \\ \sigma = 5 \end{cases}$$

Le trafic aérien (nombre d'arrivées et de départs) durant une heure de pointe est distribué selon une loi normale : $X \to N(m = 50\,;\,\sigma^2 = 5^2)$

b) Si la capacité actuelle de la piste est de 60 avions à l'heure, la probabilité que la piste soit congestionnée durant la période de pointe est :

$$P(X > 60) = 1 - P(X \leq 60) = 1 - P(U \leq \frac{(60-50)}{5})$$
$$= 1 - \Phi(2) = 1 - 0,9773 = 2.27\% \text{ cf. table N(0,1), } \Phi(2) = 0.9773.$$

c) Si aucune autre aérogare n'est construite, la probabilité que la piste soit congestionnée durant la période de pointe dans 8 ans est :

Trafic moyen dans 8 ans : $m^* = 50 + 8 \times 50 \times 0.10 = 90$ avions

Avec un écart-type σ^* : $CV = m/\sigma = m^*/\sigma^* \Rightarrow \sigma^* = \sigma\frac{m^*}{m} = 5 \times \frac{90}{50} = 9$ avions.

Soit Y la variable aléatoire réelle associée au trafic dans 8 ans :

$$Y \to N(m^* = 90\,;\,\sigma^2 = 9^2)$$

$P(Y > 60) = 1 - P(Y \leq 60) = 1 - P(U \leq \frac{(60-90)}{9}) = 1 - \Phi(-3.33)$
$= \Phi(3.33) = 99.96\%$ cf. table N(0,1), $\Phi(3.33) = 0.9996$.

d) Capacité de l'aérogare dans 8 ans :

$P(Y > y) \leq 2\% \Rightarrow P(Y \leq y) \geq 0.98$
$\Rightarrow P(U \leq \frac{(y-90)}{9}) = \Phi(u) \geq 0.98 \Rightarrow u \geq 2.055$ cf. table N(0,1).
$\Rightarrow u = \frac{(y-90)}{9} \geq 2.055 \Rightarrow y \geq 90 + 2.055 \times 9 = 108.48 \Rightarrow y \geq 109$ avions.

*************** ∘∘∘ ***************

Exercice 3 :

a) Probabilité pour qu'au cours d'un trimestre de fonctionnement, il y ait au moins une défaillance électronique :

Soit E la variable aléatoire réelle associée au nombre de pannes Electroniques enregistrées au cours d'un semestre de fonctionnement.
$E \rightarrow P(\lambda = 2)$; $P(X = k) = e^{-2}\frac{2^k}{k!}$ $k = 0, 1, \cdots, +\infty$
$P(E \geq 1) = 1 - P(E < 1) = 1 - P(E = 0) = 1 - e^{-2}\frac{2^0}{0!} = 1 - 0.1353 = 86.47\%$

b1) Probabilité pour qu'au cours d'un trimestre de fonctionnement, il y ait au moins une défaillance mécanique :

Soit M la variable aléatoire réelle associée au nombre de pannes Mécaniques enregistrées au cours d'un semestre (80 jours) de fonctionnement :
$M \rightarrow B(n = 80\,;\, p = 2.5\%)$.
$P(M = k) = C_{80}^{k}\, 0,025^k\, 0,975^{80-k}$ pour $k = 0, 1, 2, \cdots, 80$.
$P(M \geq 1) = 1 - P(M < 1) = 1 - P(M = 0) = 1 - (C_{80}^{0}\, 0.025^0\, 0.975^{80})$
$= 1 - 0.975^80 = 1 - 0.1319 = 0.8681 = 86.81\%$

b2) Nombre de jours de fonctionnement de l'appareil :

On cherche n^* le nombre de jours de fonctionnement de l'appareil, tel que :
$P(M = 0) \geq 78\% \Rightarrow C_{n^*}^{0}\, 0.025^0\, 0.975^{n^*} = 0.975^{n^*} \geq 0.78$
$\Rightarrow n^* ln0.975 \geq ln0.78 \Rightarrow n^* \leq \frac{ln0.78}{ln0.975} = 9.81 \Rightarrow n^* \leq 9$ jours.

c) Calcul des coefficients de variation :

Le nombre de pannes Electroniques : $E \rightarrow P(\lambda_E = 2)$:
$\Rightarrow E(E) = V(E) = \lambda_E = 2 \Rightarrow CV_E = \frac{\sigma_E}{E(E)} = 70.71\%$
Le nombre de pannes Mécaniques : $M \rightarrow B(n = 80\,;\, p = 0.025)$:
$\Rightarrow E(M) = np = 2$ et $V(M) = npq = 1.95 \Rightarrow CV_M = \frac{\sigma_M}{E(M)} = 69.82\%$.
La distribution de pannes Mécaniques est plus homogène que celle des pannes Electroniques ($CV_M < CV_E$).

d1) Une seule défaillance de l'appareil :

Soit S la variable aléatoire réelle associée au nombre de défaillances de l'appareil au cours d'un semestre (80 jours) de fonctionnement : sachant que les variables E et M sont indépendantes,

$$\begin{aligned} P(S=1) &= P[[(E=1)\cap(M=0)]\cup[(E=0)\cap(M=1)]] \\ &= P[(E=1)\cap(M=0)]+P[(E=0)\cap(M=1)] \\ &= P(E=1)\times P(M=0)+P(E=0)\times P(M=1) \\ &= 0.2707\times 0.1319+0.1353\times 0.2706 = 7.23\% \end{aligned}$$

Les 2 sources de pannes E et M sont indépendantes avec les calculs des probabilités suivantes :

$$P(E=0)=e^{-2}\,\frac{2^0}{0!}=13.53\% \quad \text{et} \quad P(E=1)=e^{-2}\,\frac{2^1}{1!}=27.07\%$$
$$P(M=0)=C_{80}^{0}\,0.025^0\,0.975^{80}=0.975^{80}=13.19\%$$
$$P(M=1)=C_{80}^{1}\,0.025^1\,0.975^{79}=80\times 0.025\times 0.975^{79}=27.06\%$$

d2) Une défaillance Electronique et une défaillance Mécanique :

Sachant que les pannes E et M sont indépendantes,

$$\begin{aligned} P[(E=1)\cap(M=1)] &= P(E=1)\times P(M=1) \\ &= 0.2707\times 0.2706 = 7.33\% \end{aligned}$$

e1) Approximation d'une loi binomiale par une loi de Poisson :

Conditions d'approximation vérifiées :

$$n=80(>30)\ ;\ p=2.5\%(\leq 5\%) \ \text{ et } \ np=2(\leq 5).$$

$$\begin{cases} M\to B(n=80\,,\ p=0.025) \\ E(M)=2 \\ V(M)=1.95 \end{cases} \Rightarrow \begin{cases} M\hookrightarrow P(\lambda_M=np=2) \\ E(M)=V(M)=\lambda_M=2 \end{cases}$$

La valeur approchée de la question 2a) :

$P(M\geq 1)=1-P(M=0)\approx 1-0.1353=86.47\%$ avec $P(M=0)=13.53\%$

e2) Loi de probabilité du nombre total de défaillances : S = E + M

$$\begin{cases} E\to P(\lambda_E=2) \\ M\hookrightarrow P(\lambda_M=np=2) \\ E\,et\,M\,sont\,indpendantes. \end{cases} \Rightarrow \begin{cases} S=E+M\hookrightarrow P(\beta_S=\lambda_E+\lambda_M=4) \\ E(S)=V(S)=\beta_S=4 \end{cases}$$

La valeur approchée de la question d1) : $P(S=1)\approx e^{-4}\frac{4^1}{1!}=0.0733=7.33\%$

*************** °°° ***************

Sujet d'examen n°6

Exercice 1 :

Lot de 1000 pièces comportant environ 2% de pièces défectueuses.

On prélève au hasard un échantillon de 50 pièces et si au plus 1 pièce est défectueuse, alors le lot est accepté.

a) Loi de probabilité du nombre de pièces défectueuses :

On prélève sans remise un échantillon de $n = 50$ pièces d'une population de taille $N = 1000$ pièces. La probabilité d'avoir une pièce défectueuse est de l'ordre de $p = 2\%$.

X suit une loi hypergéométrique $X \to H(N = 1000\ ,\ n = 50,\ p = 0.02)$

b) Loi de probabilité approchée de X : nombre de pièces défectueuses dans chaque échantillon prélevé :

Taux de sondage : $t = \frac{n}{N} = \frac{50}{1000} = 0.05 < 10\%$, condition d'approximation d'une loi hypergéométrique par une loi binomiale, on peut donc considérer que le tirage est avec remise vu que la taille de l'échantillon est petite par rapport à celle de la population. X suit approximativement une loi binomiale $X \hookrightarrow B(n = 50\ ,\ p = 0.02)$

$$P(X = k) = C_{50}^{k}\, 0.02^{k}\, 0.98^{50-k} \quad \text{pour} \quad k = 0, 1, 2, \cdots, 50.$$

c) Probabilité approchée qu'un lot soit accepté avec ce plan de contrôle :

$P(X \leq 1) = F(1) = P(X = 0) + P(X = 1) = 73.58\%$, la probabilité exacte calculée à partir de la loi hypergéométrique est de 73.60%.

d) Espérance mathématique du nombre de pièces défectueuses dans l'échantillon :

$X \to B(n = 50\ ,\ p = 0.02)$ alors $E(X) = np = 1$ pièce défectueuse en moyenne.

e) Conditions d'approximation d'une loi binomiale (discrète finie) par une loi de Poisson (discrète infinie)

Les conditions d'approximation sont vérifiées :

$n = 50\ (> 30)$; $p = 2\%\ (< 10\%)$ et $E(X) = np = 1\ (< 5)$

loi hypergéométrique		loi binomiale		loi de Poisson
$X \to H(N = 1000, n = 50, p = 0.02)$	$\approx$	$B(n = 50, p = 0.02)$	$\approx$	$P(\lambda = np = 1)$

X suit approximativement une loi de Poisson $X \hookrightarrow P(\lambda = np = 1)$:

$$P(X = k) = e^{-\lambda} \frac{\lambda^k}{k!} \approx e^{-1} \frac{1^k}{k!} \text{ pour tout } k = 0, 1, \cdots, +\infty.$$

Probabilité approchée qu'un lot soit accepté avec ce plan de contrôle est :

$$P(X \leq 1) = F(1) = P(X = 0) + P(X = 1) = 73.58\%,$$

la probabilité exacte calculée à partir de la loi hypergéométrique est de 73.60% et que la probabilité approchée calculée à partir de la loi binomiale est de 73.58%.

************** ooo **************

Exercice 2 :

On note X la variable aléatoire réelle associée au nombre de pannes par trimestre.

$X \rightarrow P(\lambda)$ de moyenne $E(X) = 1 \Rightarrow \lambda = E(X) = V(X) = 1$.

$X \rightarrow P(\lambda = 1)$; $P(X = k) = e{-}1 \frac{1^k}{k!}$ pour tout $k = 0, 1, \cdots, +\infty$.

a) Probabilité d'observer exactement une panne par trimestre :

$$P(X = 1) = e^{-1} \frac{1^1}{1!} = 36.79\%.$$

b) Nombres de pannes/trimestre les plus probables :

$$X \rightarrow P(\lambda = 1) ; P(X = k) = e^{-1} \frac{1^k}{k!} \text{ pour tout } k = 0, 1, \cdots, +\infty.$$

Le paramètre λ est un entier ($\lambda \approx 1$), la distribution du nombre de pannes par trimestre est bimodale :

$Mode^1 = \lambda - 1 = 0$ et $Mode^2 = \lambda = 1$. Ce sont les nombres de pannes par trimestre les plus probables $P(X = 0) = P(X = 1) = 36.79\%$.

c) Probabilité d'observer au moins une panne par an :

Soient X_i la variable aléatoire réelle associée au nombre de pannes/trimestre et Y : la variable aléatoire réelle associée au nombre de pannes/an.

$$\begin{cases} X_i \rightarrow P(\lambda_i = 1) \; i = 1, \cdots, 4 \\ X_i \text{ et } X_j \; indépendantes \end{cases} \Rightarrow Y = \Sigma_{i=1}^{4} X_i \rightarrow P(\beta = \Sigma_{i=1}^{4} \lambda_i = 4)$$

$Y \rightarrow P(\beta = 4)$; $P(Y = k) = e^{-4} \frac{4^k}{k!}$ pour tout k = 0, 1,$\cdots, +\infty$.

$$P(Y \geq 1) = 1 - P(Y < 1) = 1 - P(Y = 0) = 1 - e^{-4} = 98.17\%.$$

d) Probabilité qu'en un an d'exploitation, l'entreprise réalise une économie d'au moins 500 € :

Le contrat d'entretien annuel est de 1200 € et le coût d'une panne annuelle est de 260 €. Soit Z les frais des pannes annuelles :

$$\begin{aligned} P(Z \leq 500 = 1200 - 700) &= P(260Y \leq 500) = P(Y \leq 1.92) \\ &= P(Y \leq 1) = P(Y = 0) + P(Y = 1) = e^{-4} + 4^{e-4} = 5e^{-4} = 9.16\%. \end{aligned}$$

*************** ∘∘∘ ***************

Exercice 3 :

Les ventes journalières d'une concession de voitures Neuves et d'Occasion.

1) Soit N la variable aléatoire réelle associée au nombre de voitures neuves vendues dans la journée : $N \to N(m; \sigma^2)$

a) Paramètres m et σ^2 - Résoudre le système d'équations :

$$\begin{cases} P(N \leq 3) = 0.5 \\ P(N > 4) = 0.3085 \end{cases} \qquad \begin{cases} P(N \leq 3) = 0.5 \Rightarrow m = 3 \\ P(N \leq \frac{(4-3)}{\sigma}) = 0.6915 \end{cases}$$

$$\begin{cases} m = 3 \\ \Phi[\frac{1}{\sigma}] = 0.6915 \end{cases} \qquad \begin{cases} m = 3 \\ \frac{1}{\sigma} = 0.5 \Rightarrow \sigma = 2 \end{cases}$$

Le nombre de voitures neuves vendues par jour est distribué selon une loi normale :

$$N \to N(m = 3\,;\, \sigma^2 = 2^2)$$

b) Probabilité que cette agence vende au moins une voiture neuve dans la journée :

$$\begin{aligned} P(N \geq 1) &= 1 - P(N < 1) = 1 - P[U \leq \tfrac{(1-3)}{2}] \\ &= 1 - \Phi(-1) = \Phi(1) = 84.13\% \text{ cf. table N(0;1)} \end{aligned}$$

c) Moins de 25% des voitures neuves vendues par jour, sont supérieures à :

On cherche n^* tel que $P(N > n^*) < 0.25 \Rightarrow P(N \leq n^*) = 1 - P(N > n^*) > 0.75$

$$\begin{aligned} &\Rightarrow P(N \leq n^*) = P(U \leq \tfrac{(n^*-3)}{2}] \geq 0.75 \\ &\Rightarrow \tfrac{(n^*-3)}{2} = 0.68 \\ &\Rightarrow n^* \geq 2 \times 0.68 + 3 = 4.36 \\ &\Rightarrow n^* \geq 5 \text{ voitures neuves, cf. table N(0;1).} \end{aligned}$$

2) Soit O la variable aléatoire réelle associée au nombre de voitures d'occasion vendues par jour.

$O \to B(n = 48\,;\, p = 0.35)\ :\ P(O = k) = C_{48}^{k}\, p^k\, (1-p)^{48-k}\ \ k = 0, 1, \cdots, 48$

a) En moyenne, ce concessionnaire peut s'attendre à :

$E(O) = np = 16.8$ ventes de voitures d'occasion par jour.

b) Nombre de jours à considérer pour avoir une probabilité égale au plus à 5% de ne vendre aucune voiture d'occasion un jour donné :

On cherche n^* tel que $P(O=0) = 5\%$

$$P(O=0) = C_{n^*}^0\, 0.35^0\, 0.65^{n^*} = 0.65n^* \leq 5\% \Rightarrow n^* ln(0.65) \leq ln(0.05)$$

$$\Rightarrow n^* \geq \frac{ln(0.05)}{ln(0.65)} = 6.95 \Rightarrow n^* \geq 7 \text{ jours.}$$

3) Approximations :

a) Approximation satisfaisante de la loi de probabilité du nombre de ventes de voitures d'occasion par jour de cette concession :

Les conditions d'approximation d'une loi binomiale par une loi normale sont respectées : $n = 48$ (> 30) ; $np = 16.8$ (> 15) et $nq = 31.2$

$$O \rightarrow B(n=48\,,\,p=0.35) \approx O \hookrightarrow N(m;\sigma^2)$$

avec $m = np = 16.8$ et $\sigma^2 = npq = 10.92 = 3.3^2$

b) Valeurs approchées des probabilités - Correction de continuité :

La valeur approchée de la probabilité de vendre exactement 6 voitures d'occasion par jour est :

$$P(O=6) \approx_{c.c.} P(5.5 \leq O \leq 6.5) = P[\tfrac{(5.5-16.8)}{3.3} = U = \tfrac{(6.5-16.8)}{3.3}]$$

$$= P[-3.42 \leq U \leq -3.12] = \Phi(-3.12) - \Phi(-3.42)$$

$$= \Phi(3.42) - \Phi(3.12) \approx 0\% \text{ cf. Table N(0,1).}$$

La valeur approchée de la probabilité de vendre moins de 10 voitures d'occasion par jour est :

$$P(O < 10) \approx_{c.c.} P(O \leq 9.5) = P[U \leq \tfrac{(9.5-16.8)}{3.3}] = P[U \leq -2.21]$$

$$= \Phi(-2.21) = 1 - \Phi(2.21)$$

$$= 1 - 0.98645 = 1.36\% \text{ cf. table N(0;1)}$$

c) Loi de probabilité approchée du nombre total de ventes de voitures (neuves et d'occasion) par jour :

$$\begin{cases} N \rightarrow N(m_N = 3\,;\,\sigma_N^2 = 2^2) \\ O \rightarrow N(m_O = 16.8\,;\,\sigma_O^2 = 3.3^2) \\ N\,et\,O\,sont\,indépendantes \end{cases} \Rightarrow \begin{cases} m_T = m_N + m_O = 19.8 \\ \sigma_T^2 = V(N+O) = \sigma_N^2 + \sigma_O^2 = 14.89 \\ T \rightarrow N(m_T = 19.8\,;\,\sigma_T^2 = 3.86^2) \end{cases}$$

d) Valeur approchée de la probabilité de vendre plus de 10 voitures dans la journée :

$$P(T > 10) = 1 - P(V \leq 10) = 1 - P[U \leq (\tfrac{10-19.8)}{3.86}]$$

$$= 1 - \Phi(-2.54) = \Phi(2.54) = 0.99446 = 99.47\% \text{ cf. table N(0;1)}$$

*************** °°° ***************

Sujet d'examen n°7

Exercice 1 :

Soit f la fonction densité du couple (X , Y) définie par :

$$f(x\,,\,y) = \begin{cases} \frac{3}{5}(x^2+xy) & si\ 0 \leq x \leq 1\ \ et\ \ 0 \leq y \leq 2 \\ 0 & ailleurs. \end{cases}$$

a) Déterminer les densités marginales de X et de Y :

- Densité marginale de X :

$$f(x) = \begin{cases} (3/5)\int_0^2 (x^2+xy)dy = \frac{3}{5}[x^2y + \frac{xy^2}{2}]_0^2 & si\ 0 \leq x \leq 1 \\ 0 & ailleurs. \end{cases}$$

$$f(x) = \begin{cases} \frac{3}{5}(2x^2+2x) = \frac{6x(x+1)}{5} & \frac{6x(x+1)}{5} & si\ 0 \leq x \leq 1 \\ & 0 & ailleurs. \end{cases}$$

- Densité marginale de Y :

$$f(y) = \begin{cases} (3/5)\int_0^1 (x^2+xy)dx = \frac{3}{5}[\frac{x^3}{3} + \frac{x^2y}{2}]_0^1 & si\ 0 \leq y \leq 2 \\ 0 & ailleurs. \end{cases}$$

$$f(y) = \begin{cases} \frac{3}{5}(\frac{1}{3}+\frac{y}{2}) = \frac{1}{5}+\frac{3y}{10} & si\ 0 \leq y \leq 2 \\ 0 & ailleurs. \end{cases}$$

b) Déterminer la densité de probabilité de Y sachant X :

$$f_{y/x}(y) = \frac{f(x,y)}{f(x)} \quad \text{si} \quad f(x) \neq 0$$

$$f_{y/x}(y) = \begin{cases} \frac{\frac{3}{5}(x^2+xy)}{\frac{3}{5}(2x^2+2x)} = \frac{x+y}{2(x+1)} & si\ 0 \leq x \leq 1\ et\ 0 \leq y \leq 2 \\ 0 & ailleurs. \end{cases}$$

c) Les variables X et Y sont-elles indépendantes ?

Les variables X et Y ne sont pas indépendantes puisque $f(x,y) \neq f(x) \times f(y)$ de même $f_{y/x}(y) \neq f(y)$

d) Paramètres statistiques E(XY) et Cov(X , Y) entre X et Y :

$$\begin{aligned} E(XY) &= \frac{3}{5}\int_0^1\int_0^2 xy(x^2+xy)dxdy = \frac{3}{5}\int_0^1(\int_0^2 xy(x^2+xy)dy)dx \\ &= \frac{3}{5}\int_0^1[\frac{x^3y^2}{2} + \frac{x^2y^3}{3}]_0^2 dx = \frac{3}{5}\int_0^1(2x^3+\frac{8x^2}{3})dx \\ &= \frac{3}{5}[\frac{2x^4}{4} + \frac{8x^3}{9}]_0^1 = \frac{3}{5}\frac{25}{185} = \frac{5}{6} = 0.833 \end{aligned}$$

$$E(X) = \frac{6}{5}\int_0^1 x^2(x+1)dx = \frac{6}{5}\int_0^1 (x^3+x^2)dx = \frac{6}{5}[\frac{x^4}{4}+\frac{x^3}{3}]_0^1 = \frac{6}{5}\frac{7}{12} = \frac{7}{10} = 0.7$$
$$E(Y) = \int_0^2 y(\frac{1}{5}+\frac{3y}{10})dy = \int_0^2 (\frac{y}{5}+\frac{3y^2}{10})dy = [\frac{y^2}{10}+\frac{y^3}{10}]_0^2 = \frac{4}{10}+\frac{8}{10} = \frac{12}{10} = 1.2$$
$$Cov(X,Y) = E(XY) - E(X)\times E(Y) = 0.833 - 0.7\times 1.2 = -0.007\ (\neq 0)$$

e) Fonction de répartition conjointe F de X et Y :

$$F(x,y) = \int_{-\infty}^{x}\int_{-\infty}^{y} f(x,y)dxdy = \frac{3}{5}\int_0^x\int_0^y (x^2+xy)dxdy = \frac{3}{5}\int_0^x(\int_0^y(x^2+xy)dy)dx$$
$$= \frac{3}{5}\int_0^x [x^2y+\frac{xy^2}{2}]_0^y dx = \frac{3}{5}\int_0^x (x^2y+\frac{xy^2}{2})dx = \frac{3}{5}[\frac{x^3y}{3}+\frac{x^2y^2}{4}]_0^x$$
$$= \frac{3}{5}(\frac{x^3y}{3}+\frac{x^2y^2}{4}) = \frac{3}{5}x^2y(\frac{x}{3}+\frac{y}{4}) = \frac{x^2y}{20}(4x+3y)$$

$$\text{F(x , y)} = \begin{cases} 0 & ailleurs \\ \frac{x^2y}{20}(4x+3y) & si\ 0\leq x\leq 1\ \ et\ \ 0\leq y\leq 2 \\ 1 & si\ x>1\ \ et\ \ y>2 \end{cases}$$

Exercice 2 :

Soit X la variable aléatoire réelle associée au nombre de repas journaliers que doit préparer chacun des deux restaurateurs. Un client peut se rendre ou ne pas se rendre dans un des restaurants (2 issues possibles).

Les $n = 576$ clients se rendent dans un restaurant de façon indépendante avec une probabilité $p = q = \frac{1}{2}$. Le nombre de repas préparés par jour suit une loi binomiale : $X \to B(n = 576\ ;\ p = \frac{1}{2})$

$$P(X = k) = C_n^k\, p^k\, q^{n-k} = C_{576}^k\, (\tfrac{1}{2})^k\, (\tfrac{1}{2})^{576-k}\ \ \forall k = 0,1,\cdots,576.$$

Nombre de repas journaliers que doit prévoir chacun des deux restaurants pour pouvoir satisfaire la demande dans au moins 98% des cas :

On cherche k_0, le nombre de repas tel que :
$$P(X\leq k_0) = F(k_0) = \textstyle\sum_{k=0}^{k_0} P(X=k) \geq 0.98$$

Conditions d'approximation d'une loi binomiale par une loi normale avec Correction de Continuité : $n = 579\ (>30)$, $np = 288\ (>15)$ et $nq = 288\ (>15)$

$$\begin{cases} X \to B(n=576\ ;\ p=\frac{1}{2}) \\ E(X) = np = 288\ repas \\ V(X) = npq = 144 = 12^2 \end{cases} \Rightarrow \begin{cases} X \hookrightarrow N(m=288\ ;\ \sigma^2 = 12^2) \\ m = np = 288 \\ \sigma^2 = npq = 144 = 12^2 \end{cases}$$

$$P(X\leq k_0) \approx_{C.C.} P(X\leq k_0+0.5) = P(U\leq \frac{(k_0+0.5-288)}{12})$$
$$= \Phi(u_0 = \frac{(k_0+0.5-288)}{12}) \geq 0.98$$
$$\Rightarrow u_0 = \frac{(k_0+0.5-288)}{12} \geq 2.0537\ \ \text{cf. table N(0,1)},\ \Phi(2.0537) = 98\%.$$
$$\Rightarrow k_0 \geq 12\times 2.0537 + 287.5 = 312.14\ \Rightarrow\ k_0 \geq 313\ \text{ repas.}$$

*************** °°° ***************

Exercice 3 :

a) Loi de probabilité de X :

Soit X la variable aléatoire réelle associée au nombre d'outils défectueux à mettre au rebut. $n = 400$ tirages indépendants avec une probabilité $p = 10\%$ qu'un outil soit défectueux.

X suit une loi binomiale de paramètres $n = 400$ et $p = 10\%$.

$X \to B(n=400\,;\,p=0.1)$: $P(X=k) = C_{400}^{k}\,0.1^k\,0.9^{400-k}$ pour $k = 0, 1, \cdots, 400$.

b) Espérance mathématique et l'écart-type de X :

$$E(X) = np = 400 \times 0.1 = 40$$
$$V(X) = npq = 400 \times 0.1 \times 0.9 = 36 = 6^2 \Rightarrow \sigma(X) = 6$$

c) Probabilité qu'il y ait 35 outils défectueux dans l'échantillon :

$$P(X = 35) = C_{400}^{35}\,0.1^k\,0.9^{365} = 0,04908 = 4.91\%$$

d) Approximation d'une loi binomiale par une loi normale :

Conditions d'approximation respectées :

$$n = 400\ (> 30) \text{ et } np = 40\ (> 15) \text{ et } nq = 360\ (> 15)$$

$$\left\{\begin{array}{l} \textit{Loi binomiale} \\ X \to B(n=400\,;\,p=0.1) \\ E(X) = np = 40 \\ V(X) = npq = 36 = 6^2 \end{array}\right. \Rightarrow \left\{\begin{array}{l} \textit{Loi normale} \\ X \to N(m=40; \sigma^2 = 6^2) \\ \Leftrightarrow U = \frac{(X-40)}{6} \to N(0\,;\,1) \end{array}\right.$$

$$\begin{aligned} P(X=35) &= F(35) = \textstyle\sum_{k=0}^{35} P(X=k) \approx_{C.C.} P(34.5 \leq X \leq 35.5) \\ &= P[\tfrac{(34.5-40)}{6} \leq U \leq \tfrac{(35.5-40)}{6}] = P(-0.92 \leq U \leq -0.75) \\ &= \Phi(-0.75) - \Phi(-0.92) = \Phi(0.92) - \Phi(0.75) \\ &= 0.82121 - 0.77337 = 4.78\% \text{ cf. table N(0,1).} \end{aligned}$$

e) Probabilités approchées :

$$\begin{aligned} P(X \leq 25) &\approx_{C.C.} P(X \leq 25.5) = P[U \leq \tfrac{(25.5-40)}{6}] = P(U \leq -2.42) = \Phi(-2.42) \\ &= 1 - \Phi(2.42) = 1 - 0.99224 = 0.78\% \text{ cf. table N(0,1).} \end{aligned}$$

$$\begin{aligned} P(30 < X < 50) &\approx_{C.C.} P(30.5 \leq X \leq 49.5) = P[\tfrac{(30.5-40)}{6} \leq U \leq \tfrac{(49.5-40)}{6}] \\ &= P(-1.58 \leq U \leq 1.58) = 2 \times \Phi(1.58) - 1 \\ &= 2 \times 0.94295 - 1 = 88.59\% \text{ cf. table N(0,1).} \end{aligned}$$

*************** °°° ***************

Exercice 4 :

$$f(x) = \begin{cases} 0 & si\, x < 0 \\ ke^{\frac{-1}{20}x} & si\, x \geq 0 \;\; avec \;\; k \in R \end{cases}$$

a) Valeur de la constante k :

1) $\forall x \in R \;\; f(x) \geq 0 \;\; ke^{\frac{-1}{20}x} \geq 0 \Rightarrow k \geq 0$ car $e^{\frac{-1}{20}x} \geq 0$

2) $\int_{-\infty}^{+\infty} f(x)dx = 1 \Rightarrow k\int_{0}^{+\infty} e^{\frac{-x}{20}}dx = 1 \Rightarrow k[-20e^{\frac{-x}{20}}]_{0}^{+\infty} = 20k = 1 \Rightarrow k = \frac{1}{20}$.

$$f(x) = \begin{cases} \frac{1}{20}e^{\frac{-1}{20}x} & si\, x \geq 0 \\ 0 & si\, x < 0 \end{cases}$$

b) Fonction F de répartition de X :

$$F(x) = \int_{-\infty}^{x} f(x)dx = \begin{cases} 0 & si\, x < 0 \\ 1 - \frac{1}{20}e^{\frac{-x}{20}} & si\, x \geq 0. \end{cases}$$

c) Calcul de probabilités :

$$P(15 < X < 25) = F(25) - F(15) = (1 - e^{\frac{-25}{20}}) - (1 - e^{\frac{-15}{20}}) = e^{\frac{-3}{4}} - e^{\frac{-5}{4}} = 18.59\%$$

$$P_{(X>20)}(X > 35) = \frac{P[(X>20)\cap(X>35)]}{P(X>20)} = \frac{P(X>35)}{P(X>20)} = \frac{1-F(35)}{1-F(20)} = \frac{e^{\frac{-7}{4}}}{e^{-1}} = e^{\frac{-3}{4}} = 47.24\%.$$

*************** ooo ***************

Sujet d'examen n°8

Exercice 1 :

a) Loi de probabilité :

Soit X la variable aléatoire réelle associée au nombre de trajets effectués jusqu'à la première amende.

X suit une loi géométrique de paramètre p $(0 < p < 1)$:

$$X \to G(p) \; : \; P(X = k) = p(1-p)^{k-1} \quad \forall k = 1, 2, \cdots, +\infty$$

Probabilité que le voyageur soit contrôlé au 3ième voyage :

$$P(X = 3) = p(1-p)^2$$

b) Espérance mathématique de X, exprimée en fonction de p :

$$E(X) = \frac{1}{p} \; ; \; V(X) = \frac{1-p}{p^2} \; ; \; \sigma(X) = \frac{\sqrt{1-p}}{p} \quad (0 < p < 1)$$

c) Bénéfice en fonction de X :

On note B la variable aléatoire réelle associée au bénéfice algébrique du voyageur après son premier contrôle. Il n'a payé aucun ticket à 1.5 € par trajet, mais il a dû régler l'amende de 25 € : $B = 1.5 \times X - 25$ €.

Le bénéfice algébrique moyen du voyageur en fonction de p :

$$E(B) = 1.5 \times E(X) - 25 = 1.5 \times \frac{1}{p} - 25 \text{ €}.$$

d) Valeur de p pour que les contrôles effectués soient dissuasifs :

$$E(B) \leq 0 \Rightarrow E(B) = 1.5 \times E(X) - 25 \leq 0 \Rightarrow p \geq \frac{1.5}{25} = 6\% .$$

La probabilité de contrôle au cours d'un trajet doit être supérieure ou égale à 6%.

*************** ∘∘∘ ***************

Exercice 2 :

X est la variable aléatoire réelle associée au temps de passage (mn) pour un objet sur la chaîne A : $X \to Exp(\lambda = 2)$: loi exponentielle de paramètre $\lambda = 2$.

Y est la variable aléatoire réelle associée au temps de passage (mn) pour un objet sur la chaîne B : $Y \to U_{[\frac{1}{2}\,;\,\frac{3}{2}]}$ loi continue uniforme sur l'intervalle $[\frac{1}{2}\,;\,\frac{3}{2}]$.

Les variables aléatoires réelles X et Y sont supposées indépendantes.

a) Expressions des fonctions densité et de répartition de X :

$$X \to Exp(\lambda = 2): \quad f(x) = \begin{cases} 0 & si\, x < 0 \\ \lambda e^{-\lambda x} = 2e^{-2x} & si\, x \geq 0 \end{cases}$$

$$F(x) = P(X \leq x) = \begin{cases} 0 & si\, x < 0 \\ 1 - e^{-\lambda x} = 1 - e^{-2x} & si\, x \geq 0 \end{cases}$$

b) Probabilités des événements suivants :

$$P(X < 3) = P(X \leq 3) = F(3) = e^{-\frac{2}{3}} = 51.34\%$$

$$P(0.5 < X < 1.5) = F(1.5) - F(0.5) = -e^{-3} + e^{-1} = 31.81\%$$

c) Espérance et variance mathématiques de X :

$E(X) = \frac{1}{\lambda} = \frac{1}{2}$ et $V(X) = \frac{1}{\lambda^2} = \frac{1}{4}$.

d) Expressions des fonctions de densité et répartition de Y :

$$Y \to U_{[a=\frac{1}{2}\,;\,b=\frac{3}{2}]} \quad g(y) = \begin{cases} \frac{1}{(b-a)} = 1 & si\, \frac{1}{2} \leq y \leq \frac{3}{2} \\ 0 & ailleurs. \end{cases}$$

$$G(y) = P(Y \leq y) = \begin{cases} 0 & si\, y < \frac{1}{2} \\ \frac{(y-a)}{(b-a)} = y - \frac{1}{2} & si\, \frac{1}{2} \leq y \leq \frac{3}{2} \\ 1 & si\, y > \frac{3}{2}. \end{cases}$$

e) Probabilités des événements suivants :

$$P(0.7 < X < 1) = G(1) - G(0.7) = 20\%$$

$$P(X > 0.8) = 1 - P(X \leq 0.8) = 1 - G(0.8) = 70\%$$

f) Espérance et variance mathématiques de Y :

$E(Y) = \frac{(a+b)}{2} = \frac{2}{2} = 1$ et $V(Y) = \frac{(a-b)^2}{12} = \frac{1}{12}$.

g) Espérance et variance mathématiques de S :

Soit S la variable aléatoire associée au temps total de fabrication d'une pièce :

$$S = X + Y \Rightarrow E(S) = E(X) + E(Y) = \frac{1}{2} + 1 = \frac{3}{2}.$$
$$\Rightarrow V(S) = V(X+Y) = V(X) + V(Y)$$
$$= \frac{1}{4} + \frac{1}{12} = \frac{1}{3}.$$

Les variables X et Y sont indépendantes.

*************** °°° ***************

Exercice 3 :

a) Loi de probabilité exacte :

On note X la variable aléatoire réelle associée au nombre de pannes par semaine du parc des ascenseurs. Au cours d'une semaine donnée, un ascenseur peut tomber ou ne pas tomber en panne (2 issues possibles). Les pannes sont supposées indépendantes. Le nombre de pannes par semaine va suivre une loi binomiale de paramètres : $n = 300$ et $p = \frac{1}{75}$

$$X \to B(n = 300\,;\, p = \tfrac{1}{75}) \;;\; P(X = k) = C_n^k \, p^k \,(1-p)^{n-k} \quad \forall k = 0, 1, ..., n = 300$$

b) Calcul des probabilités :

$$P(X > 1) = 1 - P(X \leq 1) = 1 - F(1) = 1 - (P(X = 0) + P(X = 1)$$
$$= 1 - (0.0178 + 0.0723) = 90.99\%$$

$$P(X = 4) = C_{300}^4 \,(\tfrac{1}{75})^4 \,(\tfrac{74}{75})^{296} = 19.67\%$$

c) Espérance, variance et écart-type de X :

$$E(X) = np = \tfrac{300}{75} = 4\,;\; V(X) = npq = 300\tfrac{1}{75}\tfrac{74}{75} = 3.95\,;\; \sigma(X) = \sqrt{V(X)} = 1.99$$

d) Approximation d'une loi binomiale par une loi de Poisson :

Conditions d'approximation :

$$n = 300\ (> 30)\,;\; p = 1.33\%\ (< 5\%) \text{ et } np = 4\ (< 5)$$
$$X \to B(n = 300\,,\, p = \tfrac{1}{75}) \approx X \to P(\lambda = np = 4)$$
$$P(X = k) = e^{-\lambda}\,\tfrac{\lambda^k}{k!} \quad \forall k = 0, 1, ..., +\infty$$

Valeurs approchées des probabilités :

$$X \to P(\lambda = 4) \;:\; P(X = k) = e^{-4}\,\tfrac{4^k}{k!} \quad \forall k = 0, 1, ..., +\infty$$
$$P(X = 6) \approx e^{-4}\,\tfrac{4^6}{6!} = 10.42\%.$$

$$P(X > 2) \approx 1 - P(X \leq 2) = 1 - F(2)$$
$$= 1 - (P(X = 0) + P(X = 1) + P(X = 2))$$
$$= 1 - (0.018 + 0.0733 + 0.1465) = 76.19\%.$$

e) Calcul des probabilités :

Soit Y la variable aléatoire réelle associée au poids d'un usager :

$$Y \to N(m = 70\,;\, \sigma^2 = 15^2).$$

$$P(Y < 97) = P(U < \tfrac{(97-70)}{15}) = P(U < 1.8) = \Phi(1.8) = 96.41\%$$

$$P(64 < Y < 85) = P(\tfrac{(64-70)}{15} < U < \tfrac{(85-70)}{15}) = P(-0.4 < U < 1)$$
$$= \Phi(1) - \Phi(-0.4) = \Phi(1) + \Phi(0.4) - 1 = 59.67\%$$

f) S_n : Somme de variables normales indépendantes :

Soit Y_i la variable aléatoire réelle associée au poids de l'usager i dans l'ascenseur.

$$\begin{cases} S_n = \sum_{i=1}^{n} Y_i \\ Y_i \to N(m = 70\,;\, \sigma^2 = 15^2) \\ Y_i \textit{ et } Y_j \textit{ sont indépendantes} \end{cases}$$

$$\Rightarrow \begin{cases} E(S_n) = E(\sum_{i=1}^{n} Y_i) = \sum_{i=1}^{n} E(Y_i) = nm = 70 \times n \\ V(S_n) = V(\sum_{i=1}^{n} Y_i) = \sum_{i=1}^{n} V(Y_i) = n\sigma^2 = n \times 15^2 \\ \textit{car les variables poids sont indépendantes} \end{cases}$$

$$\Rightarrow S_n \to N(m_{S_n} = 70n\,;\, \sigma_{S_n}^2 = (15\sqrt{n})^2).$$

g) Calcul des probabilités :

Charge avant surcharge de l'ascenseur : 500 kg.

Les normes de sécurité spécifient que la probabilité de surcharge ne doit pas dépasser 0.01%.

Surcharge p_5 lorsqu'il y a 5 adultes dans l'ascenseur :

$$\begin{aligned} P(S_5 > 500) &= P(U > \tfrac{(500-350)}{15\sqrt{5}} = 1 - \Phi(4.472) = 1 - 0.9999961 \\ &= 0.000004 (< 0.01\%) \end{aligned}$$

Surcharge p_6 lorsqu'il y a 6 adultes dans l'ascenseur :

$$\begin{aligned} P(S_6 > 500) &= P(U > \tfrac{(500-420)}{15\sqrt{6}} = 1 - \Phi(2.177) = 1 - 0.9852597 \\ &= 0,014740 (> 0.01\%) \end{aligned}$$

Soit n^* le nombre maximal de personnes autorisées à emprunter l'ascenseur. Surcharge p_{n^*} lorsqu'il y a n^* adultes dans l'ascenseur :

$$\begin{aligned} P(S_{n^*} > 500) < 0.0001 &\Rightarrow P(U > \tfrac{(500-70n^*)}{15\sqrt{n^*}} = 1 - \Phi(\tfrac{(500-70n^*)}{15\sqrt{n^*}}) < 0.0001 \\ &\Rightarrow \Phi(\tfrac{(500-70n^*)}{15\sqrt{n^*}}) > 0.9999 \Rightarrow \tfrac{(500-70n^*)}{15\sqrt{n^*}} > 3.72 \text{ cf. table N(0,1).} \\ &\Rightarrow 500 - 70n^* > 55.8\sqrt{n^*} \Rightarrow E_{n^*} = 500 - 70n^* - 55.8\sqrt{n^*} > 0 \end{aligned}$$

A noter que pour $n^* = 5 : E_5 = 25.23 (> 0)$ et pour $n^* = 6 : E_6 = -56.68 (< 0)$. Le nombre maximal de personnes autorisées à emprunter l'ascenseur est donc égal à 5 personnes.

*************** ∘∘∘ ***************

Sujet d'examen n°9

Exercice 1 :

a) Probabilité qu'aucun composant ne soit défectueux dans l'échantillon :

On note X la variable aléatoire réelle associée au nombre de composants défectueux. L'expérience consiste à prélever sans remise un échantillon de taille $n = 8$ composants d'un lot de taille $N = 20$.

La probabilité d'avoir un composant défectueux :

$$p = \frac{a}{N} = 10\% \Rightarrow a = 2 \text{ composants défectueux.}$$

On note, $N = a + b = 20$ composants avec $a = 2$ défectueux et $b = 18$ non défectueux.

X suit une loi hypergéométrique $X \to H(N = 20\,, n = 8\,, p = \frac{a}{N} = 10\%)$ dont l'expression de la distribution de probabilité d'avoir k composants défectueux est :

$$P(X = k) = \frac{C_a^k C_b^{n-k}}{C_N^n} \quad \text{pour } k = 0, 1, 2 = a \ \ n > a = 2$$

$$P(X = k) = \frac{C_2^0 C_{18}^8}{C_{20}^8} = 34.74\%.$$

b) Calcul et interprétation du coefficient de variation :

$$X \to H(N = 20\,, n = 8\,, p = 10\%)$$

$$E(X) = np = 0.8 \ ; \ V(X) = npq\frac{(N-n)}{(N-1)} = 0.455.$$

$$C.V. = \frac{\sqrt{V(X)}}{E(X)} = 84.29\%$$

La distribution de probabilité du nombre de composants défectueux est très hétérogène.

c) Probabilité que le lot soit accepté avec ce plan de contrôle :

Le lot est accepté si au plus un composant est défectueux :

$$P(X \leq 1) = F(1) = P(X = 0) + P(X = 1) = 0.3474 + 0.5053 = 85.27\%.$$

d) Taille de l'échantillon à prélever pour que la probabilité d'avoir aucun composant défectueux soit supérieure à 50% :

On cherche n^* la taille de l'échantillon à prélever tel que $P(X = 0) > 50\%$

$$P(X = 0) = \frac{C_2^0 C_{n^*}^1 8}{C_{n^*}^{20}} = \frac{{}^0C_{n^*}^1 8}{C_{n^*}^{20}} > 0.5 \Rightarrow \frac{(20-n^*)!18!}{(18-n^*)!20!} > 0.5$$

$$\Rightarrow (19 - n^*)(20 - n^*) > 190 \Rightarrow n^{*2} - 39n^* + 190 > 0 \Rightarrow n^* \leq 5 \text{ composants.}$$

*************** ∘∘∘ ***************

Exercice 2 :

Lot de 1000 pièces comportant environ 2% de pièces défectueuses.

On prélève au hasard un échantillon de 50 pièces et si au plus 1 pièce est défectueuse, alors le lot est accepté.

a) Loi de probabilité exacte du nombre de pièces défectueuses :

Soit X la variable aléatoire réelle associée au nombre de pièces défectueuses dans l'échantillon prélevé sans remise (dépendance).

On note $N = 1000$ pièces, la taille de la population, $n = 50$ pièces, la taille de l'échantillon prélevé et $p = 2\%$, la probabilité d'avoir une pièce défectueuse. X suit une loi hypergéométrique $X \rightarrow H(N = 1000\ ,\ n = 50\ ,\ p = 0.02)$.

b) Approximation - Loi de probabilité approchée de X :

Taux de sondage : $t = \frac{n}{N} = \frac{50}{1000} = 0.05 (< 10\%)$, condition d'approximation d'une loi hypergéométrique par une loi binomiale (on peut considérer que le tirage est avec remise vu que la taille de l'échantillon est petite par rapport à celle de la population).

X suit approximativement une loi binomiale : $n = 50$ et $p = 2\%$:

$$X \hookrightarrow B(n = 50\ ,\ p = 0.02).$$

$$P(X = k) = \frac{50!}{k!\,(50-k)!} 0.02^k\, 0.98^{50-k} \quad \text{pour} \quad k = 0, 1, 2, ..., 50.$$

c) Probabilité approchée qu'un lot soit accepté avec ce plan de contrôle :

$$P(X \leq 1) = F(1) = P(X = 0) + P(X = 1) = 73.58\%$$

La probabilité exacte calculée à partir de la loi hypergéométrique est de 73.60%.

d) Moyenne attendue du nombre de pièces défectueuses dans l'échantillon :

$X \rightarrow B(n = 50\ ,\ p = 0.02)$ alors $E(X) = np = 1$ pièce défectueuse en moyenne.

e) Conditions d'approximation dune loi binomiale (discrète finie) par une loi de Poisson (discrète infinie) :

Les conditions d'approximation sont vérifiées :

$n = 50\ (> 30)$ et $p = 2\%\ (< 10\%)$ et $E(X) = np = 1\ (< 5)$

La variable aléatoire réelle X suit approximativement une loi de Poisson de paramètre $\lambda = 1$: $X \rightarrow P(\lambda = np \approx 1)$:

$$P(X = k) = e^{-1}\, \frac{1^k}{k!} \quad \text{pour tout} \quad k = 0, 1, +\infty$$

Loi binomiale		Loi de Poisson
$X \hookrightarrow B(n=50\ ,\ p=0.02)$	$\approx$	$\hookrightarrow P(\lambda = np = 1)$

Probabilité approchée qu'un lot soit accepté avec ce plan de contrôle :

$$P(X \leq 1) = F(1) = P(X=0) + P(X=1) = 73.58\%$$

La probabilité exacte calculée à partir de la loi hypergéométrique est de 73.60% et la probabilité approchée calculée à partir de la loi binomiale est de 73.58%.

*************** ooo ***************

Exercice 3 :

a) Probabilité de n'avoir aucun utilisateur pendant le quart d'heure considéré devant le distributeur extérieur :

On note X la variable aléatoire réelle associée au nombre d'utilisateurs du distributeur situé à l'extérieur pendant une période d'un quart d'heure entre l'ouverture et la fermeture de la grande surface.

X suit une loi de Poisson de paramètre $\lambda = E(X) = 1 : X \to P(\lambda = 1)$.

$$P(X=k) = e^{-\lambda}\,\frac{\lambda^k}{k!} = e^{-1}\,\frac{1^k}{k!}\ ;\ k = 0, 1, \ldots +\infty$$
$$P(X=0) = e^{-1}\,\frac{1^0}{0!} = e^{-1} = 36.79\%$$

b) Espérance mathématique de Y :

Soit Y la la variable aléatoire réelle associée au nombre d'utilisateurs du distributeur situé à l'intérieur pendant une période d'un quart d'heure entre l'ouverture et la fermeture de la grande surface :

$$Y \to P(\beta) \text{ tel que : } P(Y=4) = 2 \times P(Y=5)$$
$$\Rightarrow P(Y=4) = e^{-\beta}\,\frac{\beta^4}{4!} = 2 \times P(Y=5) = 2 \times e^{-\beta}\,\frac{\beta^5}{5!}$$
$$\Rightarrow \frac{\beta^4}{4!} = 2 \times \frac{\beta^5}{5!} \Rightarrow \beta = \frac{1}{2}\frac{5!}{4!} = \frac{5}{2} = 2.5 \Rightarrow E(Y) = \beta = 2.5$$

c) Probabilité d'avoir un seul utilisateur pendant le quart d'heure considéré devant le distributeur intérieur :

$$P(Y=1) = e^{-\beta}\,\frac{\beta^1}{1!} = e^{-2.5}\,\frac{2.5^1}{1!} = 2.5 \times e^{-2.5} = 20.52\%$$

d) Probabilité d'avoir plus d'un utilisateur pendant le quart d'heure considéré devant les deux distributeurs :

Soit S = X + Y la variable aléatoire réelle associée au nombre d'utilisateurs des deux distributeurs pendant une période d'un quart d'heure entre l'ouverture et la fermeture de la grande surface.

$$\begin{cases} X \to P(\lambda = 1) \\ Y \to P(\beta = 2.5) \\ X \text{ et } Y \text{ sont indépendantes} \end{cases} \Rightarrow S = X + Y \to P(\gamma = \lambda + \beta = 3.5)$$

$$\begin{aligned} P(S > 1) &= 1 - P(S \leq 1) = 1 - (P(S = 0) + P(S = 1)) \\ &= 1 - (e^{-3.5}\,\tfrac{3.5^0}{0!} + e^{-3.5}\,\tfrac{3.5^1}{1!}) \\ &= 1 - (e^{-3.5} + 3.5 \times e^{-3.5}) = 1 - 4.5 \times e^{-3.5} = 86.71\% \end{aligned}$$

*************** °°° ***************

Exercice 4 :

a) Temps moyen d'attente entre deux voitures à cette période :

T est la variable aléatoire réelle associée au temps d'attente (en minutes) de l'employé entre le passage de deux voitures : $T \to Exp(\lambda = \frac{1}{10})$

Loi exponentielle de paramètre $\lambda = \frac{1}{10}$ de fonction densité de probabilité :

$$\text{f(t)} = \begin{cases} 0 & si\ t < 0 \\ \frac{1}{10}e^{-\frac{1}{10}t} & si\ t \geq 0 \end{cases}$$

L'espérance mathématique d'une variable qui suit une loi exponentielle de paramètre λ est égale à $\frac{1}{\lambda}$:

$$E(T) = \int_{-\infty}^{+\infty} f(t)dt = \int_0^{+\infty} \frac{1}{10}e^{-\frac{1}{10}t}dt = \frac{1}{\lambda} = \frac{1}{0.1} = 10 \text{ mn.}$$

Dans cette période de la nuit, le temps d'attente entre le passage de deux voitures est de l'ordre de 10 minutes.

b) Fonction de répartition F de T :

$$F(t) = P(T \leq t) = \begin{cases} 0 & si\ t < 0 \\ 1 - e^{-\lambda t} = 1 - e^{-\frac{1}{10}t} & si\ t \geq 0 \end{cases}$$

c) Probabilité de chacun des événements suivants :

Probabilité qu'il s'écoule moins de 15 mn avant le passage d'une autre voiture :

$$P(T < 15) = P(T \leq 15) = F(15) = 1 - e^{-0.1 \times 15} = 1 - e^{-1.5} = 77.69\%$$

Probabilité d'attendre plus de 3 minutes avant le passage de la prochaine voiture :

$$P(T > 3) = 1 - P(\leq 3) = 1 - F(3) = 1 - (1 - e^{-0.1 \times 3}) = e^{-0.3} = 74.08\%$$

Probabilité que la prochaine voiture passe très exactement dans 12 mn et 30 secondes :

$$P(T = 12.5) \approx 0\%$$

d) Probabilité qu'aucune voiture ne se présente au péage dans les 3 minutes qui suivent, sachant que 12 minutes se sont déjà écoulées depuis le passage de la dernière voiture :

Probabilité d'attendre plus de 15 mn avant le passage de la prochaine voiture :

$$P(T > 15) = 1 - P(\leq 15) = 1 - F(15) = 1 - (1 - e^{-0.1 \times 15}) = e^{-1.5} = 22.31\%$$

*************** °°° ***************

Sujet d'examen n°10

Exercice 1 :

Soit X la variable aléatoire réelle associée au nombre de microprocesseurs défectueux dans l'échantillon n = 5 prélevé (sans remise) dans la population de taille N = 20. Un lot contient $a = 2$ microprocesseurs défectueux.
$p = \frac{a}{N} = \frac{2}{20} = 10\%$ est la probabilité qu'un microprocesseur soit défectueux.
$b = N - a = 18$ est le nombre de microprocesseurs non défectueux dans $N = 20$.

X suit une loi hypergéométrique de paramètres : $N = 20$, $n = 5$, $p = 10\%$.

$$X \to H(N = 20\,,\, n = 5\,,\, p = 10\%)\ ;\ P(X = k) = C_2^k\, C_{18}^{5-k} / C_{20}^5 \quad k = 0, 1, a = 2.$$

a) Probabilité d'acceptation du lot :

$$\begin{aligned} P(X \leq 1) &= P(X = 0) + P(X = 1) \\ &= \frac{C_2^0\, C_{18}^5}{C_{20}^5} + \frac{C_2^1\, C_{18}^4}{C_{20}^5} = 0.5526 + 0.3947 = 94.73\%. \end{aligned}$$

b) Espérance mathématique E(X) et variance mathématique V(X) du nombre de microprocesseurs défectueux :

$$E(X) = np = \frac{5}{10} = 0.5 \quad \text{et} \quad V(X) = npq\frac{(N-n)}{(N-1)} = 0.355 = 0.596^2$$

*************** ◦◦◦ ***************

Exercice 2 :

Soit f la fonction densité de probabilité définie par :

$$\text{f(x)} = \begin{cases} \frac{1+3x^2}{4} & si\ x \in [-1\,,\, +1] \\ 0 & sinon \end{cases}$$

a) Espérance mathématique E(X) et variance V(X) de X :

$$E(X) = \int_{-\infty}^{+\infty} x f(x) dx = \frac{1}{4}\int_{-1}^{+1}(x + 3x^3)dx = \frac{1}{4}[\frac{x^2}{2} + \frac{3x^4}{4}]_{-1}^{+1} = 0.$$

$$\begin{aligned} V(X) = E(X^2) &= \int_{-\infty}^{+\infty} x^2 f(x) dx = \frac{1}{4}\int_{-1}^{+1}(x^2 + 3x^4)dx \\ &= \frac{1}{4}[\frac{x^3}{3} + \frac{3x^5}{5}]_{-1}^{+1} = \frac{7}{15} = 0.467. \end{aligned}$$

b) Fonction de répartition F de X :

$$F(x) = \int_{-\infty}^{x} f(x) dx = \begin{cases} 0 & si\ x < -1 \\ \frac{1}{4}\int_{-\infty}^{x}(1 + 3x^2)dx & si\ -1 \leq x \leq +1 \\ 1 & si\ x > 1 \end{cases}$$

$$F(x) = \begin{cases} 0 & si\, x < -1 \\ \frac{1}{4}[x+x^3]_{-1}^{x} = \frac{x^3}{4} + \frac{x}{4} + \frac{1}{2} & si\ -1 \leq x \leq +1 \\ 1 & si\, x > 1 \end{cases}$$

Valeur x_0 de telle sorte que $P(X \leq x_0) = P(X > x_0)$:

$$P(X \leq x_0) = P(X > x_0) \Rightarrow F(x_0) = 1 - F(x_0) \Rightarrow F(x_0) = \frac{1}{2} = 50\%$$

$$\Rightarrow \frac{x_0^3}{4} + \frac{x_0}{4} + \frac{1}{2} = \frac{1}{2} \Rightarrow x_0^2(x_0+1) = 0 \Rightarrow x_0 = 0 \text{ sachant que } -1 \leq x_0 \leq 1.$$

x_0 représente la médiane de X.

c) Calcul de la probabilité conditionnelle :

$$P[(-\tfrac{1}{2} \leq X \leq \tfrac{1}{2})/(X > 0)] = \frac{P[(-\frac{1}{2} \leq X \leq \frac{1}{2}) \cap (X>0)]}{P(X>0)} = \frac{P(0 \leq X \leq \frac{1}{2})}{P(X>0)}.$$

$$= \frac{F(1/2) - F(0)}{1 - F(0)} = \frac{\frac{5}{32}}{\frac{1}{2}} = \frac{5}{16} = 31.25\%.$$

d) Intervalle I centré sur 0 de longueur 2a tel que $P(X \in I) = 31.25\%$.

$I = [-a\,;\,+a]$ centré sur 0 tel que :

$$P(-a \leq X \leq a) = F(a) - F(-a) = 2F(a) - 1 = \frac{(a^3+a)}{2} = 0.3125$$

$$\Rightarrow a^3 + a - 0.625 = 0 \Rightarrow a = 0.5\ :\ I = [-0.5\,;\,+0.5]$$

*************** °°° ***************

Exercice 3 :

Soit X la variable aléatoire réelle associée au nombre de connexions au cours d'un intervalle d'une minute.

$$X \to P(\lambda = 0.2) \quad ; \quad P(X = k) = e^{-0.2}\,\frac{0.2^k}{k!} \text{ pour tout } k = 0, 1, \cdots, +\infty.$$

a) Probabilité de n'observer aucune connexion au cours d'un intervalle d'une minute :

$$P(X = 0) = e^{-0.2}\,\frac{0.2^0}{0!} = 81.87\%.$$

b) Le nombre moyen de connexions au cours d'un intervalle de 5 minutes :

Soient X_i la variable aléatoire réelle associée au nombre de connexions au cours d'un intervalle d'une minute et Y la variable aléatoire réelle associée associée au nombre de connexions au cours d'un intervalle de 5 minutes.

$$\begin{cases} X_i \to P(\lambda_i = 0.2) \text{ ; } i = 1,5 \text{ trimestres} \\ X_i \text{ et } X_j \text{ sont indépendantes} \\ \text{les connexions sont indépendantes} \end{cases} \hookrightarrow \begin{cases} Y = \Sigma_{i=1}^{5} X_i \\ Y \to P(\beta = \Sigma_{i=1}^{5} \lambda_i = 1) \\ E(Y) = V(Y) = \beta = 1 \end{cases}$$

$Y \to P(\beta = 1)$ le nombre moyen de connexions au cours d'un intervalle de 5 minutes : $E(Y) = \beta = 1$ connexion/mn.

c) Nombre de connexions par intervalle de 5 mn le plus probable :

La distribution du nombre de connexions par intervalle de 5 minutes est bimodale. En effet, comme le taux moyen $\beta = 1$ est un nombre entier, on a donc deux modes : $Mode^1 = \beta - 1 = 0$ et $Mode^2 = \beta = 1$, dont les probabilités associées sont : $P(Y = 0) = e^{-1}\frac{1^0}{0!} = P(Y = 1) = e^{-1}\frac{1^1}{1!} = 36.79\%$.

d) Probabilité d'observer au moins 2 connexions entre 10h et 10h 05 mn :

$$\begin{aligned} P(Y \geq 2) &= 1 - P(Y \leq 2) = 1 - [P(Y = 0) + P(Y = 1)] \\ &= 1 - (e^{-1}\tfrac{1^0}{0!} + e^{-1}\tfrac{1^1}{1!})1 - (0.3679 + 0.3679) = 20.42\% \end{aligned}$$

*************** ooo ***************

Exercice 4 :

Lot de $N = 1000$ véhicules à expédier à différents concessionnaires.

Echantillon de taille $n = 50$ véhicules prélevés et $p = 10\%$ la probabilité de véhicules défectueux dans chaque lot. Soit X la variable aléatoire réelle associée au nombre de véhicules défectueux dans l'échantillon prélevé (sans remise).

X suit une loi hypergéométrique : $X \to H(N = 1000\ , n = 50\ , p = 0.1)$.

a) Distribution de probabilité de X :

Conditions d'approximation d'une loi Hypergéométrique (discrète, finie, dépendance) par une loi binomiale (discrète, finie, indépendance) :

Le taux de sondage $t = \frac{n}{N} = 5\%(< 10\%)$ est faible, on peut alors approximer la loi de X par une loi binomiale $B(n = 50\ , p = 0.1)$.

Probabilité qu'un lot de véhicules soit accepté avec ce plan de contrôle :

$$P(X = 0) \approx C_{50}^{0}\, 0.10^0\, 0.90^{50} \approx 0.90^{50} = 0,51\%.$$

b) Nombre de véhicules à contrôler pour que la probabilité d'acceptation d'un lot soit supérieure ou égale à 50% :

On cherche n^* tel que $P(X = 0) \geq 0.5$:

$$P(X = 0) \approx C_{n^*}^{0}\, 0.10^0\, 0.9^{n^*} = 0.9^{n^*} \geq 0.5$$
$$\Rightarrow n^* ln(0.9) \leq ln(0,5) \Rightarrow n^* \leq \frac{ln0.5}{ln0.9} = 6.58 \text{ donc au plus 6 véhicules.}$$

c) Approximation :

Conditions d'approximation d'une loi binomiale par une loi normale :

Vu que $n = 50(> 30)$ et $np = 5(\leq 5)$ on peut approximer la loi binomiale par une loi normale de paramètres : $m = np = 5$ et $\sigma^2 = np(1-p) = 4.5 = 2.12^2$.

$$X \to H(N = 1000\,,\, n = 50\,,\, p = 0.1) \approx B(n = 50\,,\, p = 0.1).$$
$$\approx N(m = 5\,;\, \sigma^2 = 2.12^2).$$

d) Valeur approchée de la probabilité qu'il y ait plus de 8 véhicules défectueux parmi les 50 prélevés :

$$P(X > 8) = 1 - P(X \leq 8) \approx_{c.c.} 1 - P(X \leq 8.5) = 1 - P(U \leq \tfrac{(8.5-5)}{2.12})$$
$$= 1 - \Phi(1.65) = 4.95\%.$$

On applique alors la correction de continuité pour calculer cette probabilité approchée. Φ étant la fonction de répartition de la loi normale centrée réduite : $U \to N(0,1)$ et $\Phi(1.65) = 95.05\%$ cf. table N(0,1).

e) On cherche x tel que $P(X \leq x) > 0.99$

$$P(X \leq x) \approx_{c.c.} P(X \leq x + 0.5) = P[U \leq \tfrac{(x+0.55)}{2.12}] = \Phi(u) > 0.99$$

$$\Rightarrow u = \tfrac{(x+0.5-5)}{2.12} > 2.33 \text{ cf. table N(0 , 1)).}$$

$$\Rightarrow x > 9.44 \approx 10 \text{ véhicules.}$$

*************** °°° ***************

Sujet d'examen n°11

Exercice 1 :

Les données : $P(EG) = 50\%$; $P(IB) = 56\%$ $P(EG \cup IB) = 78\%$.

a) Les deux revues :

$$P(EG \cap IB) = P(EG) + P(IB) - P(EG \cup IB) = 0.50 + 0.56 - 0.78 = 28\%.$$

b) La revue EG mais pas la revue IB :

$$P(EG - IB) = P(EG \cap \overline{IB}) = P(EG) - P(EG \cap IB) = 0.50 - 0.28 = 22\%.$$

c) Seulement une des deux revues :

$$\begin{aligned} P(EG \triangle IB) &= P[(EG - \overline{IB}) \cup (IB - \overline{EG})] \\ &= P(EG) + P(IB) - 2 \times P(EG \cap IB) \\ &= 0.50 + 0.56 - 2 \times 0.28 = 50\% = P(EG \cup IB). \end{aligned}$$

d) Aucune des deux revues :

$$P(\overline{EG} \cap \overline{IB}) = P(\overline{EG \cup IB}) = 1 - P(EG \cup IB) = 1 - 0.78 = 22\%.$$

e) La revue EG sachant qu'elle ne reçoit pas la revue IB :

$$P(EG/IB) = \frac{P(EG \cap IB)}{P(IB)} = \frac{0.22}{(1-0.56)} = 50\%.$$

f) Les événements EG et IB sont-ils incompatibles ? indépendants ?

$P(EG) \neq 0$; $P(IB) \neq 0$; $P(EG \cap IB) = 28\%$

$EG \cap IB \neq \phi$: Les événements EG et IB sont donc compatibles.

$P(EG) \times P(IB) = 0.50 \times 0.56 = 0.28 = P(EG \cap IB)$: les événements EG et IB sont donc indépendants en probabilité.

*************** ooo ***************

Exercice 2 :

Soit X la variable aléatoire réelle associée à la durée de vie d'une ampoule de type LED.

$$X \to N(m = 25000 ; \sigma^2 = 2000^2) \Leftrightarrow U = \frac{(X-25000)}{2000} \to N(0 ; 1)$$

a) Nombre de LED qui seront hors d'usage au bout de 20 000 h :

$$\begin{aligned} P(X \leq 20000) &= P(U \leq \frac{(20000-25000)}{2000}) = P(U \leq -2.5) \\ &= \Phi(-2.5) = 1 - \Phi(2.5) = 1 - 0.9938 = 0.62\%, \end{aligned}$$

cf. Table N(0,1) : $\Phi(2.5) = 99.38\%$

Dans un lot de 1000 ampoules LED, $1000 \times 0.62\% = 6.21 \simeq 7$ seront hors d'usage au bout de 20 000 heures de fonctionnement.

b) Nombre de LED hors d'usage entre la 20000ème et la 30000ème h :

$$\begin{aligned} P(20000 \leq X \leq 30000) &= P(\tfrac{(20000-250000)}{2000} \leq U \leq \tfrac{(30000-25000)}{2000} \\ &= P(-2.5 \leq U \leq 2.5) \\ &= 2 \times \Phi(2.5) - 1 = 2 \times 0.9938 - 1 = 98.76\% \end{aligned}$$

Dans un lot de 1000 ampoules LED, environ 988 seront hors d'usage entre la 20000ème et la 30000ème heure.

c) Le quart du lot sera hors d'usage :

$$P(X \leq x) = 0.25 \Leftrightarrow P(U \leq \tfrac{(x-25000)}{2000}) = 0.25 \Leftrightarrow \Phi(u = \tfrac{(x-25000)}{2000}) = 0.25$$

cf. table : $\Phi(0.675) = 75\%$ donc $\Phi(-0.675) = 1 - \Phi(0.675) = 25\%$

$$\Rightarrow u = \tfrac{(x-25000)}{2000} = -0.675 \Rightarrow x = 23650.$$

Le quart du lot sera hors d'usage au bout de la 23650ème heure.

*************** ooo ***************

Exercice 3 :

a) Paramètres de la loi normale de la variable aléatoire réelle X associée à la demande mensuelle du produit :

$$X \to N(m\,;\,\sigma^2) \Leftrightarrow U = \tfrac{(X-m)}{\sigma} \to N(0\,;\,1)$$

$$\begin{cases} P(X \leq 105) = 0.274 \\ P(X > 169) = 0.025 \end{cases} \quad \begin{cases} P(U \leq \frac{(105-m)}{\sigma}) = 0.274 \\ P(U > \frac{(169-m)}{\sigma}) = 1 - P(U \leq \frac{(169-m)}{\sigma}) = 0.025 \end{cases}$$

$$\begin{cases} P(U \leq \frac{(105-m)}{\sigma}) = 0.274 \\ P(U \leq \frac{(169-m)}{\sigma}) = 0.975 \end{cases} \quad cf.table \begin{cases} \Phi(-0.6) = 0.274 \\ \Phi(1.96) = 0.975 \end{cases}$$

Système d'équations à résoudre : $\begin{cases} \frac{(105-m)}{\sigma} = -0.60 \\ \frac{(169-m)}{\sigma} = 1.96 \end{cases} \quad \begin{cases} m - 0.60\sigma = 105 \\ m + 1.96\sigma = 169 \end{cases}$

On en déduit : $\begin{cases} \text{m} = 120 \text{ unités} \\ \sigma = 25 \text{ unités} \end{cases}$

b) loi de probabilité de Y : demande annuelle du produit :

$$\begin{cases} Y = \Sigma_{i=1}^{12} X_i \\ \text{Demandes mensuelles } X_i \to N(120\,;\,25^2) \\ X_i \text{ sont indépendantes} \end{cases}$$

$$\begin{cases} E(Y) = E(\Sigma_{i=1}^{12} X_i) = \Sigma_{i=1}^{12} E(X_i) = 12 \times 120 = 1440 \text{ unités} \\ V(Y) = V(\Sigma_{i=1}^{12} X_i) = \Sigma_{i=1}^{12} V(X_i) = 12 \times 25^2 = 7500 = 86.6^2 \end{cases}$$

La demande annuelle du produit suit une loi normale :

$$Y \to N(m = 1440\,;\,\sigma^2 = 86.6^2) \Leftrightarrow U = \frac{(Y - 1440)}{86.6} \Leftrightarrow N(0\,;\,1)$$

c) Seuil de rentabilité - Nombre d'unités du produit pour lequel il n'y a ni profit ni perte :

Au seuil de rentabilité, Revenus anticipés = Coûts engendrés :

$$40 \times y = 20250 + 25 \times y \Rightarrow y = 1350 \text{ unités.}$$

La probabilité d'atteindre le seuil de rentabilité est la probabilité que la demande annuelle soit supérieure ou égale à 1350 unités.

$$P(Y \geq 1350) = 1 - P(Y < 1350) = 1 - P[U < \frac{(1350 - 1440)}{86.6}]$$
$$= 1 - P(U < -1.04)1 - \Phi(-1.04) = \Phi(1.04) = 85.08\%$$

Il y a plus de 85 chances sur 100 que le seuil de rentabilité annuel soit atteint.

*************** ooo ***************

Exercice 4 :

- Dans le sens Paris → Caen :

Soit X la variable aléatoire réelle associée au nombre de camions verbalisés dans l'échantillon de taille n = 3 véhicules prélevés au hasard et sans remise d'une population de taille N = 40 véhicules verbalisés, soit 12 camions et 28 voitures.

a) Loi de probabilité de X :

X suit une loi hypergéométrique : il y a deux issues possibles parmi les véhicules verbalisés (camion ou voiture) et les tirages sont dépendants (sans remise).

$$\begin{cases} \text{Population finie de taille } N = a + b = 40 \\ \text{Echantillon de taille } n = 3 \\ a = 12 \text{ camions verbalisés : proportion } p = 12/40 = 30\% \\ b = 28 \text{ voitures verbalisées} \end{cases}$$

$$\Rightarrow X \to H(N = 40\,;\,n = 3\,;\,p = 0.3) \;\;;\;\; P(X = k) = \frac{C_{12}^k C_{28}^{3-k}}{C_{40}^3} \quad k = 0, 1, 2, a = 3$$

b) Probabilité qu'il y ait au moins un camion parmi les trois véhicules choisis dans l'échantillon de taille n = 40 véhicules :

$$P(X \geq 1) = 1 - P(X = 0) = 1 - \frac{C_{12}^0 C_{28}^3}{C_{40}^3} = 66.84\%.$$

- Dans le sens Caen $\rightarrow$ Paris :

Soit Y la variable aléatoire réelle associée au nombre de camions verbalisés parmi les 7 véhicules qui ont été verbalisés,

c) Probabilité qu'il y ait au moins un camion parmi les sept véhicules verbalisés :

Y suit une loi binomiale de paramètres : $n = 7$, taille de l'échantillon prélevé avec remise (tirages indépendants).

Deux résultats possibles parmi les $n = 7$ véhicules (camion ou voiture) et $p = 0.3$ la probabilité que ce soit un camion : $X \rightarrow B(n = 7\,;\, p = 0.3)$

$$P(X \geq 1) = 1 - P(X = 0) = 1 - C_7^0\, 0.3^0\, 0.7^7 = 91.76\%.$$

d) Nombre de véhicules à verbaliser pour que la probabilité qu'il y ait au moins un camion parmi ces véhicule, soit au plus égale à 66.84% :

On cherche n^* le nombre de véhicules à verbaliser tel que :

$$P(Y \geq 1) = 1 - P(Y = 0) \leq 0.6684 \Rightarrow P(Y = 0) \geq 0.3316 \Rightarrow 0.7^{n*} \geq 0.3316$$
$$\Rightarrow ln(0.7^{n*} \geq ln(0.3316) \Rightarrow n^* \leq \frac{ln(0.3316)}{ln(0.7)} = 3.094$$
$$\Rightarrow n^* \leq 3 \text{ véhicules verbalisés.}$$

- Dans les deux sens Caen $\leftrightarrow$ Paris :

e) Axe de l'autoroute A13 qui présente pour les camions le plus grand risque d'être vérbalisés :

On évalue le risque à partir des coefficients de variation :

- Dans le sens Paris $\rightarrow$ Caen :

$$\begin{cases} X \rightarrow H(N = 40\,;\, n = 3\,;\, p = 0.3) \\ E(X) = np = 3 \times 0.3 = 0.9 \\ V(X) = npq[(N-n)/(N-1)] = 0.5977 \end{cases} \Rightarrow CV_X = \left|\frac{\sigma_X}{E(X)}\right| = 85.90\%$$

- Dans le sens Caen $\rightarrow$ Paris :

$$\begin{cases} Y \rightarrow B(n = 7\,;\, p = 0.3) \\ E(Y) = np = 7 \times 0.3 = 2.1 \\ V(Y) = npq = 7 \times 0.3 \times 0.7 = 0.5977 \end{cases} \Rightarrow CV_Y = \left|\frac{\sigma_Y}{E(Y)}\right| = 57.74\%$$

$CV_X > CV_Y$: c'est donc l'axe Paris $\rightarrow$ Caen qui présente pour les camions le plus grand risque.

f) Probabilité qu'aucun camion ne soit verbalisé :

$P[(X=0)\cap(Y=0)] = P(X=0)\times P(Y=0)$ car X et Y sont indépendantes.

$= \frac{C_{28}^3}{C_{40}^3}\times 0.7^7 = 0.3316\times 0.0824 = 2.73\%.$

- Approximations :

g) Loi de probabilité pour approximer la loi de X :

Condition d'approximation d'une loi hypergéométrique par une loi binomiale :

Taux de sondage : $t = \frac{n}{N} = \frac{3}{40} = 7.5\%(< 10\%)$ conditon vérifiée.

$X \to H(N=40\,;\, n=3\,;\, p=0,3) \approx X \to B(n=3\,;\, p=0.3)$

Valeur approchée de la probabilité b) :

$P(X\geq 1) = 1-P(X=0) = 1-0.7^3 = 65.70\%.$

h) Loi de probabilité approchée de Z associée au nombre total de camions verbalisés dans les deux sens : Caen $\leftrightarrow$ Paris :

Soit Z = X + Y la variable aléatoire réelle associée au nombre de camions verbalisés dans les deux sens : Caen $\leftrightarrow$ Paris.

$$\begin{cases} X \to B(n_x=3\,;\, p=0.3) \\ Y \to B(n_y=7\,;\, p=0.3) \\ \text{X et Y sont indépendantes} \end{cases} \Rightarrow Z = X+Y \to B(n_x+n_y=10\,;\, p=0.3)$$

Valeur approchée de la probabilité qu'il n'y ait aucun camion verbalisé :

$P(Z=0) = C_{10}^0\, 0.3^0\, 0.7^{10} = 0.7^{10} = 2.82\%.$

*************** ooo ***************

Sujet d'examen n°12

Exercice 1 :

a) Densités marginales de X et de Y :

$$f(x\ ,\ y) = \begin{cases} 2e^{-(x+2y)} & si\, x \geq 0 \;\; et \;\; y \geq 0 \\ 0 & ailleurs \end{cases}$$

- Densité marginale de X :

$$f(x) = \int_{-\infty}^{+\infty} f(x,y)dy = \int_0^{+\infty} 2e^{-x}e^{-2y}dy = 2e^{-x}\int_0^{+\infty} e^{-2y}dy$$
$$= 2e^{-x}[-e^{\frac{-2y}{2}}]_0^{+\infty} = e^{-x}.$$

$$f(x) = \begin{cases} 0 & si\, x < 0 \\ e^{-x} & si\, x \geq 0 \end{cases}$$

- Densité marginale de Y :

$$f(y) = \int_{-\infty}^{+\infty} f(x,y)dx = \int_0^{+\infty} 2e^{-x}e^{-2y}dx = 2e^{-2y}\int_0^{+\infty} e^{-x}dx$$
$$= 2e^{-2y}[-e^{-x}]_0^{+\infty} = 2e^{-2y}.$$

$$f(y) = \begin{cases} 0 & si\, y < 0 \\ 2e^{-2y} & si\, y \geq 0 \end{cases}$$

b) Les variables X et Y sont-elles indépendantes ?

Les variables aléatoires réelles X et Y sont indépendantes
$\Leftrightarrow \forall (x,y) \in R^2 \; f(x,y) = f(x) \times f(y)$.

En effet, $f(x,y) = f(x) \times f(y) = \begin{cases} 0 & sinon \\ e^{-x}2e^{-2y} = 2e^{-(x+2y)} & si\, x \geq 0 \;\; et \;\; y \geq 0 \end{cases}$

X et Y sont donc indépendantes pour $f(x) \neq 0$ et $f(y) \neq 0$.

c) Fonction de répartition F du couple (X , Y) :

$$F(x,y) = \int_{-\infty}^{x}\int_{-\infty}^{y} f(x,y)dxdy = \int_0^x\int_0^y 2e^{-(x+2y)}dxdy = 2\int_0^x e^{-x}[\tfrac{-e^{-2y}}{2}]_0^y dx$$
$$= (1-e^{-2y})[-e^{-x}]_0^x = (1-e^{-2y})(1-e^{-x})$$

$$F(x\ ,\ y) = \begin{cases} (1-e^{-2y})(1-e^{-x}) & si\, x \geq 0 \;\; et \;\; y \geq 0 \\ 0 & ailleurs \end{cases}$$

d) Calcul de probabilités :

$Cov(X,Y) = E(XY) - E(X)E(Y) = 0$ car les variables sont indépendantes.

En effet, $E(XY) = \int_{-\infty}^{+\infty}\int_{-\infty}^{+\infty} f(x,y)dxdy = \int_{-\infty}^{+\infty}\int_{-\infty}^{+\infty} f(x)f(y)dxdy$
$= \int_{-\infty}^{+\infty} f(x)dx \int_{-\infty}^{+\infty} f(y)dy = E(X)E(Y).$

$$P[(X>1)\cap(Y\leq 1)] = \int_1^{+\infty}\int_{-\infty}^{1} f(x,y)dxdy$$
$$= \int_1^{+\infty}\int_0^{1} 2e^{-x}e^{-2y}dxdy = \int_1^{+\infty} 2e^{-x}[\tfrac{-e^{-2y}}{2}]_0^1 dx$$
$$= (1-e^{-2})[-e^{-x}]_1^{+\infty} = e^{-1}(1-e^{-2}) = 31.81\%.$$

$$P[X<Y] = P[(X<y)\cap(Y<+\infty)] = \int_{-\infty}^{y}\int_{-\infty}^{+\infty} f(x,y)dxdy$$
$$= \int_0^{y}\int_0^{+\infty} 2e^{-x}e^{-2y}dxdy = \int_0^{+\infty} 2e^{-2y}[-e^{-x}]_0^y dy$$
$$= \int_0^{+\infty} 2e^{-2y}(1-e^{-y})dy = \int_0^{+\infty} 2e^{-2y}dy - \int_0^{+\infty} 2e^{-3y}dy$$
$$= 2[-\tfrac{e^{-2y}}{2}]_0^{+\infty} - 2[-\tfrac{e^{-3y}}{3}]_0^{+\infty} = 1 - \tfrac{2}{3} = \tfrac{1}{3} = 33.33\%.$$

*************** ooo ***************

Exercice 2 :

a) Proportion de voyageurs qui estiment la valeur de leur temps de transport entre 55 € et 95 € de l'heure :

Soit X la variable aléatoire réelle associée au prix du temps de transport :
$$X \to N(m=75\ ;\ \sigma^2 = 20^2) \Rightarrow U = \frac{X-m}{\sigma} \to N(0\ ;\ 1)$$

$$P(55\leq X\leq 95) = P(\tfrac{55-75}{20} \leq U \leq \tfrac{95-75}{20}) = P(-1\leq U\leq 1) = 2\times\Phi(1)-1$$
$$= 2\times 0.8413 - 1 = 68.26\%$$
cf. Table N(0 , 1) : $\Phi(1) = 0.8413$

b) valeur maximale du temps des 25% de voyageurs qui ont la valeur du temps la plus faible :

Soit x^* le prix du temps tel que :
$$P(X\leq x^*) = 0.25 \Leftrightarrow P(U\leq \tfrac{x^*-75}{20})$$
$$\Rightarrow \Phi(\tfrac{x^*-75}{20}) = 0.25 \text{ cf. Annexe Table N(0 , 1) : } \Phi(u) = 0.25$$
$$\Rightarrow u = \tfrac{x^*-75}{20} = -0.6745 \Rightarrow x^* = 75 - 20\times 0.6745 = 61.50\ €.$$

c) Prix limite du temps entre le rail à faible vitesse et l'avion :

Soit x_l le prix limite du temps entre le choix du rail à faible vitesse et de l'avion. Sachant que :

	Train à faible vitesse	Avion
Prix du billet	550 €	950 €
Temps de parcours	7 h	2 h

on a alors, $950 + 2x_l = 550 + 7x_l \Leftrightarrow x_l = 80\ €$

d) Proportion de voyageurs qui prendront l'avion :

$$P(X > 80) = 1 - P(X \leq 80) = 1 - P(U \leq \frac{80-75}{20}) = 1 - \Phi(0.25)$$
$$= 1 - 0.5987 = 40.13\% \text{ cf. table N}(0\ ,\ 1),\ \Phi(0.25) = 0.5987$$

On en déduit la proportion de voyageurs qui prendront le train à faible vitesse :

$$P(X \leq 80) = 1 - 0.4013 = 59.87\%.$$

e) Prix limite du temps entre le rail à grande vitesse et l'avion :

Soit x_l le prix limite du temps entre le rail et l'avion :

	Train à grande vitesse	Avion
Prix du billet	650 €	950 €
Temps de parcours	5 h	2 h

on a alors, $950 + 2x_l = 650 + 5x_l \Leftrightarrow x_l = 100$ €

On aura alors une proportion de voyageurs qui prendront l'avion de :

$$P(X > 100) = 1 - P(X \leq 100) = 1 - P(U \leq \frac{100-75}{20}) = 1 - \Phi(1.25)$$
$$= 1 - 0.8944 = 10.56\% \text{ cf. table N}(0\ ,\ 1),\ \Phi(1.25) = 0.8944$$

On en déduit la proportion de voyageurs qui prendront le train à grande vitesse :

$$P(X \leq 100) = 1 - 0.1056 = 89.44\%.$$

Donc une augmentation pour le rail de : $89.44\% - 59.87\% = 29.57\%$.

*************** °°° ***************

Exercice 3 :

a) Probabilité que le poids d'une boîte soit compris entre 245g et 255g :

Soit X la variable aléatoire réelle associée au poids d'une boîte produite :

$$X \rightarrow N(m = 250g\ ,\ \sigma^2 = 9.8^2) \Leftrightarrow U = \frac{(X-250)}{9.8} \rightarrow N(0\ ,\ 1)$$

$$P(245 \leq X \leq 255) = P(\frac{(245-250)}{9.8} \leq U \leq \frac{(255-250)}{9.8}) = P(-0.5102 \leq U \leq 0.5102)$$
$$= \Phi(0.5102) - \Phi(-0.5102) = 2 \times \Phi(0.5102) - 1$$
$$= 2 \times 0.6950 - 1 = 39\% \text{ cf. table N}(0,1),\ \Phi(0.5102) = 0.6950.$$

b) Le quart des boîtes produites aura un poids inférieur à quelle valeur ?

Soit x^* le poids tel que : $P(X < x^*) = 25\% \Rightarrow P(U \leq \frac{(x^*-250)}{9.8}) = \Phi(u) = 25\%$

$$\Rightarrow \Phi(-u) = 0.75 \Rightarrow -u = \frac{(x^*-250)}{9.8} = 0.675$$
$$\Rightarrow x^* = 250 - 9.8 \times 0.675 = 243.385 \text{ g.}$$

c) Probabilité que le poids d'une boîte produite soit inférieur à 235g :

Le service de contrôle estime qu'une boîte est invendable si son poids X est inférieur à 235g.

$$P(X < 235) = P(U \leq \frac{(235-250)}{9.8}) = P(U \leq -1.531) = 1 - \Phi(1.531)$$
$$= 1 - 0.9370 = 6.30\% \text{ cf. table N(0 , 1), } \Phi(1.531) = 0.9370.$$

d) Loi de probabilité du nombre de boîtes invendables dans la production d'une heure :

On note Y_i la variable aléatoire de Bernoulli définie de la façon suivante :

$$Y_i = \begin{cases} 1 & \text{si la ième boîte est invendable} \\ 0 & sinon \end{cases}$$

Les poids des différentes boîtes produites peuvent être considérés comme indépendants. On contrôle un échantillon de n = 1024 boîtes correspondant à une heure de production.

$Y = \sum_{i=1}^{1024} Y_i$ est la somme de n variables indépendantes de Bernoulli.

Y est la variable aléatoire réelle associée au nombre de boîtes invendables dans la production d'une heure :

$$Y \to B(n = 1024\,;\, p = P[X < 235] = 0.063)$$
$$\text{avec } E(Y) = np = 64.51 \text{ et } V(Y) = np(1-p) = 60.48$$

e) Espérance et Variance mathématique de la proportion de boîtes invendables dans la production d'une heure :

$Z = \frac{Y}{1024}$ est la variable aléatoire réelle associée à la proportion de boîtes invendables dans la production d'une heure :

$$E(Z) = E(\frac{Y}{1024}) = \frac{E(Y)}{1024} = p = 6.3\% \text{ et } V(Z) = V(\frac{Y}{1024}) = \frac{V(Y)}{10242} = (7.59\,10^{-3})^2.$$

f) Application du théorème Central Limite :

Probabilité pour qu'au cours d'une heure de production, il y ait au plus 5% de boîtes produites invendables :

On remarque que Z est la moyenne empirique de 1024 variables aléatoires réelles indépendantes de même loi et ayant une espérance et une variance. On peut donc approximer (Théorème central-limite) la loi inconnue de Z par une loi normale de moyenne $E(Z) = 6.3\%$ et de variance $V(Z) = (7.59\,10^{-3})^2$.

Z : la proportion de boîtes invendables dans la production d'une heure :

$Z \to N(m = 0.063\ ;\ \sigma^2 = (7.59\,10^{-3})^2) \Leftrightarrow U = (\frac{Z-m)}{\sigma} \to N(0\ ;\ 1)$

$$P(Z \leq 0.05) = P(U \leq \frac{0.05-0.063}{7.5910^{-3}}) = \Phi(-1.71) = 1 - \Phi(1.71)$$
$$= 1 - 0.9564 = 4.36\% \text{ cf. Table N(0 , 1) : } \Phi(1.71) = 0.9564.$$

g) Profit moyen de l'entreprise sur une heure de production :

Y : nombre de boîtes invendables dans la production d'une heure.

Le profit de l'entreprise : gain de 3 € sur une boîte vendue et une perte de 1 € sur une boîte invendable.

$$\text{Profit} = (1024 - Y) \times 3 - Y \times 1 = 3072 - 4Y$$
$$\Rightarrow \text{E(Profit)} = 3072 - 4E(Y) = 3072 - 4 \times 64.51 = 2813.96\ €.$$

*************** ∘∘∘ ***************

Exercice 4 :

Soit Y la variable aléatoire réelle associé au rapport des prix mensuels du titre $R_n = \frac{M_n}{M_{n-1}}$, $n \geq 1$.

$Y \to \mathscr{L}\mathscr{N}(\mu = 0.02\ ,\ \sigma^2 = 0.08^2) \Rightarrow X = lnY \to \mathscr{N}(m_x = 0.02\ ,\ \sigma_x^2 = 0.08^2)$.

On note G et F les fonctions de répartition de Y et X. On sait que :

$G(y) = F(lny)$ si $y > 0$ et $G(y) = 0$ ailleurs.

a) Probabilité que le prix croisse dans chacun des 2 mois suivants :

Le logarithme lnt est croissant en $t, t \geq 1$, si et seulement si $lnt > ln1 = 0$. Ainsi,

$$P(R_1 = \frac{M_1}{M_0} > 1) = 1 - P(R_1 \leq 1) = 1 - G(1) = 1 - F(ln1) = 1 - F(0)$$
$$= 1 - P(U \leq \frac{0-0.02}{0.08}) = 1 - \Phi(-0.25) = 1 - (1 - \Phi(0.25))$$
$$= \Phi(0.25) = 0.5987, \text{ cf. table N(0 , 1).}$$

La probabilité d'un meilleur prix après 1 mois est de l'ordre de 59.87%. Vu l'indépendance de la variation mensuel du prix du titre dans des périodes successives, après 2 mois :

$$P[(R_1 = \frac{M_1}{M_0} > 1) et (R_2 = \frac{M_2}{M_1} > 1)] = P[(R_1 > 1) \cap (R_2 > 1)]$$
$$= P(R_1 > 1)P(R_2 > 1) = 0.5987^2 = 35.84\%$$

b) Probabilité que le prix soit plus élevé après 2 mois qu'aujourd'hui :

$$P(\frac{M_2}{M_0} > 1) = P(\frac{M_2}{M_1}\frac{M_1}{M_0} > 1) = P(R_1R_2 > 1) = P(ln(R_1R_2) > 0)$$
$$= P(ln(R_1) + ln(R_2) > 0)$$

Vu la propriété de la somme de 2 lois normales indépendantes :

$$\left.\begin{array}{l} X_1 \to \mathcal{N}(m_1\,,\,\sigma_1^2) \\ X_2 \to \mathcal{N}(m_2\,,\,\sigma_2^2) \\ \text{X}_1 \text{ et } X_2 \text{ indépendantes} \end{array}\right\} \Rightarrow X_1 + X_2 \to \mathcal{N}(m_1 + m_2\,,\,(\sqrt{\sigma_1^2 + \sigma_2^2}\,)^2)$$

Comme $ln(R_1)$ et $ln(R_2)$ sont indépendantes et normalement distribuées :

$$ln(R_1) + ln(R_2) \to \mathcal{N}(m = 2\mu = 0.04\,,\,(\sqrt{2 \times 0.08^2})^2 = 0.1131^2)$$

$$P(ln(R_1) + ln(R_2) > 0) = 1 - P(ln(R_1) + ln(R_2) \leq 0) = 1 - P(U \leq \tfrac{0-0.04}{0.1131})$$
$$= 1 - \Phi(-0.3536) = \Phi(0.3536) = 63.82\%.$$

*************** ∘∘∘ ***************

Sujet d'examen n°13

Exercice 1 :

a) Calcul des probabilités - Le candidat a révisé :

A - les trois sujets tirés : $P(A) = \frac{C_6^3}{C_{10}^3} = \frac{1}{6} = 16.67\%$

B - deux sujets sur les trois tirés : $P(B) = \frac{C_6^2 C_4^1}{C_{10}^3} = \frac{1}{2} = 50\%$

C - Aucun des trois sujets tirés : $P(C) = \frac{C_6^0 C_4^3}{C_{10}^3} = \frac{1}{30} = 3.33\%$

b) Loi de probabilité :

Soit X la variable aléatoire réelle associée au nombre de sujets révisés parmi les 3 sujets tirés au hasard et sans remise parmi les 10 sujets proposés.

Le candidat tire k sujet(s) parmi les 6 révisés, et $3-k$ sujets parmi les 4 non révisés : $X \to H(N=10\,;\, n=3\,;\, p=\frac{6}{10})$

$$P(X=k) = \frac{C_6^k C_4^{3-k}}{C_{N=10}^{n=3}} \quad k=0,1,2,3 \quad ; \quad E(X) = np = 1.8$$

c) Probabilité d'avoir 1 sujet révisé parmi les 3 sujets tirés :

$$P(X=1) = \frac{C_6^1 C_4^2}{C_{N=10}^{n=3}} = \frac{3}{10} = 30\%.$$

*************** ∘∘∘ ***************

Exercice 2 :

Soit X la variable aléatoire réelle associée à la durée de vie des composants :
$X \to N(m = 1200h\,;\, \sigma^2 = 200^2)$.

a) Probabilité qu'un composant soit hors d'usage au bout de 900 heures de fonctionnement :

$$P(X<900) = P(U \le \tfrac{900-1200}{200}) = \Phi(-\tfrac{3}{2}) = 1-\Phi(\tfrac{3}{2}) = 1-\Phi(1.5)$$
$$= 1-0.9332 = 0.0668 = 6.68\% \text{ cf. table N(0,1), } \Phi(1.5) = 0.9332.$$

b) Dans un lot de 10 000 composants, le nombre de composants qui seront hors d'usage entre la 1100ème et la 1500ème heure :

$$P(1100<X<1500) = P(\tfrac{1100-1200}{200} \le U \le \tfrac{1500-1200}{200}) = P(-0.5 \le U \le 1.5)$$
$$= \Phi(1.5)-\Phi(-0.5) = \Phi(1.5)+\Phi(0.5)-1$$
$$= 0.9332+0.6915-1 = 0.6247 = 62.47\%$$
cf. table N(0,1), $\Phi(1.5) = 0.9332$ et $\Phi(0.5) = 0.6915$.

c) 10% des composants a une durée de vie supérieure à quelle valeur :

On cherche x_0 tel que : $P(X > x_0) = 0.10 \Rightarrow P(X \leq x_0) = 0.90$
$\Rightarrow P(U \leq \frac{x_0-1200}{200}) = 0.90$
$\Rightarrow \Phi(\frac{x_0-1200}{200}) = 0.90$
$\Rightarrow \frac{x_0-1200}{200} = 1.285 \Rightarrow x_0 = 1457$ heures.
cf. table N(0,1), $\Phi(1.285) = 0.90$.

d) 5% des composants de cette PME a une durée de vie inférieure ou égale à quelle valeur :

On cherche x_0 tel que : $P(X < x_0) = 0.05 \Rightarrow P(U \leq \frac{x_0-1200}{200}) = 0.05$
$\Rightarrow \Phi(\frac{x_0-1200}{200}) = 0.05$
$\Rightarrow \Phi(-\frac{x_0-1200}{200}) = 0.95$
$\Rightarrow -\frac{x_0-1200}{200} = 1.645 \Rightarrow x_0 = 871$ heures. Cf. table N(0,1), $\Phi(1.645) = 0.95$.

e) Valeurs autour de la moyenne où se situe la durée de vie des 95% des composants :

On cherche x_0 tel que : $P(-x_0 < X - m < x_0) = 0.95$
$\Rightarrow P(-\frac{x_0}{200} \leq U \leq \frac{x_0}{200}) = 0.95$
$\Rightarrow 2\Phi(\frac{x_0}{200}) - 1 = 0.95 \Rightarrow \Phi(\frac{x_0}{200}) = 0.975$
$\Rightarrow \frac{x_0}{200} = 1.96 \Rightarrow x_0 = 392$ heures. Cf. table N(0,1), $\Phi(1.96) = 0.975$.

On a, $P(-392 < X - m < 392) = P(808 < X < 1592) = 0.95$.

f) Valeur de m_0 telle que 5% des composants auront une durée de vie inférieure à 1000 heures :

On cherche m_0 tel que : $P(X < 1000) = 0.055 \Rightarrow P(U \leq \frac{1000-m_0}{200}) = 0.05$
$\Rightarrow \Phi(-\frac{1000-m_0}{200}) = 0.95 \Rightarrow \Phi(\frac{-1000+m_0}{200}) = 0.95$
$\Rightarrow \frac{-1000+m_0}{200} = 1.645 \Rightarrow m_0 = 1329$ h. Cf. table N(0,1), $\Phi(1.645) = 0.95$.

*************** ooo ***************

Exercice 3 :

Les deux types de contrats totalement indépendants, l'Assurance Vie et l'Assurance Prévoyance.

Soit X la variable aléatoire réelle associée au nombre de contrats enregistrés par trimestre : $X \to P(\lambda = E(X) = 1.75)$

a) Distribution de probabilité du nombre de contrats d'Assurance Vie/an :

Soit AV la variable aléatoire réelle associée au nombre de contrats annuels d'Assurance Vie :

$$\begin{cases} X_i \to P(\lambda_i = 1.75)\ ;\ i = 1,4 \text{ trimestres} \\ X_i \text{ et } X_j \text{ sont indépendantes} \\ \text{les sinistres sont indépendants} \end{cases} \hookrightarrow \begin{cases} AV = \Sigma_{i=1}^{4} X_i \\ AV \to P(\beta = \Sigma_{i=1}^{4}\lambda_i = 7) \\ E(AV) = V(AV) = \beta = 7 \end{cases}$$

$$AV \to P(\beta = 7)$$

b) Paramètres de la loi normale suivie par le nombre de contrats d'Assurance Prévoyance/an :

Soit AP la variable aléatoire réelle associée au nombre de contrats annuels d'Assurance Prévoyance enregistrés par cette compagnie : $AP \to N(m\ ;\ \sigma^2)$

$$\begin{cases} P(AP > 14) = 0.63 \\ P(AP \leq 22) = 0.84 \end{cases} \quad \begin{cases} 1 - P(U \leq \frac{(14-m)}{\sigma}) = 0.63 \\ P(U \leq \frac{(22-m)}{\sigma}) = 0.84 \end{cases} \quad \begin{cases} \Phi[\frac{(14-m)}{\sigma}] = 0.37 \\ \Phi[\frac{(22-m)}{\sigma}] = 0.84 \end{cases}$$

$$\begin{cases} -\frac{(14-m)}{\sigma} = 0.335 \\ \frac{(22-m)}{\sigma} = 0.995 \end{cases} \quad \begin{cases} m - 0.335\sigma = 14 \\ m + 0.995\sigma = 22 \end{cases} \quad \begin{cases} m = 16 \\ \sigma = 6 \end{cases}$$

Le nombre de contrats annuels d'Assurance Prévoyance :

$$AP \to N(m = 16\ ;\ \sigma^2 = 6^2)$$

c) Probabilité que cette compagnie enregistre 8 contrats AV et plus de 20 contrats AP au cours d'une année :

$$\begin{aligned} P[(AV = 8) \cap (AP > 20)] &= P(AV = 8) \times P(AP > 20) \quad \text{les événements} \\ &= e^{-7}\tfrac{7^8}{8!} \times (1 - P(AP \leq 20)) \quad \text{sont indépendants} \\ &= 0.1304 \times (1 - \Phi(\tfrac{20-16}{6})) \quad \text{en probabilité.} \\ &= 0.1304 \times (1 - \Phi(0.667) \\ &= 0.1304 \times (1 - 0.7475) = 3.29\% \end{aligned}$$

cf. Table N(0,1), $\Phi(0.667) = 0.7475$.

*************** ooo ***************

Exercice 4 :

a) Loi de probabilité suivie par le nombre de lettres affranchies au tarif réduit parmi les six lettres envoyées :

Soit X la variable aléatoire réelle associée au nombre de lettres affranchies au tarif réduit parmi les six lettres envoyées :

$$X \to B(n = 6\ ;\ p = \tfrac{3}{5})\ \ ;\ \ P(X = k) = C_6^k(\tfrac{3}{5})^k(\tfrac{2}{5})^{6-k} \quad k = 0, 1, \cdots, 6$$

b) Calcul des probabilités :

A : Au moins une lettre parmi les six envoyées est affranchie au tarif réduit :

$$P(A) = P(X \geq 1) = 1 - P(X < 1) = P(X = 0) = C_6^0(\tfrac{3}{5})^0(\tfrac{2}{5})^6 = 0.41\%$$

B : Deux lettres parmi les six envoyées sont affranchies au tarif réduit :

$$P(B) = P(X = 2) = C_6^2(\tfrac{3}{5})^2(\tfrac{2}{5})^4 = 13.82\%$$

c) Probabilité pour que la 4ème lettre contrôlée s'avère la première affranchie au tarif réduit :

Soit Y la variable aléatoire réelle associée au nombre de lettres publicitaires contrôlées jusqu'à l'obtention de la première lettre affranchie au tarif réduit :

$$Y \to G(p = \tfrac{3}{5}) \; ; \; P(X = k) = \tfrac{3}{5}(\tfrac{2}{5})^{k-1} \; k = 1, 2, \cdots, +\infty$$

$$P(X = 4) = \tfrac{3}{5}(\tfrac{2}{5})^3 = 3.84\%$$

d) Nombre de lettres à contrôler, en moyenne, pour obtenir la première lettre affranchie au tarif réduit :

$$Y \to G(p = \tfrac{3}{5}) \Rightarrow E(Y) = \tfrac{1}{p} = \tfrac{1}{\frac{3}{5}} = \tfrac{5}{3} = 1.67 \text{ lettres.}$$

*************** ∘∘∘ ***************

Sujet d'examen n°14

Exercice : Les parties 1, 2 et 3 sont indépendantes.

La centrale vend trois gammes de véhicules (Particuliers, Utilitaires et Camping-cars). Ces 3 types de vente sont complètement indépendants.

- **Véhicules particuliers** :

X : Nombre de véhicules particuliers vendus/an par la centrale automobile
$X \to N(m_X = 900\,;\ \sigma_X^2 = 15^2)$.

a) Probabilité que la centrale vende plus de 880 véhicules particuliers/an :

$$P(X > 880) = 1 - P(X \leq 880) = 1 - P(U \leq \tfrac{880-900}{15}) = 1 - \Phi(-1.33)$$
$$= \Phi(1.33) = 90.82\% \text{ cf. Table N(0,1).}$$

b) Probabilité de vendre entre 890 et 910 véhicules particuliers/an :

$$P(890 < Y \leq 910) = P(\tfrac{890-900}{15} = -0.67 \leq U \leq \tfrac{910-900}{15} = 0.67)$$
$$= \Phi(0.67) - \Phi(-0.67) = 2 \times \Phi(0.67) - 1 = 49.72\%$$
$$\text{avec } \Phi(0.67) = 0.7486 \text{ Cf. Table N(0,1).}$$

c) Moins de 25% des ventes de véhicules particuliers/an est supérieure à :

On cherche x_0 tel que : $P(X > x_0) < 0.25 \Rightarrow P(X \leq x_0) > 0.75$

$$\Rightarrow P(U \leq \tfrac{x_0-900}{15}) > 0.75 \Rightarrow \Phi(\tfrac{x_0-900}{15}) > 0.75$$
$$\Rightarrow \tfrac{x_0-900}{15} > 0.675 \Rightarrow x_0 > 910.13 \Rightarrow x_0 \geq 911.$$

- **Véhicules utilitaires** :

d) Probabilité que la centrale vende exactement 80 utilitaires/an :

Y : Nombre de véhicules particuliers vendus/an :

$$Y \to B(n = 400\,;\ p = 0.2).$$
$$P(Y = k) = C_{400}^{k} 0.2^k 0.8^{400-k}\ ;\ k = 0, \cdots, n = 400$$

Caractéristiques : $E(Y) = np = 80$ et $V(Y) = \sigma_Y 2 = npq = 64 = 8^2$

$$P(Y = 80) = C_{400}^{80} 0.2^{80} 0.8^{320} = 4.98\%$$

e) Coefficient de variation de la loi de probabilité de Y :

$$CV = |\frac{\sigma_Y}{E(Y)}| = \frac{8}{80} = 10\%.$$

La distribution de probabilité des ventes annuelles de véhicules utilitaires est homogène.

f) Donner une valeur approchée de la probabilité de vendre plus de 60 et au plus 100 véhicules utilitaires/an :

$$Y \to B(n = 400 \,;\, p = 0.2)$$

Conditions d'approximation d'une loi binomiale (discrète finie) $B(n, p)$ par une loi normale (continue) $N(m_Y = np \,;\, \sigma_Y^2 = \sqrt{npq}^2)$:

$$\begin{cases} \text{Y suit une loi binomiale} \\ \text{Y} \to B(n = 400 \,;\, p = 0.20) \\ \text{E(Y) = np = 80} \\ \text{V(Y) = npq = 64 = } 8^2 \end{cases}$$

$$\hookrightarrow \begin{cases} \text{Y suit une loi normale} \\ \text{n = 400 (> 30) ; p = 20\% (> 10\%) ; np = 80 (> 15)} \\ \text{Y} \to N(m_Y = 80 \,;\, \sigma_Y^2 = 8^2) \\ \Leftrightarrow U = \frac{(Y-80)}{8} \to N(0, 1) \end{cases}$$

$$\begin{aligned} P(60 < Y \leq 100) &\approx c.c.P(60.5 \leq Y \leq 100.5) \\ &= P(\tfrac{60.5-80}{8} = -2.44 \leq U \leq \tfrac{100.5-80}{8} = 2.56) \\ &= \Phi(2.56) - \Phi(-2.44) = \Phi(2.56) + \Phi(2.44) - 1 = 98.75\% \\ &\text{avec } \Phi(2.56) = 0.9948 \text{ et } \Phi(2.44) = 0.9927 \text{ cf. Table N(0,1).} \end{aligned}$$

- **Camping-cars** :

Z : Nombre de camping-cars vendus par an ; $Z \to P(\lambda)$.

$$P(Z = k) = e^{-\lambda} \frac{\lambda^k}{k!} \;;\; k = 0, \cdots, +\infty$$

g) Paramètre λ :

Sachant que la loi de Poisson est bimodale, alors le paramètre λ est un entier avec $P(Z = \lambda - 1) = P(Z = \lambda)$. Comme $P(Z = 24) = P(Z = 25)$, on en déduit que $\lambda = 25$.

Ou encore, sachant que : $P(Z = 24) = P(Z = 25) \Leftrightarrow e^{-\lambda} \frac{\lambda^{24}}{24!} = e^{-\lambda} \frac{\lambda^{25}}{25!}$

$$\Leftrightarrow \frac{\lambda^{24}}{24!} = \frac{\lambda^{25}}{25!} \Rightarrow \lambda = \frac{25!}{24!} = 25 = E(Z) = V(Z) \;;\; Z \to P(\lambda = 25)$$

h) Probabilité de vendre exactement 30 camping-cars une année donnée :

$$P(Z=30) = e^{-25}\,\frac{25^{30}}{30!} = 4.54\%$$

i) Valeur approchée de la probabilité d'avoir au plus 36 ventes de camping-cars en une année :

Conditions d'approximation d'une loi de Poisson (discrète infinie) $P(\lambda)$ par une loi normale (continue) $N(m_Z = \lambda\ ;\ \sigma_Z^2 = \sqrt{\lambda}^2)$:

$$\left\{\begin{array}{l} \text{Z suit une loi de Poisson} \\ Z \to P(\lambda = 25) \\ E(Z) = V(Z) = 25 \end{array}\right.$$

$$\hookrightarrow \left\{\begin{array}{l} \text{Z suit une loi normale} \\ \lambda = 25 (> 20) \\ Z \to N(m_Z = 25\ ;\ \sigma_Z^2 = 5^2) \Leftrightarrow U = \frac{(Z-25)}{5} \to N(0,1) \end{array}\right.$$

$$\begin{aligned} P(Z \leq 36) \approx c.c.P(Z \leq 36.5) &= P(U \leq \tfrac{36.5-25}{5}) \\ &= \Phi(2.3) = 98.93\% \text{ cf. Table N(0,1).} \end{aligned}$$

j) Probabilité que la centrale vende une année donnée, plus de 880 véhicules particuliers, 80 véhicules utilitaires et 30 camping-car :

$$\begin{aligned} P[(X > 880) \cap (Y = 80) \cap (Z = 30)] &= P(X > 880) \times P(Y = 80) \times P(Z = 30) \\ &= 0.9082 \times 0.0498 \times 0.0454 = 0.21\% \end{aligned}$$

car les variables X, Y et Z sont indépendantes.

k) Espérance mathématique E(S) et variance V(S) de S :

Soit S = X + Y + Z la variable aléatoire réelle associée au nombre total de ventes au cours d'une année. S est la somme de trois variables indépendantes :

$$E(S) = m_S = E(X+Y+Z) = E(X) + E(Y) + E(Z) = 900 + 80 + 25 = 1005$$

$$\begin{aligned} V(S) = \sigma_S^2 &= V(X+Y+Z) = V(X) + V(Y) + V(Z) \\ &= 225 + 64 + 25 = 314 = 17.72^2 \end{aligned}$$

car les variables X, Y et Z sont indépendantes.

l) Loi de probabilité du nombre total de ventes par an :

La variable $S = X + Y + Z$ est la somme de trois variables indépendantes normalement distribuées : $S \to N(m_S\ ;\ \sigma_S^2)$.

$$\begin{cases} X \to N(m_X = 900\ ;\ \sigma_X^2 = 10^2) \\ Y \to N(m_Y = 80\ ;\ \sigma_Y^2 = 8^2) \\ Z \to N(m_Z = 25\ ;\ \sigma_Z^2 = 5^2) \\ \text{X, Y et Z sont indépendantes} \end{cases} \hookrightarrow \begin{cases} m_S = 1005 \text{ et } \sigma_S^2 = 17.72^2 \\ S \to N(m_S = 1005\ ;\ \sigma_S^2 = 17.72^2) \\ \Leftrightarrow U = \frac{(S-1005)}{17.72} \to N(0,1) \end{cases}$$

m) Probabilité que la centrale vende plus de 1020 véhicules de tout type/an :

$$P(S > 1020) = 1 - P(S \leq 1020) = 1 - P(U \leq \tfrac{1020-1005}{17.72})$$
$$= 1 - \Phi(0.85) = 1 - 0.8023 = 19.77\% \text{ cf. Table N(0,1).}$$

*************** ooo ***************

Exercice 2 :

a) Calcul des probabilités :

Soit Y la variable aléatoire réelle associée au cours du titre Accor :

$$Y \to \mathscr{L}\mathscr{N}(\mu = 3.5 \text{ et } \sigma^2 = 0.25^2) \Rightarrow U = lnY \to \mathscr{N}(m_x = 3.5\ ,\ \sigma_x^2 = 0.25^2).$$

$$P(Y \leq 21.79) = P(X \leq ln(21.79)) = P(U \leq \tfrac{ln(21.79)-3.5}{0.25}) = \Phi(-1.6742)$$
$$= 1 - \Phi(1.6742) = 4.71\%$$

$$P(21.79 \leq Y \leq 25.50) = P(ln(21.79) \leq X \leq ln(25.50))$$
$$= P(\tfrac{ln(21.79)-3.5}{0.25} \leq U \leq \tfrac{ln(25.50)-3.5}{0.25})$$
$$= \Phi(-1.0847) - \Phi(-1.6742)$$
$$= \Phi(1.6742) - \Phi(1.0847) = 9.20\%$$

$$P(Y > 25.50) = P(X > ln(25.50)) = 1 - P(U \leq \tfrac{ln(25.50)-3.5}{0.25}) = 1 - \Phi(-1.0847)$$
$$= 1 - (1 - \Phi(1.0847) = 86.10\%$$

b) Valeurs des quartiles du cours du titre Accor :

On cherche le premier quartile Q_1 tel que :

$$P(Y \leq Q_1) = 0.25 \Rightarrow P(X \leq ln(Q_1)) = P(U \leq \tfrac{ln(Q_1)-3.5}{0.25}) = 0.25$$
$$\Rightarrow \Phi(\tfrac{ln(Q_1)-3.5}{0.25}) = 0.25 \Rightarrow \tfrac{ln(Q_1)-3.5}{0.25} = -0.6745$$
$$\Rightarrow ln(Q_1) = 3.3314 \Rightarrow Q_1 = 27.98 \text{ €}.$$

On cherche la médiane, le deuxième quartile Q_2 tel que :

$$P(Y \leq Q_2) = 0.50 \Rightarrow P(X \leq ln(Q_1)) = P(U \leq \tfrac{ln(Q_1)-3.5}{0.25}) = 0.50$$
$$\Rightarrow \Phi(\tfrac{ln(Q_2)-3.5}{0.25}) = 0.50 \Rightarrow \tfrac{ln(Q_2)-3.5}{0.25} = 0$$
$$\Rightarrow ln(Q_2) = 3.5 \Rightarrow Q_2 = 33.12 \text{ €}.$$

On cherche le troisième quartile Q_3 tel que :
$P(Y \leq Q_3) = 0.75 \Rightarrow P(X \leq ln(Q_3)) = P(U \leq \frac{ln(Q_3)-3.5}{0.25}) = 0.75$
$\Rightarrow \Phi(\frac{ln(Q_3)-3.5}{0.25}) = 0.75 \Rightarrow \frac{ln(Q_3)-3.5}{0.25} = 0.6745$
$\Rightarrow ln(Q_3) = 3.6686 \Rightarrow Q_3 = 39.20$ €.

$Q_1(25\%)$	$Q_2(50\%)$	$Q_3(75\%)$
27.98 €	33.12 €	39.20 €

c) Cours moyen et volatilité du cours du titre Accor :

$Y \rightarrow \mathscr{LN}(m_x = 3.5\ ,\ \sigma_x^2) = 0.25^2 \Rightarrow X = Ln(Y) \rightarrow N(m_x = 3.5\ ,\ \sigma_x^2 = 0.25^2)$
Relation entre les moments de Y et de X :
Cours moyen : $E(Y) = m_y = e^{m_x + \frac{\sigma_x^2}{2}} = 34.17$ €.
Volatilité du cours du titre : $V(Y) = \sigma_y^2 = (e^{\sigma_x^2} - 1)\, e^{2m_x + \sigma_x^2} = 75.288$
$\Rightarrow \sigma_y = 8.68$ €.

d) Mode du cours du titre Accor :

Mode du cours du titre : point de maximum de la fonction densité de probabilité g de Y. Il faut résoudre l'équation : $(g(y))' = (\frac{1}{y} f(ln(y)))' = 0$.

$M_O = Mode(Y) = e^{(m_x - \sigma_x^2)} = 31.11$ €.

*************** ooo ***************

Sujet d'examen n°15

Exercice 1 :

a) loi de probabilité régissant le comportement du consommateur :

Soit X la variable aléatoire réelle associée au nombre de consommateurs influencés par la marque de commerce lors de l'achat d'un bien.

Nombre de consommateurs interrogés : n = 20 avec une proportion de consommateurs influencés par la marque de commerce lors de l'achat d'un bien de $p = \frac{2}{5} = 40\%$.

On répète donc n = 20 fois dans des conditions d'indépendance l'expérience à 2 issues possibles qui consiste à savoir si le consommateur est influencé ou pas. On peut donc conclure que X suit une loi binomiale de paramètres $n = 20$ et $p = 0.4$ dont l'expression générale est la suivante :

$$X \to B(n=20\,;\,p=0.4)\ \ ;\ \ P(X=k) = C_{20}^{k}\,0.4^{k}\,0.6^{20-k}\ \ \forall k = 0,1,2,....,n=20.$$

b) Espérance mathématique et la variance du nombre de consommateurs influencés par la marque de commerce lors de l'achat d'un bien :

$X \to B(n=20\,;\,p=0.4)$
$E(X) = np = 20 \times 0.4 = 8$ consommateurs en moyenne
$V(X) = npq = 20 \times 0.4 \times 0.6 = 4.8.$

c) Probabilité que le quart des consommateurs se déclarent influencés par la marque :

$$P(X = \tfrac{n}{4} = 5) = C_{20}^{5}\,0.4^{5}\,0.6^{15} = 7.46\%$$

d) Taille n^* de l'échantillon de consommateurs à interroger de telle sorte que la probabilité qu'aucun consommateur influencé soit supérieure à 2% :

On cherche n^* tel que : $P(X=0) = C_{n^*}^{0}\,0.4^{0}\,0.6^{n^*} = 0.6n^* > 0.02$

$\Rightarrow n^* < \frac{ln(0.02)}{ln(0.6)} = 7.66 \Rightarrow n^* \leq 7$ consommateurs à interroger.

*************** ooo ***************

Exercice 2 :

a) Calcul de probabilités

Soit X une variable aléatoire réelle qui suit une loi uniforme sur l'intervalle $[0;1]$. $X \to U_{[0;1]}$: expression de sa fonction de répartition F :

$$F(x) = \int_{-\infty}^{x} f(x)dx = \begin{cases} 0 & si\, x < 0 \\ x & si\, 0 \leq x \leq 1 \\ 1 & si\, x > 1 \end{cases}$$

$$P(\tfrac{1}{2} \leq X \leq \tfrac{3}{2}) = F(\tfrac{3}{2}) - F(\tfrac{1}{2}) = 1 - \tfrac{1}{2} = \tfrac{1}{2} = 50\%.$$

$$P[(X \leq \tfrac{1}{2})/(X > \tfrac{1}{3})] = \frac{P[(X\leq\frac{1}{2})\cap(X>\frac{1}{3})]}{P(X>\frac{1}{3})} = \frac{P(\frac{1}{2}\leq X\leq\frac{1}{3})}{1-F(\frac{1}{3}))} = \frac{\frac{1}{6}}{\frac{2}{3}} = \frac{1}{4} = 25\%.$$

b) Loi de probabilité usuelle suivie par Y :

On note G la fonction de répartition de la variable $Y = -\frac{1}{2}ln(1-X)$.

$$G(y) = P(Y \leq y) = P(-\tfrac{1}{2}ln(1-X) \leq y)$$

$$G(y) = \begin{cases} 0 & si\, y < 0 \\ P(ln(1-X) \geq -2y) = P(1-X \geq e^{-2y}) & \\ = P(X \leq 1-e^{-2y}) = F(1-e^{-2y}) = 1-e^{-2y} & si\, y \geq 0 \end{cases}$$

On reconaît l'expression de la fonction de répartition d'une loi exponentielle de paramètre $\lambda = 2$.

$$G(y) = \begin{cases} 0 & si\, y < 0 \\ 1-e^{-2y} & si\, y \geq 0 \end{cases} \qquad g(y) = \begin{cases} 0 & si\, y < 0 \\ 2e^{-2y} & si\, y \geq 0 \end{cases}$$

c) L'espérance mathématique et la variance mathématique de Y :

$$E(Y) = \tfrac{1}{\lambda} = \tfrac{1}{2} \quad \text{et} \quad V(Y) = \tfrac{1}{\lambda^2} = \tfrac{1}{4}.$$

*************** ooo ***************

Exercice 3 :

La durée de vie des composants électroniques de l'entreprise Elect-Lyon suit une loi exponentielle dont la durée de vie moyenne est de 5000 heures.

a) Paramètre de la loi de probabilité :

Soit X la variable aléatoire réelle associée à la durée de vie en heures des composants électroniques de l'entreprise Elect-Lyon, dont la durée de vie moyenne E(X) = 5000 heures.

Expression des fonctions de répartition F et de densité f de X : $X \to Exp(\lambda)$

$$F(x) = \begin{cases} 0 & si\, x < 0 \\ 1 - e^{-\lambda x} & si\, x \geq 0 \end{cases} \qquad \text{f(x)} = \begin{cases} 0 & si\, x < 0 \\ \lambda e^{-\lambda x} & si\, x \geq 0 \end{cases}$$

$E(X) = 5000 = \frac{1}{\lambda} \Rightarrow \lambda = \frac{1}{5000} = 0.0002$ composant/h, il représente le taux moyen de défaillance.

$$F(x) = \begin{cases} 0 & si\, x < 0 \\ 1 - e^{-0.0002x} & si\, x \geq 0 \end{cases}$$

b) Nombre de composants qui seront hors d'usage au bout de 4500 heures :

On contrôle un lot de 10000 composants.

$$P(X \leq 4500) = F(4500) = 1 - e^{-0.0002 \times 4500} = 59.34\%$$

Dans ce lot, on peut prévoir environ 5935 composants qui seront hors d'usage au bout de 4500 heures de fonctionnement.

c) Nombre de composants qui seront hors d'usage entre 4000 et 6000 heures de fonctionnement :

$$\begin{aligned} P(4000 \leq X \leq 4500) &= F(6000) - F(4000) \\ &= (1 - e^{-0.0002 \times 6000}) - (1 - e^{-0.0002 \times 4000}) \\ &= e^{-0.0002 \times 4000} - e^{-0.0002 \times 6000} = 14.81\% \end{aligned}$$

d) Au bout de quelle durée y aura-t-il 25% des composants hors d'usage ?

On cherche le nombre d'heures x tel que :

$$\begin{aligned} P(X \leq x) = 25\% &\Rightarrow F(x) = 1 - e^{-0.0002 \times x} = 0.25 \\ &\Rightarrow e^{-0.0002 \times x} = 0.75 \Rightarrow -0.0002 \times x = ln 0.75 \\ &\Rightarrow x = -\frac{ln 0.75}{0.0002} = 1438,41 \approx 1439 \text{ heures.} \end{aligned}$$

Le quart du lot sera hors d'usage au bout de la 1439me *heure*.

*************** ooo ***************

Exercice 4 :

a) Dénombrement :

Un groupe de parlementaires de l'Assemblée Nationale est composé de 10 personnes élues dont 4 femmes députées. On veut choisir un groupe de 3 député(e)s parmi 10 parlementaires.

1. Nombre de groupes possibles de 3 député(e)s :
On choisit 3 personnes (sans ordre et sans répétion) parmi 10 :

$C_{10}^{3} = \frac{10!}{3!7!} = 120$ groupes différents possibles.

2. Nombre de groupes constitués de députés du même sexe :

On choisit un groupe de 3 femmes (sans ordre et sans répétion) parmi 4 <u>OU</u> un groupe de 3 hommes (sans ordre et sans répétion) parmi 6 :

$C_4^3 + C_6^3 = \frac{4!}{3!1!}\frac{6!}{3!3!} = 80$ groupes.

3. Nombre de groupes possibles constitués de 1 députée et de 2 députés :

On choisit un groupe de 1 femme (sans ordre et sans répétion) parmi 4 <u>ET</u> un groupe de 2 hommes (sans ordre et sans répétion) parmi 6 :

$C_4^1 \times C_6^2 = \frac{4!}{3!1!}\frac{6!}{4!2!} = 60$ groupes composés d'une députée et de deux députés.

b) Nombre de listes de classement des députés, puis celles de classement des députées :

Les députés sont classés selon leur suffrage (pas d'ex-æquo). On permute les femmes et les hommes :

$P_4 P6 = 4!6! = 17280$ listes différentes.

c) Nombre de façons d'avoir 4 volontaires :

On a besoin de députés volontaires pour participer à 4 séances supplémentaires nocturnes de l'Assemblée. Un(e) même député(e) peut éventuellement assister à plusieurs séances. On choisit 4 député(e)s (sans ordre et avec répétion) parmi les 10 parlementaires :

$\mathscr{C}_{10}^{4} = C_{13}^{4} = \frac{13!}{4!9!} = 2860$ façons différentes.

*************** °°° ***************

Quelques références bibliographiques

[1] Bismans F. ***Probabilités et statistique inférentielle - Prélude à l'économétrie***. Collection « Références Sciences », Editions Ellipses, 2016.

[2] Grais B. ***Méthodes statistiques. Modules économiques***. Dunod, 2003.

[3] Grimmett G.R. and Stirzaker D.R. ***Probability and Random Processes***. Oxford Science Publications, 2002.

[4] Hurlin C. et Mignon V. ***Statistique et Probabilités en Economie-Gestion***. Dunod, 2015.

[5] Lecoutre J.P. ***Statistique et probabilités***. 3ème édition, Dunod, 2006.

[6] Marchal O. ***Fondements des probabilités avec exercices corrigés***. Collection « Références Sciences », Editions Ellipses, 2017.

[7] Roger P. ***Probabilités, statistique et processus stochastiques. Cours et exercices***. Collection « Synthex », Pearson Education, 2004.

[8] Ross Sheldon M. ***Initiation aux probabilités***. Traduction de la 4ème édition américaine Presses Polytechniques et Universitaires Romandes, 2002.

Annexe
Lois usuelles et lois classiques

Dans cette annexe sont rassemblées les principales lois de probabilité courantes ainsi que quelques lois classiques. Des démonstrations plus détaillées de ces lois sont abordées en cours. Dans ce récapitulatif, X désigne une vaiable aléatoire réelle définie sur un espace probabilisé $(\Omega, @, P)$. F désigne la fonction de répartition de la loi de probabilité de X, f sa fonction densité de probabilité. N étant la taille de la population et n $(n \leq N)$ la taille de l'échantillon (nombre d'observations - expériences).

Lois de probabilité usuelles

***** Lois discrètes finies *****
Distributions de probabilité

• **Loi discrète uniforme :** $X \to U(n)$

$P(X=k) = \frac{1}{n}\ \forall k = 1,2,3,\cdots,n$

$E(X) = \frac{n+1}{2}$ et $V(X) = \frac{n^2-1}{12}$

*************** °°° ***************

• **Loi de Bernoulli :** $X \to \beta(p)\ ou\ \beta(1,p)$

$\forall k \in S = \{0,1\}$

k	0	1
P(X = k)	1 - p	p

$E(X) = p$ et $V(X) = E(X^2) - E(X)^2 = p(1-p) = pq$

*************** °°° ***************

• **Loi binomiale :** $X \to \beta(n,p)$

$P(X=k) = C_k^n p^k (1-p)^{n-k} \qquad \forall k = 0,1,2,\cdots,n$

$E(X) = np$ et $V(X) = np(1-p) = npq$

*************** °°° ***************

• **Loi hypergéométrique :** $X \to H(N,n,p)$
ou $X \to H(N = a+b, n, p = \frac{a}{a+b})$

$$P(X=k) = \begin{cases} \frac{C_k^a C_b^{n-k}}{C_N^n} & \forall k = 0,1,\cdots,a \text{ si } \mathbf{n > a} \\ & \forall k = 0,1,\cdots,n \text{ si } \mathbf{n} \leq a \\ 0 & sinon \end{cases}$$

$E(X) = np$ **et** $V(X) = npq(\frac{N-n}{N-1})$

*************** ∘∘∘ ***************

******* Lois discrètes infinies dénombrables *******
Distributions de probabilité

• **Loi de Poisson de paramètre** λ ($\lambda \in \mathbb{R}_+^*$) : $X \to \mathscr{P}(\lambda)$

$P(X=k) = e^{-\lambda} \frac{\lambda^k}{k!} \quad \forall k = 0,1,2,\cdots,+\infty$
$E(X) = \lambda = V(X)$

*************** ∘∘∘ ***************

• **Loi géométrique :** $X \to \mathscr{G}(p)$

$P(X=k) = p(1-p)^{k-1} \quad \forall k = 1,2,\cdots,+\infty$

$E(X) = \frac{1}{p}$ **et** $V(X) = \frac{q}{p^2}$

*************** ∘∘∘ ***************

• **Loi de Pascal :** $X \to \mathscr{P}(r,p)$

$P(X=k) = C_{k-1}^{r-1}\, p^r (1-p)^{k-r} \quad \forall k = r, r+1, \cdots, +\infty$

$E(X) = \frac{r}{p}$ **et** $V(X) = \frac{rq}{p^2}$

*************** ∘∘∘ ***************

******* Lois continues *******
Densités de probabilité

• **Loi uniforme :** $X \to \mathscr{U}_{[a,b]}$ $(a < b)$

$$\forall x \in R,\ f(x) = \begin{cases} \frac{1}{b-a} & si\ \mathbf{x} \in [a,b] \\ 0 & sinon \end{cases}$$

$$F(x) = P(X \leq x) = \begin{cases} 0 & si\ \mathbf{x < a} \\ \frac{x}{b-a} & si\ \mathbf{x} \in [a,b] \\ 1 & si\ \mathbf{x > b} \end{cases}$$

$E(X) = \frac{a+b}{2}$ **et** $V(X) = \frac{(b-a)^2}{12}$

*************** ∘∘∘ ***************

• **Loi Exponentielle de paramétre** λ $(\lambda \in \mathbb{R}_+^*) : X \to Exp(\lambda)$

$$\forall x \in R,\ f(x) = \begin{cases} \lambda e^{-\lambda x} & si\ \mathbf{x} > \mathbf{0} \\ 0 & sinon \end{cases}$$

$$F(x) = P(X \leq x) = \begin{cases} 0 & si\ \mathbf{x} < \mathbf{0} \\ \mathbf{1} - \mathbf{e}^{-\lambda x} & si\ \mathbf{x} \geq 0 \end{cases}$$

$E(X) = \frac{1}{\lambda}$ **et** $V(X) = \frac{1}{\lambda^2}$

*************** ∘∘∘ ***************

• **Loi normale ou Laplace-Gauss :** $X \to \mathscr{N}(m;\sigma^2)$

$\forall x \in R,\quad f(x) = \frac{1}{\sigma\sqrt{2\pi}} e^{-\frac{1}{2}(\frac{x-m}{\sigma})^2}$ $\qquad F(x) = P(X \leq x) = \int_{-\infty}^{x} f(x)dx$

$E(X) = m$ **et** $V(X) = \sigma^2$

*************** ∘∘∘ ***************

• **Loi normale centrée - réduite :** $U = \frac{X-m}{\sigma} \to \mathscr{N}(0;1)$

$\forall u \in R,\quad \phi(u) = \frac{1}{\sqrt{2\pi}} e^{\frac{-u^2}{2}}$ $\qquad \Phi(u) = P(U \leq u) = \int_{-\infty}^{u} \phi(u)du$

Remarque : $\int_{-\infty}^{+\infty} e^{\frac{-u^2}{2}} du = \sqrt{2\pi}$ **(Intégrale de Gauss)**

$E(U) = 0$ **et** $V(U) = 1$

*************** ∘∘∘ ***************

• **Loi Log-normale :** $Y \to \mathscr{L}\mathscr{N}(m_x;\sigma_x^2) \Leftrightarrow X = lnY \to \mathscr{N}(m_x;\sigma_x^2)$

$$\forall y \in R,\quad \mathbf{g(y)} = \begin{cases} \frac{1}{y\sigma_x\sqrt{2\pi}} e^{-\frac{1}{2}(\frac{lny-m_x}{\sigma_x})^2)} & si\ \mathbf{y} > \mathbf{0} \\ 0 & sinon \end{cases}$$

$G(y) = P(Y \leq y) = \int_{-\infty}^{y} g(y)dy = P(X \leq lny) = F(lny)$

$E(Y) = m_y = e^{m_x + \frac{\sigma_x^2}{2}}$ **et** $V(Y) = \sigma_y^2 = e^{2m_x+\sigma_x^2}(e^{\sigma_x^2} - 1)$

$E(X) = m_x = ln(m_y) - \frac{1}{2}ln(1 + \frac{\sigma_y^2}{m_y^2})$ **et** $V(X) = \sigma_x^2 = ln(1 + \frac{\sigma_y^2}{m_y^2})$

*************** ∘∘∘ ***************

• **Loi du Khi-deux à ν ($\nu \in N^*$) degrés de liberté :** $X \to \chi^2_\nu$

$$\forall x \in R, \quad f(x) = \begin{cases} \mathbf{0} & si \ \mathbf{x} \leq 0 \\ \frac{x^{\frac{\nu}{2}-1} e^{-\frac{x}{2}}}{2^{\frac{\nu}{2}} \Gamma(\frac{\nu}{2})} & si \ \mathbf{x} > \mathbf{0} \end{cases} \qquad \mathbf{F(x) = P(X} \leq x) = \int_{-\infty}^{x} f(x)dx$$

$$E(X) = \nu \qquad \text{et} \qquad V(X) = 2\nu$$

$\forall x \in \mathbb{R} \quad \Gamma(x) = \int_0^{+\infty} t^{x-1} e^{-t}\, dt$ **avec :** $\forall n \in \mathbb{N} \ \Gamma(n+1) = n!$;
$\Gamma(n+1) = n n!$; $\Gamma(n+\frac{1}{2}) = \frac{(2n)!}{2^{2n} n!}\sqrt{\pi}$ **et** $\Gamma(\frac{1}{2}) = \sqrt{\pi}$. **A ne pas confondre avec la fonction densité de probabilité de la loi gamma.**

*************** ooo ***************

• **Loi de Student à ν ($\nu \in N^*$) degrés de liberté :** $X \to T_\nu$

$$\forall x \in R, \quad f(x) = \frac{1}{\sqrt{\pi}} \frac{\Gamma(\frac{\nu+1}{2})}{\Gamma(\frac{\nu}{2})} (1 + \frac{x^2}{\nu})^{-\frac{\nu+1}{2}} \qquad F(x) = P(X \leq x) = \int_{-\infty}^{x} f(x)dx$$

1. **Si $\nu = 1$ aucun moment n'existe. X va suivre une loi de probabilité dite de Cauchy de paramètre $a = 1$.**
2. **Si $\nu = 2$ seul $E(X) = 0$ existe.**
3. **Si $\nu > 3$ $E(X) = 0$ et $V(X) = \frac{\nu}{\nu - 2}$.**

*************** ooo ***************

• **Loi de Fisher-Snedecor de paramètres ν_1 et ν_2 ($\nu_1, \nu_2 \in N^*$), degrés de liberté du numérateur et du dénominateur :** $X = \frac{\frac{X_1}{\nu_1}}{\frac{X_2}{\nu_2}} \to F_{(\nu_1,\nu_2)}$

$$\forall x \in R, \quad f(x) = \begin{cases} \mathbf{0} & si \ \mathbf{x} \leq 0 \\ \frac{\Gamma(\frac{\nu_1+\nu_2}{2})}{\Gamma(\frac{\nu_1}{2})\Gamma(\frac{\nu_2}{2})} \nu_1^{\frac{\nu_1}{2}} \nu_2^{\frac{\nu_2}{2}} \frac{x^{\frac{\nu_1}{2}-1}}{(\nu_2+\nu_1 x)^{\frac{\nu_1+\nu_2}{2}}} & si \ \mathbf{x} > \mathbf{0} \end{cases}$$

$$F(x) = P(X \leq x) = \int_{-\infty}^{x} f(x)dx$$

$$E(X) = \frac{\nu_2}{\nu_2 - 2} \ \text{pour } \nu_2 > 2 \qquad \text{et} \qquad V(X) = \frac{2\nu_2(\nu_1+\nu_2-2)}{\nu_1(\nu_2-2)^2(\nu_2-4)} \ \text{pour } \nu_2 > 4$$

*************** ooo ***************

Lois de probabilité classiques

• **Loi de Cauchy de paramètre a** $(a \in \mathbb{R}_+^*) : X \to \mathscr{C}(a)$

$$\forall x \in R, \quad f(x) = \frac{a}{\pi(a^2+x^2)} \qquad F(x) = P(X \leq x) = \int_{-\infty}^{x} f(x)dx$$

E(X) = non définie **et** **V(X) = non définie**

*************** ooo ***************

• **Loi de Pareto de paramètres α et x_0 $(\alpha, x_0 \in \mathbb{R}_+^*) : X \to \mathscr{PA}(\alpha, x_0)$**

$$\forall x \in R,\ f(x) = \begin{cases} 0 & si \quad x \leq x_0 \\ \frac{\alpha x_0^\alpha}{x^{\alpha+1}} & si \quad x > x_0 \end{cases} \qquad F(x) = \begin{cases} 0 & si \quad x \leq x_0 \\ 1 - (x_0 \frac{}{x+x_0)^\alpha} & si \quad x > x_0 \end{cases}$$

$$E(X) = \frac{\alpha x_0}{\alpha - 1} \text{ si } \alpha > 1 \qquad \text{et} \qquad V(X) = \frac{\alpha x_0^2}{(\alpha-1)(\alpha-2)} \text{ si } \alpha > 2,$$

*************** ooo ***************

• **Loi de Weibull de paramètres α et β $(\alpha, \beta \in \mathbb{R}_+^*) : X \to \mathscr{W}(\alpha, \beta)$**

$$\forall x \in R,\ f(x) = \begin{cases} 0 & si \quad x \leq 0 \\ \alpha\beta x^{\alpha-1} e^{-\beta x^\alpha} & si \quad x > 0 \end{cases} \qquad F(x) = \begin{cases} 0 & si \quad x \leq 0 \\ 1 - e^{-\beta x^\alpha} & si \quad x > 0 \end{cases}$$

Si $\alpha = 1,\ X \to Exp(\beta)$ **et si** $\alpha = 1$ **et** $\beta = \frac{1}{2},\ X \to \mathscr{R}(\sigma = 1)$.

$$E(X) = \frac{\Gamma(1+\frac{1}{\alpha})}{\beta^{\frac{1}{\alpha}}} \qquad \text{et} \qquad V(X) = \frac{1}{\beta^{\frac{2}{\alpha}}}(\Gamma(\frac{2}{\alpha}+1) - \Gamma^2(\frac{1}{\alpha}))$$

*************** ooo ***************

• **Loi de Rayleigh de paramètre σ $(\sigma \in \mathbb{R}_+^*)$: $X \to \mathscr{R}(\sigma)$**

$$\forall x \in R,\ f(x) = \begin{cases} 0 & si \quad x < 0 \\ \frac{x}{\sigma^2} e^{-\frac{x^2}{2\sigma^2}} & si \quad x \geq 0 \end{cases} \qquad F(x) = \begin{cases} 0 & si \quad x < 0 \\ 1 - e^{-\frac{x^2}{2\sigma^2}} & si \quad x \geq 0 \end{cases}$$

$$E(X) = \sqrt{\frac{\pi}{2}}\,\sigma \qquad \text{et} \qquad V(X) = \frac{4-\pi}{2}\,\sigma^2$$

*************** ooo ***************

• **Loi Gamma de paramètre ν $(\nu \in \mathbb{R}_+^*)$: $X \to \gamma(\nu)$**

$$\forall x \in R,\ f(x) = \begin{cases} 0 & si \quad x \leq 0 \\ \frac{x^{\nu-1} e^{-x}}{\Gamma(\nu)} & si \quad x > 0 \end{cases} \qquad F(x) = P(X \leq x) = \int_{-\infty}^{x} f(x)dx$$

$$E(X) = \nu = V(X)$$

*************** ooo ***************

• **Loi Gamma de paramètres b et ν $(b, \nu \in \mathbb{R}_+^*) : X \to \Gamma(b, \nu)$**

$$\forall x \in R,\ f(x) = \begin{cases} 0 & si \quad x \leq 0 \\ \frac{x^{\nu-1} e^{-\frac{x}{b}}}{b^\nu \Gamma(\nu)} & si \quad x > 0 \end{cases} \qquad F(x) = P(X \leq x) = \int_{-\infty}^{x} f(x)dx$$

$$E(X) = b\nu \qquad \text{et} \qquad V(X) = b^2\nu$$

*************** ooo ***************

- **Loi de Gumbel de paramètres ν et β ($\nu \in \mathbb{R}$ et $\beta \in \mathbb{R}_+^*$) : $X \to \mathscr{G}(\nu, \beta)$**

$\forall x \in R, \quad f(x) = \dfrac{e^{-\frac{(x-\mu)}{\beta}} exp(-exp(-exp(-\frac{(x-\mu)}{\beta})))}{\beta} \qquad \forall x \in \mathbb{R}$

$F(x) = P(X \leq x) = \int_{-\infty}^{x} f(x)\,dx = e^{-e^{-\frac{(x-\mu)}{\beta}}} \qquad \forall x \in \mathbb{R}$

$E(X) = \mu + \beta\gamma$ **avec** $\gamma = 0.57721$ **constante d'Euler et** $V(X) = \frac{\pi^2}{6}\beta^2$

$X \to \mathscr{G}(\nu = 0, \beta = 1)$ **: forme standard de la loi de Gumbel.**

*************** ooo ***************

Tables statistiques

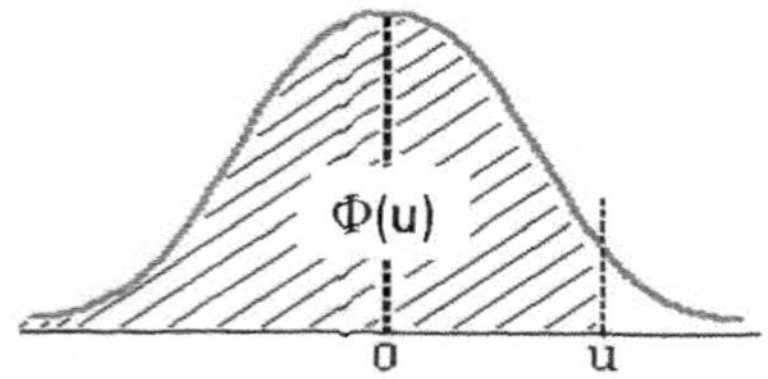

Table de la loi normale centrée réduite : $U \to N(0;1)$

Fonction de répartition : Φ

$\Phi(u) = P(U \leq u)$; $\Phi(-u) = P(U \leq -u) = 1 - \Phi(u)$

u	0.00	0.01	0.02	0.03	0.04	0.05	0.06	0.07	0.08	0.09
0.0	0.5000	0.5040	0.5080	0.5120	0.5160	0.5199	0.5239	0.5279	0.5319	0.5359
0.1	0.5398	0.5438	0.5478	0.5517	0.5557	0.5596	0.5636	0.5675	0.5714	0.5754
0.2	0.5793	0.5832	0.5871	0.5910	0.5948	0.5987	0.6026	0.6064	0.6103	0.6141
0.3	0.6179	0.6217	0.6255	0.6293	0.6331	0.6368	0.6406	0.6443	0.6480	0.6517
0.4	0.6554	0.6591	0.6628	0.6664	0.6700	0.6736	0.6772	0.6808	0.6844	0.6879
0.5	0.6915	0.6950	0.6985	0.7019	0.7054	0.7088	0.7123	0.7157	0.7190	0.7224
0.6	0.7258	0.7291	0.7324	0.7357	0.7389	0.7422	0.7454	0.7486	0.7518	0.7549
0.7	0.7580	0.7612	0.7642	0.7673	0.7704	0.7734	0.7764	0.7794	0.7823	0.7852
0.8	0.7881	0.7910	0.7939	0.7967	0.7996	0.8023	0.8051	0.8079	0.8106	0.8133
0.9	0.8159	0.8186	0.8212	0.8238	0.8264	0.8289	0.8315	0.8340	0.8365	0.8389
1.0	0.8413	0.8438	0.8461	0.8485	0.8508	0.8531	0.8554	0.8577	0.8599	0.8621
1.1	0.8643	0.8665	0.8686	0.8708	0.8729	0.8749	0.8770	0.8790	0.8810	0.8830
1.2	0.8849	0.8869	0.8888	0.8907	0.8925	0.8944	0.8962	0.8980	0.8997	0.9015
1.3	0.9032	0.9049	0.9066	0.9082	0.9099	0.9115	0.9131	0.9147	0.9162	0.9177
1.4	0.9192	0.9207	0.9222	0.9236	0.9251	0.9265	0.9279	0.9292	0.9306	0.9319
1.5	0.9332	0.9345	0.9357	0.9370	0.9382	0.9394	0.9406	0.9418	0.9430	0.9441
1.6	0.9452	0.9463	0.9474	0.9485	0.9495	0.9505	0.9515	0.9525	0.9535	0.9545
1.7	0.9554	0.9564	0.9573	0.9582	0.9591	0.9599	0.9608	0.9616	0.9625	0.9633
1.8	0.9641	0.9649	0.9656	0.9664	0.9671	0.9678	0.9686	0.9693	0.9610	0.9706
1.9	0.9713	0.9719	0.9726	0.9732	0.9738	0.9744	0.9750	0.9756	0.9762	0.9767
2.0	0.9773	0.9778	0.9783	0.9788	0.9793	0.9798	0.9803	0.9808	0.9812	0.9817
2.1	0.9821	0.9826	0.9830	0.9834	0.9838	0.9842	0.9846	0.9850	0.9854	0.9857
2.2	0.9861	0.9865	0.9868	0.9871	0.9875	0.9878	0.9881	0.9884	0.9887	0.9890
2.3	0.9893	0.9896	0.9898	0.9901	0.9904	0.9906	0.9909	0.9911	0.9913	0.9916
2.4	0.9918	0.9920	0.9922	0.9925	0.9927	0.9929	0.9931	0.9932	0.9934	0.9936
2.5	0.9938	0.9940	0.9941	0.9943	0.9945	0.9946	0.9948	0.9949	0.9951	0.9952
2.6	0.9953	0.9955	0.9956	0.9957	0.9959	0.9960	0.9961	0.9962	0.9963	0.9964
2.7	0.9965	0.9966	0.9967	0.9968	0.9969	0.9970	0.9971	0.9972	0.9973	0.9974
2.8	0.9974	0.9975	0.9976	0.9977	0.9977	0.9978	0.9979	0.9980	0.9980	0.9981
2.9	0.9981	0.9982	0.9983	0.9983	0.9984	0.9984	0.9985	0.9985	0.9986	0.9986
3.0	0.9987	0.9987	0.9987	0.9988	0.9988	0.9989	0.9990	0.9989	0.9990	0.9990

Exemples : $\Phi(1.26) = P(U \leq 1.26) = 0.89617 = 89.62\%$

$\Phi(u) = P(U \leq u) = 97.50\% \Rightarrow u = 1.96$

************** ∘∘∘ **************

Table des fractiles de la loi normale : $U \to N(0;1)$

Si la probabilité $P < 0.5$, le fractile est négatif

P	0,000	0,001	0,002	0,003	0,004	0,005	0,006	0,007	0,008	0,009	0,010	
0,00	infini	3,0902	2,8782	2,7478	2,6521	2,5758	2,5121	2,4573	2,4089	2,3656	2,3263	**0,99**
0,01	2,3263	2,2904	2,2571	2,2262	2,1973	2,1701	2,1444	2,1201	2,0969	2,0749	2,0537	**0,98**
0,02	2,0537	2,0335	2,0141	1,9954	1,9774	1,9600	1,9431	1,9268	1,9110	1,8957	1,8808	**0,97**
0,03	1,8808	1,8663	1,8522	1,8384	1,8250	1,8119	1,7991	1,7866	1,7744	1,7624	1,7507	**0,96**
0,04	1,7507	1,7392	1,7279	1,7169	1,7060	1,6954	1,6849	1,6747	1,6646	1,6546	1,6449	**0,95**
0,05	1,6449	1,6352	1,6258	1,6164	1,6072	1,5982	1,5893	1,5805	1,5718	1,5632	1,5548	**0,94**
0,06	1,5548	1,5464	1,5382	1,5301	1,5220	1,5141	1,5063	1,4985	1,4909	1,4833	1,4758	**0,93**
0,07	1,4758	1,4684	1,4611	1,4538	1,4466	1,4395	1,4325	1,4255	1,4187	1,4118	1,4051	**0,92**
0,08	1,4051	1,3984	1,3917	1,3852	1,3787	1,3722	1,3658	1,3595	1,3532	1,3469	1,3408	**0,91**
0,09	1,3408	1,3346	1,3285	1,3225	1,3165	1,3106	1,3047	1,2988	1,2930	1,2873	1,2816	**0,90**
0,10	1,2816	1,2759	1,2702	1,2646	1,2591	1,2536	1,2481	1,2426	1,2372	1,2319	1,2265	**0,89**
0,11	1,2265	1,2212	1,2160	1,2107	1,2055	1,2004	1,1952	1,1901	1,1850	1,1800	1,1750	**0,88**
0,12	1,1750	1,1700	1,1650	1,1601	1,1552	1,1503	1,1455	1,1407	1,1359	1,1311	1,1264	**0,87**
0,13	1,1264	1,1217	1,1170	1,1123	1,1077	1,1031	1,0985	1,0939	1,0893	1,0848	1,0803	**0,86**
0,14	1,0803	1,0758	1,0714	1,0669	1,0625	1,0581	1,0537	1,0494	1,0450	1,0407	1,0364	**0,85**
0,15	1,0364	1,0322	1,0279	1,0237	1,0194	1,0152	1,0110	1,0069	1,0027	0,9986	0,9945	**0,84**
0,16	0,9945	0,9904	0,9863	0,9822	0,9782	0,9741	0,9701	0,9661	0,9621	0,9581	0,9542	**0,83**
0,17	0,9542	0,9502	0,9463	0,9424	0,9385	0,9346	0,9307	0,9269	0,9230	0,9192	0,9154	**0,82**
0,18	0,9154	0,9116	0,9078	0,9040	0,9002	0,8965	0,8927	0,8890	0,8853	0,8816	0,8779	**0,81**
0,19	0,8779	0,8742	0,8705	0,8669	0,8633	0,8596	0,8560	0,8524	0,8488	0,8452	0,8416	**0,80**
0,20	0,8416	0,8381	0,8345	0,8310	0,8274	0,8239	0,8204	0,8169	0,8134	0,8099	0,8064	**0,79**
0,21	0,8064	0,8030	0,7995	0,7961	0,7926	0,7892	0,7858	0,7824	0,7790	0,7756	0,7722	**0,78**
0,22	0,7722	0,7688	0,7655	0,7621	0,7588	0,7554	0,7521	0,7488	0,7454	0,7421	0,7388	**0,77**
0,23	0,7388	0,7356	0,7323	0,7290	0,7257	0,7225	0,7192	0,7160	0,7128	0,7095	0,7063	**0,76**
0,24	0,7063	0,7031	0,6999	0,6967	0,6935	0,6903	0,6871	0,6840	0,6808	0,6776	0,6745	**0,75**
0,25	0,6745	0,6713	0,6682	0,6651	0,6620	0,6588	0,6557	0,6526	0,6495	0,6464	0,6433	**0,74**
0,26	0,6433	0,6403	0,6372	0,6341	0,6311	0,6280	0,6250	0,6219	0,6189	0,6158	0,6128	**0,73**
0,27	0,6128	0,6098	0,6068	0,6038	0,6008	0,5978	0,5948	0,5918	0,5888	0,5858	0,5828	**0,72**
0,28	0,5828	0,5799	0,5769	0,5740	0,5710	0,5681	0,5651	0,5622	0,5592	0,5563	0,5534	**0,71**
0,29	0,5534	0,5505	0,5476	0,5446	0,5417	0,5388	0,5359	0,5330	0,5302	0,5273	0,5244	**0,70**
0,30	0,5244	0,5215	0,5187	0,5158	0,5129	0,5101	0,5072	0,5044	0,5015	0,4987	0,4959	**0,69**
0,31	0,4959	0,4930	0,4902	0,4874	0,4845	0,4817	0,4789	0,4761	0,4733	0,4705	0,4677	**0,68**
0,32	0,4677	0,4649	0,4621	0,4593	0,4565	0,4538	0,4510	0,4482	0,4454	0,4427	0,4399	**0,67**
0,33	0,4399	0,4372	0,4344	0,4316	0,4289	0,4261	0,4234	0,4207	0,4179	0,4152	0,4125	**0,66**
0,34	0,4125	0,4097	0,4070	0,4043	0,4016	0,3989	0,3961	0,3934	0,3907	0,3880	0,3853	**0,65**
0,35	0,3853	0,3826	0,3799	0,3772	0,3745	0,3719	0,3692	0,3665	0,3638	0,3611	0,3585	**0,64**
0,36	0,3585	0,3558	0,3531	0,3505	0,3478	0,3451	0,3425	0,3398	0,3372	0,3345	0,3319	**0,63**
0,37	0,3319	0,3292	0,3266	0,3239	0,3213	0,3186	0,3160	0,3134	0,3107	0,3081	0,3055	**0,62**
0,38	0,3055	0,3029	0,3002	0,2976	0,2950	0,2924	0,2898	0,2871	0,2845	0,2819	0,2793	**0,61**
0,39	0,2793	0,2767	0,2741	0,2715	0,2689	0,2663	0,2637	0,2611	0,2585	0,2559	0,2533	**0,60**
0,40	0,2533	0,2508	0,2482	0,2456	0,2430	0,2404	0,2378	0,2353	0,2327	0,2301	0,2275	**0,59**
0,41	0,2275	0,2250	0,2224	0,2198	0,2173	0,2147	0,2121	0,2096	0,2070	0,2045	0,2019	**0,58**
0,42	0,2019	0,1993	0,1968	0,1942	0,1917	0,1891	0,1866	0,1840	0,1815	0,1789	0,1764	**0,57**
0,43	0,1764	0,1738	0,1713	0,1687	0,1662	0,1637	0,1611	0,1586	0,1560	0,1535	0,1510	**0,56**
0,44	0,1510	0,1484	0,1459	0,1434	0,1408	0,1383	0,1358	0,1332	0,1307	0,1282	0,1257	**0,55**
0,45	0,1257	0,1231	0,1206	0,1181	0,1156	0,1130	0,1105	0,1080	0,1055	0,1030	0,1004	**0,54**
0,46	0,1004	0,0979	0,0954	0,0929	0,0904	0,0878	0,0853	0,0828	0,0803	0,0778	0,0753	**0,53**
0,47	0,0753	0,0728	0,0702	0,0677	0,0652	0,0627	0,0602	0,0577	0,0552	0,0527	0,0502	**0,52**
0,48	0,0502	0,0476	0,0451	0,0426	0,0401	0,0376	0,0351	0,0326	0,0301	0,0276	0,0251	**0,51**
0,49	0,0251	0,0226	0,0201	0,0175	0,0150	0,0125	0,0100	0,0075	0,0050	0,0025	0,0000	**0,50**
	0,010	**0,009**	**0,008**	**0,007**	**0,006**	**0,005**	**0,004**	**0,003**	**0,002**	**0,001**	**0,000**	**P**

Si la probabilité $P > 0.5$, le fractile est positif

Exemples : $P < 50\%$ **fractile négatif :** $P = 0,402 = \Phi(u) = P(U \leq u) \Rightarrow u = -0,2482$

$P > 50\%$ **fractile positif :** $P = 0.634 = \Phi(u) = P(U \leq u) \Rightarrow u = +0.3425$

*************** °°° ***************

Dépôt légal : février 2021 - N° imprimeur : 022168172

Imprimé en France par Présence Graphique - Monts